高等学校规划教材

建筑阴影与透视图学

黄文华　主编

中国建筑工业出版社

图书在版编目（CIP）数据

建筑阴影与透视图学/黄文华主编．—北京：中国建筑工业出版社，2009（2021.1重印）

高等学校规划教材

ISBN 978-7-112-10678-3

Ⅰ．建…　Ⅱ．黄…　Ⅲ．建筑制图-透视投影-高等学校-教材　Ⅳ．TU204

中国版本图书馆CIP数据核字（2009）第013719号

本书是为高等院校建筑类专业“建筑阴影与透视”课程编写的一本新教材。全书共分8章，主要内容包括：阴和影的基本知识，轴测图中的阴和影，正投影图中的阴和影，透视投影的基本知识和基本规律，透视图的基本画法及视点、画面与建筑物间相对位置的选择，曲线及曲面立体的透视，透视图中的阴影及虚象，斜透视图及其阴影、倒影的画法。

本书可作为普通高等院校本、专科的建筑学、城市规划、建筑设计、室内设计、景观、园艺、造型、建筑装饰技术、建筑绘画等专业的教材，也可供其他高等教育相关专业选用，亦可供建筑工程技术人员参考。

本书附有多媒体课件光盘一张，可供学生自学或教师讲授。

*　*　*

责任编辑：王　跃　吕小勇

责任设计：赵明霞

责任校对：安　东　陈晶晶

高等学校规划教材

建筑阴影与透视图学

黄文华　主编

*

中国建筑工业出版社出版、发行（北京西郊百万庄）

各地新华书店、建筑书店经销

霸州市顺浩图文科技发展有限公司制版

廊坊市海涛印刷有限公司印刷

*

开本：787×1092毫米　1/16　印张：16¾　字数：418千字

2009年6月第一版　2021年1月第五次印刷

定价：**36.00**元（含课件光盘）

ISBN 978-7-112-10678-3

（17610）

前　言

本书是为高等院校建筑类专业“建筑阴影与透视”课程编写的一本新教材。为了面向21世纪，适应培养高素质人材的需要，根据教学改革的要求，本书继承了传统教学经验，结合作者多年教学实践，在精选教学内容、讲透基本原理、加强能力培养、适合学生阅读等方面作了许多新的尝试，期望能为读者提供一本教师好用、学生易学的新教材。

本书包括阴影和透视两部分内容，共分8章。其中第1～3章介绍阴和影的基本知识，阐述在轴测图和正投影图中绘制阴和影的原理及方法。第4～6章在阐述透视投影基本原理的基础上，详细讲解了在直立画面上绘制透视图的方法、步骤和技巧。第7章介绍了如何在直立画面的透视图上绘制阴影、倒影和虚象。第8章介绍了斜透视的基本知识，讲解在倾斜画面上绘制透视图的原理、方法以及如何在斜透视图中画阴影和倒影。本书在内容编排上，力求重点突出、主次兼顾，既保持了学科的完整性，又考虑了部分内容的独立性，以便于教师根据学生情况和学时变化进行取舍。

长期以来，“建筑阴影与透视”这门课程一直处于教师难讲，学生难学的局面。为了缓解和改善这种状况，特别为本书编配了多媒体电子课件。课件图形精美、文字简练，并利用动画演示作图步骤，既方便教师授课，又有利于学生自学，促进了本课程由授课型向学习型转化。

为了加强理论与实践的结合，注意培养学生的创新思维能力及图样表达能力，本书各章都编有大量的例题，并对解题方法和步骤作了详尽分析与阐述。书中和课件中的插图尽量采用建筑形体，并作了彩色渲染；部分建筑物插图还作了环境配置，力求与专业设计图的表现形式与风格接近。这样，既可为学习后续课程奠定基础，又可大大激发学生的学习兴趣。

本书适用于高等院校本、专科的建筑学、城市规划、建筑设计、室内设计、景观、园艺、造型、建筑装饰技术、建筑绘画等专业选用，也可供电视大学、函授大学、职工大学等相关专业选用，亦可供建筑工程技术人员参考。

本书由重庆大学土木工程学院黄文华主编，参加编写或提供资料和协助工作的还有重庆大学建筑研究设计院建筑师周桦、肖力，重庆市设计院国家一级注册建筑师黄非疑等。

本书参阅的相关书籍和文献列于书末，并对作者表示感谢！

限于编者水平，书中可能尚有不妥和错误之处，真诚恳望广大读者批评指正。

编者

2008年12月

重印说明

本次重印，对书中文字及插图的错误进行了校正。

为了配合本教材的使用，作者还编有《建筑阴影与透视图学电子教案》，已由中国建筑工业出版社 2010 年 7 月出版，可供教师选用和学生参考。

编者

2013 年 3 月

目　　录

第1章　阴和影的基本知识

在建筑设计中，为了更直观、更形象地表达所设计的对象，常常需要在建筑物的立面图或透视图中绘制出建筑物在一定光线照射下的阴影。如图1-1所示，(*a*)图是某建筑物未加绘阴影的正立面图，而(*b*)图则是加绘了阴影的正立面图，通过两图比较可以看出，在设计图中加绘阴影，可使图样更有真实感和表现力，这在建筑方案设计中显得尤为重要，因此掌握建筑图阴影的绘制方法是建筑设计人员必须具备的能力。

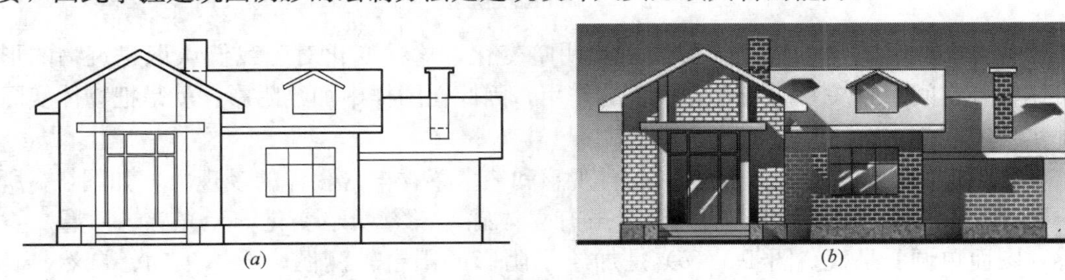

图1-1　阴影在建筑图中的艺术效果

(*a*)某建筑物的正立面图；(*b*)加绘阴影后的某建筑物正立面图

1.1　阴和影的形成

如图1-2所示，物体在光线的照射下，迎光的表面显得明亮，称为阳面。背光的表面比较阴暗，称为阴面。阴面与阳面的分界线，称为阴线。由于物体通常是不透光的，被阳面遮挡的光线在该物体的自身或在其他物体原来迎光的表面上出现了暗区，称为影区或落影。影区的轮廓线称为影线。影所在的表面称为承影面。阴与影合并称为阴影。通过物体阴线上各点（称为阴点）的光线与承影面的交点，正是影线上的点（称为影点），阴和影是相互对应的，影线就是阴线之影。阴和影虽然都是阴暗的，但各自的概念不同，阴是指物体表面的背光部分，而影是指光线被物体阳面遮挡而在承影的阳面上所产生的阴暗部分，在着色时应加以区别。

综上所述，阴和影的形成必须具备三个要素：光源、物体、承影面。缺少其中之一便没有阴和影存在。

本课程只研究阴和影轮廓的几何作图，不研究由光线的强弱、光的折射、反射等在物体表面上所产生的各种明暗变化。

1.2　图样中为何要加绘阴影

(1) 在日常生活中，我们之所以能看见物象，都是借助于光的照射。在光的照射下，

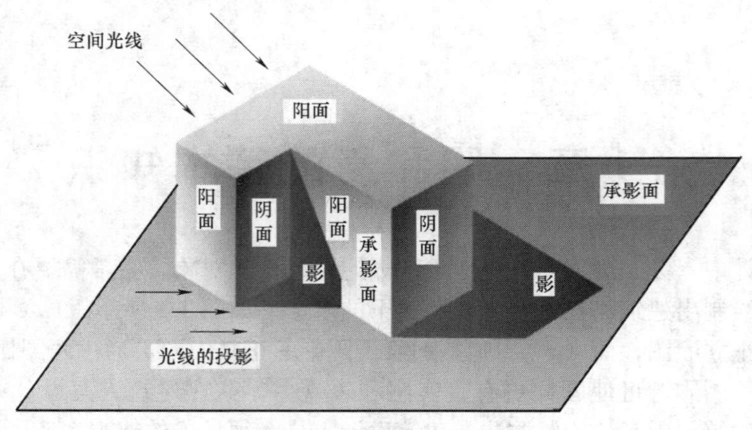

图 1-2 阴和影的形成

建筑物本身必然呈现出一定的光影关系和明暗变化，这种变化对于我们认识建筑物的形状、体积及空间组合关系起着十分重要的作用，因此在图样中加绘阴影，就是把物体实际的真实环境表现出来，使图面更为真实。

(2) 图样中加绘阴影会增加图形的直观感和艺术感，丰富图样的表现力，如图 1-3 所示。图 1-3 (*a*) 是阳台的线描轴测图，虽有立体感，没有明暗变化，无光感、质感、空气感，图面单调、呆板；图 1-3 (*b*) 是加绘了阴影的阳台轴测图，形体生动、自然、真切，富有直观感、空气感。如果再加上适当的配景和人物衬托，便会使图面体现出一定的环境空间关系，使图面丰富多彩，增加了图样的艺术感染力，给人以美的享受，这种作用在正投影图中更为突出。

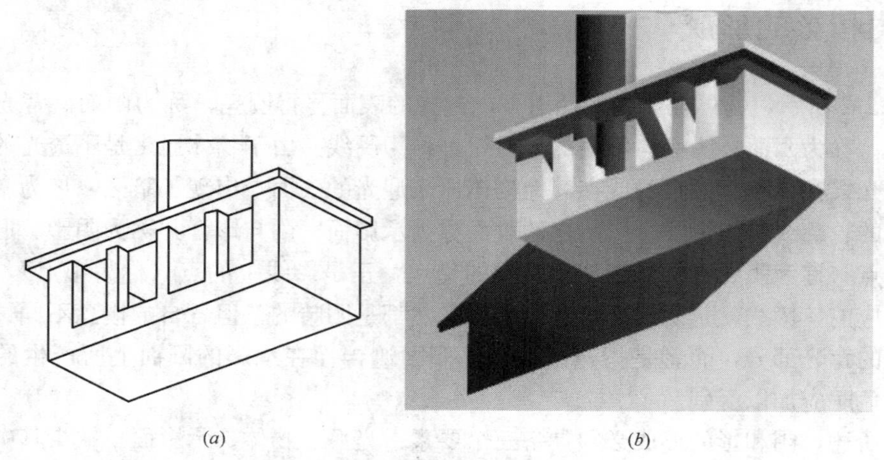

(*a*)　　(*b*)

图 1-3 阴影在轴测图中的作用

(*a*) 阳台轴测图；(*b*) 加绘阴影的阳台轴测图

(3) 用照片作比较，如图 1-4 所示。图 1-4 (*a*) 是在晴天拍摄的建筑物，具有明确的光影效果；图 1-4 (*b*) 是在阴天拍摄的，没有明确的光影效果。把这两张照片放在一起作比较，图 1-4 (*a*) 中建筑物的形状、凹凸转折关系和空间层次表现得清晰、肯定，图 1-4 (*b*) 中则模糊不清。照片是这样，表现图更是这样，如果没有明确的光影明暗变化，我们就不能有效地表现出建筑物形象。特别对于立面表现图来说，光影效果尤为重要，这是因

(*a*)

(*b*)

图 1-4　晴天、阴天建筑物照片效果比较

(*a*) 晴天拍摄的建筑物图片；(*b*) 阴天拍摄的建筑物图片

为如果没有阴影，绝大部分建筑构配件，如出檐、门、窗、阳台、线脚等的凹凸关系根本无法表现。在图 1-1 中，(*a*) 是某建筑的正立面图，缺少深度尺寸，无立体感，不能展现建筑物各部分的空间组合关系；(*b*) 是加绘了阴影的正立面图，影的宽度体现了该建筑各个部分的深度尺寸，使人们清楚地看出建筑物的立体形状，同时也使图面更加生动、真切，体现了建筑造型的艺术感染力。

(4) 在建筑设计的表现图中，往往要借助阴影来反映建筑物的体形组合，并以此来权衡空间造型的处理和评价立面装饰效果。

总之，光亮与阴暗是互为依存而又相互对立的，光亮表示着明，阴影表示着暗，明与暗的对比在建筑表现图中起着十分重要的作用，如果不能正确地处理好明暗两者的关系，图面必然黯淡而无光。

1.3　光线方向

物体的阴和影是随着光线的照射角度和方向而变化的，光源的位置不同，阴影的形状也不同，如图 1-5 所示。图 1-5 (*a*) 的平行光线是由左前上射向物体，物体的左、前、上表面是阳面，影在物体的右后方，图 1-5 (*b*) 的平行光线是由右后上射向物体，物体的右、后、上表面是阳面，影在物体的左前方（本书的方位叙述是当观察者面对物体时，以观察者自身的左、右来命其左、右，距观察者近为前，远为后）。

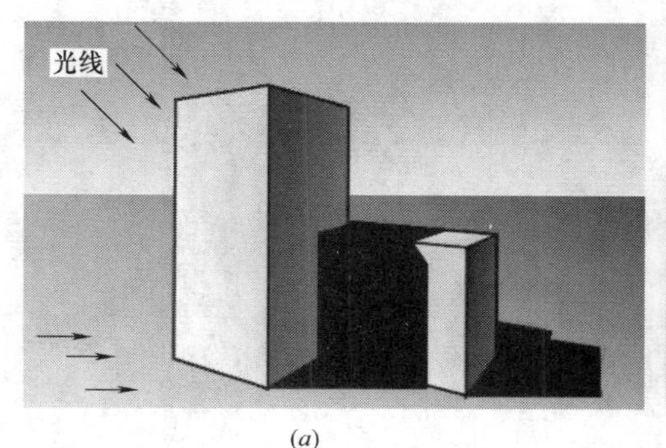

(*a*)

(*b*)

图 1-5　不同的光线方向产生不同形状的阴影

(*a*) 光线从左前上方射向物体；(*b*) 光线从右后上方射向物体

光线一般分为两类：一类是灯光，这类光线呈辐射状，其阴影作图如图 1-6 所示；另一类是阳光，如图 1-5 所示，光线是相互平行的。灯光只适合于画室内透视，一般很少使用，求影也比较复杂，图样中多数采用的是平行光线。

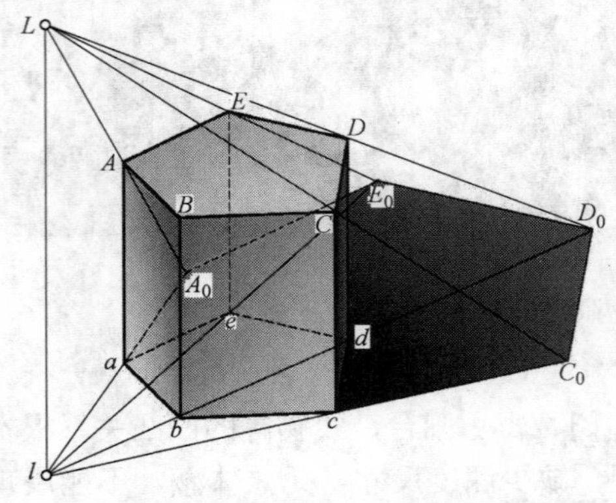

图 1-6 五棱柱在辐射光线下的阴影

在轴测图和透视图中，常常是根据建筑图的表现效果，由绘图者自己选定光线方向。给光线的形式通常有两种：一种是给出空间光线方向及其投影的方向；另一种是给定物体上某特殊点的落影。

在正投影图中，为了便于表明建筑构配件的凹凸程度，对于光线的方向和角度有明确的规定，即当正立方体的各棱面平行于相应的投影面时，光线从正立方体的左、前、上角射向右、后、下角，这种光线的各投影与投影轴之间的夹角为 45°。用这种光线作影，量度性好，通过影子的宽窄可以展现落影物（如出檐、雨篷、阳台、凹廊等）的实际深度，从而使正投影图显示三度空间关系，使图样具有立体感和直观感，如图 1-1（*b*）所示。

第 2 章　轴测图中的阴和影

2.1　几何元素的落影

2.1.1　点的落影概念及落影作图

（1）点落影的概念：射于已知点的光线与承影面的交点，就是该点的落影。

（2）点的落影作图：承影面可以是平面，也可以是投影面，还可以是立体的表面。其作影方法分述如下：

① 点在平面上的落影作图：当承影面为平面时，点的落影为过已知点的光线与已知平面的交点，其作图过程同于直线与平面相交。

如图 2-1 所示，已知空间点 A 及其在平面 P 上的投影 a，求在光线 S、s 的照射下，A 点落在 P 平面上之影 A_P。由点落影的概念作影的第一步是过已知点作光线。第二步求所作光线与已知平面的交点，交点即是所求影点。在轴测图中作点落影的画图步骤，是先过 A 点作空间光线 S 的平行线，再过 a 点作光线的投影 s 的平行线，两线的交点就是 A 点在 P 平面上的落影 A_P。

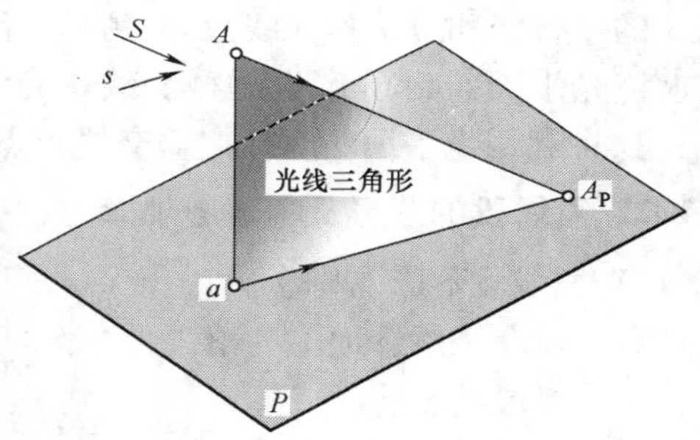

图 2-1　点在平面上的落影

由投射线 Aa 和过点 A 的空间光线 AA_P 及光线在 P 平面上的投影 aA_P 构成的直角三角形$\triangle AaA_P$，称为光线三角形。用光线三角形求解空间点在平面上落影的作图方法叫光线三角形法。

值得强调的是，投射线应为承影面的垂线，它是光线三角形的一条直角边，另一直角边为空间光线在该承影面上的投影，斜边为空间光线方向。在具体的作影过程中，由于承影面的位置不同，光线三角形也会处于不同的位置和不同的方向，但三者的关系保持不变。

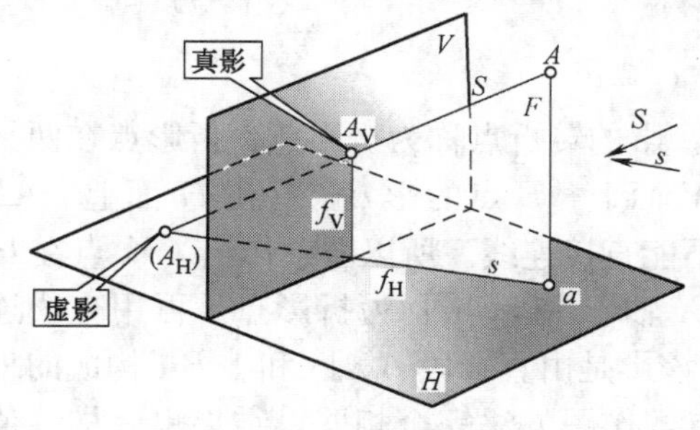

图 2-2　点在投影面上的落影

② 点在投影面上的落影作图

当承影面为投影面时，通过已知点的光线与投影面的交点就是该点的落影。如图 2-2 所示，为了作出通过空间点 A 的光线与投影面的交点，可包含过 A 点的光线 S 作一铅垂面 F，铅垂面 F 与投影面 V 和 H 的交线分别为 f_V、

f_H，过 A 点的光线 S 与交线 f_V 的交点 A_V 就是 A 点的真影。假如没有 V 投影面，A 点之影应落在（A_H）处。故影点（A_H）称为虚影，也叫假影。虚影一般不画出，在以后的作影过程中，常常利用它来求直线的折影点。因直线与投影面的交点也称为迹点，这种通过迹点求点落影的作图方法称为光线迹点法。

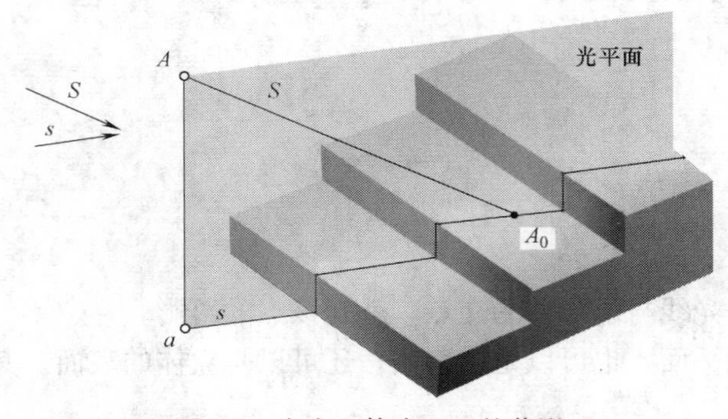

图 2-3　点在立体表面上的落影

③ 点在立体表面上的落影作图

当承影面为立体表面时，点的落影为含已知点的光线与立体表面之交点，便是已知点的落影。若把含已知点的光线看作直线，点在立体表面上的落影作图就变成直线与立体相交求相贯点的问题，该类作图问题在直线与立体相交中已详述。现用图 2-3 进行讲解，该图求的是在光线 S、s 照射下的点 A 落在台阶表面上的影 A_0。其作图过程是：首先经点 A 作空间光线 S 的平行线和过 a 作光线投影 s 的平行线，得到由 Aa 和光线 S、s 构成的铅垂光平面，再求该光平面与台阶产生的截交线，光线 S 与截交线的交点便是 A 点在台阶上的落影 A_0。这种利用光平面与立体之截交线求点落影的作图方法叫光截面法。

2.1.2　直线段的落影及其落影规律

1）直线段落影的概念

直线段在某承影面上的落影是含该直线段的光平面与承影面的交线，交线中的某一部分就是直线段的影线。

2）直线段的落影作图

（1）直线段在一个平面上的落影作图

直线段在一个平面上的落影一般为直线段。如图 2-4 所示，直线 AB 在平面 P 上的落影 A_PB_P 就是含 AB 的光平面 AA_PB_PB 与平面 P 的交线。其作影方法是先分别求得直线段上任意两点的落影，再把它们的同面落影连接起来，便得该段直线的落影。在图 2-4 中，光线方向如图所示，求直线段 AB 在平面 P 上的落影。作影顺序是先用光线三角形法分别求得 A、B 两点的落影 A_P 和 B_P，再用直线连接 A_P 和 B_P，便得直线 AB 的落影 A_PB_P。

（2）直线段在两相交平面上的落影作图

直线段的影落在两相交平面上，其影为折线，影的转折点称为折影点，折影点在两平面的交线上。如图 2-5 所示，A 点的影 A_V 落在 V 面上，B 点的影 B_H 落在 H 面上，AB 直线两端点的影 A_V 和 B_H 不在同一承影面上，不能直接连线。所以图中作出了 A 点在 H 面上的虚影（A_H），用直线连接 B_H（A_H）交 OX 轴于 I_0，点 I_0为折影点。再用直线连接 $A_V\,\mathrm{I}_0$，便作出了 AB 在 V 和 H 面上的落影。该影是由直线段 $A_V\,\mathrm{I}_0$ 和 I_0B_H 构成的折线。也可以作 B 点在 V 面上的虚影来求其折影点，作图方法完全相同，结果也一样。值得注意的是 B 点在 V 面上的虚影（B_V）位于第四分角的 V 面上。

（3）直线段在立体表面上的落影作图

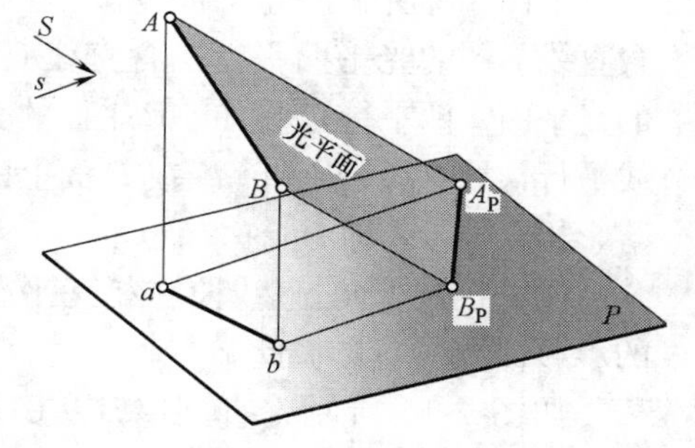

图 2-4　直线段在平面上的落影

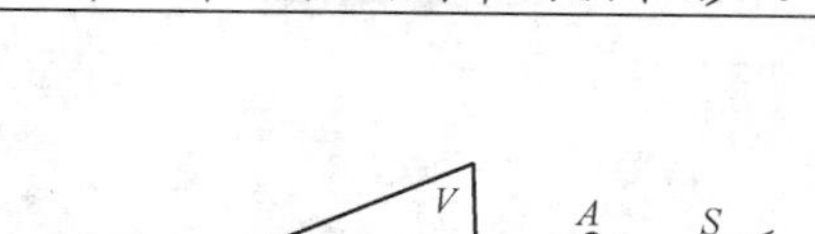
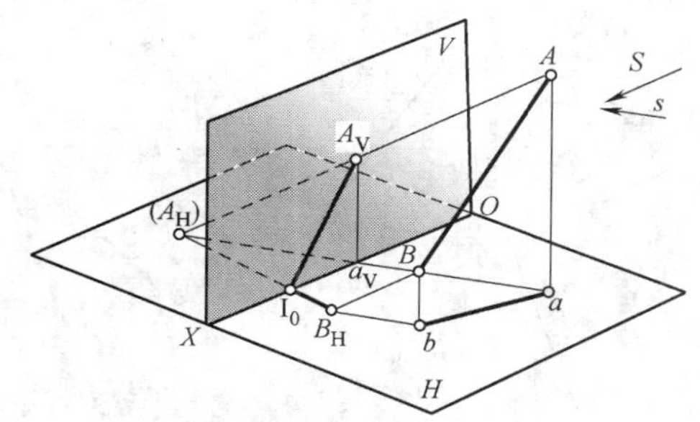

图 2-5　直线段在两相交平面上的落影

直线段的影落在立体的表面上，其影为含该直线段的光平面与立体表面的交线，交线中的某一部分就是该直线段的影线。

如图 2-6 所示，在光线 S、s 的照射下，求铅垂线 AB 在地面和台阶表面上的落影。其作图过程是：首先经 A 点作空间光线 S 的平行线，过地面上的点 B 作光线的投影 s 的平行线，直线 AB 和经点 A 的空间光线 S 构成铅垂光平面，再求该光平面与地面和台阶表面产生的截交线 BⅠ－ⅠⅡⅢⅣⅤⅥⅦⅧⅠ，截交线中的折线 BⅠ－ⅠⅡ－ⅡⅢ－ⅢⅣ－ⅣA_0 便是 AB 直线在地面和台阶表面上的落影。

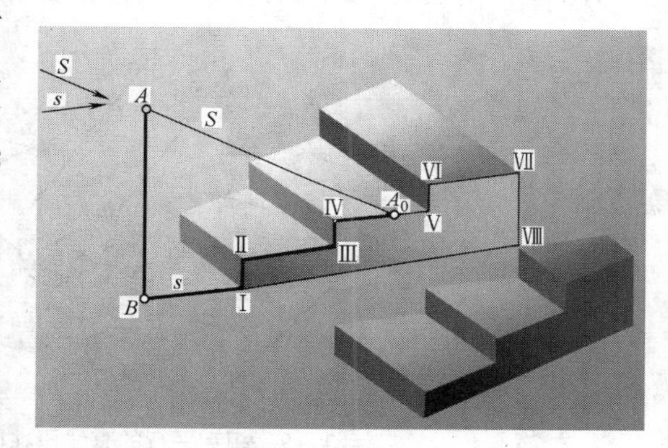

图 2-6　直线段在立体表面上的落影

3）直线段的落影规律

以上讲述的是直线段落影的一些基本作图方法。根据这些作图方法和几何原理，我们可以推导出一系列求直线段落影的规律，运用这些规律可以准确而快速地作出直线段的落影。

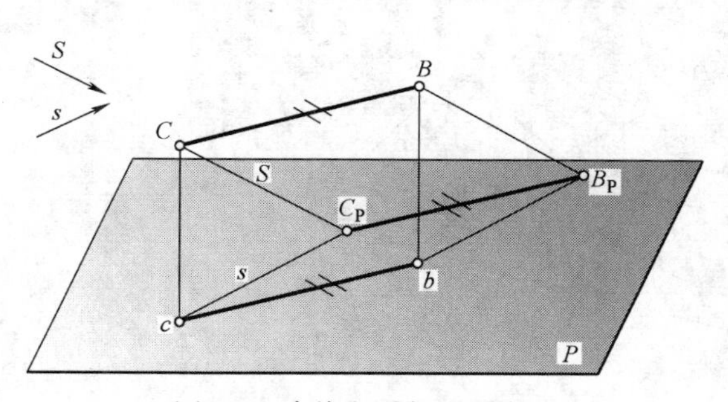

图 2-7　直线段平行于承影面

（1）平行规律：

① 直线段平行于承影面，其影与直线段平行且等长。

如图 2-7 所示，CB 平行于承影面 P，则落影 C_PB_P 与 CB 平行，且 $C_PB_P=CB$。

② 一直线段在相互平行的承影面上的落影相互平行。

如图 2-8 所示，平面 P∥平面 Q，因含直线 AB 的光平面与平行二平面 P、Q 的交线平行，故直线 AB 在平面 P 上的落影 A_PB_P 与在平面 Q 上的落影 A_QB_Q 相互平行，即 $A_PB_P \parallel A_QB_Q$。

③ 相互平行的直线段在同一承影面上的落影彼此平行。

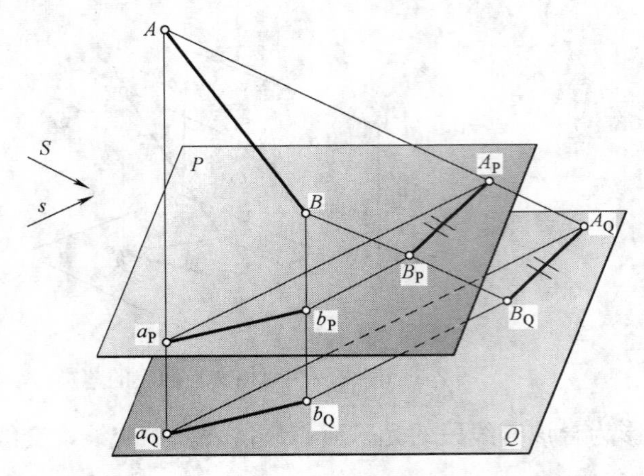

图 2-8　一直线段在相互平行的承影面上的落影

如图 2-9 所示，直线 $AB /\!/ CD$，则含直线 AB 的光平面平行于含直线 CD 的光平面，两平行光平面与 P 平面的交线平行，故直线 AB 和 CD 在 P 面上的落影相互平行，即 $A_PB_P /\!/ C_PD_P$。

④ 相互平行的直线段在相互平行的承影面上的落影彼此平行。

如图 2-10 所示，直线 $AB /\!/ CD$，平面 $P /\!/$ 平面 Q，则直线段 AB、CD 在 P、Q 二平面上的落影均应相互平行，即 $A_PB_P /\!/ C_PD_P /\!/ A_QB_Q /\!/ C_QD_Q$。

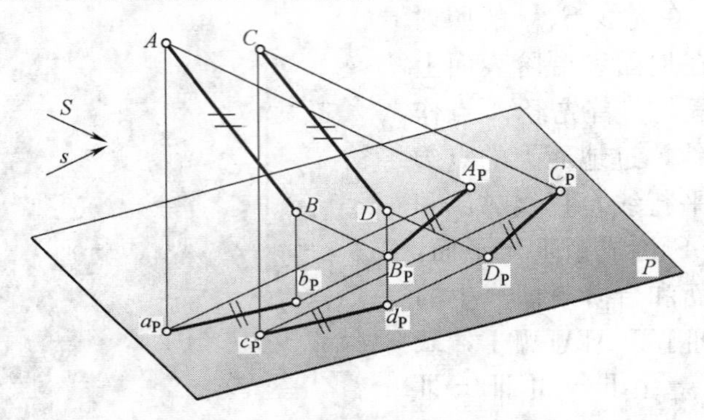

图 2-9　相互平行的直线段在同一承影面上的落影

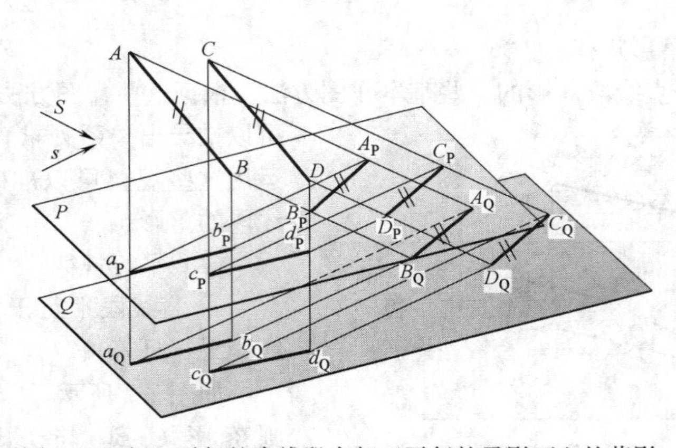

图 2-10　相互平行的直线段在相互平行的承影面上的落影

⑤ 直线平行于光线，其落影为一点。

如图 2-11 所示，直线段 $AB /\!/$ 光线 S，则通过 AB 的光线只有一条，它与承影面也只有一个交点，所以直线段 AB 的落影为一点。

(2) 相交规律：

① 直线与承影面相交，其影必过交点。

如图2-12所示，直线 AB 延长后与承影面 P 相交于点 C，由于承影面上的点其影为

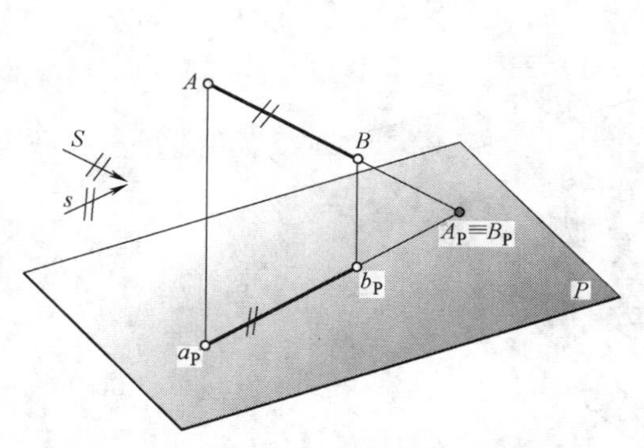

图 2-11　直线平行于光线，其落影为一点

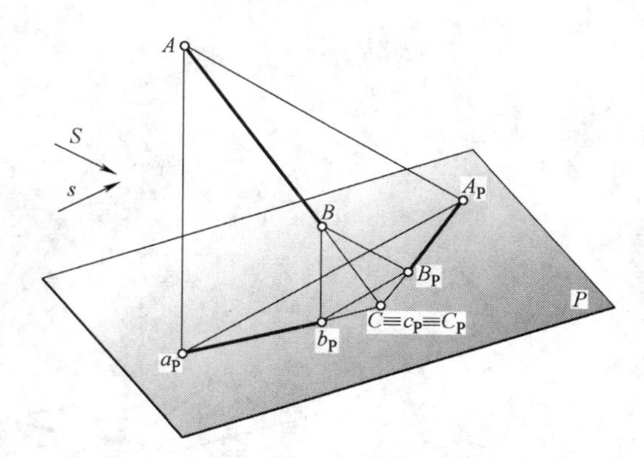

图 2-12　直线与承影面相交，其影必过交点

自身，所以 C 点的影 C_P 就是 C 点自身，则 AB 的影必过 C_P。

② 两相交直线在同一承影面上的落影必相交，交点的落影即为两直线落影的交点。

如图 2-13 所示，直线 AB 与 CB 相交于点 B，B 点的是两直线的共有点，其落影 B_P 也应为两直线落影所共有，所以两直线的落影必交于 B_P。

③ 一直线落影于两相交承影面上，其影为折线，折影点在两承影面的交线上。

如图 2-5 所示，直线 AB 的影落于 V 和 H 两相交平面上，其影为折线，折影点 I_0 在两平面的交线 OX 轴上。

(3) 垂直规律：直线垂直于承影面，其影与光线在该承影面上的投影平行。

如图 2-14 所示，AB 垂直于承影面 P，则 AB 的落影 B_PA_P 与光线在此承影面上的投影 s 平行，即 $B_PA_P /\!/ s$。

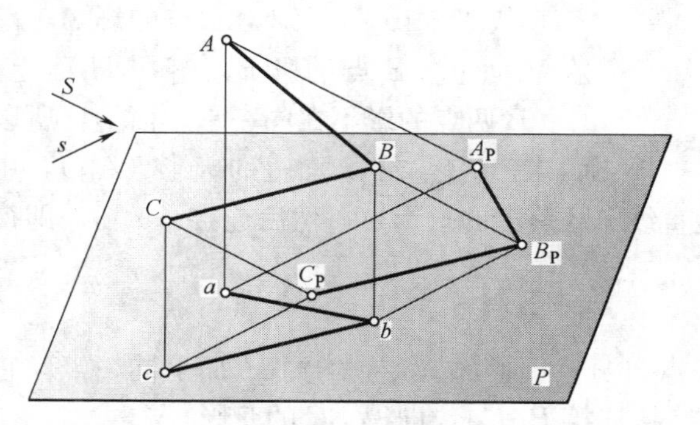

图 2-13　两相交直线在同一平面上落影

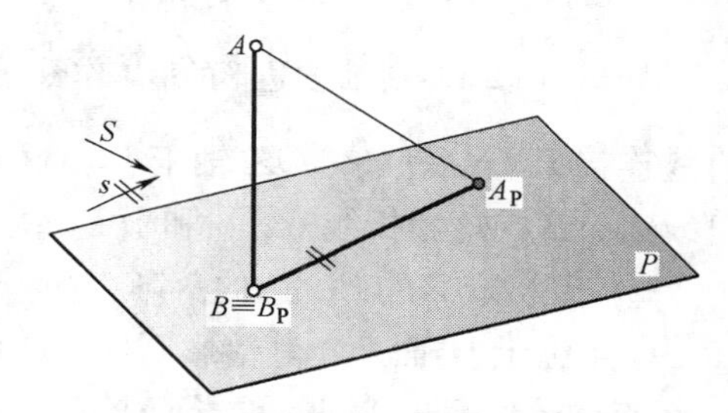

图 2-14　直线垂直于承影面时的落影

2.1.3　平面图形的阴影

1) 平面图形落影的概念

平面图形在承影面上的影线，就是射于该平面图形轮廓线上的光线所形成的光柱面与承影面的交线。如图 2-15 所示，射于三角形 ABC 平面的光线构成光线三棱柱，该光线三棱柱面与承影面 P 的交线 $A_PB_PC_P$ 便是△ABC 的影线。

2) 平面图形的落影作图

平面图形落影作图的基本思路是求平面图形轮廓线上各点同面落影的集合。

(1) 多边形平面的落影作图

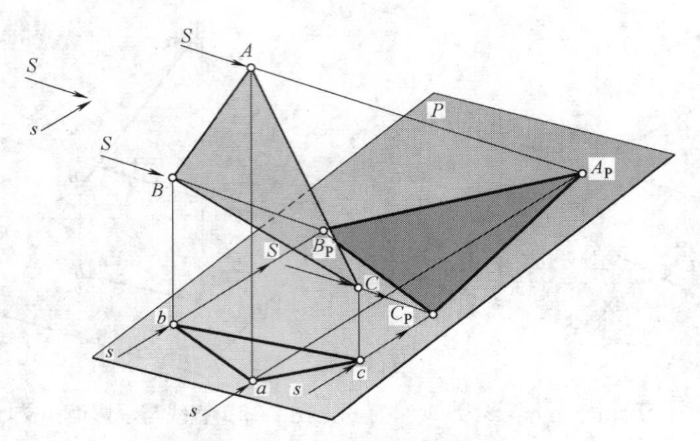

图 2-15 平面图形的落影概念

平面多边形的落影就是构成平面多边形的各边的落影组合。当直线边两端点的影在同一承影面上时，可直接将两影点连线，如直线边两端点的影不在同一承影面上时，应利用虚影求得折影点，再与其真影相连。

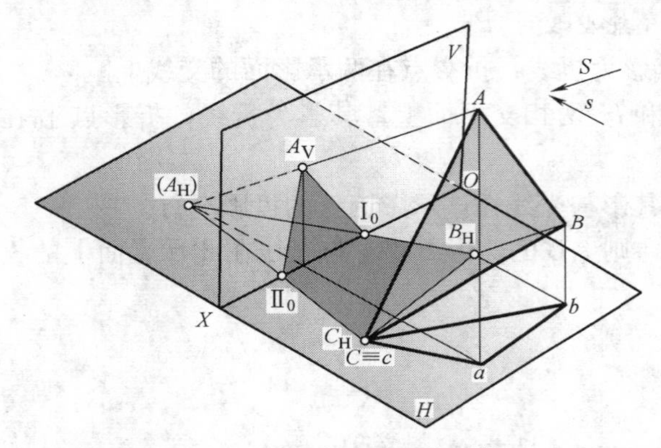

图 2-16 平面多边形的落影作图

【例 2-1】 在图 2-16 中，已知三角形平面 *ABC* 及其在 *H* 面上的投影△*abc*，求△*ABC* 平面在平行光线 *S*、*s* 照射下的落影。

作影步骤：

① 求△*ABC* 的 *AB* 边的落影：

从图 2-16 中可知，*A* 点的影 A_V 落在 *V* 面上，*B* 点的影 B_H 落在 *H* 面上，*A*、*B* 两点的影不在同一承影面上，所以再求出 *A* 点在 *H* 面上的虚影（A_H），用直线连接 B_H（A_H）交 *OX* 轴于 $Ⅰ_0$，这是直线 *AB* 落影的折影点，然后连接 $A_V Ⅰ_0$，即得直线边 *AB* 的落影折线 $A_V Ⅰ_0$ 和 $Ⅰ_0 B_H$。

② 求△*ABC* 的 *BC* 边的落影：

C 点位于 *H* 面上，其落影 C_H 就是 *C* 点自身，即 C_H、*C*、*c* 均为 *H* 面上同一点，它与 *B* 点的落影 B_H 在同一承影面上，所以直接连接 $B_H C_H$，即得 *BC* 的落影。

③ 求△*ABC* 的 *CA* 边的落影：

因 *C*、*A* 两点的落影不在同一承影面上，故连接 C_H（A_H）得线段 *CA* 影线的折影点 $Ⅱ_0$，连接 $Ⅱ_0 A_V$，即得线段 *CA* 的落影折线 $C_H Ⅱ_0$ 和 $Ⅱ_0 A_V$。

④ 将影线围成的部分涂暗色，这就是△*ABC* 平面在平行光线 *S*、*s* 照射下的落影。

（2）曲线平面图形的落影作图

曲线平面图形的落影通常为曲线平面图形，其影线为该图形轮廓线上一系列点的同面落影的光滑连线。

【例 2-2】 已知正平圆 *O* 的投影图，光线方向为 *S*，其水平投影为 *s*，如图 2-17 所示，求圆 *O* 在水平面 *H* 上的落影。

分析：圆平面的落影是被圆平面遮住的光线所构成的光线圆柱体与承影面的交线，若承影面为平面，其落影为椭圆，该椭圆中心就是圆平面的圆心落影。

作影步骤：

① 首先在圆周上取若干个点，图中为 8 个点，再用光线三角形法求得圆心 O 的落影 O_{H}。

② 圆 O 的水平直径ⅠⅤ与承影面平行，则过 O_{H} 作圆 O 的水平直径ⅠⅤ的平行线，再取 $Ⅰ_{H}Ⅴ_{H}$＝ⅠⅤ或由空间光线 S 求得点Ⅰ、Ⅴ的落影 $Ⅰ_{H}$、$Ⅴ_{H}$。

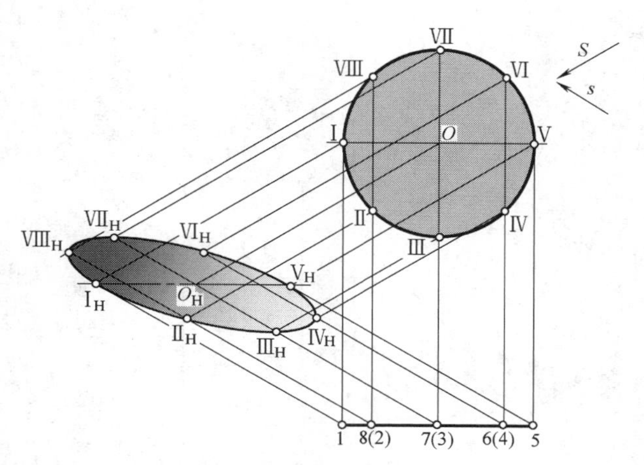

图 2-17　曲线平面的落影作图

③ 圆 O 的铅垂直径ⅢⅦ与承影面 H 垂直，则过 O_{H} 作光线的投影 s 的平行线，由空间光线 S 确定端点Ⅲ、Ⅶ的落影 $Ⅲ_{H}$、$Ⅶ_{H}$。

④ 圆周上的其他点，如图中的Ⅱ、Ⅳ、Ⅵ、Ⅷ等点，用光线三角形法分别求得相应的落影 $Ⅱ_{H}$、$Ⅳ_{H}$、$Ⅵ_{H}$、$Ⅷ_{H}$。

⑤ 用光滑曲线连接各影点，便得正平圆 O 在水平面 H 上的落影轮廓线。

⑥ 将影区涂成暗色，如图 2-17 所示。

2.2　基本几何体的阴影

求作几何形体阴影的步骤与前面所述的点、线、面落影的作图步骤有些不同，因为并不是构成立体的所有棱线产生的落影都是影区的轮廓线（影线），所以应首先确定哪些棱面为迎光的阳面，哪些棱面为背光的阴面，哪些棱线是产生影区轮廓线的阴线，这一点尤为重要，其次还要分析阴线与承影面的相对位置，以便利用直线段的落影规律快速而准确地求其阴线的落影。

2.2.1　棱柱的阴影

对于直立棱柱，其侧棱面垂直于承影面 H，在承影面 H 上有积聚性，侧棱面的阴、阳面，可以直接由侧棱面的积聚投影与光线的同面投影方向的相对关系来确定。如图 2-18 所示，四棱柱的四个侧面均垂直于 H 面，其 H 投影积聚为矩形 $abcd$，由光线的 H 投影 s 与 ab、bc、cd、da 各线段的关系，可以判断侧棱面 $AabB$ 和侧棱面 $AadD$ 是迎光的阳面，而侧棱面 $BbcC$ 和侧棱面 $DdcC$ 是背光的阴面。由于光线是自右前上向左后下倾斜照射的，上表面 $ABCD$ 为迎光的阳面，底面为背光的阴面。阳面与阴面的分界线 $bB-BC-CD-Dd-da-ab$ 即为四棱柱的阴线，能产生影线的阴线为 $bB-BC-CD-Dd$。

铅垂阴线 bB、Dd 的落影与光线在 H 面上的投影 s 平行，即过点 b、d 作光线的投影 s 的平行线与过点 B、D 的空间光线 S 交于影点 B_0、D_0，求得阴线 bB 和 Dd 的落影 bB_0

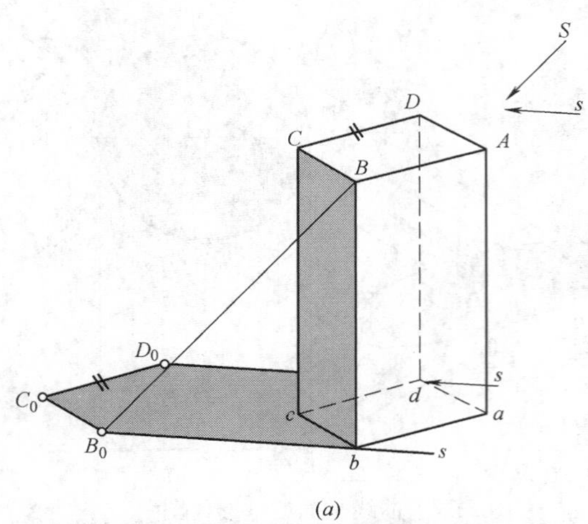

(a)

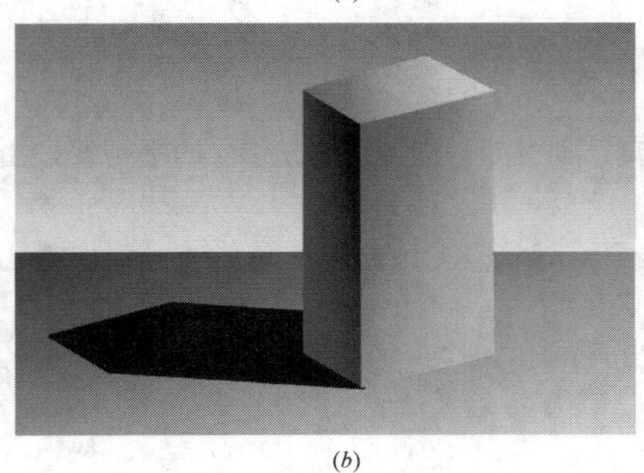

(b)

图 2-18　四棱柱的阴影

(a) 四棱柱的阴影作图；(b) 四棱柱的阴影渲染图

和 dD_0。水平阴线 BC、CD 平行于承影面 H，它们的落影与自身平行且相等。故分别过影点 B_0、D_0 作直影线 B_0C_0、C_0D_0 分别平行于 BC、CD，它们相交于影点 C_0，如图 2-18（a）所示。最后将可见阴面、影区涂暗色，通常影暗于阴，如图 2-18（b）所示。

2.2.2　棱锥的阴影

锥体阴影的作图与柱体阴影作图完全不同，因锥体的各侧棱面通常为一般位置平面，其投影不具有积聚性，故不能直接用光线的投影确定其侧棱面是阳面还是阴面，也就无法确定阴线。因此，锥体阴影的作图往往是先求出锥体的落影，然后定出锥体的阴线和阴、阳面。

对于棱锥来说也是如此，首先是求棱锥顶在棱锥底所在平面上的落影，由锥顶的落影作棱锥底面多边形的接触线，求得棱锥的影线，再由影线与阴线的对应关系，确定其阴线和阴、阳面。最后，将可见阴面和影区涂暗色。

【例 2-3】 图 2-19 所示为置于水平面上的五棱锥 T—$ABCDE$ 的轴测图，求它在光线 S、s 照射下的阴影。

作阴影的步骤：

① 作五棱锥在水平面上的落影：用光线三角形法求出棱锥顶点 T 的落影 T_0。再由 T_0 作五边形的接触线，即连接 T_0C 和 T_0E，得五棱锥的落影。

② 确定五棱锥的阴线及阴阳面：T_0C 和 T_0E 是五棱锥 T—$ABCDE$ 的影线，与影线相对应的棱线 TC 和 TE 也就是五棱锥的两条阴线。光线是从左、前、上向右、后、下照射，因此侧棱面 TCD 和 TDE 是阴面，其余三个侧棱面均为阳面。最后将可见阴面和影区涂暗色。

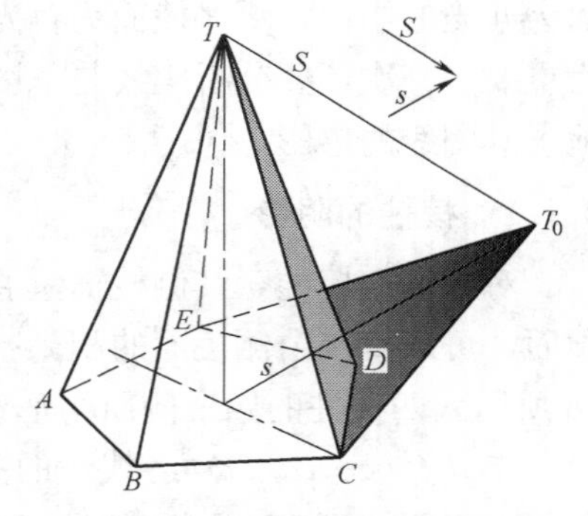

图 2-19　五棱锥的阴影作图

【例 2-4】 图 2-20（a）所示五棱锥 T—$ABCDE$ 的轴测图与直线 KL 及其在棱锥底所在平面上的投影 kl，求它们在光线 S、s 照射下的阴影。

棱锥体阴影的作图前面已详述，此例主要是讲解直线在立体上落影的作图方法。

作阴影的步骤（图 2-20*b*）：

① 按前一例的作图步骤画出五棱锥 T—$ABCDE$ 的影线 T_0C、T_0E 及阴线 TC、TE。

② 求出线段 KL 在棱锥底所在平面上的落影 K_0L_0，它与棱锥影线 T_0C、T_0E 相交于点 Ⅰ$_0$、Ⅳ$_0$，即 Ⅰ$_0$Ⅳ$_0$ 部分与棱锥的落影重合，这说明直线 KL 有一部分影是落在棱锥体的三个阳面上，所以作出棱线 TA 和 TB 在棱锥底所在平面上的落影 T_0A、T_0B。

③ 直线的落影 K_0L_0 与影线 T_0C、T_0B、T_0A 和 T_0E 的交点为 Ⅰ$_0$、Ⅱ$_0$、Ⅲ$_0$ 和 Ⅳ$_0$，这些交点叫重影点。其中 Ⅰ$_0$、Ⅳ$_0$ 点是直线 KL 与棱锥阴线 TC、TE 在棱锥底所在平面上落影的重影点，也是滑影点，作为滑影点，它即要在影线上又要在阴线上，故用回投光线分别定出阴线 TC、TE 上的点 Ⅰ$_0$、Ⅳ$_0$，由此看出，图上有两个 Ⅰ$_0$、Ⅳ$_0$ 点，这说明滑影点总是成对出现的。TC 和 TE 上的 Ⅰ$_0$、Ⅳ$_0$ 点，既是影点又是阴点，他们既是直线 KL 上的点Ⅰ和点Ⅳ的影点，又是棱线 TC 和 TE 上的阴点。

④ 再把重影点 Ⅱ$_0$ 和 Ⅲ$_0$ 用回投光线返回到 TB 和 TA 棱线上，依次连接后得到折线 Ⅰ$_0$Ⅱ$_0$—Ⅱ$_0$Ⅲ$_0$—Ⅲ$_0$Ⅳ$_0$，这就是直线段 KL 在棱锥表面上的落影。最后将可见阴面和影区涂暗色。

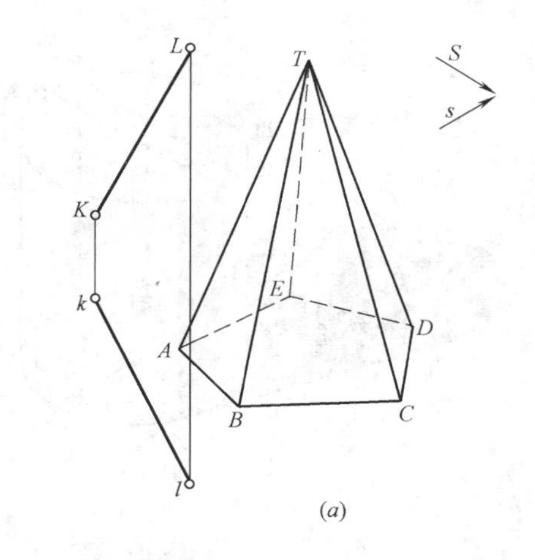

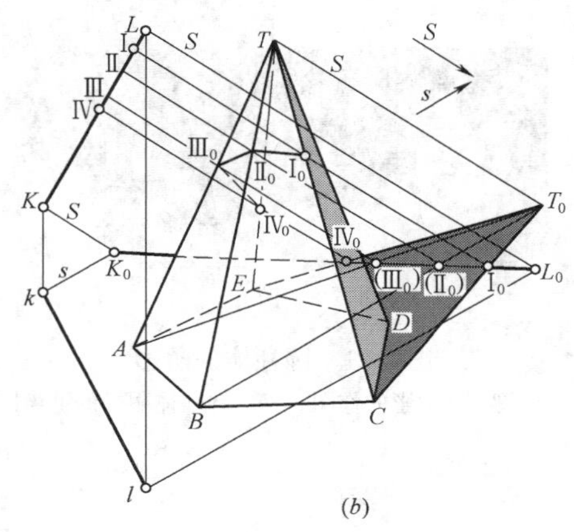

图 2-20　直线和五棱锥的轴测图和阴影作图

（*a*）直线和五棱锥的轴测图；（*b*）直线和五棱锥的阴影作图

利用重影点引回投光线求点落影的方法，叫回投光线法，其依据是阴点与影点有一一对应的关系。

2.2.3　圆柱体的阴影

圆柱体的阴影作图与棱柱体阴影作图相似。圆柱面上的阴线是圆柱面与光平面相切的直素线。因圆柱面垂直于圆柱体的上、下圆面，故圆柱面在圆柱体上（下）圆所在平面积聚成圆周，柱面上的阴线及阴、阳面便可用光线的同面投影来确定。

1）直立圆柱的阴影作图

【例 2-5】 如图 2-21 所示，求作直立圆柱在光线 S、s 照射下的阴影。

作阴影的步骤（图 2-21*a*）：

首先，用光线在圆柱体上（下）表面的投影 s 与圆柱上（下）顶圆相切，得切点Ⅰ和Ⅱ。则素线Ⅰ1 和Ⅱ2 为圆柱面的阴线。光线由右、前、上射向左、后、下，圆柱体的上顶面和右前半圆柱面为阳面，其余是阴面。求影的阴线为素线Ⅰ1—半圆弧Ⅰ Ⅲ Ⅳ Ⅴ Ⅱ—素线Ⅱ2。

然后，用光线三角形法求出直素线Ⅰ1 和Ⅱ2 的影线 1Ⅰ$_0$、2Ⅱ$_0$，再用光线三角形法

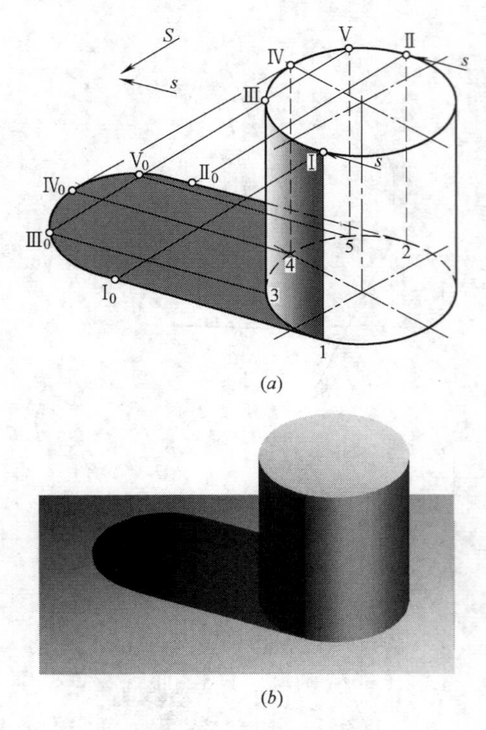

图 2-21 圆柱体的阴影

(*a*) 圆柱体阴影的作图；(*b*) 圆柱体阴影的渲染图

作出半圆弧阴线上的 Ⅲ 、Ⅳ、Ⅴ等点的落影 III_0、IV_0、V_0。用光滑曲线依次连接影点 I_0、III_0、IV_0、V_0、II_0。曲影线 $\mathrm{I}_0\mathrm{III}_0\mathrm{IV}_0\mathrm{V}_0\mathrm{II}_0$ 与曲阴线ⅠⅢⅣⅤⅡ是两段完全相等的半圆弧线。在轴测图中为完全相等的椭圆弧线。

最后，将可见阴面、影区着暗色，如图 2-21（*b*）所示。

2）圆筒内壁的阴影作图

【例 2-6】 如图 2-22（*a*）所示，直立圆筒的轴测图置于水平面上，已知光线方向 S 及其在水平面上的投影 s，完成其阴影。

作阴影的步骤：

圆筒外轮廓在圆筒底所在平面上的落影作图与前一例完全相同，此例只介绍圆筒内壁阴影作图。

① 确定筒内壁阴线：用光线在圆筒体上表面的投影 s 与圆筒顶部内圆相切，得切点 A 和 B，过切点 A、B 的直素线是圆筒内壁的阴线，由于光线方向是自圆筒的右、前、上射向左、后、下，故圆筒内壁的右前半圆柱面是阴面，半圆弧

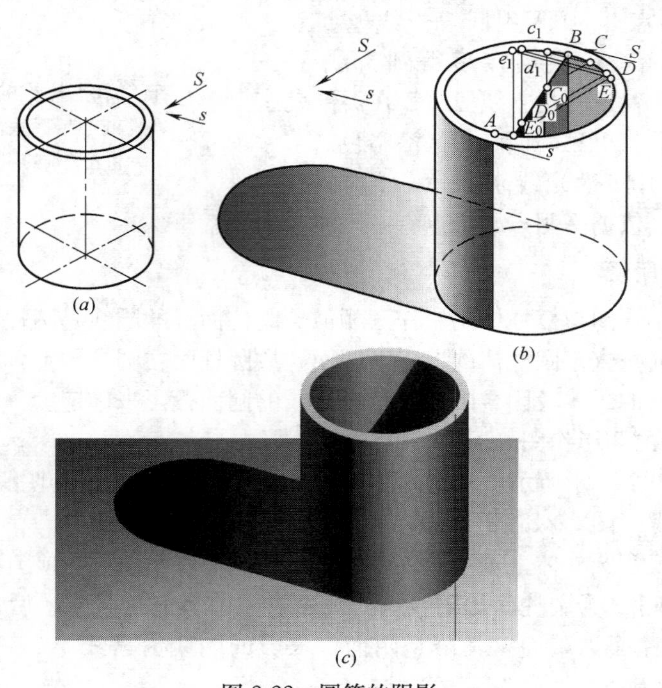

图 2-22 圆筒的阴影

(*a*) 已知条件；(*b*) 圆筒内壁阴影作图；(*c*) 圆筒阴影的渲染图

$AEDCB$ 是阴线，如图 2-22（b）所示。

② 作阴线半圆弧之影线：用光截面法作出半圆弧阴线 $AEDCB$ 在圆筒内壁上的落影。由于轴测图一般不画虚线，在已知图中圆筒下底面的虚线椭圆部分往往没有画出。故改用圆筒上顶面的椭圆进行作图（因为上下椭圆是相互平行且相等的）。如阴点 E 的落影作图，是经点 E 的直素线作光平面，该光平面为铅垂面，它与圆筒上、下底面的交线平行于光线的投影 s，即 Ee_1 平行于 s，与圆筒内壁的交线为素线 e_1E_0。因此，过点 E 作空间光线 S 与素线 e_1E_0 相交于 E_0 点，得点 E 的落影 E_0。作图时，只需自阴点 E 作光线的投影 s 的平行线与左后半圆弧 AB 相交于 e_1 点，由 e_1 点向下引铅垂素线与过点 E 的空间光线 S 相交于影点 E_0。用同样方法求出半圆弧阴线上一系列阴点在圆筒内壁上的落影，如阴点 C、D 的落影 C_0、D_0 等。再用光滑的曲线连接这些影点，即得半圆弧阴线 $AEDCB$ 在圆筒内壁上的落影。注意 A、B 两点是落影的起始点，不可见的影线无须画出，如图 2-22（b）所示。

③ 将可见阴面、影区着暗色，得到圆筒阴影的渲染图，如图 2-22（c）所示。

2.2.4　圆锥的阴影

圆锥阴影作图与棱锥阴影作图相同，仍是先作圆锥体的落影，再确定其阴线和阴、阳面。

【例 2-7】　图 2-23（a）所示为圆锥和直线 CD 的轴测图，求它们在光线 S、s 照射下的阴影。

作阴影的步骤：

① 如图 2-23（b）所示，用光线三角形法作出圆锥顶点 T 的落影 T_H。

② 过 T_H 作圆锥底圆的切线 T_HA 和 T_HB，点 A、点 B 为切点。T_HA 和 T_HB 即为圆锥的影线。

③ 连接 TA 和 TB，即得圆锥面的阴线。光线是从右、前、上向左、后、下照射，由此定出右前的大半个圆锥面为阳面，左后的小半个圆锥面为阴面。

④ 作出直线 CD 在 H 面上的落影，即 D 点在 H 面上，其影为自身。只需用光线三角形法求出 C 点的影落 C_H，连接 C_HD 便得出直线 CD 在 H 面上的落影，它与圆锥影线 T_HA 和 T_HB 的交点为 I_H、II_H，它们是重影点，也是滑影点，这说明直线 CD 有一部分影是落在圆锥的阳面上。

⑤ 经重影点 I_H、II_H 分别作回投光线交阴线 TA、TB 于点 I_0、II_0。它们是影点，又是阴点，是滑影点对。点 I_0、II_0 是直线段 CD 上的点 Ⅰ、Ⅱ 在圆锥表面上的落影，也就是说直线段 CD 中的 ⅠⅡ 线段之影是在圆锥面上。

⑥ 因含直线段 CD 的光平面与圆锥的截交线为椭圆曲线，故影线 $\mathrm{I}_0\mathrm{II}_0$ 也应是椭圆曲线，为求其中间点，可在圆锥面上任取若干条素线，如图中的 $T3$、$T4$、$T5$ 等，连接 T_03、T_04、T_05 分别交 C_HD 于 III_H、IV_H、V_H，再过重影点 III_H、IV_H、V_H 分别作回投光线交素线 $T3$、$T4$、$T5$ 于 III_0 点、IV_0 点、V_0 点，用光滑曲线连接 I_0、III_0、IV_0、V_0、II_0 得直线段 CD 在圆锥表面上的落影。其中影点 V_0 为可见不可见的分界点，曲影线 $\mathrm{I}_0\mathrm{III}_0\mathrm{IV}_0\mathrm{V}_0$ 可见，画实线，曲影线 $\mathrm{V}_0\mathrm{II}_0$ 不可见，画虚线。

⑦ 将可见阴面、影区涂暗色，得到效果图（图 2-23d）。

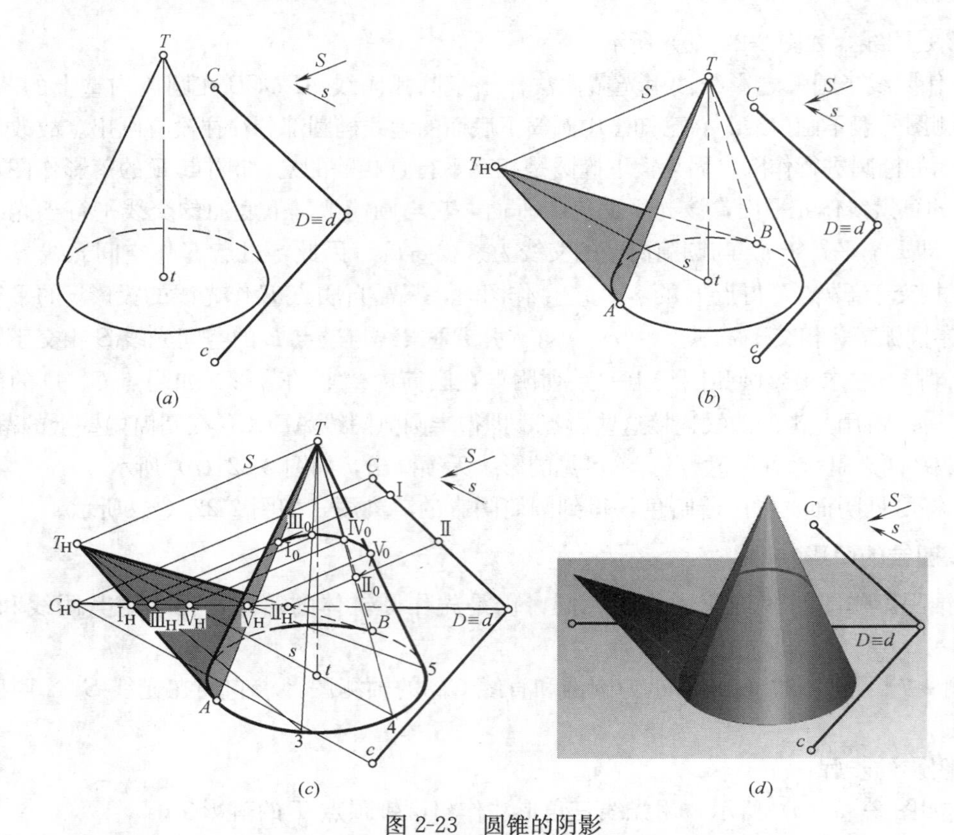

图 2-23 圆锥的阴影

(*a*) 圆锥与直线的轴测图；(*b*) 圆锥阴影的作图；(*c*) 圆锥与直线的阴影作图；(*d*) 效果图

2.3 建筑局部和房屋的阴影

熟练掌握建筑局部的阴影作图是对建筑相关专业最基本的要求。建筑局部阴影的作图较之前述几何元素和基本几何体的阴影作图有很大不同，在绘制建筑局部阴影之前，必须认真识读所给图形，分析每一个基本形体在指定光线下的阴、阳面和阴线，以及阴线与承影面的相对位置关系等。因为对于建筑物的阴和影来说，大多是某一建筑局部在另一建筑局部上的落影。与前述相比，承影面的层次和落影的形状及位置都要复杂得多。尽管如此，我们仍然能够将复杂的建筑形体分解成若干个简单的形体来求其阴和影。建筑局部的求影方法，依然是前面已经讲述过的光线三角形法、光截面法、延棱扩面法、回投光线法以及虚影法等。用什么方法作图更简便，应具体情况具体分析。

2.3.1 柱头的阴影

【例 2-8】 图 2-24（*a*）是方帽圆柱的轴测图，已知方帽上的 A 点在圆柱面上的落影 A_0，求方帽圆柱的阴影。

分析：由图可知，本例的主要作图是画出方帽上的阴线 AB 和 AC 在圆柱面上的落影。该影线为含 AB、AC 的两个光平面与圆柱面的交线，光平面与圆柱面斜交，产生两段椭圆弧曲线。这就是方帽在圆柱面上的影线。其作图采用光线三角形法。

作阴影的思路及步骤，见图 2-24（*b*）：

（1）求空间光线 S 及其投影 s 的方向：设方帽的下底面为 H 平面。连接 AA_0 得空间光线 S，过影点 A_0 向上作铅垂线交圆柱面与方帽下底面的交线于点 a_0，连接 Aa_0 得光线的水平投影 s。$\triangle Aa_0A_0$ 为光线三角形。

（2）确定图中有落影的阴线和圆柱面上的可见阴线：方帽在圆柱面上有落影的两段直阴线为 AB 和 AC。圆柱面上的阴线作图，是用光线的水平投影 s 作圆柱面与方帽下底面交线圆的切线，得切点 d_0，过切点 d_0 的直素线为圆柱面上的一条可见阴线，圆柱面上的另一条不可见阴线无须画出。圆柱面上的阴线在图中没有落影，因为图中没有接受圆柱落影的承影面。

（3）求影线：

① 阴线 AB 的影线作图：先求圆柱右轮廓线上的影点 E_0，由圆柱的右轮廓线与方帽下底面的交点 e_0 引光线水平投影 s 的反方向线交阴线 AB 于点 E，再由点 E 作空间光线 S 交右轮廓线于影点 E_0。因含阴线 AB 的光线平面与圆柱面的截交线是椭圆，故从影点 E_0 到 A_0 的影线是该截交线椭圆的一部分，该椭圆弧线的最高点是用 AB 方向的平行线作圆柱上部弧线的切线，得切点 f_0，再用前面所述方法求得 F 点的落影 F_0，$\triangle Ff_0F_0$ 是最小的光线三角形（因线段 Ff_0 最短）。然后在 A、F 点之间任取点Ⅰ、Ⅱ，运用光线三角形法求得点Ⅰ、Ⅱ的影点$Ⅰ_0$、$Ⅱ_0$。光滑连接影点 A_0、$Ⅱ_0$、$Ⅰ_0$、F_0、E_0 成椭圆弧线，即求得阴线 AB 在圆柱面上的影线。

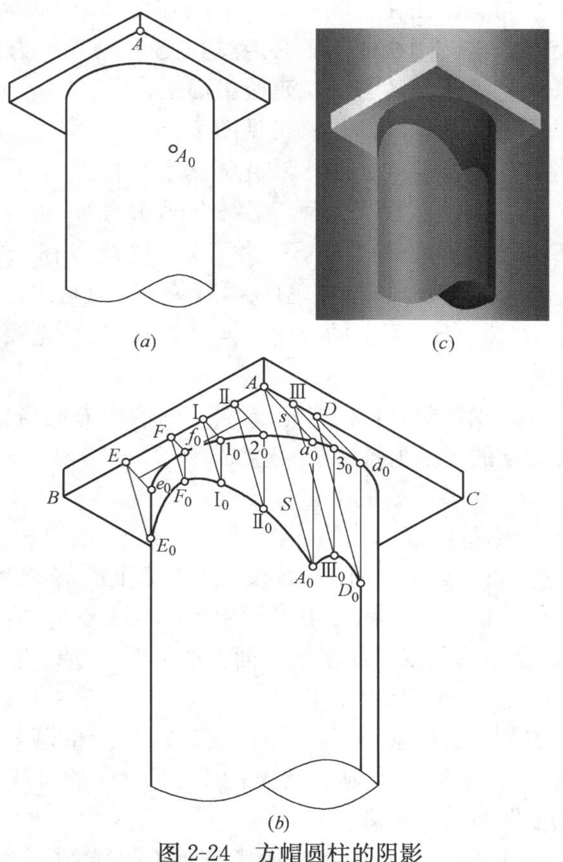

图 2-24　方帽圆柱的阴影

（*a*）柱头的轴测图；（*b*）柱头阴影的作图过程；（*c*）柱头阴影的渲染图

② 阴线 AC 的影线作图：由圆柱阴线与方帽下底面的交点 d_0 作 s 的反方向线交阴线 AC 于 D 点，再由点 D 作空间光线 S 交圆柱阴线于影 D_0。阴线 AC 只有 AD 段在圆柱面上有影线，在 AD 段之间任取一点Ⅲ，用光线三角形法求得其影点$Ⅲ_0$，用光滑曲线连接影点 A_0、$Ⅲ_0$、D_0. 便求得阴线 AC 在圆柱面上的影线。

（4）将可见阴面和影区着暗色，得到柱头阴影渲染表现图（图 2-24*c*）。

2.3.2　台阶的阴影

台阶是建筑物中常见的构筑物之一，在室内、室外都可以见到台阶。

【例 2-9】　已知图 2-25（*a*）所示台阶的轴测图和 B 点的落影 B_0，求其阴影。

分析：本例重点介绍延棱扩面法求左挡墙在台阶上的落影。这是根据直线与承影面相交，其影必过其交点而得到的一种求直线段落影的作图方法。但是在具体的实例中，直阴线往往与承影面在有限的图面上没有交点，此时可以通过扩大承影面和延长直阴线使其产生交点，该直阴线的落影必通过其交点。这种通过扩大承影面和延长直阴线相交，求得交点来作直线落影的方法叫延棱扩面法。

作阴影的思路及步骤，见图 2-25（*b*）：

（1）确定空间光线 S 和光线的水平投影 s：设地面为 H 面，台阶的第一个踏面为 H_1 面，第二个踏面为 H_2 面，第一个踢面为 V_1 面，第二个踢面为 V_2 面，墙面为 V 面。连线 BB_0 为空间光线方向 S；为了求出光线 S 在 H_1 面上的投影 s，故扩大 H_1 面与铅垂线 AB 产生交点 b_1，实际作图只需延长 H_1 面与左挡墙侧表面的交线 MN 交 AB 于 b_1 点，该点是 B 点在 H_1 面上的投影，连线 b_1B_0 就是光线 S 在踏面 H_1 面上的投影 s，即光线的水平投影。

（2）确定阴线：根据光线 S、s 的照射方向得出台阶挡墙的阴线为折线 AB—BC—CD。台阶右端的阴线为各踏步的边线，即 12—23 和 45—56。

（3）作各阴线的落影：

① 铅垂阴线 AB 的落影：

铅垂阴线 AB 中的 b_1B 段在 H_1 面上的落影为 b_1B_0，有效部分为线段 II_0B_0，阴线 AB 与 V_1 面平行，其影 I_0II_0 平行于 AB，阴线 AB 在地面 H 上的影为 $A\text{I}_0$。影线 $A\text{I}_0$ 和 II_0B_0 都是铅垂阴线 AB 在水平面上的落影，所以它们均平行于光线的水平投影 s。

② 斜阴线 BC 的落影：

斜阴线 BC 倾斜于 H_1 面，在 H_1 面上的落影是延长阴线 CB 与 MN 的延长线相交于点 K，连接 KB_0 并延长交 V_2 面与 H_1 面的交线于折影点 III_0，影线 $B_0\text{III}_0$ 为斜阴线 BC 在 H_1 平面上的落影。

阴线 BC 在 V_2 面上的落影是延长阴线 BC 与扩大的 V_2 平面相交于 K_1 点（实际作图只需延长 BC 和 V_2 面与左挡墙侧表面的交线 ML，得交点 K_1），则阴线 BC 在 V_2 面上的落影为 $K_1\text{III}_0$。有效部分为线段 III_0IV_0。

过 C 点作空间光线 S 判明阴线 BC 之影还继续落在 H_2 面上。由于 H_1 面与 H_2 面平行，同一条阴线在两个平行面上的落影平行，所以过折影点 IV_0 作直影线 IV_0V_0 平行于影线 $B_0\text{III}_0$ 与 H_2 面和 V 面的交线相交于折影点 V_0。影线 IV_0V_0 为阴线 BC 在 H_2 面上的落影。

阴线 BC 在 V 面上的落影，墙面 V 平行于踢面 V_2，故阴线 BC 在 V 面上的落影是自折影点 V_0 引直线平行于影线 III_0IV_0 与过 C 点的光线 S 相交于 C_0 点，影线 V_0C_0 为阴线 BC 在 V 面上的落影。从 B_0 到 C_0 的折线就是斜阴线 BC 的落影。

③ 阴线 CD 的落影：

阴线 CD 平行于 H_2 面而垂直于 V 面，连线 C_0D 为阴线 CD 在墙面 V 上的落影。它平行于光线的 V 面投影 s'。

④ 台阶右端阴影的画法已在图 2-25（*b*）中示明，不再赘述。

（4）将可见阴面和影区着暗色，图 2-25（*c*）为台阶阴影渲染效果图。

【例 2-10】 已知图 2-26（*a*）所示台阶和路标的轴测图及 A 点的落影 A_0，完成其阴影。

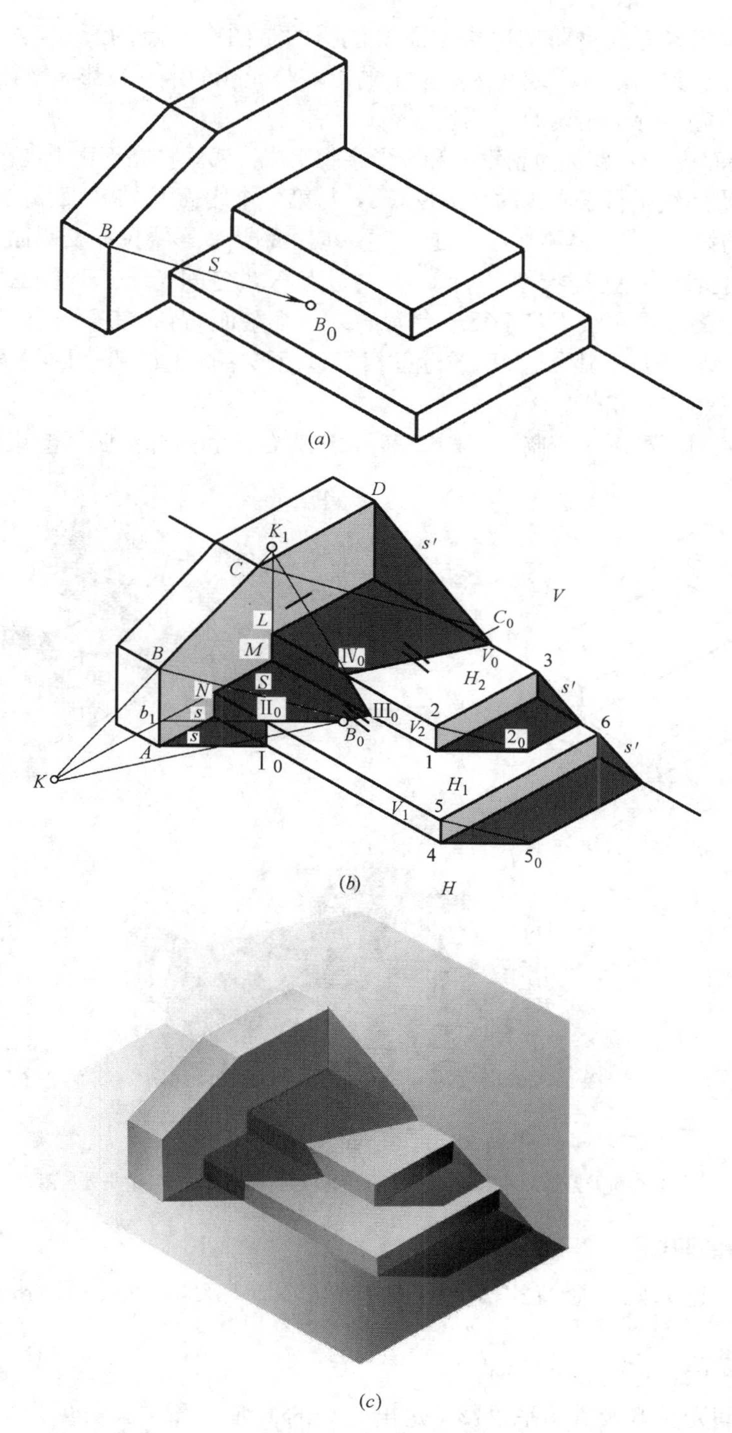

图 2-25　台阶的阴影

（a）台阶轴测图；（b）台阶阴影的作图；（c）渲染效果图

作阴影的步骤，见图 2-26（*b*）：

（1）按上例步骤完成台阶的阴影。需要说明的是图中Ⅱ点的影II_0刚好落在墙角线上，这仅是偶然现象。铅垂阴线在水平面上的影均与光线的水平投影 s 平行；正垂阴线在正平面上的影均应平行于光线的 V 投影 s'。

（2）作路标的落影：路标由铅垂杆和矩形字牌组成。铅垂杆在地面上的落影由该杆与地面的交点 M 引直影线平行于光线的水平投影 s，与第一个踢面 V_1 和地面的交线相交于折影点IV_0。铅垂杆与第一个踢面 V_1 平行，自影点IV_0 向上引铅垂影线$\mathrm{IV}_0\mathrm{V}_0$交踢面 V_1 的上边线于折影点V_0，再自折影点V_0引直影线平行于 s，与过点 N 的空间光线交于影点 N_0。

矩形字牌上的水平阴线 DE 平行于台阶的第一个踏面 H_1，其影与自身平行相等。故过影点 N_0 作影线 D_0E_0 与阴线 DE 平行且相等。矩形字牌上的铅垂阴线 EF 和 DG 之影作图与铅垂杆落影作图相似。

（3）将可见阴面和影区着暗色，图 2-26（*c*）为台阶和路标的阴影渲染效果图。

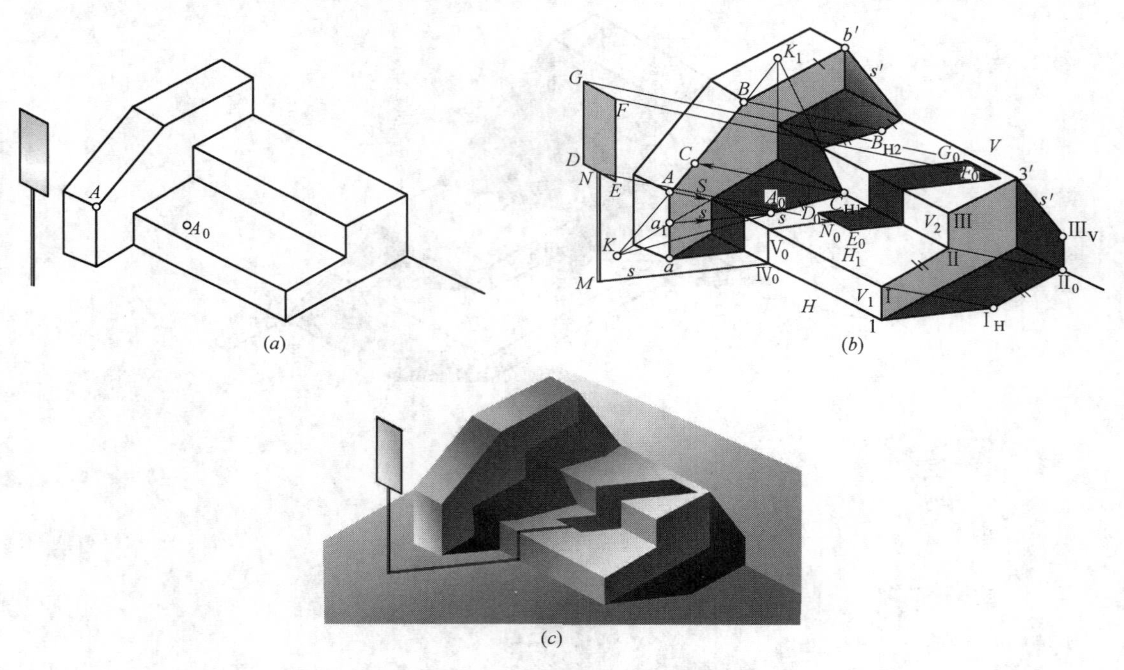

图 2-26　台阶和路标的阴影

（*a*）台阶及路标的轴测图；（*b*）台阶和路标阴影作图；（*c*）渲染效果图

2.3.3　门、窗的阴影

【例 2-11】　已知圆弧形门的轴测图及光线方向，如图 2-27（*a*）所示，试完成门的阴影。

作阴影的步骤，见图 2-27（*b*）：

（1）由空间光线 S 及其水平投影 s 定出光线的 V 面投影 s'：首先作出门框的直阴线 Aa 在地面和门板面上的影线 a 至 A_0。即自点 a 引直影线平行于光线的水平投影 s 与门板面和地面的交线相交于一点，从该点向上作铅垂影线与过点 A 的空间光线 S 相交于影点 A_0，从点 a 到 A_0 的折线为门框阴线 Aa 的影线。再自点 A_0 作水平中心线与过圆心 O 的

空间光线 S 相交于 O_V 点，这就是圆心 O 在门板面上的落影 O_V，连线 $o'O_V$ 便是光线的 V 面投影 s'。

（2）确定阴线：圆弧形门由凹半圆柱面和空四棱柱组成，它们的素线垂直于墙面，故用光线的 V 面投影 s' 与半圆相切得切点 K，该点是圆弧阴线之起始点。过 K 点作凹半圆柱面的素线，得凹半圆柱面的阴线 KL。门洞口的阴线为圆弧 $KEDFBA$ 和直线 Aa。

（3）门洞口的圆弧阴线与门板面平行，圆弧阴线在门板面上的落影与自身平行相等，所以借圆心 O 在门板平面上的落影 O_V 求出；即以 O_V 为圆心，OA 为半径画圆弧 A_0B_0，这就是圆弧 AB 之影。用类似图 2-22（b）圆筒内壁阴影的作图方法绘出圆弧阴线 $KEDFB$ 在凹半圆柱面和右门框内侧面上的落影。如凹半圆柱面与门框内侧面分界素线 Cc' 上的影点，是自点 C 引光线的 V 面投影 s' 的反方向交半圆于点 D，这说明阴点 D 之影是落在素线 Cc' 上。再过点 D 作空间光线 S 与素线 Cc' 相交于影点 D_0，这就是凹半圆柱面与门框侧平面分界线上的影点。又如圆弧阴线上的点 F 的落影，是自点 F 引光线的 V 面投影 s' 交门洞口的轮廓线于点 N，由点 N 作素线 Nn' 与过点 F 的空间光线 S 相交于影点 F_0。用光滑曲线连接影点 B_0、F_0、D_0、E_0、K；三角形 $\triangle FF_0N$、$\triangle DD_0C$ 叫光线三角形，用光线三角形求点落影的方法称为光线三角形法。

（4）将可见阴面和影区着暗色，图 2-27（c）为圆弧形门的阴影渲染效果图。

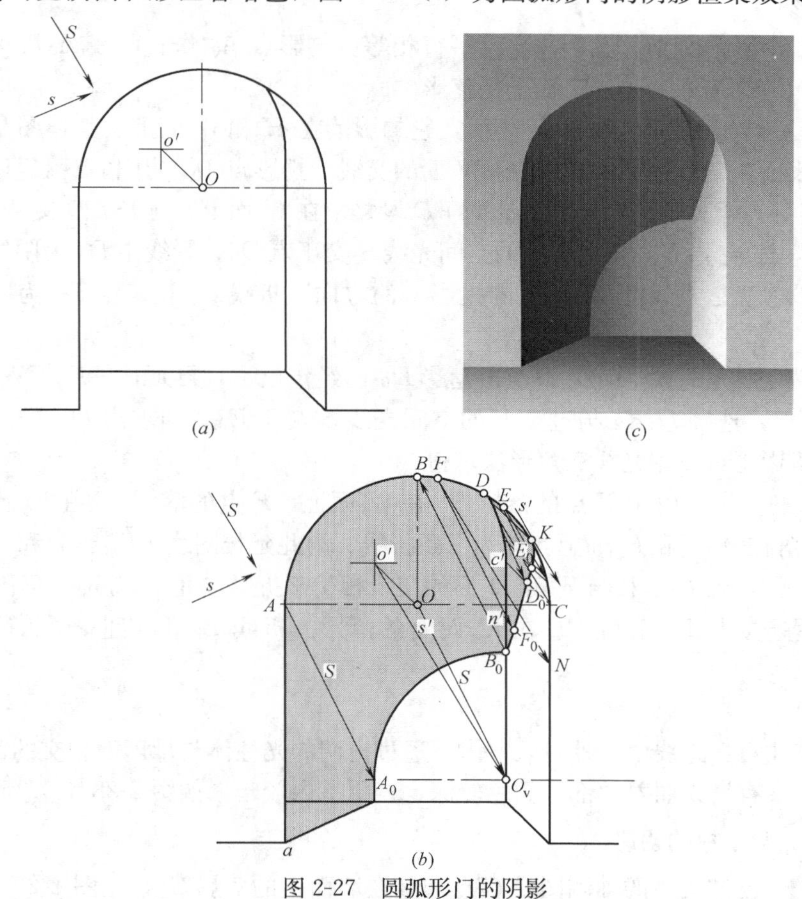

图 2-27　圆弧形门的阴影

（a）圆弧形门的轴测图；（b）圆弧形门的阴影作图；（c）渲染效果图

【例 2-12】 某房间室内一角的轴测图如图 2-28（*a*）所示，正面墙 V 上开有一六边形的窗洞，光线从室外射入室内，图中 C 点的落影为 C_0，求作由此窗洞射入室内的光线所产生的亮影图像（墙的厚度忽略不计）。

作亮影的思路及步骤，见图 2-28（*b*）：

（1）设地面为 H 面，正墙面为 V 面，侧墙面为 W 面。CC_0 连线就是空间光线 S 的方向，它在 H 面上的投影为 s，是由点 C 作铅垂线交 V 和 H 面的交线于点 c，连接 cC_0 得空间光线 S 的水平投影 s 的方向。

（2）由光线方向确定阴面、承影面及阴线：

光线由室外射入室内，V 平面为阴面，H 和 W 平面为承影面，窗洞的轮廓线 $ABCDEF$ 便是阴线。

（3）作各阴线的落影：

阴线 CB 在 H 面上的落影，是延长 CB 交 H 面于点 K，连接 KC_0 与过 B 点的空间光线 S 交于影点 B_0，求得阴线 CB 在 H 面上的落影 C_0B_0。

阴线 AB 在 H 面上的落影，点 A 位于铅垂线 Cc 上，Cc 在地面 H 上的影线是 cC_0，故影线 cC_0 与过点 A 的空间光线 S 的交点 A_0 便是 A 的落影，连线 A_0B_0 就是阴线 AB 在 H 面上的落影。

阴线 AF 平行于 H 面，其影与自身平行相等。自影点 A_0 作直影线 A_0F_0 与阴线 AF 平行且相等便完成阴线 AF 在 H 面上的落影。

阴线 CD 平行于 H 面、垂直于 W 面，它的影落在 H 和 W 面上。其作图是首先过影点 C_0 作直影线平行于阴线 CD 交 H 和 W 面的交线于折影点 I_0，由 I_0点引返回光线到阴线 CD 上可得到点 I，这说明阴线 CD 的 $\mathrm{I}D$ 段之影在 W 面上，延长 CD 交 W 和 V 面的交线于点 K_1，连接 I_0K_1 与过点 D 的空间光线 S 交于点 D_0，影线 I_0D_0 为阴线 CD 在 W 面上的落影。它就是光线在 W 面上的投影 s''的方向。折线 $C_0\mathrm{I}_0$—I_0D_0 为阴线 CD 的落影。

阴线 DE 的影落在 W 面上，D 点的落影 D_0 已经作出了，再延长 DE 至 W 和 V 面的交线上得 K_2 点，连接 D_0K_2 与过点 E 的空间光线 S 交于 E_0，即求出 DE 的落影 D_0E_0。当然 E 点的落影也可以用光线三角形法求得。

阴线 EF 的落影，由于 E 点的落影 E_0 在 W 面上，F 点的落影 F_0 在 H 面上，所以 EF 之影必然落在 W 面和 H 面上，即为一条折线。为此延长阴线 FE 交 W 和 V 面的交线于点 K_3，连接 E_0K_3 并延长与 W 和 H 面的交线相交于折影点 II_0，$E_0\mathrm{II}_0$为 EF 在 W 面上的落影。最后连接 II_0F_0 求得 EF 在 H 面上的落影。折线 $E_0\mathrm{II}_0$—II_0F_0 为阴线 EF 的落影。

（4）着色：

着色时需注意：光线由室外射入室内，透过窗洞的光柱体与承影面相交的部分颜色较浅，是亮影。没有被光照着的部分颜色较深，表明室内较暗，如图 2-28（*c*）所示。

2.3.4 雨篷、遮阳板的阴影

【例 2-13】 已知雨篷的轴测图及 C 点和其在墙面上的落影 C_0，见图 2-29（*a*）。完成雨篷的阴影作图。

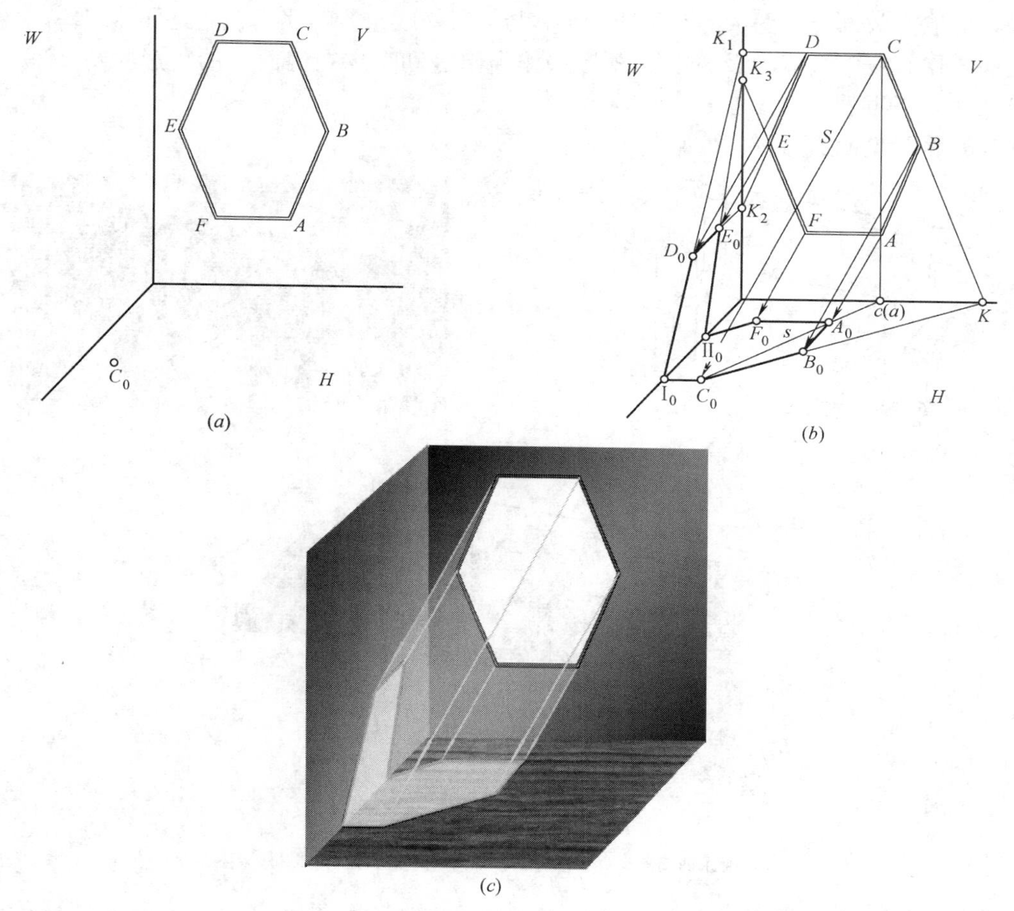

图 2-28　室内的亮影

（*a*）房间一角轴测图；（*b*）室内亮影图像作图；（*c*）渲染效果图

作阴影的思路：该题用光线三角形法求影，其步骤如下，见图 2-29（*b*）：

（1）据已知点 C 在墙面上的落影 C_0 定出空间光线 S 及其 H 投影 s。设雨篷板下表面为 H 平面，正墙面为 V 平面。CC_0 连线是空间光线 S 的方向，自影点 C_0 向上引铅垂线与 H 和 V 面的交线延长线相交于 c_0，连接 Cc_0 得空间光线 S 的水平投影 s，$\triangle Cc_0C_0$ 为光线三角形。

（2）由光线方向得出雨篷的阴线为折线 AB—BC—CD—DE。支撑的阴线为折线ⅠⅡ—ⅡⅢ—ⅢⅣ—ⅣⅤ—ⅤⅥ—ⅥⅦ—ⅦⅧ。

（3）用返回光线法作出雨篷等在支撑上的影线；如雨篷阴线 CD 在支撑前表面上的影线作图是自点Ⅰ引 s 的反方向交阴线 CD 于点 F，表示 F 点的影落在支撑阴线ⅠⅡ上，故过 F 点作空间光线 S 的平行线交阴线ⅠⅡ于影点 F_0。又因 CD 阴线平行于支撑前表面，其影与自身平行。由影点 F_0 作 CD 阴线的平行线即可。

又如支撑斜阴线ⅢⅣ在支撑表面上的影线作图是首先画出含ⅡⅢ线的水平面与含ⅤⅥ的正平面的交线，再自点Ⅲ引 s 的平行线与该交线相交于点 3_0，由点 3_0 向下作铅垂线与过Ⅲ点的空间光线 S 相交于影点 $Ⅲ_0$，连接Ⅳ$Ⅲ_0$ 为斜阴线ⅢⅣ在支撑表面或扩大面上的影线，应取有效部分。图中的铅垂线 3_0 $Ⅲ_0$ 与Ⅴ Ⅵ棱线重合纯属巧合，是偶然现象。

（4）用直线落影规律及光线三角形法作出雨篷和支撑在墙面上的落影，图 2-29（*b*）中已示明，不再赘述。

（5）将可见阴面和影区着暗色，见图 2-29（*c*）。

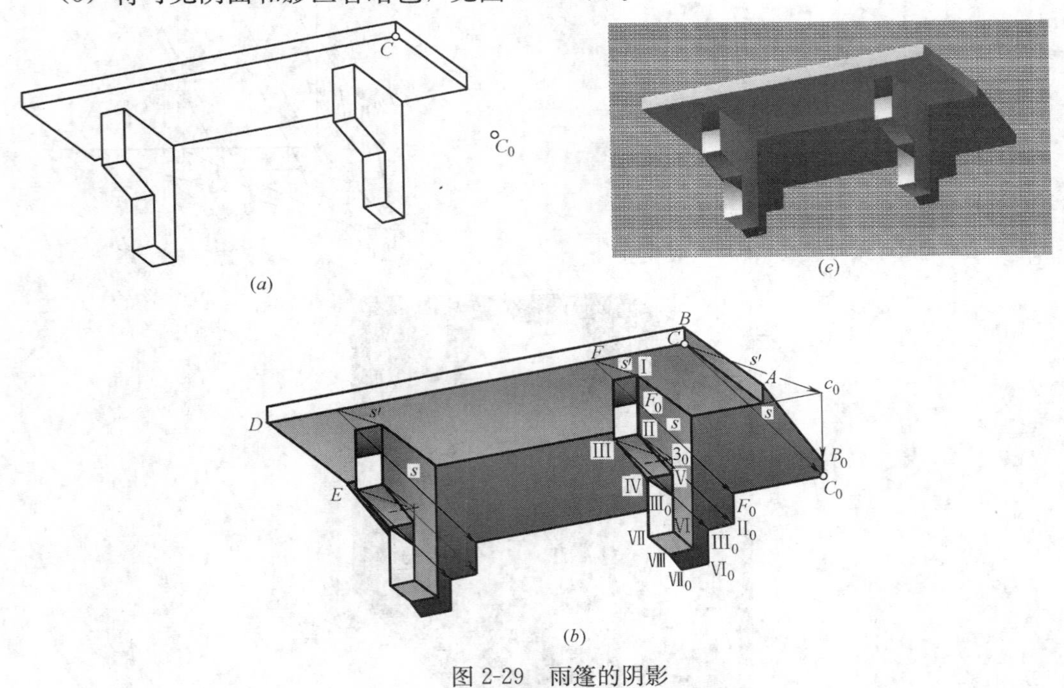

图 2-29　雨篷的阴影

（*a*）雨篷轴测图；（*b*）雨篷的阴影作图；（*c*）雨篷阴影效果图

【例 2-14】 已知遮阳板及隔板的轴测图及 A 点的落影 A_W，见图 2-30（*a*）。试完成其阴影。

作阴影的思路及步骤，见图 2-30（*b*）：

（1）根据 A 点在隔板上的落影 A_W 定出空间光线方向 S 及其 H 投影 s：设遮阳板下表面为 H 平面，正墙面为 V 平面，隔板的右表面为 W 平面。连线 AA_W 是空间光线 S 的方向，自影点 A_W 向上引铅垂线与 H 和 W 面的交线相交于 a_W，连接 Aa_W 得空间光线 S 的水平投影 s，$\triangle Aa_WA_W$ 为光线三角形。

（2）由光线方向确定阴线：折线 BA—AC—CD—DE 为水平遮阳板的阴线，竖向隔板的棱线 FG 为阴线，门洞的右棱线和上棱线是求影的阴线。

（3）求以上阴线的落影：阴线 AB 的落影是过影点 A_W 作 AB 的平行线与隔板和墙面的交线相交于折影点$Ⅰ_0$，连接 $BⅠ_0$ 得阴线 AB 在正墙面 V 上的落影，也是空间光线 S 在正墙面 V 上的投影 s'；影线 $BⅠ_0$ 与门洞线相交于折影点$Ⅴ_0$和阴点Ⅶ，门框的左侧面与阴线 AB 平行，其影与自身平行。从折影点$Ⅴ_0$作影线平行于 AB 与门板面的左边线交于折影点$Ⅵ_0$。门板面平行于 V 面，阴线 AB 在 V 面和门板面上的落影应平行。故自折影点 $Ⅵ_0$ 引 B $Ⅰ_0$的平行线与过阴点Ⅶ的空间光线 S 相交于点$Ⅶ_0$。折线 A_W $Ⅰ_0$— $Ⅰ_0$ $Ⅴ_0$— $Ⅴ_0$ $Ⅵ_0$— $Ⅵ_0$ $Ⅶ_0$—ⅦB 是阴线 AB 的落影。门洞阴线平行于门板面，自影点$Ⅶ_0$引Ⅶ Ⅷ的平行线与过阴点Ⅷ的空间光线 S 相交于影点$Ⅷ_0$，从影点$Ⅷ_0$向下引铅垂线便完成门洞阴线在门板面上的落影。

阴线 AC 在隔板上之影是延长隔板和水平遮阳板下表面的交线与阴线 AC 相交于点 Ⅳ，连接 A_{W}Ⅳ得阴线 AC 在隔板上的落影 $A_{\mathrm{W}}\,\mathrm{II}_0$，也是空间光线 S 在 W 平面上的投影 s''。由于 AC 平行于隔板的前表面和 V 面，其影与自身平行，故过折影点 II_0 作 AC 的平行线得影线 $\mathrm{II}_0\,\mathrm{III}_0$。$\mathrm{II}_0\,\mathrm{III}_0$ 为 AC 在隔板前表面上的落影；为了求出阴线 AC 在 V 面上的落影，我们假设没有竖向隔板，A 点的影自然落到 V 平面上，其影点作图是延长 $B\,\mathrm{I}_0$（光线的 V 投影 s'）和 AA_{W}（空间光线 S），使它们相交于点 A_{V}，A_{V} 为点 A 在 V 面上的虚影，再自影点 A_{V} 作 AC 的平行线与过 C 点的空间光线 S 相交于 C_{V}。$A_{\mathrm{V}}C_{\mathrm{V}}$ 为 AC 在 V 面的落影。有效的影线 $C_{\mathrm{V}}\,\mathrm{III}_{\mathrm{V}}$ 通过滑影点 III_0 作空间光线 S 交 $A_{\mathrm{V}}C_{\mathrm{V}}$ 于影点 $\mathrm{III}_{\mathrm{V}}$ 而获得（阴线上的影点称为滑影点对）。

阴线 FG 上的 III_0 点既是影点又是阴点，它既是阴线 AC 上的 Ⅲ 点之影，又是阴线 FG 上的阴点 III_0，阴点 III_0 在 V 面上之影为 $\mathrm{III}_{\mathrm{V}}$，故过影点 $\mathrm{III}_{\mathrm{V}}$ 向下作铅垂线平行于 FG，得阴线 FG 在平面 V 上的落影。

阴线 CD 平行于 V 平面，其落影 $C_{\mathrm{V}}D_{\mathrm{V}}$ 与 CD 平行且等长；连接 $D_{\mathrm{V}}E$ 得阴线 DE 在平面 V 上的落影。该影线平行于直线 AB 的落影，也平行于 s'。

（4）将可见阴面和影区着暗色，见图 2-30（c）。

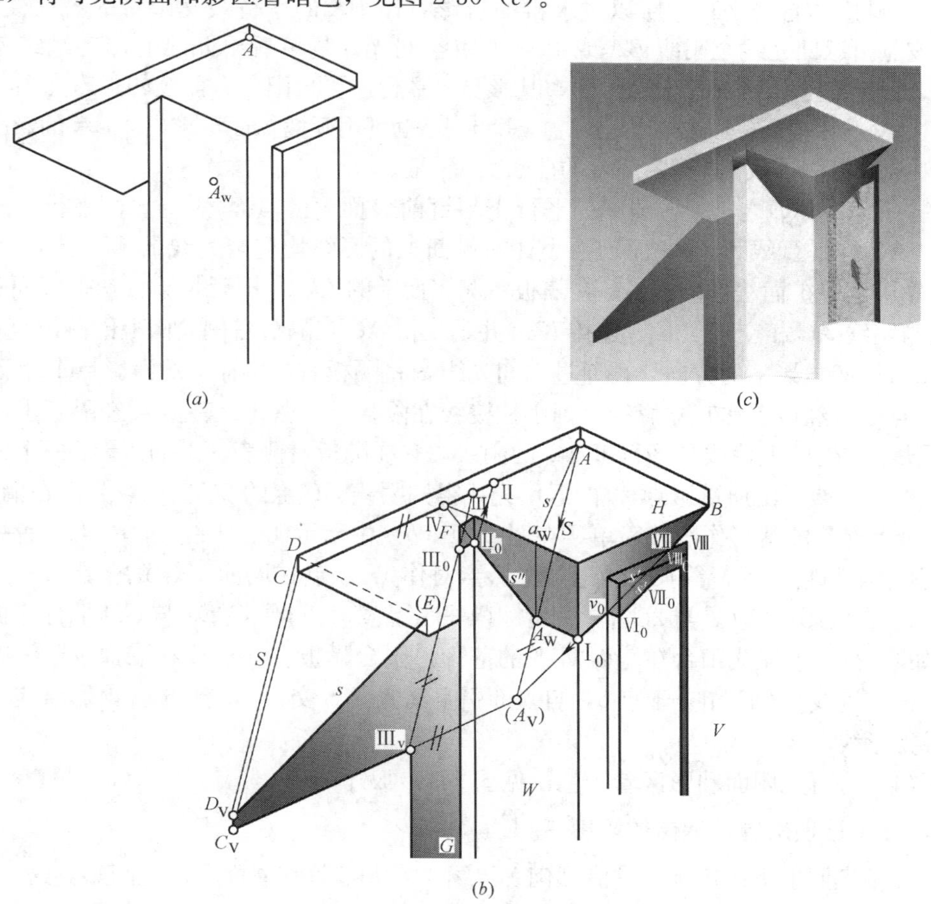

图 2-30　遮阳板及隔板的阴影

（a）遮阳板及隔板的轴测图；（b）遮阳板及隔板的阴影作图；（c）遮阳板及隔板阴影的效果图

2.3.5 阳台的阴影

【例 2-15】 已知阳台的轴测图及 Q 点的落影 Q_0，见图 2-31（a）。求阳台的阴影。

作阴影的思路与步骤，见图 2-31（b）：

设阳台底面为 H，阳台前表面为 V_1，墙面为 V，隔板右侧表面为 W，阳台体部右端的外侧表面为 W_1。

（1）确定光线方向：连线 QQ_0 是空间光线 S 的方向。自影点 Q_0 向上引铅垂线与 V 和 H 面的交线相交得点 q_0，连接 Qq_0 得空间光线 S 的 H 投影 s，PQ_0 连线是空间光线 S 的 V 投影 s'。

（2）由光线方向确定求影的阴线：折线 BA—AC—CD—DE 和扶手上表面与内侧面的交线是扶手求落影的阴线，见图 2-31（b）和图 2-31（c）。折线 PQ—QR—$R2_0$ 是阳台体部求影的阴线。阳台前栏板上的透空小柱的左前棱为求影的阴线。

（3）求各段阴线的落影：

扶手阴线 BA 之影：因 BA 垂直于墙面 V，BA 在墙面 V 上的落影平行于光线的 V 投影 s'，故自点 B 引 s'的平行线与 W_1 和 V 面的交线相交得一折影点。又因 BA 平行于承影面 W_1，其影与自身平行。所以过求得的折影点作 BA 的平行线交阳台的右前棱于一点，再从该点引返回光线至阴线 BA 或由点 A 引空间光线均可看出此线的影还继续落在阳台的前表面 V_1 上。BA 垂直于 V_1 面，其影与 s'平行。再自阳台右前棱的折影点引 s'的平行线与过 A 点的空间光线交于影点 A_0，影点 A_0 也可用延棱扩面法求出。BA 的影落在墙面 V、阳台的右侧外表面 W_1、阳台的前表面 V_1 上。

扶手阴线 AC 之影：阴线 AC 平行于阳台前表面 V_1，其落影与 AC 平行。故自影点 A_0 作 AC 的平行线 A_02_0，而透空小柱右侧面上的影线均应与光线的 W 投影 s''平行，为此，先用延棱扩面法作阴线 AC 在隔板右侧表面上的落影，即延长阳台扶手底面和隔板的交线与阴线 AC 相交于点 K，连接 $K3_0$ 并延长得 AC 在隔板右侧表面上的落影，也是空间光线 S 的 W 投影 s''的方向。再通过空间光线 S 将隔板右边小柱上的滑影点 1_0 落到隔板上的 1_0 点处，经该点作直立影线得到小柱棱线在隔板上的落影。注意：经隔板上的点 L 有一条扶手内侧的上棱线是平行于 AC 的阴线，它在隔板右侧表面上的落影也平行于光线的 W 投影 s''。然后由通过影点 2_0 的返回光线得知阴线 AC 上的 $2C$ 段的影是落在墙面 V 上。

余下部分的落影作图较简单，在图 2-31（b）中已示明。阴线 QR 和 $R2_0$ 平行于墙面 V，其落影与自身平行等长。再通过滑影点对作出 2_0 点在墙面 V 上的落影 2_0，自墙面 V 上的 2_0 点引影线 2_0C_0 与 $2C$ 平行并取相等得影点 C_0。再作 C_0D_0 与 CD 平行等长，过 D_0 作 s'的平行线便完成阳台在墙面 V 上的落影。阳台隔板左前棱线在墙面 V 上的落影作图是延长该棱线与 QR 相交于点 6，自点 6 引空间光线 S 交 Q_0R_0 于 6_0，由影点 6_0 向上作铅垂线得影线。

（4）将可见阴面和影区着暗色，见图 2-31（d）。

2.3.6 单坡顶房屋及烟囱的阴影

在阳光照射下的房顶上常有烟囱、天窗、女儿墙等在屋面上产生阴影，这些构筑物上的棱线通常是直线。所以在讨论烟囱、天窗、女儿墙等在屋面上的落影作图之前，应先了解直线在斜面上的落影作图。

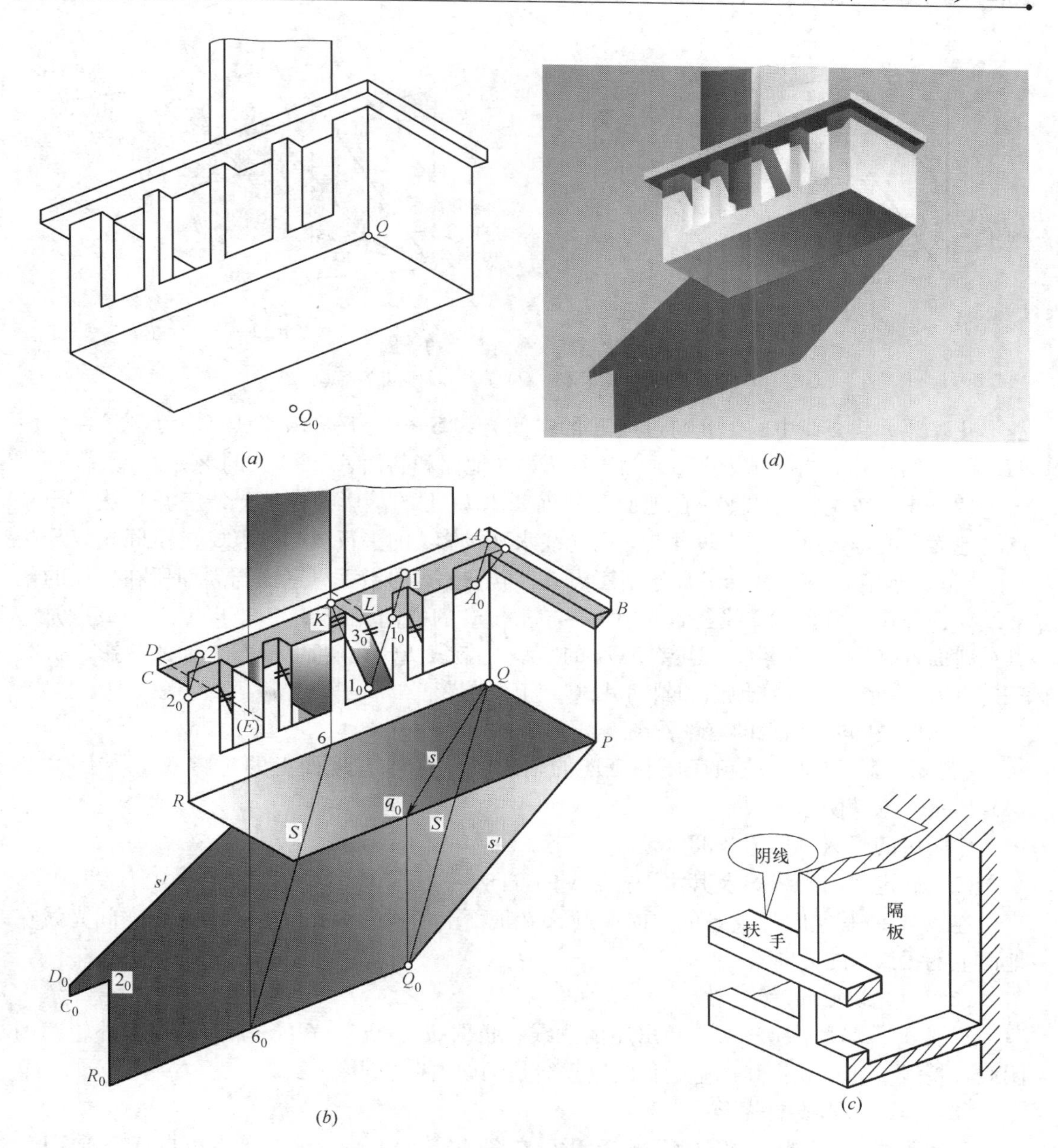

图 2-31　阳台的阴影

(*a*) 阳台轴测图；(*b*) 阳台阴影的作图；(*c*) 阳台局部轴测剖面图；(*d*) 阳台阴影效果图

1) 直线在斜面上的落影作图

【例 2-16】 已知空间光线 S 及其水平投影 s 的方向，如图 2-32（*a*）左上角所示。铅垂直线 EF、斜线 EG 及斜面 $ABCD$ 的轴测图如图 2-32（*a*）所示。求直线 EF、EG 在斜面 $ABCD$ 上的落影。

作图步骤，见图 2-32（*b*）：

(1) 首先采用光截面法作铅垂线 EF 在地面和斜面 $ABCD$ 上的落影：过点 F 作空间光线 S，光线 S 和铅垂线 EF 构成铅垂光平面，该铅垂光平面与地面的交线 EF_H 就是光线的水平投影 s，它与 AD 的交点 Ⅰ 是折影点。铅垂光平面与斜面所在立体的截交线为

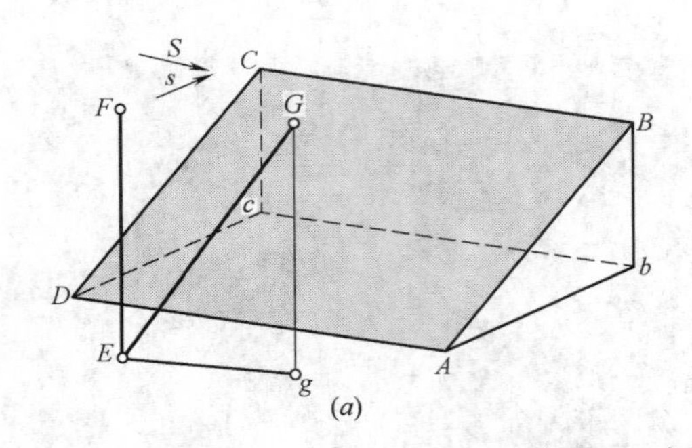

(*a*)

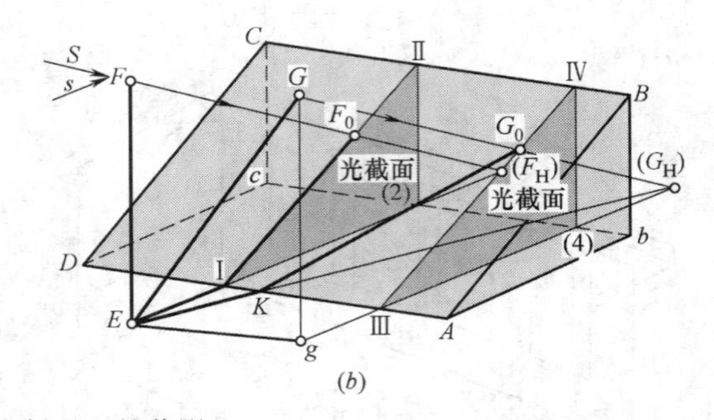

(*b*)

图 2-32　直线在斜面上的落影

(*a*) 直线及斜面的轴测图；(*b*) 直线在斜面上的落影作图

△ⅠⅡ（2），截交线中的ⅠⅡ与过点 F 的空间光线 S 相交于点 F_0，点 F_0 为点 F 在斜面 $ABCD$ 上的落影。折线 EⅠ—ⅠF_0 为直线 EF 在地面和斜面 $ABCD$ 上的落影。

（2）作一般位置直线 EG 在地面和斜面 $ABCD$ 上的落影：先用光线三角形法作出 G 点在地面上的虚影（G_H），即自点 g 引光线水平投影 s 的平行线与过点 G 的空间光线 S 相交于 G_H。连接 E（G_H）交 AD 于折影点 K。包含 Gg 的铅垂光平面与斜面所在立体的截交线为△ⅢⅣ（4），截交线△ⅢⅣ（4）与过点 G 的空间光线 S 相交于点 G_0，该点是 G 点在斜面 $ABCD$ 上的落影。连接 KG_0 的直线是斜线 EG 在斜面 $ABCD$ 上的落影。折线 EK—KG_0 是斜线 EG 在地面和斜面 $ABCD$ 上的落影。

2）烟囱在斜屋面上的落影作图

【例 2-17】 已知单坡顶房屋及烟囱的轴测图和点 A 在地面上的落影 A_0，如图 2-33（*a*）所示。求其阴影。

作阴影的步骤，见图 2-33（*b*）：

（1）确定空间光线 S 及其水平投影 s 的方向：

连线 AA_0 是空间光线 S 的方向；点 A 在地面上的投影为 a，连接 aA_0 得空间光线在地面上的投影 s 的方向。

（2）由光线方向确定阴线：

折线 aA—AB—BC—CD 是房屋的阴线；折线 EF—FG—GH—HJ 是烟囱外轮廓的阴线，折线ⅠⅡ—ⅡⅢ和过Ⅰ、Ⅲ的铅垂线是烟囱内壁的阴线。

（3）作以上阴线的落影：

房屋阴线 aA—AB—BC—CD 的落影已在图 2-33（*b*）中示明，读者可自行分析阅读。本例主要讨论烟囱在斜面上的落影和烟囱筒体内的阴影。

烟囱阴线 EF 是铅垂线，它在斜面上的落影作图与图 2-32（*b*）所示方法相同。首先过点 E 作一水平面 EⅣⅤ，再自点 E 引光线的水平投影 s 与ⅣⅤ相交于点 m，从点 m 向上作铅垂线交 AB 于点 M，连线 EM 为包含 EF 作的光平面与斜面的交线，该交线与过点 F 的空间光线 S 相交得点 F 在斜面上的落影 F_0。影线 EF_0 为烟囱阴线 EF 在斜面上的落影。

烟囱阴线 FG 之影 F_0G_0 采用延棱扩面法作出。阴线 GH 与斜屋面平行，在斜屋面上的落影与自身平行等长。自点 G_0 作影线 G_0H_0 与阴线 GH 平行且取等长得 H_0 点。烟囱的铅垂棱线 HJ 的落影是自 H_0 点引 EF_0 的平行线而作出。

烟囱内壁的阴线中，只有阴线ⅠⅡ之影为可见，阴线ⅠⅡ与承影面垂直，它在承影面上的落影平行于空间光线的 V 投影 s'。为此设房屋的 $aABb$ 端面为 W 面，与 aA 所在的矩形面和与之平行的面为 V 面，在图 2-33（b）右前作了一图解求出光线的 V 投影 s'。再由点Ⅰ引 s'的平行线即得阴线ⅠⅡ落影的可见部分，其余阴线落影均不可见，不必作出。

（4）着色：将可见阴面和影区着暗色，见图 2-33（c）。

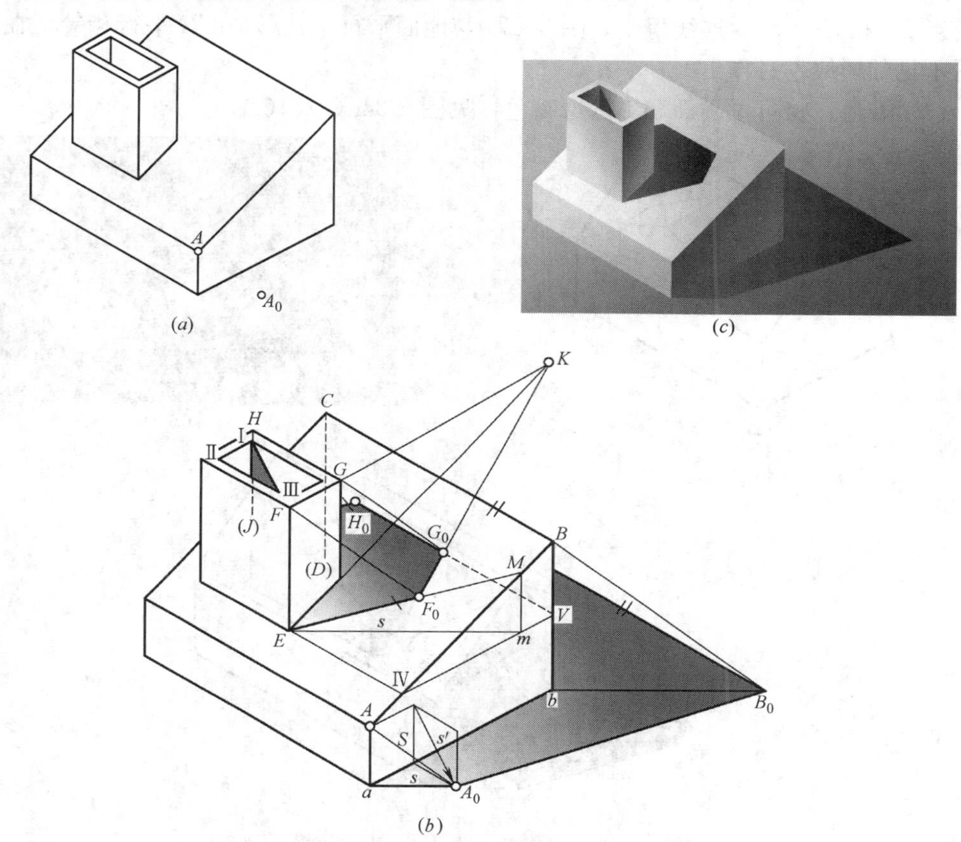

图 2-33　带烟囱单坡顶房屋的阴影

（a）单坡顶房屋轴测图；（b）带烟囱的单坡顶房屋阴影作图；（c）效果图

2.3.7　房屋的阴影

【例 2-18】 已知两坡顶房屋和双坡顶天窗的轴测图及光线方向，如图 2-34（a）所示，试完成其阴影作图。

作阴影的步骤，见图 2-34（b）：

（1）由光线方向确定阴线：

折线 aA—AB—BC—CD—Dd 是两坡顶房屋的阴线；折线 EF—FG 是双坡顶天窗的阴线。

（2）作以上阴线的落影：

作双坡顶天窗阴线在坡屋顶上的落影：铅垂阴线 EF 的落影作图与图 2-32（b）所示方法相同。首先过点 E 作一水平面 H，再自点 E 引光线的水平投影 s 与 H 面的边线相交于 m 点，自 m 点向上作铅垂线交 AB 于点 M，连线 EM 为包含 EF 作的铅垂光平面与坡屋面的交线，该交线与过点 F 的空间光线 S 相交得点 F 在坡屋面上的落影 F_0。影线 EF_0

为天窗阴线 EF 在坡屋面上的落影。连接 F_0G 是天窗檐口阴线 FG 在坡屋面上的落影。

作两坡顶房屋在地面上的落影：铅垂阴线 aA 之影是过点 a 引光线的水平投影 s 的平行线与过点 A 的空间光线 S 相交于点 A_0，影线 aA_0 为铅垂阴线 aA 在地面上的落影。斜阴线 AB 和 BC 之影可用延棱扩面法作出。也可用光线三角形法作出 B 点和 C 点在地面上的落影 B_0 和 C_0，然后连线得出。阴线 CD 与地面平行，其影与 CD 平行相等。在轴测图中看不见的影线不必作出。

(3) 着色：将可见阴面和影区着暗色，见图 2-34（b）、（c）。

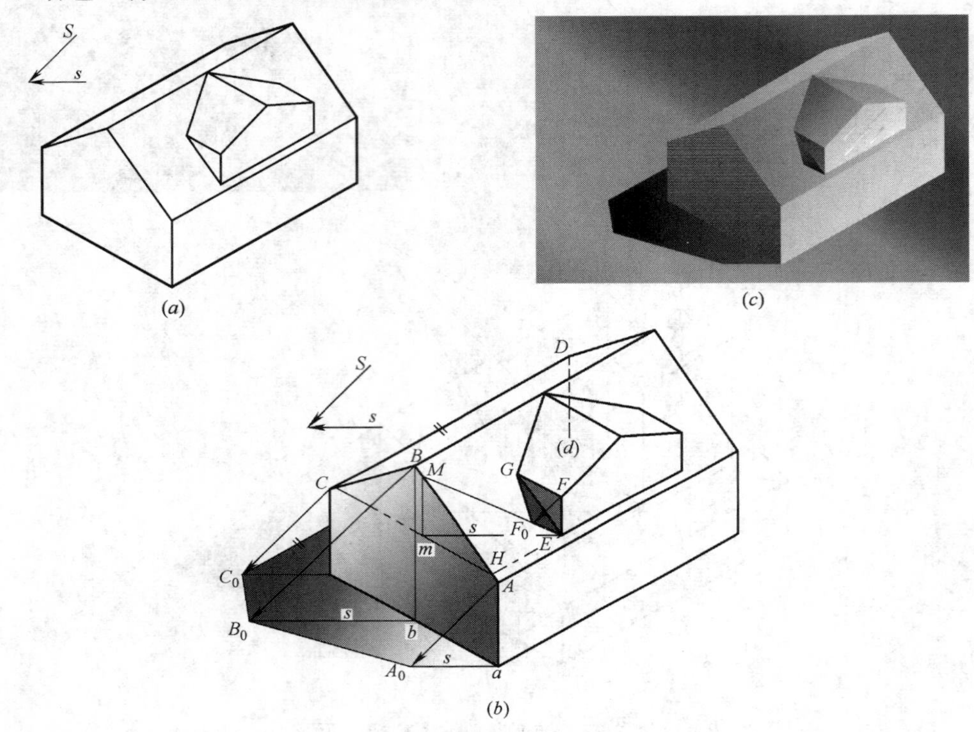

图 2-34　两坡顶房屋的阴影

（a）两坡顶房屋的轴测图；（b）两坡顶房屋的阴影作图；（c）两坡顶房屋阴影的渲染图

【例 2-19】 已知某建筑物的轴测图及光线方向，如图 2-35（a）所示，试完成其阴影。

作阴影的步骤，见图 2-35（b）：

(1) 由光线方向确定阴线：

折线 aA—AB、cC—CD—DE、fF—FG—GH—Hh 是求影的阴线。

(2) 作以上阴线的落影：

铅垂阴线 aA 和正垂阴线 AB 之影是自点 a 引光线的水平投影 s 的平行线交地基线于一折影点，再由该折影点向上作铅垂影线与过点 A 的空间光线 S 相交于点 A_0，连接 A_0B 完成阴线 aA—AB 的落影作图。

阴线 cC—CD—DE 之影是自点 c 引光线的水平投影 s 的平行线与过 C 点的空间光线 S 相交于点 C_0，cC_0 为阴线 cC 在地面上的影线。阴线 CD 平行于地面，其影是自 C_0 作影线 C_0D_0 与 CD 平行，且取之相等。阴线 DE 也与地面平行，故过影点 D_0 作影线 D_0K_0 平行

于 DE。

阴线 fF—FG—GH—Hh 之影是自点 f 引光线的水平投影 s 的平行线交 DE 于 K_0，影点 K_0 是滑影点对，它是阴线 fF 上的点 K 之影。也就是说阴线 fF 上的 fK 段的影落在长方体 $cCDE$ 的顶面上，KF 段之影落在地面上。故通过空间光线将 DE 上的影点 K_0 确定在 DE 的影线上。然后由地面上的影点 K_0 引光线的水平投影 s 的平行线与过 F 点的空间光线 S 相交于点 F_0，影线 F_0K_0 和 K_0f 是阴线 fF 的落影。阴线 FG 和 GH 平行于地面，其影与自身平行相等。铅垂阴线 Hh 之影与光线的水平投影 s 平行。

（3）着色：将可见阴面和影区着暗色，见图 2-35（b）、（c）。

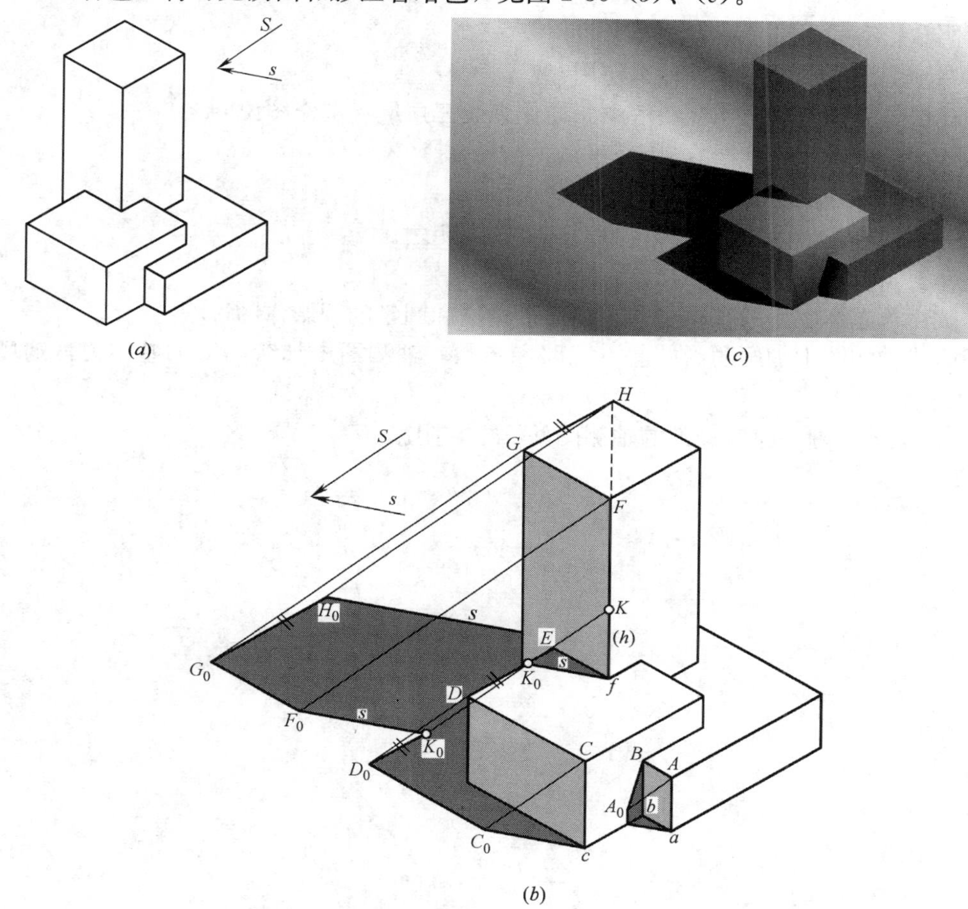

图 2-35　某建筑物的阴影

（a）某建筑物轴测图；（b）某建筑物的阴影作图；（c）某建筑物阴影的效果图

综上所述，在轴测图中加绘阴影的基本思路和步骤如下：

（1）由表现意图确定光线方向。

（2）根据光线方向确定物体的阴、阳面及阴线，正确分析阴线与承影面的相对位置。

（3）求各段阴线的落影，尽量运用直线落影规律，准确而快速地作出各段阴线的落影。

（4）着色。

通过本章学习应熟练掌握轴测图中加绘阴影的基本方法，如光线三角形法、光线迹点法、光截面法、延棱扩面法、回投光线法、虚影法等。

熟悉各种位置直线的落影规律是在轴测图中准确而快速加绘阴影的必要条件。凭点的落影能熟练地定出空间光线及其在各坐标面上的投影方向（S、s、s'、s''）和在任何情况下都能熟练地利用点、直线和平面的落影规律求出空间任意一点落在任何表面上的影是轴测图中求阴影应具备的基本功。

复习思考题

1. 阴和影有何区别？两者之间又有何关系？
2. 在轴测图中加画阴影有什么作用？
3. 什么是光线三角形？在图解中怎样作光线三角形？试作图说明之。
4. 什么是虚影？为什么有时我们必须求点的虚影？
5. 什么叫光截面法？它通常用来作什么？
6. 简述轴测图中的直线落影规律，试作图说明之。
7. 什么叫折影点？
8. 试述求立体阴影的基本步骤，并简述棱锥和圆锥的阴影作图过程。
9. 简述轴测图中加画阴影的基本思路和步骤。轴测图中加绘阴影的基本方法有哪几种？试作图说明之。
10. 请读者自画一建筑局部的轴测图并作出其阴影。

第 3 章　正投影图中的阴和影

3.1　正投影图中加绘阴影的作用及常用光线方向

3.1.1　正投影图中加绘阴影的作用

在正投影图中加绘物体的阴影，是指在多面正投影图中加绘物体阴和影的投影。物体的多面正投影图是工程中最常用的图样，该类图样画法简单、量度性好，但是它的每一个图都只能反映物体两个方向的尺寸，没有立体感，有时导致不同形状的物体的某个正投影图完全相同，单凭一个图无法区别。故在多面正投影图中，至少要两个投影图才能表达一个物体。

图 3-1 是具有相同正立面图的三个不同的物体，如果不画出其水平投影图，就无法区别，如若在立面图上加画其阴影，见图 3-2，没有水平投影图，同样能看出三者的区别。

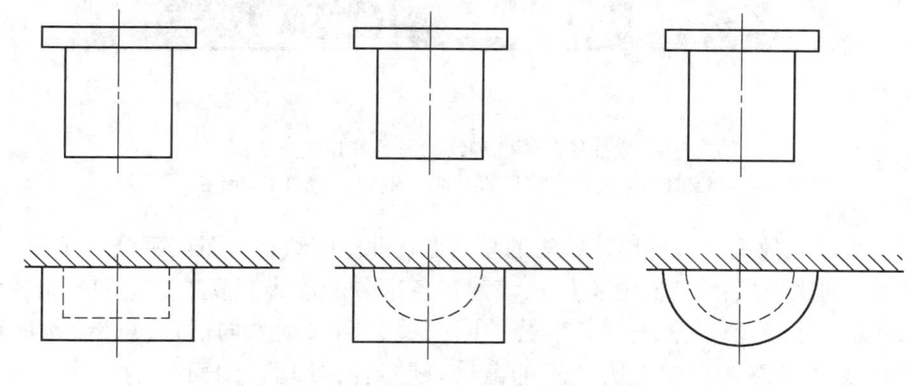

图 3-1　正立面图相同的三个不同物体的平、立面图

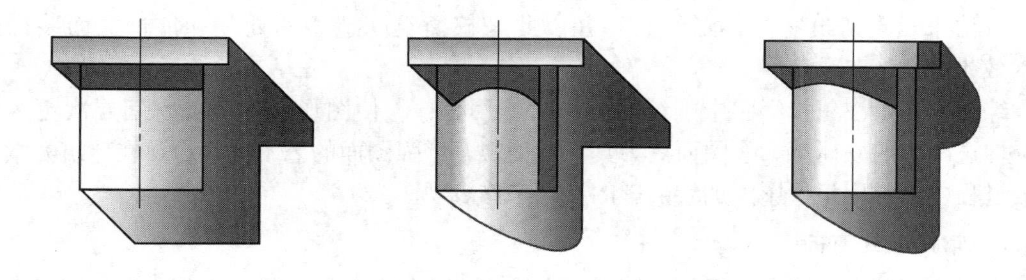

图 3-2　加绘阴影后的正立面图

在建筑设计的立面表现图中，因加绘了阴影而使建筑物的形象更加直观，增强了图面的美感。图 3-3（a）是某建筑的正立面投影轮廓图，它只反映建筑的长和高方向的尺寸，

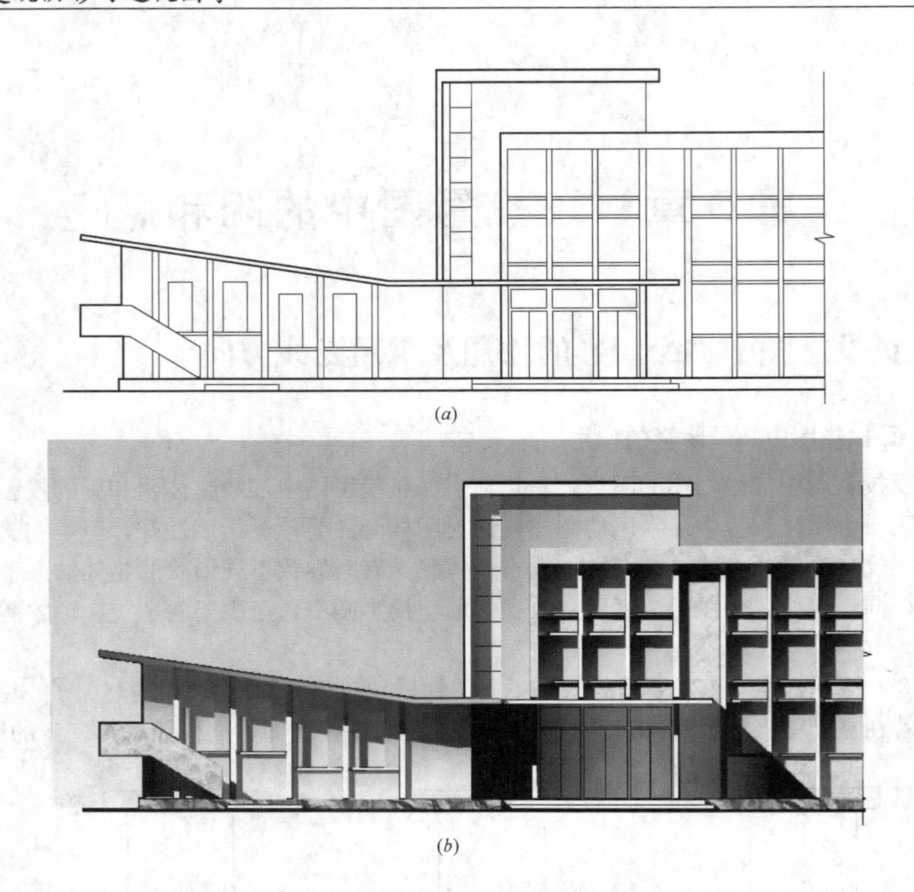

(*a*)

(*b*)

图 3-3　未加绘阴影和加绘阴影的某建筑正立面图
(*a*) 某建筑的正立面图；(*b*) 加绘阴影的某建筑正立面图

缺宽方向的尺寸，故无法表现出建筑物的立体形状和空间组合，图面平淡、呆板。图 3-3 (*b*) 是加绘了阴影的某建筑正立面图，该建筑各部分的落影宽度正是它们挑出或凹进承影面的尺度，充分反映了建筑物各部分的凹凸关系和深度方向的尺度，使两向度的平面图形产生了立体感，再加上阴和影的渲染，明暗的处理，图面自然生动、真实、美观。这样的图有助于体现建筑造型的艺术感染力。因此在建筑表现图中，常用加绘阴影的方法来表现建筑物的体形组合，并以此来权衡空间造型的处理和评价立面装饰的艺术效果。

综上所述，在正投影图中加绘阴和影的作用是：①使图形所代表的空间层次更为清晰，增进图形的立体感。②图面更为真实、美观，增强图面的艺术感染力。在建筑方案设计的过程中，常用正投影图加绘阴影的形式来作表现图。

3.1.2　常用光线方向

在正投影图中绘阴影，通常选用平行光线。为了作图简捷和量度方便，我们还常选用特定方向的平行光线，即当正立方体的各侧棱面平行于相应的投影面时，光线从正立方体的左、前、上角射向右、后、下角，即正立方体对角线的方向，见图 3-4。这样的平行光线方向称为常用光线方向或习用光线方向。显然常用光线的三个投影 s、s'、s''与投影轴的夹角均为 45°，常用光线 S 与每个投影面的夹角相等，即 $\alpha=\beta=\gamma$，其角度可以用三角函数或旋转法求出：

设正立方体的边长为 1，则

$$s=s'=s''=\sqrt{2},\ S=\sqrt{3}$$

$$\because \tan\alpha=\tan\beta=\tan\gamma=\frac{1}{\sqrt{2}}$$

$$\therefore \alpha=\beta=\gamma=35°15'52''\approx 35°$$

见图 3-5～图 3-7。

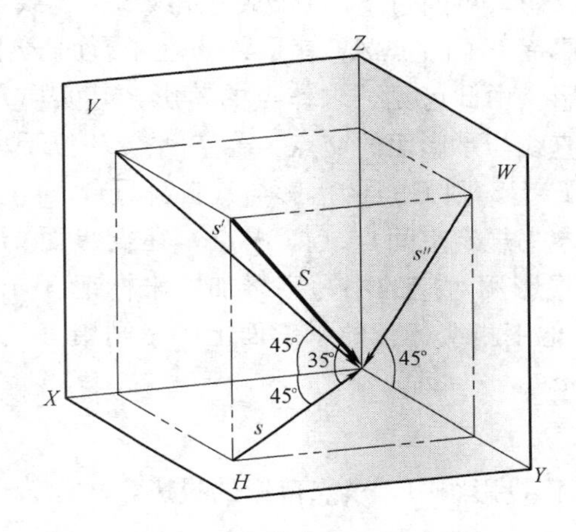

图 3-4　常用光线的空间情况

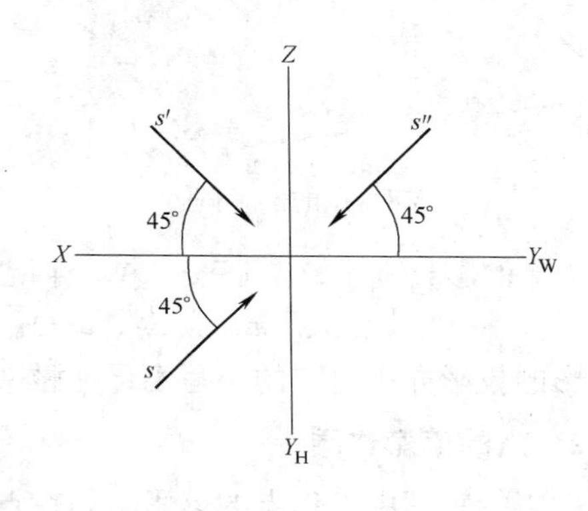

图 3-5　常用光线的正投影图

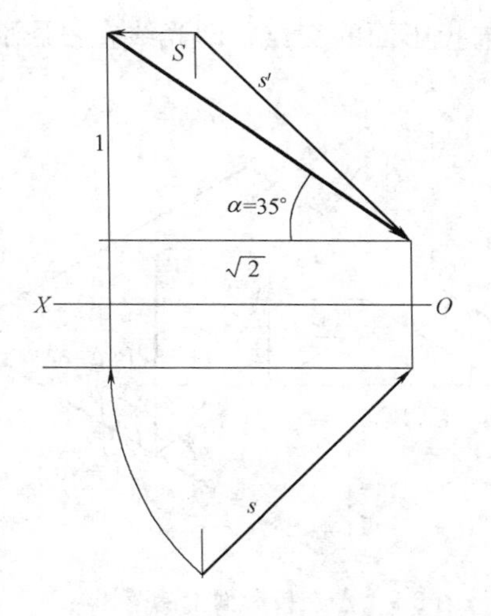

图 3-6　用旋转法作常用光线的倾角

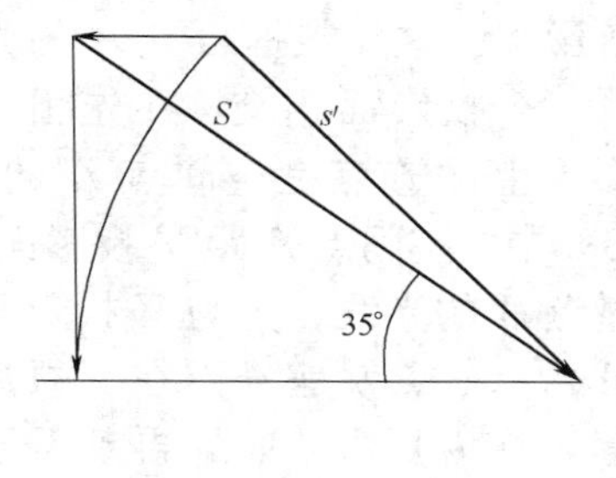

图 3-7　常用光线倾角的单面作图

利用常用光线在正投影图中作阴影，可使物体各部分的落影宽度等于落影物伸出或凹进承影面的尺度，也正是每个正投影图所缺少的尺度，故作影后使物体的一个正投影图反映了长、宽、高三个方向的尺度，图形自然有立体感，其原因就是常用光线的各投影与投影轴之夹角为 45°。

3.2 点的落影

3.2.1 点的落影概念

空间点在某承影面上的落影，就是射向该点的光线与承影面的交点。空间点的落影位置取决于光线的方向和点与承影面之间的相对位置。而对正投影图中的阴影来说，光线方向通常选用平行光线中的常用光线方向。

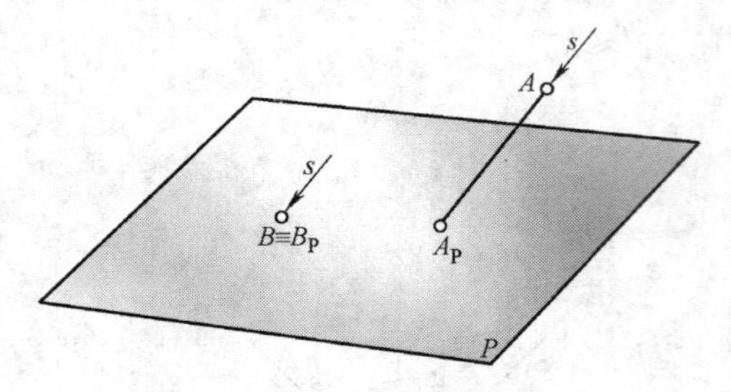

图 3-8 点的落影概念

如图 3-8 所示，要作空间 A 点在承影面 P 上的落影，可通过空间点 A 作光线 S，光线 S 与承影面 P 的交点 A_P 就是 A 点在承影面 P 上的落影。由此可见，求作点的落影，其实质是求作直线与承影面的交点。若空间点 B 位于承影面 P 上，则 B 点的落影与其自身重合。

本书规定空间点（如 A 点）在投影面 H、V、W 上的影分别用 A_H、A_V、A_W 标记。影的投影用对应的小写字母加撇来标记（a_H、a'_H、a''_H，a_V、a'_V、a''_V，a_W、a'_W、a''_W）。点在其他不指明标记的承影面上的影则用 A_0 标记。影的投影亦用对应的小写字母加撇来标记（a_0、a'_0、a''_0）。

3.2.2 点的落影作图

在正投影图中求作点的落影，是在点的三面正投影图中，求点落影的投影，故光线也用投影表示。

1）承影面为投影面

当承影面为投影面时，点的落影是过点的光线与投影面的交点，即光线在投影面上的迹点。在两面投影体系中，迹点有两个，如图 3-9 所示。究竟哪一个迹点是空间点 A 的落影呢？这要根据自点 A 的光线首先与哪一个投影面相交，在先相交的那一投影面上的迹点是空间点 A 的落影。在图 3-9 中，空间点 A 距 V 投影面较近，所以过点 A 的光线首先与 V 投影面相交于点 A_V，A_V 点就是 A 点在 V 投影面上的落影，称为真影。如果再延长这一光线与投影面 H 相交于点 A_H，A_H 点称为 A 点的假影（虚影），假影的标记通常用括号加以区别，在求影的过程中假影一般不画出，然而在以后某些求影过程中常常要用它。当空间点到投影面 H 和 V 的距离相等，其影落在 OX 轴上。

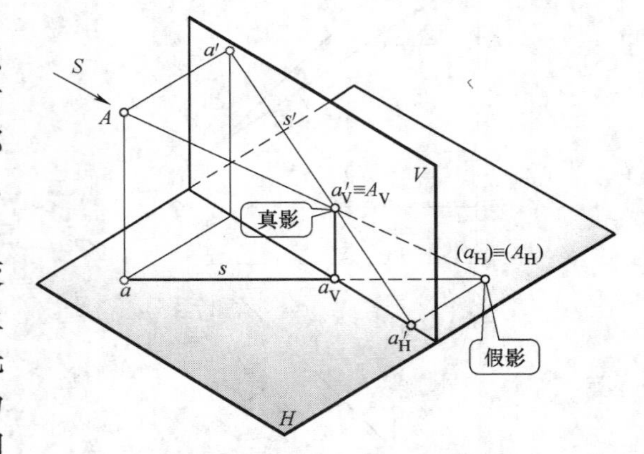

图 3-9 点在投影面上的落影

【例 3-1】 已知点 A、B 的两面投影图，求其落影，见图 3-10（a）。

作图步骤：

（1）作 A（a、a'）点的落影：由于 A 点距 V 投影面较近，所以过点 a 作光线的 H 投

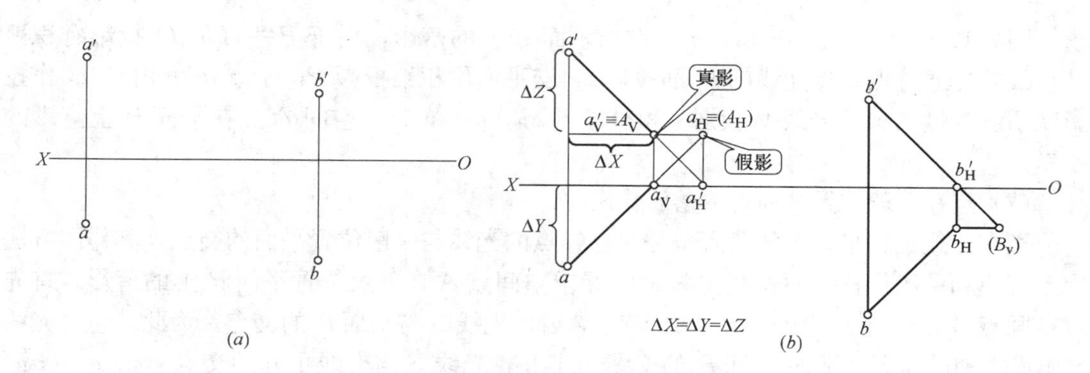

图 3-10 点在投影面上的落影

(*a*) 已知条件；(*b*) 点在投影面上的落影作图

影 s 首先与 OX 轴相交于点 a_V，由 a_V 作投影联系线与过 a' 的光线的 V 投影 s' 相交于 a'_V，即 A 点在 V 面上的落影 A_V，a_V 和 a'_V 是真影 A_V 的 H、V 投影。如果再延长过 a' 的光线 V 投影 s' 交 OX 轴于 a'_H，由 a'_H 作投影联系线与过点 a 的光线 H 投影 s 的延长线相交于 a_H，这是 A 点在 H 面上的落影（A_H），是假设光线穿过 V 面之后与 H 面相交而得出的，此影为 A 点在 H 面上的假影，见图 3-10（*b*）左图。

（2）作 B（b、b'）点的落影：过 B 点的投影 b、b' 分别作光线的投影 s、s'，因 B 点距投影面 H 较近，故过 b' 的光线 V 投影 s' 首先与 OX 轴相交于点 b'_H，再由 b'_H 作投影联系线与过 b 的光线 H 投影 s 相交于点 b_H，即得 B 点在 H 面上的落影 B_H。由于光线的各投影为 45°线，所以自点 b_H 作 OX 轴的平行线与过 b' 的光线 V 投影 s' 的延长线相交于（B_V），这是假设光线穿过 H 面之后与 V 面相交而得出的，此影为 B 点在 V 面上的假影，见图 3-10（*b*）右图。

从图 3-10（*b*）看出，A 点的 V 投影到其真影 A_V 的水平和垂直距离都等于 A 点到 V 面的距离，即 $\Delta X=\Delta Y=\Delta Z$。由该图还可以看出，$A$ 点真影的 Z 坐标与假影的 Y 坐标绝对值相同，所以在投影图中真假影连线平行于 OX 轴。

由以上分析得出点的落影规律：

（1）点的真影一定落在距点较近的承影面上。承影面上的点，其落影为自身。

（2）空间点在某投影面上的落影与其同面投影间的水平和垂直距离等于空间点对投影面的距离。

（3）可由点到投影面的距离单面作出点的落影。如 C 点到 H 面的距离为 10（记作 c_{10}），C 点落影的单面作图，见图 3-11。

（4）因为光线的各投影是 45°线，所以真假影连线平行于 OX 轴。

2）承影面为平面

点在平面上的落影作图步骤与直线和平面相交求交点的步骤相同。其直线就是求影中的光线。

（1）点在特殊位置平面上的落影作图

在特殊位置平面的三面正投影图中，至少有一个投影具有积聚性，空间点在这类平面上的落影均可利用积聚投影求

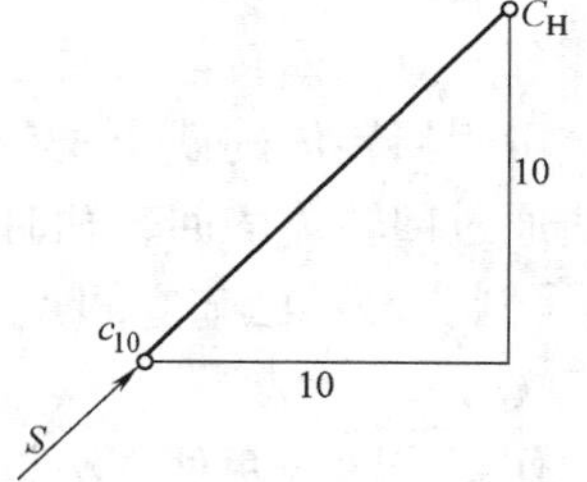

图 3-11 点在投影面上落影的单面作图

出。图 3-12 是求空间点 A（a，a'）在铅垂面 P 上的落影，由于 P 平面的 H 投影有积聚性，故首先通过点 a 作光线的 H 面投影 s，交平面的积聚投影 P_H 于点 a_P，由点 a_P 作投影联系线与过点 a' 的光线 V 投影 s' 相交于点 a'_P，a_P 和 a'_P 为空间 A 点在平面 P 上落影的投影。

（2）点在一般位置平面上的落影作图

点在一般位置平面上的落影也是含已知点的光线与一般位置平面的交点，其作图方法同于直线和一般位置平面相交。图 3-13 是求空间点 A 在一般位置平面 P 上的落影。首先过空间点 A（a，a'）作光线 S（s，s'），然后求光线 S 与平面 P 的交点。为此，包含光线 S 作铅垂辅助面 F，平面 F 和 P 的交线为ⅠⅡ，光线 S 与交线ⅠⅡ的交点 A_P（a_P，a'_P）就是空间点 A 的落影。

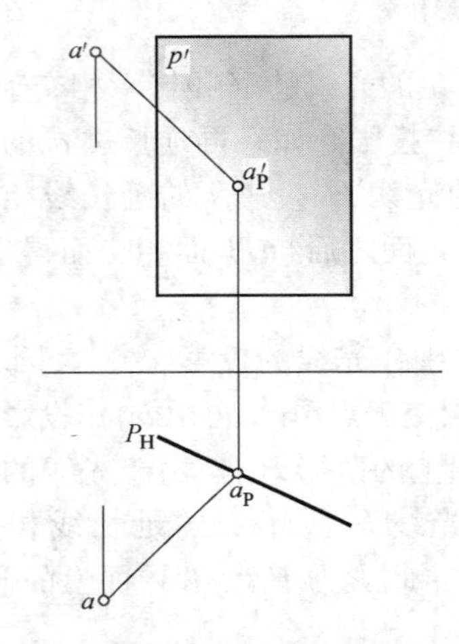

图 3-12　点在特殊面上的落影

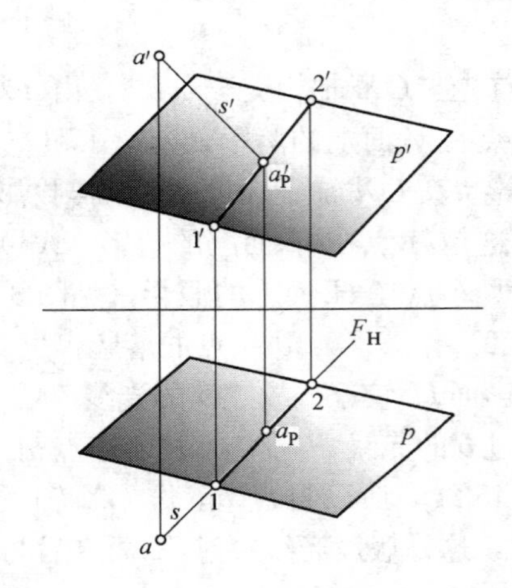

图 3-13　点在一般位置平面上的落影

3）承影面为立体表面

空间点在立体表面上的落影，是含已知点的光线与立体表面首先相交的点。

（1）点在平面立体表面上的落影作图

【例 3-2】 已知点 A 及房屋的两面投影图，求 A 点在房屋上的落影，见图 3-14（a）。

作图步骤，见图 3-14（b）：

① 过点 A 引光线 S（s，s'），然后包含光线 S 作铅垂光截面 F。

② 求出铅垂光截面 F 与房屋的截交线Ⅰ—Ⅱ—Ⅲ—Ⅳ—Ⅴ—Ⅵ—Ⅰ，光线 S 与截交线Ⅰ—Ⅱ—Ⅲ—Ⅳ—Ⅴ—Ⅵ—Ⅰ的第一个交点 A_0（a_0，a'_0）就是点 A 在房屋上的落影。

（2）点在回转体表面上的落影作图

由于回转体的截交线在截平面通过回转轴时具有特殊性，所以这里只介绍含空间点的光线通过回转体的回转轴时，点在回转面上的落影。

【例 3-3】 已知空间点 A 及圆锥的两面投影图，求 A 点在圆锥表面上的落影，见图 3-15（a）。

作图步骤分两种方法叙述：

光截面法，见图 3-15（b）：

① 首先过空间点 A 引光线 S（s，s'），然后包含光线 S 作铅垂光截面 F。

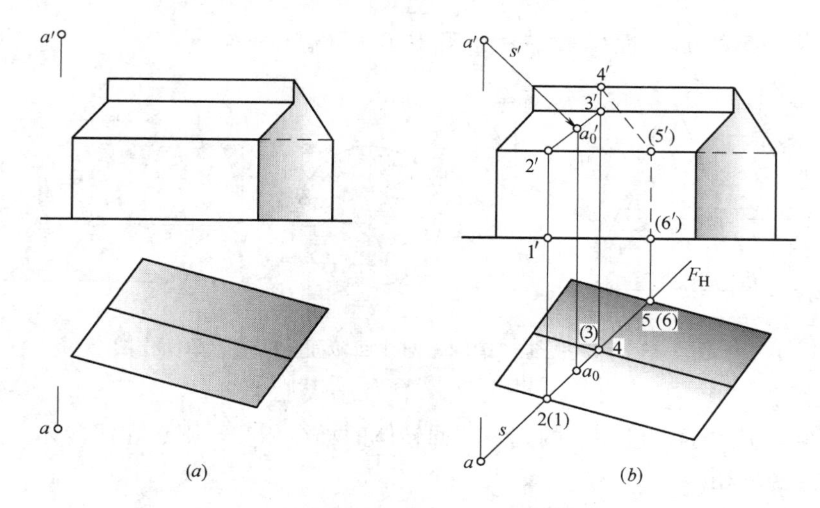

图 3-14　点在平面立体上的落影

(*a*) 已知条件；(*b*) 点在平面立体上的落影作图

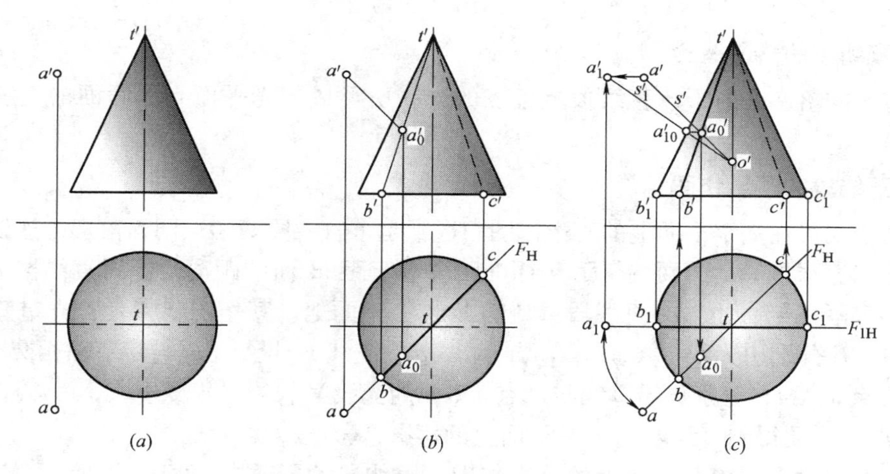

图 3-15　点在圆锥面上的落影作图

(*a*) 已知条件；(*b*) 光截面法；(*c*) 旋转法

② 铅垂光截面 F 与圆锥的截交线是△BTC，光线 S 与圆锥的截交线△BTC 的交点 A_0（a_0'，a_0）就是点 A 在锥面上的落影。

旋转法，见图 3-15（c）：

① 首先过空间点 A 引光线 S（s，s'），然后包含光线 S 作铅垂光截面 F。

② 铅垂光截面 F 与圆锥的截交线是△BTC，但在投影图中不反映实形，现采用旋转法将截交线△BTC 连同光线 S 和点 A 一起绕圆锥的铅垂轴线旋转，使交线△BTC 转到平行于 V 平面的位置上。这时，交线△BTC 的 V 投影反映实形并与圆锥的 V 投影轮廓线重合，A 点旋转到 A_1 的位置，光线 S 旋转成 S_1。在 V 投影中，旋转后的光线 V 投影 s_1' 与圆锥 V 投影轮廓线的交点 a_{10}' 就是 A_1 点落影 A_{10} 的 V 投影。然后，把所得的影点 A_{10} 旋回到旋转前的光线 S 上，可作出 A 点的影 A_0（a_0'，a_0）。

因光线的投影为 45°线，故可以把上述的旋转作图直接在 V 投影中进行，便可凭一个

投影图作出 A 点落影的 V 面投影 a'_0，如图 3-16 所示。

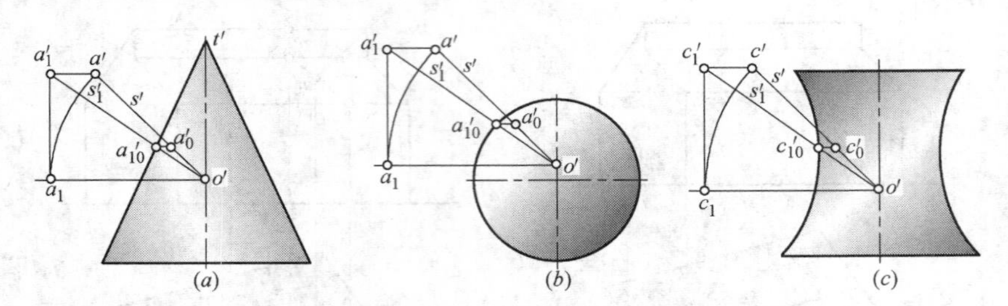

图 3-16 点在圆锥、圆球、曲线回转面上的落影单面作图

(a) 圆锥；(b) 圆球；(c) 曲线回转体

由此可知，凡是通过已知点的光线与回转体的轴线相交，则点在回转体上的落影均可单凭其 V 面投影作出。

3.3 直线的落影及落影规律

3.3.1 直线段的落影概念

直线段的落影是射于该直线段上各点的光线所形成的光平面与承影面的交线，如图 2-4 所示。

3.3.2 直线段的落影作图

(1) 直线段在一个平面上的落影作图，通常是求直线段两端点同面落影的连线。如图 3-17 所示，直线段 AB 的两端点距 V 面的距离小于距 H 面的距离，所以直线段 AB 的两端点的影都落在 V 面上，则直线段 AB 的影也在 V 面上。其作图步骤是首先过直线段的两端点 A、B 分别引光线 S（s，s'），自点 a、b 的光线 H 投影 s 先与 OX 轴相交于点 a_V、b_V，再由点 a_V、b_V 分别作铅垂线与过点 a'、b' 的光线 V 投影 s' 相交于点 a'_V、b'_V，用直线段连接 a'_V、b'_V 便得到直线段 AB 在 V 面上的落影 A_VB_V。

(2) 直线段在两相交平面上的落影作图：直线段的影落在两相交平面上，其影为折线，折影点在两平面的交线上。如图 3-18 所示，直线段 CD 的端点 C 距 H 面的距离小于距 V 面的距离，其影在 H 面上，而端点 D 距 V 面的距离小于距 H 面的距离，其影在 V 面上；连线时应遵循线段两端点在同一平面上的影才能相连的原则，为此利用假影找出该

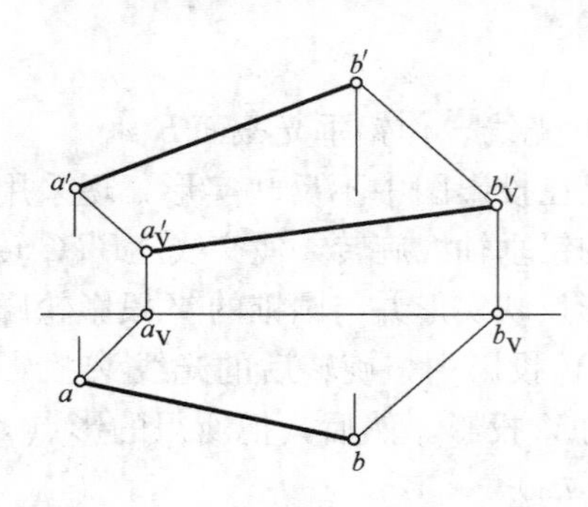

图 3-17 直线段在一个平面上的落影作图

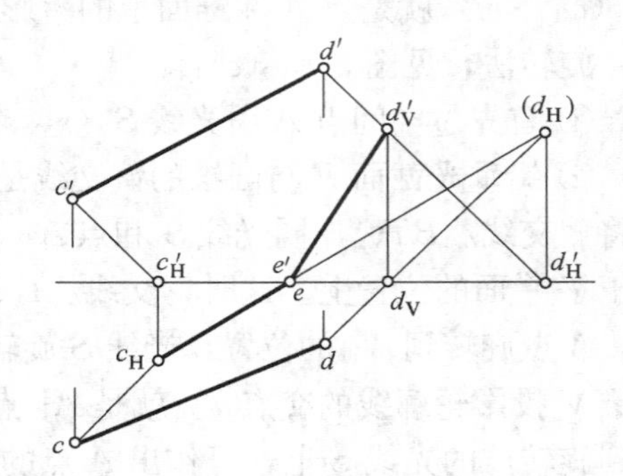

图 3-18 直线段在两个平面上的落影作图

线段落在 OX 轴上的折影点，从而作出直线段 CD 在 V、H 面上的落影。为求直线段 CD 的落影，首先过直线段的两端点 C、D 分别引光线 S（s，s'），自点 c' 的光线 V 投影 s' 先与 OX 轴相交于点 c'_H，由点 c'_H 作铅垂线与过点 c 的光线 H 投影 s 相交于影点 c_H，这是端点 C 在 H 面上的真影 C_H。而端点 D 的影是自点 d 的光线 H 投影 s 先与 OX 轴相交于点 d_V，由点 d_V 作铅垂线与过点 d' 的光线 V 投影 s' 相交于影点 d'_V，这是端点 D 面在 V 面上的真影 D_V。由于直线段 CD 的两端点的影不在同一个平面上，不能连线，故再作端点 C 或端点 D 的假影，图中作的是端点 D 在 H 面上的假影 D_H（d_H，d'_H），连接 c_H（d_H）与 OX 轴相交于折影点 E（e，e'），再连接 $e'd'_V$，完成直线段 CD 在两相交平面 V、H 上的落影作图。

3.3.3　直线段的落影规律

在正投影图阴影中的直线段落影规律与轴测图阴影中的直线段落影规律相似，只是在图中的表现形式不同。

1）平行规律

（1）若直线段平行于承影面，则落影与该线段的同面投影平行且等长。

图 3-19 中，因直线 AB 的 H 投影 $ab /\!/ P_H$，故直线 AB 平行于铅垂面 P，它在 P 平面上的落影 $A_PB_P /\!/ AB$，$A_PB_P=AB$。反映在投影图中：$a'b' /\!/ a'_Pb'_P$，$a'b'=a'_Pb'_P$，$ab /\!/ a_Pb_P$，$ab=a_Pb_P$。在作影过程中只需求出直线段的一个端点的落影，便可按平行、等长的关系画出该直线段的落影。

（2）一直线在诸平行承影面上的落影彼此平行。

图 3-20 中，承影面 P 平行于承影面 Q，含直线 AB 的光平面与两个平行平面相交的两条交线必然相互平行，也就是直线 AB 在 P、Q 两承影面上的落影相互平行，即 $A_PC_P /\!/ C_QB_Q$。这两段落影的同面投影也相互平行，即 $a'_Pc'_P /\!/ c'_Qb'_Q$，$a_Pc_P /\!/ c_Qb_Q$。在投影图中可先求出 A、B 两端点的落影 A_P（a_P，a'_P）和 B_Q（b_Q，b'_Q），它们位于两个承影面上，不能连线，为此在 H 投影中，由承影面 P 右边线的积聚投影（也是直线 AB 上的点 C 在 P 平面右边线上落影的 H 投影 c_P）作光线 H 投影的反方向交 ab 于点 c，自点 c 作

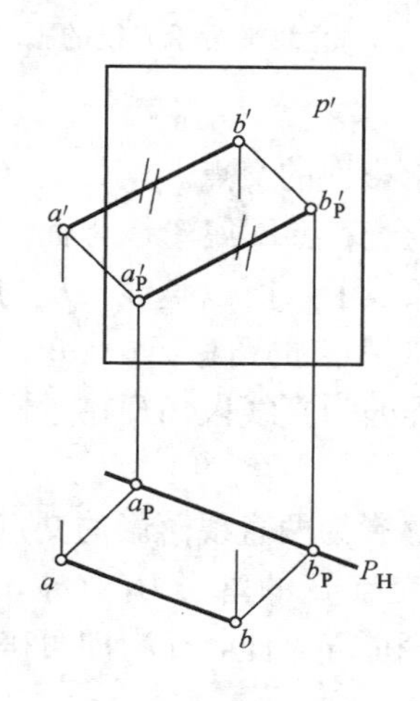

图 3-19　直线在其平行面上的影

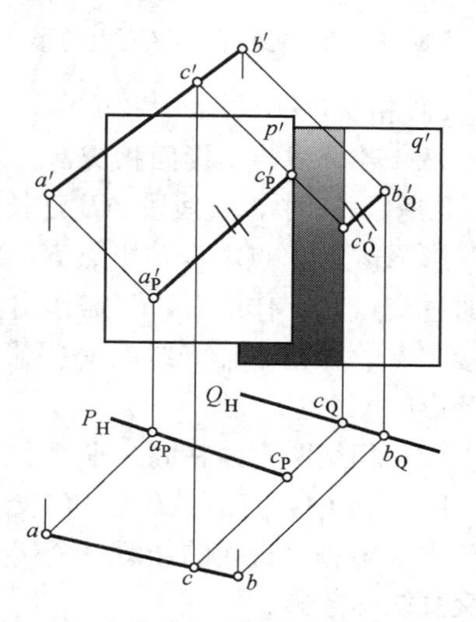

图 3-20　直线在二平行承影面上的落影

铅垂线交 $a'b'$ 于点 c'，再过点 c' 作光线的 V 投影交 P 平面右边线的 V 投影于点 c'_P，连接 $a'_Pc'_P$ 得直线 AB 在 P 平面上落影的 V 投影。又由 b'_Q 作 $a'_Pc'_P$ 的平行线便可完成直线 AB 的落影作图。直线 AB 上的 C 点在 P 平面右边线上的影点 C_P 叫滑影点。

（3）诸平行直线在同一承影面上的落影彼此平行。

图 3-21 中，直线 $AB /\!/ CD$，则含直线 AB 和 CD 的光平面相互平行，它们与承影面 P 的交线必然相互平行。也是两直线的落影相互平行，即 $A_PB_P /\!/ C_PD_P$。它们的同面投影亦相互平行，即 $a'_Pb'_P /\!/ c'_Pd'_P$，$a_Pb_P /\!/ c_Pd_P$。

（4）诸平行直线在诸平行承影面上的落影彼此平行。

该规律是规律 2、3 的推论。

（5）直线平行于光线，其落影为一点。

图 3-22 中，直线段 $AB /\!/$ 光线 S，则通过 AB 的光线只有一条，它与承影面也只有一个交点，所以直线段 AB 的落影为一点。在投影图中表现为 ab 的方向与光线的 H 面投影 s 方向相同，$a'b'$ 的方向与光线的 V 投影 s' 的方向相同，都是 45°线。

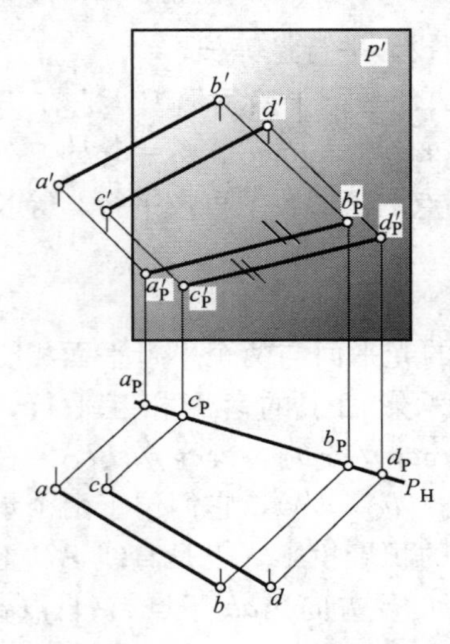

图 3-21 两平行线在一平面上的影

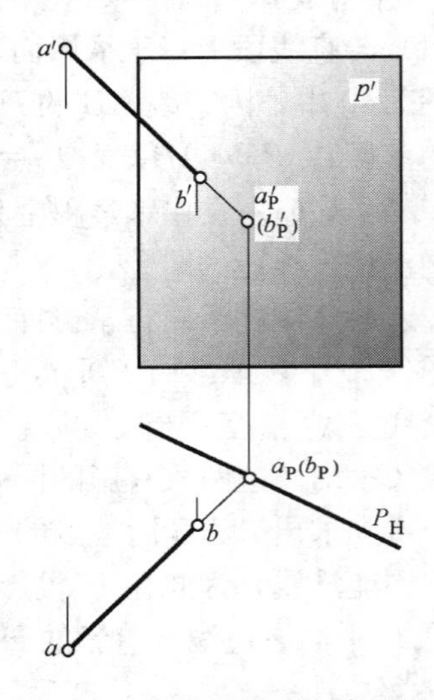

图 3-22 直线平行于光线的影

2）相交规律

（1）若直线与承影面相交，直线的落影必通过该直线与承影面的交点。

在图 3-23 中，直线段 AB 延长后与承影面 P 相交于点 K。交点 K 属于承影面 P，故其落影 K_P 为 K 点本身，影点 K_P 又应在直线 AB 落影的延长线上，所以直线 AB 的影必然通过交点 K。作图时，只需作出直线的一个端点的落影，如 A 点的落影 A_P（a_P，a'_P），连接 a'_Pk'，再由 b' 作光线的 V 投影 s' 交 a'_Pk' 于点 b'_P，影线 $a'_Pb'_P$ 为直线段 AB 在承影面 P 上落影的 V 投影。

（2）相交两直线在同一平面上的落影必相交，且交点的落影为两直线落影的交点。

图 3-24 中，直线 AB 与 BC 交于点 B，作图时首先求出交点 B 的落影 B_P（b_P，b'_P），再分别求出每一直线的任意一个端点的影，如 A_P（a_P，a'_P）和 C_P（c_P，c'_P）即可确定两相交直线的落影。

（3）一直线在两相交平面上的落影为一折线，折影点在两平面的交线上。

图 3-25 中，铅垂承影面 P 和 Q 的交线为 DE，直线段 AB 在 P、Q 二相交承影面上的落影是过直线 AB 的光平面与二承影面的交线。作为影线的两条交线必然交于一点 C_0（即三面共点），而点 C_0 自然在交线 DE 上，这就是折影点。图中首先分别作出直线两端点 A、B 在承影面 P、Q 上的落影 A_P（a_P，a'_P）和 B_Q（b_Q，b'_Q），它们是不同承影面上的两个影点，不能连线，为此，必须求出折影点 C_0。求折影点的方法是采用直线上任意两点同面落影连线。由于两点取在直线的不同位置，则有以下作图方法之分，如回投光线法、延棱扩面法、端点虚影法、辅助点法等。

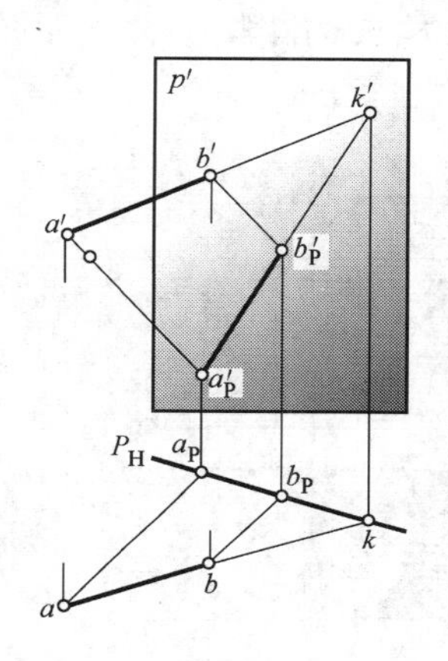

图 3-23　直线与承影面相交

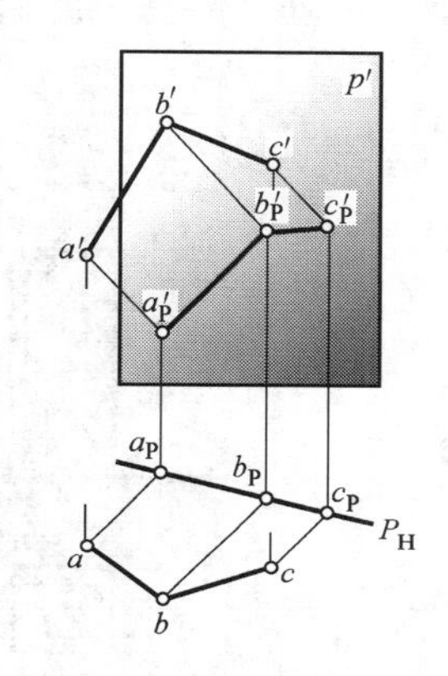

图 3-24　相交两直线的影

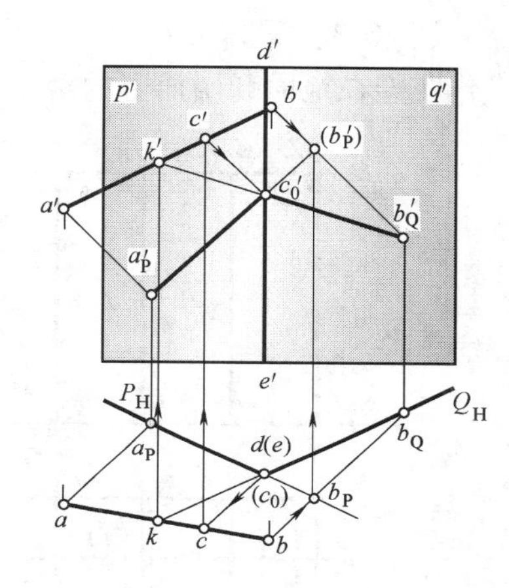

图 3-25　一直线在相交平面上的影

① 回投光线法：

如图 3-25 所示，铅垂承影面 P 和 Q 的交线 DE 为一铅垂线。因折影点 C_0 属于铅垂线 DE。故折影点 C_0 的 H 投影 c_0 重影于积聚投影 $d(e)$。由 c_0 作光线 H 投影 s 的反方向交 ab 于点 c，自点 c 作铅垂线交 $a'b'$ 于点 c'，再过点 c' 作光线的 V 投影 s' 交 $d'e'$ 于点 c'_0，这就是折影点的 V 投影。连线 $a'_Pc'_0$、$c'_0b'_Q$ 是所求影线的 V 投影。

② 延棱扩面法：

如图 3-25 所示，扩展承影面 Q，求出直线 AB 与 Q 平面的交点 K（k，k'）。影线 B_QK 与两承影面的交线 DE 相交于折影点 C_0。

③ 端点虚影法：

如图 3-25 所示，求出端点 B 在 P 平面的扩大面上的假影 B_P（b_P，b'_P），连线 $a'_Pb'_P$ 与 P、Q 二平面的交线 $d'e'$ 的交点 c'_0，即是折影点 C 的 V 投影。

3）垂直规律

（1）投影面垂直线在所垂直的投影面上的影为 45°线，而在另一投影面上的影与自身平行，其距离等于直线到承影面的距离。

如图 3-26 左图所示，AB 为铅垂线，含直线 AB 的光平面为铅垂面，它与承影面 H 的交线 B_HC_0 和 OX 轴成 45°角，此交线也

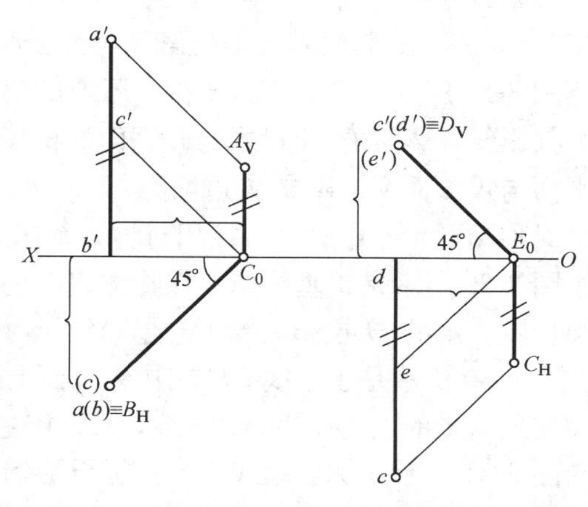

图 3-26　投影面垂直线在投影面上的落影

是该光平面的积聚投影；含直线 AB 的光平面与承影面 V 的交线 A_VC_0 垂直于 OX 轴，平行于直线 AB。在投影图上为影线 A_VC_0 平行于 $a'b'$，影线 A_VC_0 到 $a'b'$ 的距离等于 AB 到 V 面的距离。

在图 3-26 右图中，直线 CD 为正垂线，包含 CD 的光平面为正垂面，它与承影面 V 的交线 D_VE_0 和 OX 轴成 45°角，此交线也是该光平面的积聚投影；含直线 CD 的光平面与承影面 H 的交线 C_HE_0 垂直于 OX 轴，平行于直线 CD。在投影图上为影线 C_HE_0 平行于 cd，影线 C_HE_0 到 cd 的距离等于 CD 到 H 面的距离。

【例 3-4】 图 3-27（a）为由铅垂、正垂、侧垂三组直立杆构成的花架平、立面图，求作花架在地面和墙面上的落影。

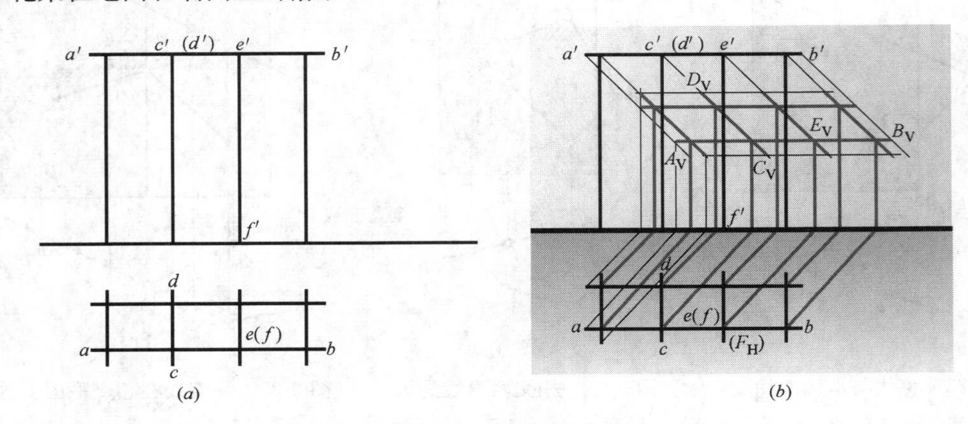

图 3-27　花架的落影

（a）花架平、立面图；（b）花架落影作图

作图步骤，见图 3-27（b）：

① 求侧垂杆 AB 及其平行杆在墙面上的落影。

② 求正垂杆 CD 及其平行杆在墙面上的落影。

③ 求铅垂杆 EF 及其平行杆在地面和墙面上的落影。

④ 渲染、着色，完成全图。

（2）投影面垂直线在物体表面上的影的投影为：①在该直线所垂直的投影面上的影的投影为 45°线。②影的其余两投影呈对称图形。

图 3-28 所示为铅垂线 AB 在房屋上的落影。因含 AB 的铅垂光平面与房屋阳面的交线为其影线，影线的 H 投影与光平面的积聚投影重合，为 45°直线。这说明含 AB 的铅垂光平面与投影面 V、W 的夹角均为 45°，所以含 AB 的铅垂光平面与房屋交线的 V、W 投影呈对称图形。作影时可直接用对称关系作图。

图 3-29 所示是铅垂线 AB 在物体表面上的落影，承影面由一组垂直于 W 面的平面和柱面构成。影的 H 投影为 45°直线，V、W 投影为对称图形。

图 3-30 所示是正垂线 CD 在物体表面上的落影，承影面由一组垂直于 W 面的平面和柱面构成。影的 V 投影为 45°直线，H、W 投影为对称图形。

图 3-31 所示是侧铅垂线 EF 在折板形墙面上的落影，承影面由一组铅垂面构成。影的 W 投影为 45°直线，V、H 投影为对称图形。

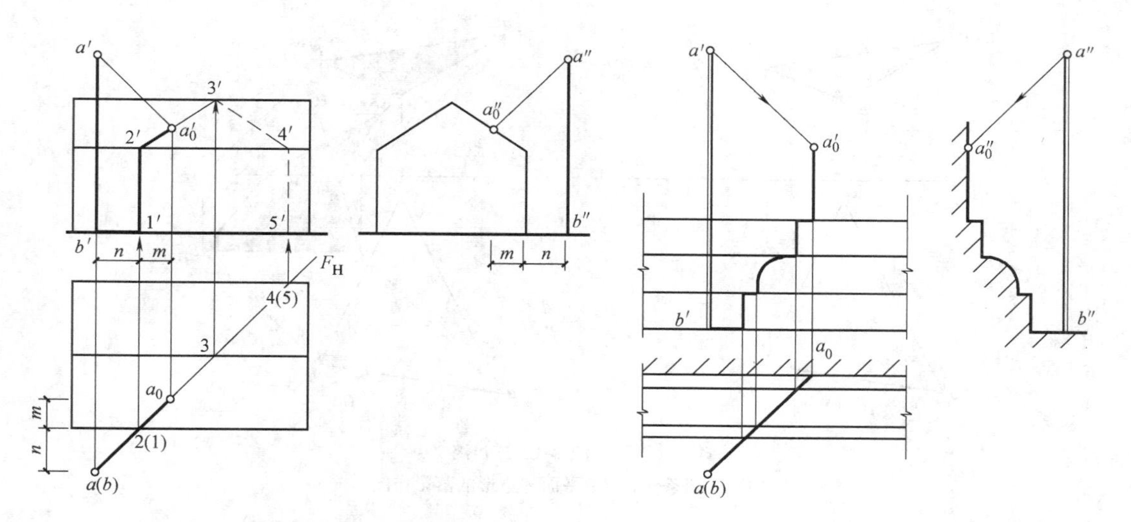

图 3-28　铅垂线在房屋上的落影

图 3-29　铅垂线在物体表面上的影

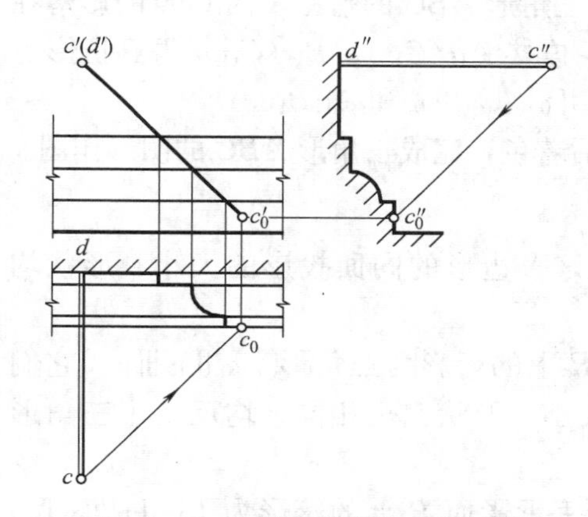

图 3-30　正垂线在物体表面上的影

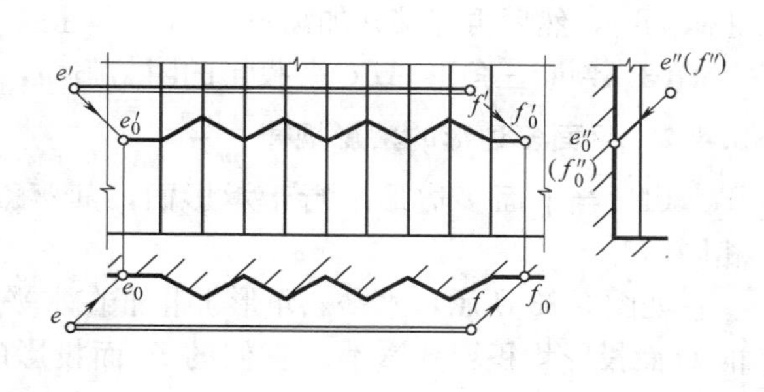

图 3-31　侧垂线在折板形墙面上的影

3.4　平面图形的阴影

3.4.1　平面多边形的落影概念及作图

（1）平面多边形的落影概念：

平面多边形的影线，就是被平面多边形遮挡住的光线形成的光柱体与承影面的交线。

（2）平面多边形影线的作图：

平面多边形影线的作图，就是求出平面多边形各边线落影所构成的外轮廓线。作图时首先作出多边形各顶点的落影，再按原图形各顶点的顺序用直线依次相连，即得到多边形的落影。

【例 3-5】 图 3-32（a）为三角形 ABC 的两面投影图，承影面为 V、H，试完成其阴影。

作图步骤，见图 3-32（b）：

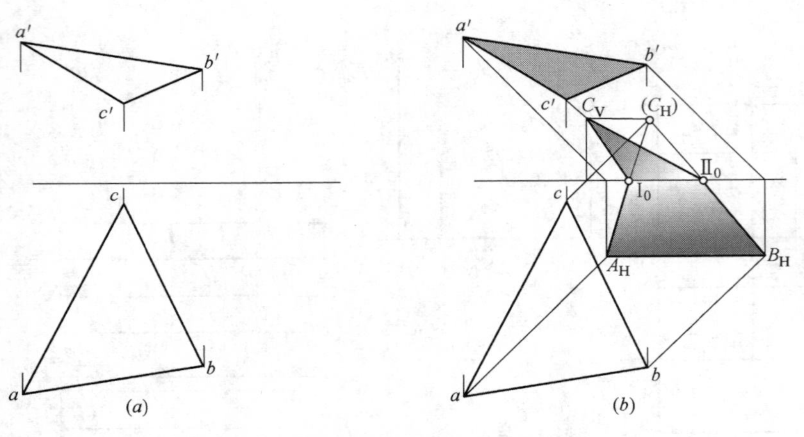

图 3-32　平面多边形的落影

(a) 已知条件；(b) 平面多边形的落影作图

(1) 作三角形 ABC 各顶点的落影 A_H、B_H、C_V。

(2) 按原图形各顶点的顺序用直线依次相连得三角形 ABC 的落影。因 C 点的影落在 V 面上，为此再作出 C 点在 H 面上的假影（C_H），连接 $A_H(C_H)$、$B_H(C_H)$ 得到折影点 $Ⅰ_0$、$Ⅱ_0$，然后再连接并加深 $A_HⅠ_0$、$C_VⅠ_0$、$B_HⅡ_0$、$C_VⅡ_0$ 和 A_HB_H。

(3) 判断三角形 ABC 各投影的阴、阳面，最后着色，完成三角形 ABC 的阴影作图。

3.4.2　平面多边形的落影规律

(1) 当平面多边形平行于承影面，其落影与该多边形的同面投影的大小、形状均相同。

如图 3-33 所示，水平三角形ⅠⅡⅢ在水平面 R 上的落影为三角形 $Ⅰ_RⅡ_RⅢ_R$。它们的 V 面投影均积聚成直线，它们的 H 面投影的大小、形状完全相同，均反映了三角形ⅠⅡⅢ的实形。

如图 3-34 所示，五边形ⅠⅡⅢⅣⅤ平面在铅垂承影面 P 上的落影为 $Ⅰ_PⅡ_PⅢ_PⅣ_P$

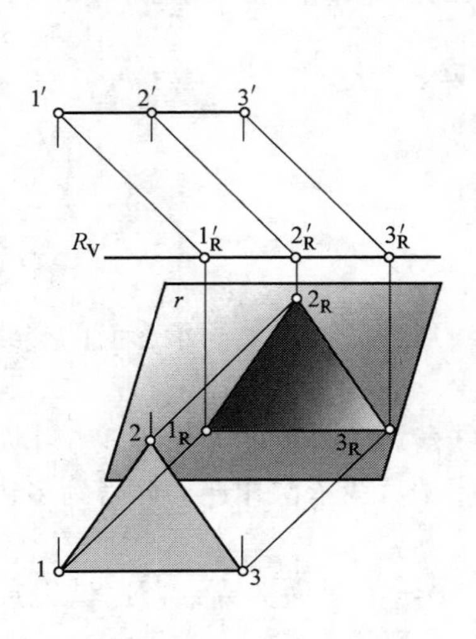

图 3-33　平面多边形与承影面平行

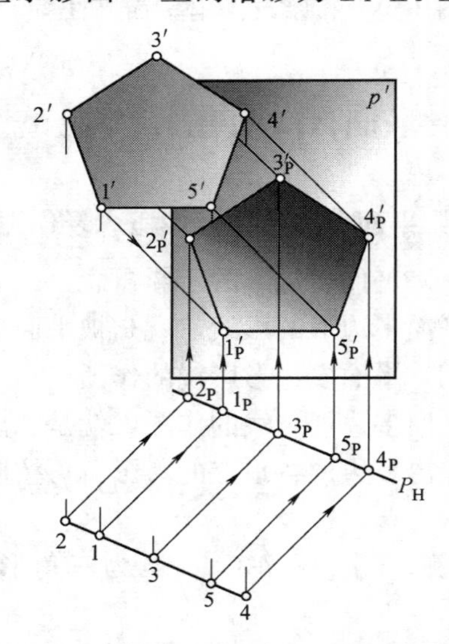

图 3-34　平面多边形与承影面平行时的落影

V_P。在 H 投影中，可以看出五边形的积聚投影 12345 平行于铅垂承影面 P 的积聚投影，这说明五边形平面与铅垂承影面 P 平行。五边形落影的 H 面投影 $1_P2_P3_P4_P5_P$ 重合在承影面 P 的积聚投影上，落影的 V 面投影 $1'_P2'_P3'_P4'_P5'_P$ 与五边形 V 面投影 $1'2'3'4'5'$ 的大小、形状完全相同。

（2）当平面多边形与光线平行时，该平面多边形在任何承影平面上的落影成一直线，并且平面图形的两面均呈阴面。

图 3-35 所示为平面多边形平行于光线方向的三种情况。图 3-35（*a*）所示是铅垂矩形平面 $ABCD$ 平行于光线方向，它在 H 和 V 面上的落影是折线 A_HE_0 和 E_0C_V。因铅垂矩形平面 $ABCD$ 只有迎光的边 AD 和 DC 被照亮，其他部分均不受光，故两表面为阴面。图 3-35（*b*）所示是正垂三角形 ABC 平行于光线方向，它在 H 面上的落影是一条直线段 A_HB_H。这时，只有迎光的边 CA 和 CB 被照亮，其他部分均不受光，故两表面为阴面。图 3-35（*c*）所示是一般位置的三角形 DEF 平行于光线方向，它在 V 和 H 面上的落影是折线 $F_H\,\mathrm{I}_0$ 和 I_0D_V。这时，只有迎光的边 DF 被照亮，其他部分均不受光，故两表面为阴面。

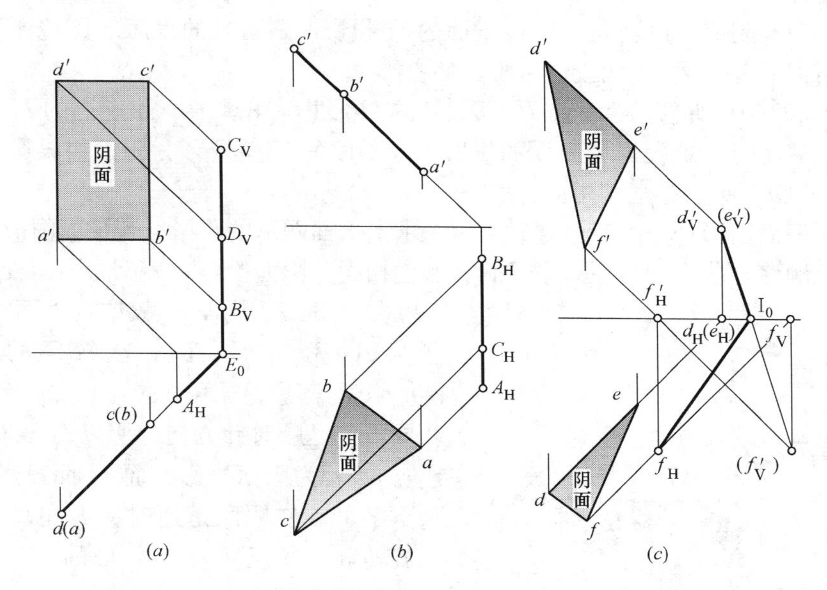

图 3-35　与光线平行的多边形平面的落影

（*a*）与光线平行的铅垂面；（*b*）与光线平行的正垂面；（*c*）与光线平行的一般面

3.4.3　平面图形投影的阴、阳面识别

平面图形在光线的照射下，一侧迎光，另一侧必然背光，故有阳面和阴面之分。在投影图中作阴影时，需要判明平面图形的各投影是阳面投影还是阴面投影，以便正确作出直线与平面或平面与平面间的相互落影。

（1）当平面图形为投影面垂直面时，可在有积聚性的投影中，用光线的同面投影直接识别。

如图 3-36（*a*）所示，正垂面 P、Q、R 的 V 面投影有积聚性，只需要判别其 H 面投影是阳面的投影还是阴面的投影。判别的方法是用光线的 V 投影 s' 去照射正垂面 P、Q、

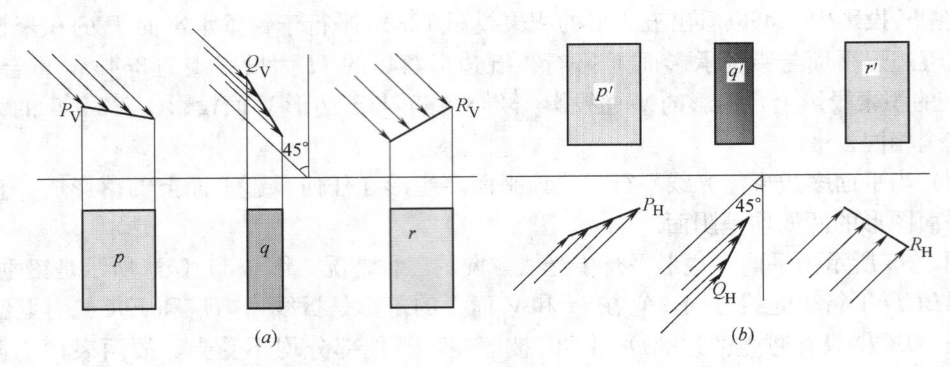

图 3-36 投影面垂直面的阴、阳面识别

(*a*) 正垂面的阴、阳面识别；(*b*) 铅垂面的阴、阳面识别

R 在 *V* 面上的积聚投影，由于平面 *P*、*R* 与 *H* 投影面的倾角小于 45°，上表面均为阳面，故其 *H* 面投影是阳面投影。而平面 *Q* 位于与铅垂方向成 45°角的范围内，该范围内的平面对 *H* 投影面的倾角大于或等于 45°，小于 90°，光线照射在 *Q* 平面的左下侧面，即阳面，右上侧面为阴面，由上向下作 *Q* 平面的 *H* 投影时，可见的表面却是 *Q* 平面背光的右上侧面，所以 *Q* 平面的 *H* 的投影是阴面的投影。

如图 3-36（*b*）所示，铅垂面 *P*、*Q*、*R* 的 *H* 投影有积聚性，由它们的 *H* 投影可以判明 *P*、*R* 两平面的 *V* 面投影为阳面的投影，*Q* 平面的 *V* 面投影为阴面的投影。其识别方法与图 3-36（*a*）所示完全相同。

（2）当平面图形处于一般位置时，可先求出平面图形的落影，若平面图形投影的各顶点字母旋转顺序与落影的各顶点字母旋转顺序相同为阳面投影，相反为阴面投影。

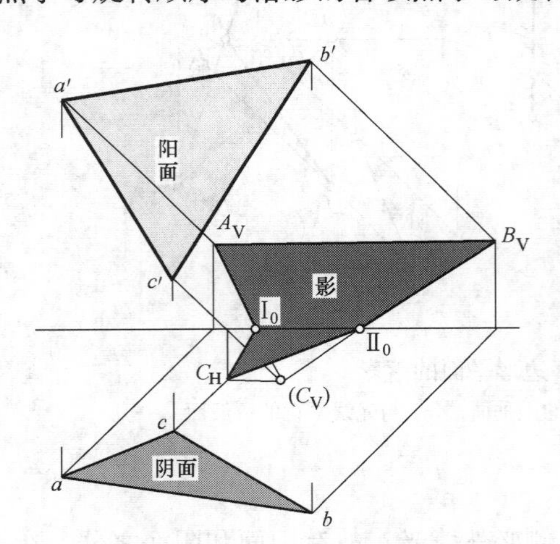

图 3-37 一般位置平面的阴、阳面识别

如图 3-37 所示，一般位置平面△*ABC* 的落影为 $A_VB_VⅡ_0C_HⅠ_0$。△*ABC* 的 *V* 面投影△*a′b′c′* 与落影 $A_VB_VⅡ_0C_HⅠ_0$ 的字母旋转顺序相同，都是顺时针方向，所以△*ABC* 的 *V* 面投影△*a′b′c′* 为阳面投影，而 *H* 面投影△*abc* 的各顶点字母旋转顺序是逆时针方向，与落影的字母旋转顺序相反，故△*ABC* 的 *H* 面投影△*acb* 为阴面的投影。

【例 3-6】 已知正平面 *ABCD* 的两面投影，如图 3-38（*a*）所示，完成其阴影作图。

作图步骤，见图 3-38（*b*）：

（1）作正平面的 *BC* 边在 *H* 投影面上的落影 B_HC_H，该影平行于 *bc*，并且等于 *bc*。

（2）作铅垂线 *AB* 和 *CD* 在 *H* 投影面上的落影 $B_HⅠ_0$、$C_HⅡ_0$，它们平行于光线 *S* 在 *H* 面上的投影 *s*，点 $Ⅰ_0$、$Ⅱ_0$ 在 *OX* 轴上，是折影点。

（3）作铅垂线 *AB*、*CD* 在 *V* 投影面上的落影 $A_VⅠ_0$、$D_VⅡ_0$，它们分别平行于 *a′b′*、*c′d′*。连接 A_V、D_V 得正平线 *AD* 在 *V* 投影面上的落影。

（4）将影区涂上暗色，完成阴影作图。

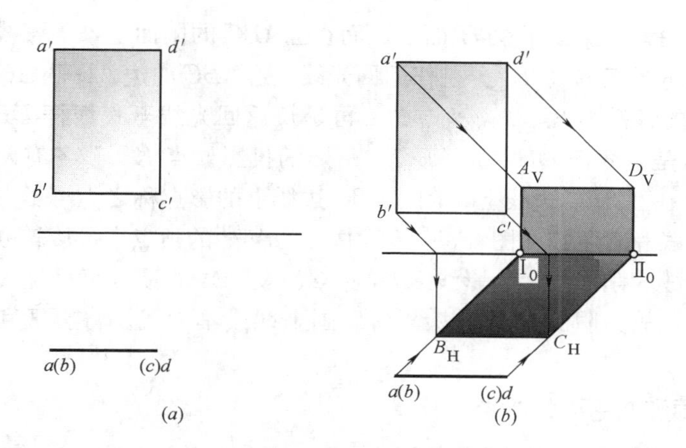

图 3-38　正平面的阴影作图

(a) 已知条件；(b) 阴影作图

【例 3-7】 已知直线杆 DE 和△ABC 的两面投影，如图 3-39（a）所示，完成其阴影作图。

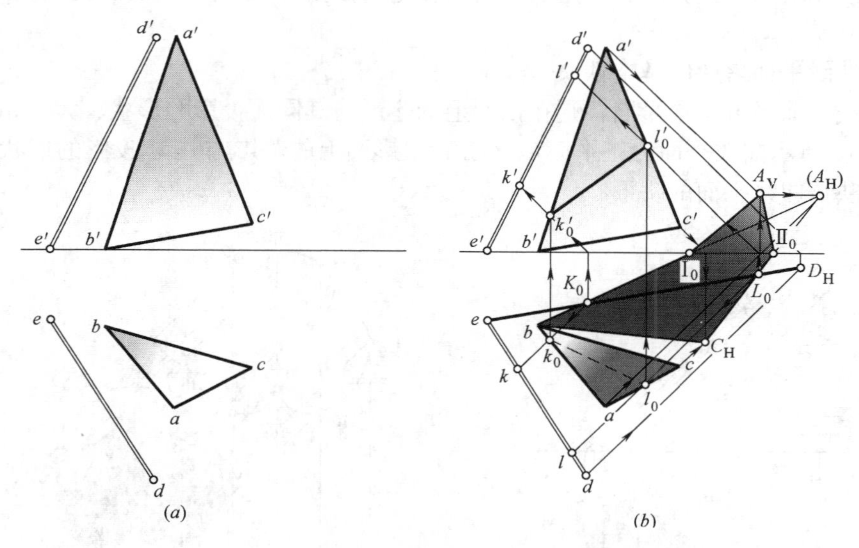

图 3-39　直线杆与三角形 ABC 的阴影作图

(a) 已知条件；(b) 阴影作图

作图步骤，见图 3-39（b）：

(1) 作△ABC 的落影：B 点在 H 面上，其真影 B_H 与点 b 重合。C 点的真影 C_H 在 H 面上，而 A 点的真影 A_V 在 V 投影面上；为此，需要作出 A 点在 H 面上的假影（A_H），连接 C_H（A_H）、b（A_H）分别交 OX 轴于折影点 I_0、II_0，多边形 $C_Hb\,\text{I}_0\,\text{II}_0$ 为△ABC 在 H 投影面上的落影。再连接 $A_V\,\text{I}_0$、$A_V\,\text{II}_0$ 完成△ABC 在 V 投影面上的落影。

(2) 作直线杆 DE 在 H 面上的落影：E 点在 H 面上，其真影 E_H 与点 e 重合。D 点的真影 D_H 在投影面 H 上，连接 eD_H 的直线段就是直线杆 DE 在 H 面上的落影。

(3) 作直线杆 DE 在△ABC 上的落影：直线杆 DE 的影线中有一段 K_0L_0 与△ABC

的影重叠，这说明该段影线不在 H 面上，而在△ABC 的阴面上，因直线杆 DE 比△ABC 距光源更近。由重影点 K_0、L_0 分别作返回光线至△ABC 的边 AB 和 AC 的各投影，得滑影点对 K_0、L_0 的各投影 k_0、k_0'、l_0、l_0'。再延长返回光线至直线杆 DE 得点 K、L。连线 $k_0'l_0'$ 和 k_0l_0 就是直线杆 DE 在△ABC 上落影的投影。点 K、L 各有两个影点，一个在 H 面上，另一个在△ABC 边线上，在△ABC 边线上的影点称之为滑影点或过渡点。

(4) 整理图线和着色：在图 3-39 (b) 中，△$a'b'c'$ 的顶点字母旋转顺序与落影的字母旋转顺序相同，故为阳面投影，影线 $k_0'l_0'$ 画实线。△abc 的顶点字母旋转顺序与落影的字母旋转顺序相反，故为阴面投影，影线 k_0l_0 画虚线或不画线。将影区和阴区着暗色，完成作图。

3.4.4 曲线平面和圆平面的阴影

1) 曲线平面的阴影及基本性质

(1) 曲线平面的阴影作图

首先作出曲线上一系列特征点的落影，即曲线上的连接点、最高点、最低点、最左点、最右点等，如图 3-40 所示。再用光滑曲线依次连接这些影点，就得曲线平面的落影。然后，由阴阳面的判别方法，确定图形的投影是阴面投影还是阳面投影，并将影区和阴区着暗色。

(2) 曲线平面落影的基本性质

当曲线平面平行于承影面，则在该面上的落影与其同面投影的形状、大小相同。

图 3-41 所示曲线平面为正平面，它在 V 投影面上的落影与其 V 投影的形状、大小相同，并反映该曲线平面的实形。

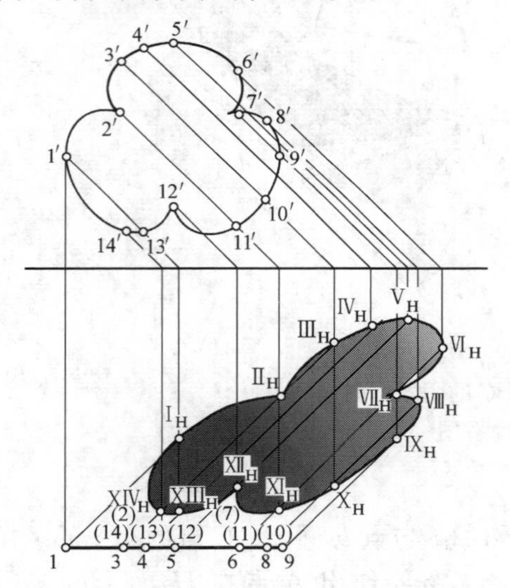

图 3-40 曲线平面图形的阴影

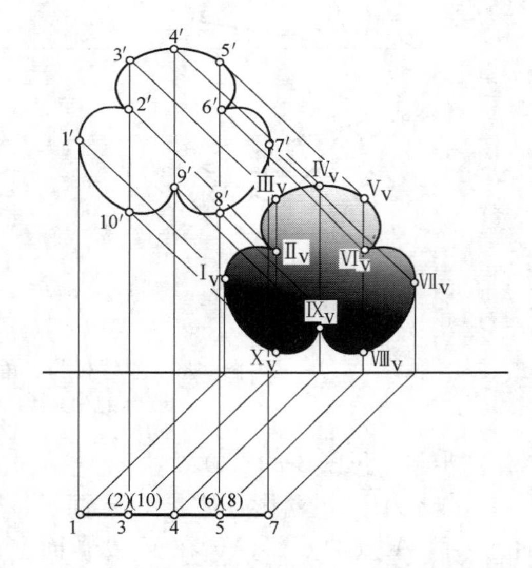

图 3-41 平行于承影面的曲线平面图形的阴影

当曲线平面与光线平行，它在任何承影平面上的落影成一直线，并且平面图形的两面均呈阴面。

2) 圆平面的落影

(1) 当圆平面平行于投影面时，圆在该投影面上的落影与圆本身平行相等，反映圆的实形。作影时，可直接由圆心至承影面的距离按圆半径画影线圆。图 3-42（a）所示为正平圆在 V 面上的落影作图。图 3-42（b）所示为水平圆在 H 面上的落影作图。

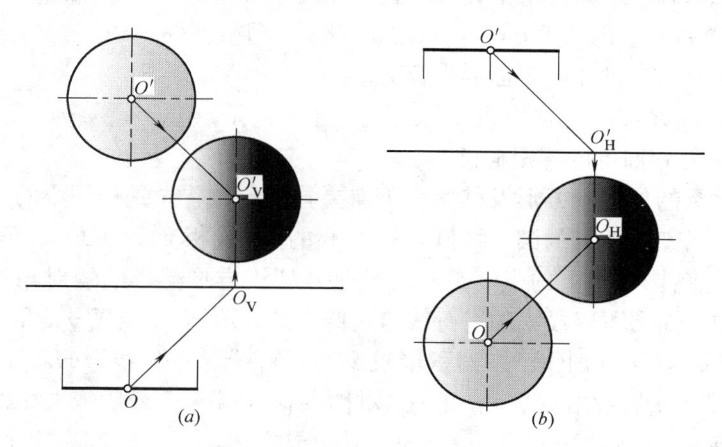

图 3-42　圆在所平行的投影面上的落影
（a）正平圆在 V 面上的落影；（b）水平圆在 H 面上的落影

（2）当圆平面与承影面不平行时，其落影为椭圆。圆心的落影就是落影椭圆的中心，圆的任何一对相互垂直直径的落影成为落影椭圆的一对共轭直径。

图 3-43 是一水平圆在 V 面上的落影，其形状为椭圆。为了作出落影椭圆，图中利用了圆的外切正方形各边的中点Ⅰ、Ⅲ、Ⅴ、Ⅶ和正方形对角线与圆周的交点Ⅱ、Ⅳ、Ⅵ、Ⅷ等八个点的落影相连而作出。其具体作图步骤如下：

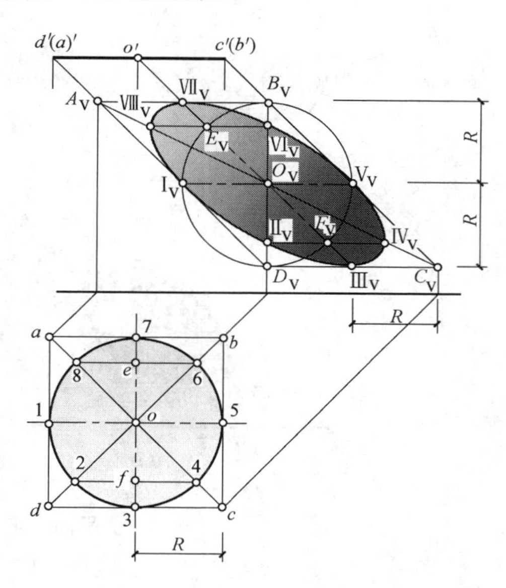

图 3-43　水平圆在 V 面上的落影

① 作圆的外切正方形 $ABCD$，边 AD、BC 为正垂线，AB、CD 为侧垂线。圆周切于正方形四边的中点Ⅰ、Ⅲ、Ⅴ、Ⅶ；与对角线 AC、BD 的四个交点为Ⅱ、Ⅳ、Ⅵ、Ⅷ。

② 按直线落影规律及方法作出外切正方形 $ABCD$ 在 V 面上的落影 $A_VB_VC_VD_V$，其形状为平行四边形。影线 A_VD_V、B_VC_V 是 45°线，A_VB_V、C_VD_V 平行于投影轴 OX，其长度等于圆的直径 $2R$；对角线 B_VD_V 是铅垂线；对角线 B_VD_V 和 A_VC_V 的交点 O_V 是圆心 O 的落影。过点 O_V 作 OX 轴的平行线和 45°线分别交落影四边形各边于中点 $Ⅰ_V$、$Ⅲ_V$、$Ⅴ_V$、$Ⅶ_V$，它们是落影椭圆上的点，也是正方形各边与圆周相切之点Ⅰ、Ⅲ、Ⅴ、Ⅶ的落影。

③ 圆与正方形对角线交点Ⅱ、Ⅳ、Ⅵ、Ⅷ的落影，是由点 E、F 之影 E_V、F_V 作圆平面积聚投影的平行线与正方形落影的对角线相交而求得。而影点 E_V、F_V 是根据在平行光线照射下，点分线段成定比，其落影后比值不变这一原理作出。在 H 投影中，等腰

直角三角形△$o7b$ 与△$oe6$ 相似，$ob/o6=o7/oe=O_V$ Ⅶv$/O_VE_V=\sqrt{2}$。在 V 投影中，△O_VB_VⅦv 也是等腰直角三角形，O_V Ⅶv $=\sqrt{2}O_VB_V=\sqrt{2}R$。由以上两等式便可得出 $O_VE_V=R$。同样的方法可求得 $O_VF_V=R$。因此影点Ⅰv、D_V、F_V、Ⅴv、B_V、E_V 六点共圆，该圆的半径等于已知圆平面的半径 R。

④ 用光滑的曲线依次连接影点Ⅰv、Ⅱv、Ⅲv、Ⅳv、Ⅴv、Ⅵv、Ⅶv、Ⅷv 等八个点，即得水平圆在 V 面上的落影椭圆。

实际作图时圆的外切正方形及其落影不需要画出，而首先是作圆心的影 O_V，再以 O_V 为圆心作一个与已知圆相等的圆，该圆与过圆心的 45°线相交于点 E_V、F_V；水平直径的端点Ⅰv、Ⅴv 是落影椭圆上的点；铅垂直径是外切正方形落影的短对角线 B_VD_V，由点 B_V、D_V 分别作已知圆积聚投影的平行线与过圆心的 45°线的交点Ⅶv、Ⅲv 是落影椭圆上的点；再自点 E_V、F_V 分别作已知圆积聚投影的平行线与对角线 B_VD_V 相交于落影椭圆上的点Ⅵv、Ⅱv，然后找出点Ⅵv、Ⅱv 的对称点Ⅷv、Ⅳv，最后依次光滑连接这八个影点Ⅰv、Ⅱv、Ⅲv、Ⅳv、Ⅴv、Ⅵv、Ⅶv、Ⅷv 成椭圆，得已知圆在 V 面上的落影。图 3-44（a）是采用上述步骤作正平圆在 H 面上的落影。图 3-44（b）也是采用上述步骤作侧平圆在 V 面上的落影。

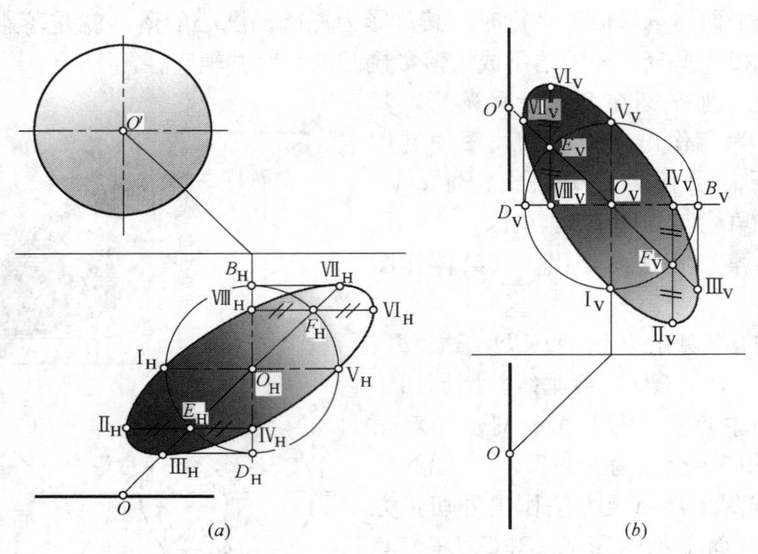

图 3-44　圆平面不平行于承影面时的落影作图

（a）正平面圆在 H 面上的落影；（b）侧平面圆在 V 面上的落影

3）水平半圆在墙面上的落影

在房屋建筑上常有紧靠墙面的半圆形物体，如半圆形的雨篷板、挑出墙面的半圆柱形阳台及其他装饰物等，所以需要作嵌在墙面上的水平半圆的落影。如图 3-45（a）所示，把半圆周四等分定出圆周上的Ⅰ、Ⅱ、Ⅲ、Ⅳ、Ⅴ点的 V、H 投影，Ⅰ、Ⅴ点的落影Ⅰv、Ⅴv 与自身重合，Ⅱ点的影Ⅱv 在 $3'$的正下方，即中心线上。Ⅲ点的影Ⅲv 在 $5'$的正下方，Ⅳ点的影Ⅳv 到圆中心线的距离是 $4'$到圆心距离的两倍。把这五个特殊方位的点的落影Ⅰv、Ⅱv、Ⅲv、Ⅳv、Ⅴv 连接成所求的影。

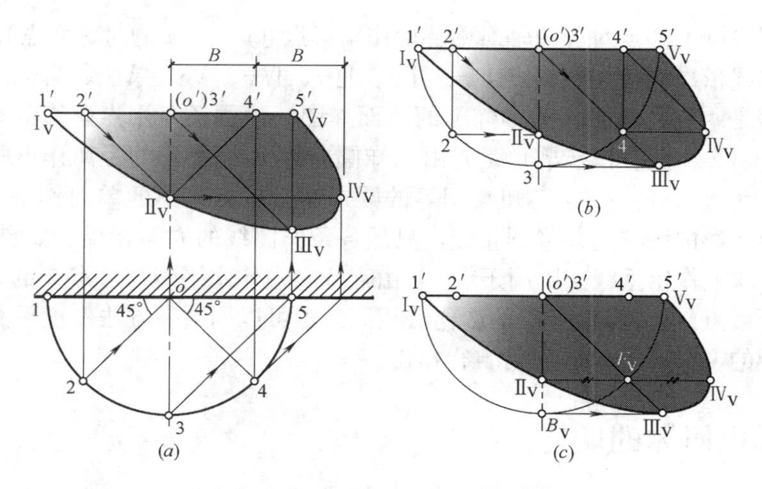

图 3-45　水平半圆的落影作图

(*a*) 半圆在墙面上的落影作图；(*b*) 用点落影的单面作图画半圆的落影；(c) 用八点法作半圆的落影

图 3-45 (*b*) 所示为用点落影的单面作图的方法画水平半圆的落影。半圆周上各点到 V 投影面的距离可在图中作半圆求出，然后按点落影的单面作图求出半圆周上各点的落影，再连接成所求的影。

图 3-45 (*c*) 所示为采用水平圆在 V 投影面上落影的六点共圆法作图。

【例 3-8】 已知水平圆 O 的 V 投影，圆心距 V 投影面为 50，用单面作图完成水平圆 O 的 V 面落影。

作图步骤：

(1) 用点落影的单面作图方法求圆心 O 的落影 O_V。自 O_V 作水平中心线和铅垂中心线，见图 3-46 (*a*)。

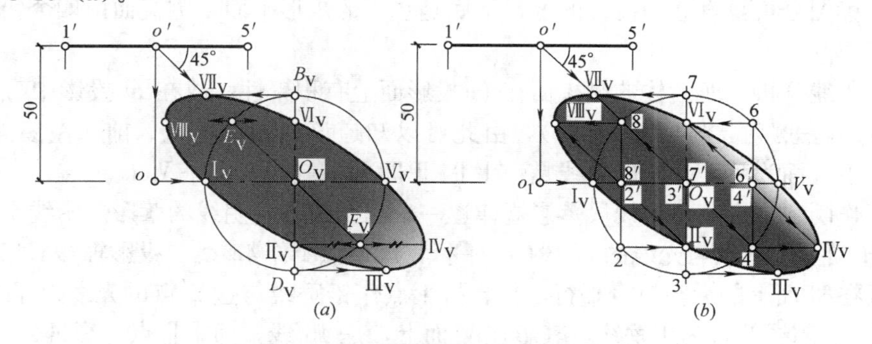

图 3-46　水平圆的 V 面落影单面作图

(*a*) 六点共圆法；(*b*) 由点落影的单面作图画出

(2) 以 O_V 为圆心、$o'1'$ 为半径画圆与过 O_V 的水平中心线交于 I_V、V_V；与过 O_V 的铅垂中心线交于 B_V、D_V；与过 O_V 的光线 s' 交于 E_V、F_V。

(3) 自 B_V、D_V 分别作已知圆积聚投影的平行线与过 O_V 的光线 s' 相交于影点 VII_V、III_V。

(4) 由 E_V、F_V 分别作已知圆积聚投影的平行线与过 O_V 的铅垂中心线相交于影点 II_V、VI_V。

（5）利用椭圆上的点对长短轴对称特性作出影点Ⅱv、Ⅵv 的对称影点Ⅳv、Ⅷv。

（6）用曲线依次光滑连接影点Ⅰv、Ⅱv、Ⅲv、Ⅳv、Ⅴv、Ⅵv、Ⅶv、Ⅷv 成椭圆。

以上步骤是六点共圆法画落影椭圆的单面作图。该题还可用点落影的单面作图来完成，见图 3-46（*b*）。其作图步骤也是先由已知圆心距 *V* 投影面的距离作出圆心 *O* 的落影 *O*v，再以 *O*v 为圆心作一个与已知圆相等的圆，然后按点落影的单面作图方法画出前半圆的影，后半圆影的画法与前半圆相似，只是各条作图线的方向相反。如自水平直径Ⅰv Ⅴv 上的点 6′向上作铅垂线交圆周于点 6，由点 6 向左作水平线与过点 6′的光线 *V* 投影 *s*′的反向相交于影点Ⅵv，其余各点的影作法相同。也可以用这一方法作正平面圆的 *H* 面落影和侧平面圆的 *V* 面落影，请读者自行作出。

3.5 基本几何体的阴影

在正投影图中绘立体的阴影，首先要读懂已知图所示的立体形状，然后由光线方向判明立体的哪些表面是受光面，哪些表面是背光面，受光面和背光面的交线是阴线。作出这些阴线的影——影线，由影线围成的图形就是立体的影。

3.5.1 棱柱的阴影

在建筑工程中常用的是直立棱柱。直立棱柱由水平的多边形平面为上、下底和若干个铅垂矩形侧棱面组成。各表面是阳面还是阴面，可直接根据各棱面有积聚性的投影来判别它们是否受光。即由各棱面的积聚投影与光线的同面投影的相对位置确定阴、阳面，从而定出阴线。然后，由直线段落影规律逐段求其阴线之影。

【例 3-9】 图 3-47（*a*）所示为四棱柱的两面投影图，求四棱柱的阴影。

绘棱柱阴影的步骤：

（1）读图分析：直立四棱柱的上、下底是水平的矩形平面，侧棱面由四个铅垂矩形面构成。

（2）阴线分析：四棱柱的侧棱面在 *H* 投影面上有积聚性，故在 *H* 投影中直接用光线的 *H* 投影 *s* 去照射，见图 3-47（*b*），由此可以知道该四棱柱的上、前、左棱面为阳面，右、后、下棱面为阴面。所以阴线是：ⅠⅡ-ⅡⅢ-ⅢⅣ-ⅣⅤ-ⅤⅥ-ⅥⅠ。

（3）作阴线之影：由直线段落影规律逐一求出四棱柱各阴线的落影。阴线ⅠⅡ是铅垂线，在 *H* 面上的落影与光线的 *H* 投影 *s* 平行，即过点 1 作 45°线与投影轴 *OX* 相交于折影点。该线在 *V* 面上的影与自身平行，再自折影点作铅垂线与过 2′点的光线 *V* 投影 *s*′相交于影点Ⅱv。阴线ⅡⅢ为正垂线，其影在 *V* 面上，是 45°线，为求Ⅲ点之影Ⅲv，故由铅垂棱线Ⅲ在 *V*、*H* 面上的落影而得出。阴线ⅢⅣ为侧垂线，其影在 *V* 面上，该线平行于 *V*、*H* 面，在 *V* 面上的落影与 3′4′平行、等长，便可作出影线ⅢvⅣv。铅垂阴线ⅣⅤ在 *H* 面上之影为 45°线，在 *V* 面上之影与自身平行。由于ⅤⅥ、ⅥⅠ在棱柱的底面上，这两段阴线的影为自身。

（4）讨论直棱柱在 *V* 投影上的落影宽度及其位置，以便单面作图。

从图 3-47（*b*）中看出四棱柱在 *V* 投影上的落影宽度为 $m+n$，即四棱柱矩形顶面的两个边长之和。铅垂阴线ⅣⅤ在 *V* 面上之影与 4′5′的水平距离等于该阴线到承影面的距离。以后求作四棱柱在 *V* 投影上的落影时，只要知道该棱柱与 *V* 面的距离 *y*，就可以直接作出其落

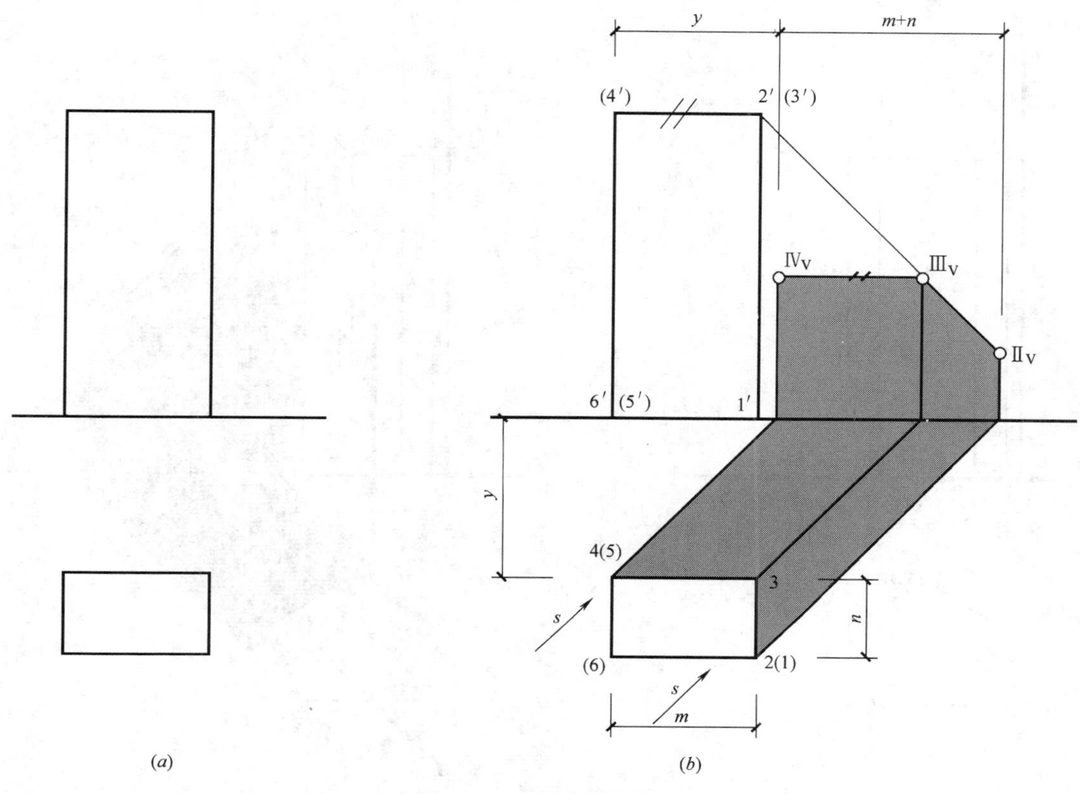

图 3-47　四棱柱的阴影

(a) 已知条件；(b) 四棱柱的阴影作图

影。这也反映了用常用光线作的阴影具有度量性。这种度量性质方便于单面作图。

(5) 将可见阴面和影区着暗色。

【例 3-10】 图 3-48 (a) 为五棱柱和铅垂杆 AB 的两面投影，求五棱柱及铅垂杆 AB 的阴影。

绘棱柱及 AB 杆阴影的步骤，见图 3-48 (b)：

(1) 读图分析：直立五棱柱的上、下底是水平的正五边形平面，侧棱面由五个铅垂矩形面构成。铅垂杆 AB 位于五棱柱左前方，在光线照射下，铅垂杆 AB 之影必然落在五棱柱的阳面上。

(2) 五棱柱的阴线分析：五棱柱的侧棱面在 H 投影面上有积聚性，故在 H 投影中直接用光线的 H 投影 s 去照射，见图 3-48 (b)，由此可以知道该五棱柱的上、前、左前棱面为阳面，其余为阴面。所以求影的阴线是：Ⅰ Ⅱ—Ⅱ Ⅲ—Ⅲ Ⅳ—Ⅳ Ⅴ—Ⅴ Ⅵ。

(3) 作五棱柱的阴线之影：阴线Ⅰ Ⅱ是铅垂线，在 H 面上的落影与光线的 H 投影 s 平行，即过点 1 作 45°线与投影轴 OX 相交于折影点。该线在 V 面上的影与自身平行，再自折影点作铅垂线与过 2′点的光线 V 投影 s′相交于影点 $Ⅱ_V$。阴线Ⅱ Ⅲ为水平线，其影在 V 面上，为求Ⅲ点之影 $Ⅲ_V$，故作铅垂棱线Ⅲ在 V、H 面上的落影而得出，其作图顺序与阴线Ⅰ Ⅱ之影相同。影点 $Ⅱ_V$、$Ⅲ_V$ 的连线是水平阴线Ⅱ Ⅲ在 V 面上的落影。水平阴线Ⅲ Ⅳ、Ⅳ Ⅴ在 V 面上的落影作图与Ⅱ Ⅲ落影作图相同。铅垂线Ⅴ Ⅵ的落影作图与Ⅰ Ⅱ落影

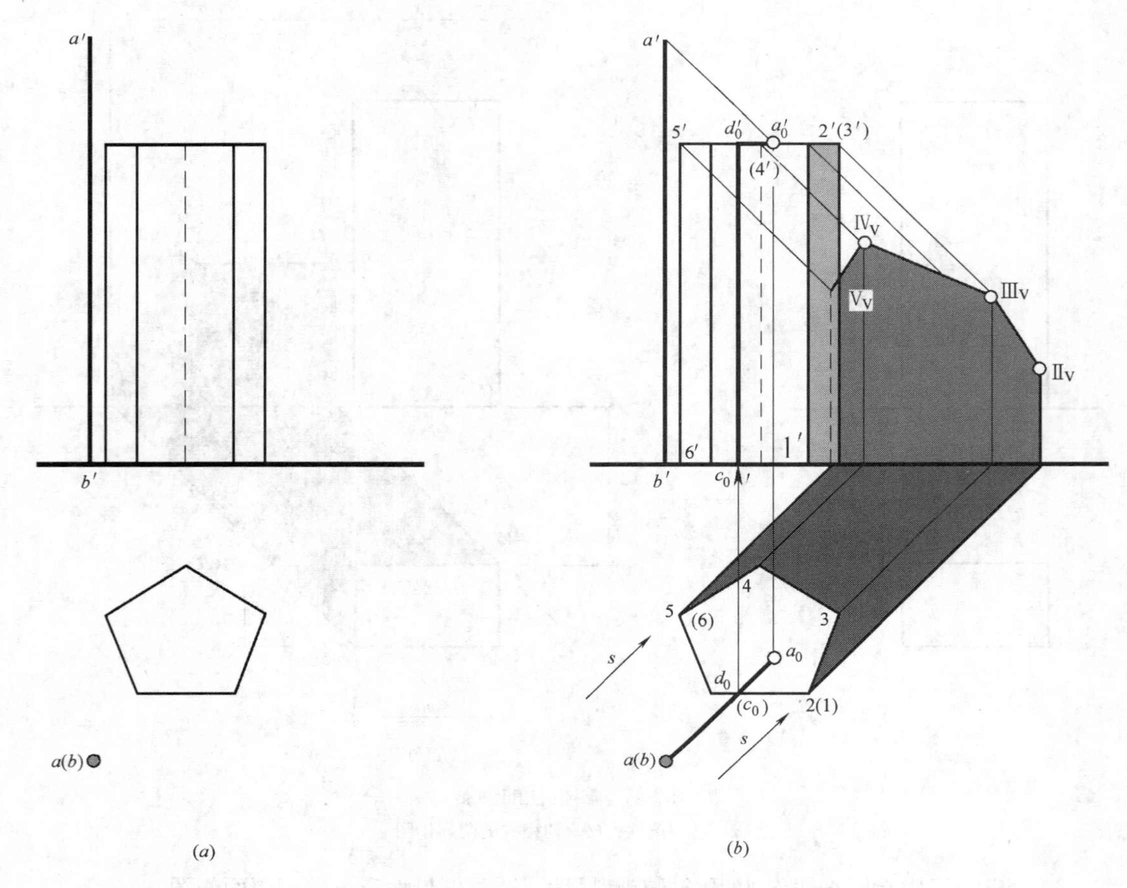

图 3-48　五棱柱及直线的阴影

(a) 已知条件；(b) 五棱柱及直线的阴影作图

作图相同。

(4) 作铅垂杆 AB 之影：因含铅垂杆 AB 的光平面是铅垂面，故铅垂杆 AB 落影的 H 投影为45°线。由 H 投影和过 a' 作光线的 V 投影 s' 得知，AB 杆的影一部分落在地面 H 上，还有一部分落在五棱柱的前表面和上表面。所以 AB 杆的落影是由水平影线 BC_0、铅垂影线 C_0D_0、水平影线 D_0A_0 组成的折线，其 V 投影的作图是自 AB 杆落影的 H 投影与五棱柱前棱面的交点 c_0 向上作铅垂线 $c_0'd_0'$ 即得到 AB 杆在五棱柱前表面的落影，这是由于 AB 杆与该棱面相互平行，其影平行于直线自身。从图 3-48 (b) 中看出直线杆的端点 A 的影 A_0(a_0'，a_0) 落在棱柱顶面上。

(5) 将可见阴面和影区着暗色。

3.5.2　棱锥的阴影

锥体阴影的作图与柱体阴影作图完全不同，因锥体的各侧棱面通常不是投影面垂直面，其投影不具有积聚性，故不能直接用光线的投影确定其侧棱面是阳面还是阴面，也就无法确定阴线。因此，锥体阴影的作图往往是先求出锥体的落影，后定出锥体的阴、阳面。对于棱锥来说也是如此，首先是求棱锥顶在棱锥底所在平面上的落影，由锥顶的落影作棱锥底面多边形的接触线，求得棱锥的影线，再由影线与阴线的对应关系，确定其阴线和阴、阳面。

【例 3-11】 图 3-49（*a*）为五棱锥 *T*—ⅠⅡⅢⅣⅤ的两面投影图，求五棱锥的阴影。

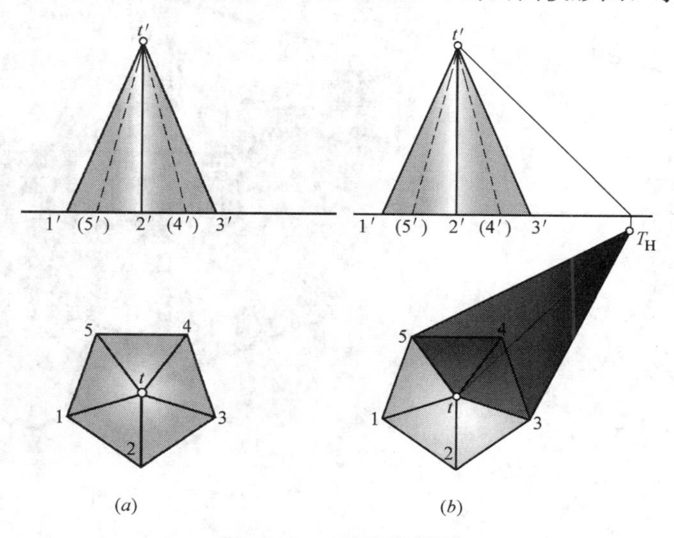

图 3-49　五棱锥的阴影

（*a*）已知条件；（*b*）五棱锥的阴影作图

绘棱锥阴影的步骤：

（1）读图分析：直立五棱锥的底面是正五边形，侧棱面由五个共顶的三角形平面构成。

（2）作直立五棱锥 *T*—ⅠⅡⅢⅣⅤ的落影：首先作锥顶 *T* 在锥底所在平面 *H* 的落影 T_H，即自锥顶 *T* 作光线 *S*，再求光线 *S* 与 *H* 面的交点 T_H。然后由锥顶落影 T_H 作锥底五边形的接触线 T_H5 和 T_H3，见图 3-49（*b*），完成直立五棱锥 *T*—ⅠⅡⅢⅣⅤ在 *H* 面上的落影。

（3）确定阴线、阴面、阳面：与影线 T_H5 和 T_H3 相对应的棱线 *T*Ⅴ、*T*Ⅲ就是五棱锥的阴线。由于常用光线的照射方向是从立体的左、前、上射向右、后、下，所以该五棱锥的下表面和侧棱面Ⅲ*T*Ⅳ、Ⅳ*T*Ⅴ为阴面，其余侧棱面为阳面。

（4）将可见阴面和影区着暗色，见图 3-49（*b*）。

【例 3-12】 已知五棱锥和直线杆 *AB* 的投影，如图 3-50（*a*）所示，求其阴影。

绘棱锥及 *AB* 杆阴影的步骤，见图 3-50（*b*）：

（1）读图分析：直立杆 *AB* 位于五棱锥的左前上方，在常用光线照射下，直线杆 *AB* 之影必然落在五棱锥的阳面和地面 *H* 上。

（2）作直立五棱锥 *T*—ⅠⅡⅢⅣⅤ的落影：因锥顶 *T* 到 *V* 面的距离比到 *H* 面的距离小，故锥顶 *T* 的真影 T_V 落在 *V* 面上，见图 3-50（*b*）。这时应求出锥顶 *T* 在锥底所在的平面 *H* 上的虚影（T_H），再由虚影（T_H）作锥底五边形的接触线（T_H）3 和（T_H）5，并与投影轴 *OX* 相交于折影点Ⅵ、Ⅶ，然后自折影点Ⅵ、Ⅶ分别画直线至真影 T_V。完成直立五棱锥 *T*—ⅠⅡⅢⅣⅤ的落影。五棱锥中与其 *H* 面影线（T_H）5 和（T_H）3 相对应的棱线 *T*Ⅴ、*T*Ⅲ就是五棱锥的阴线。

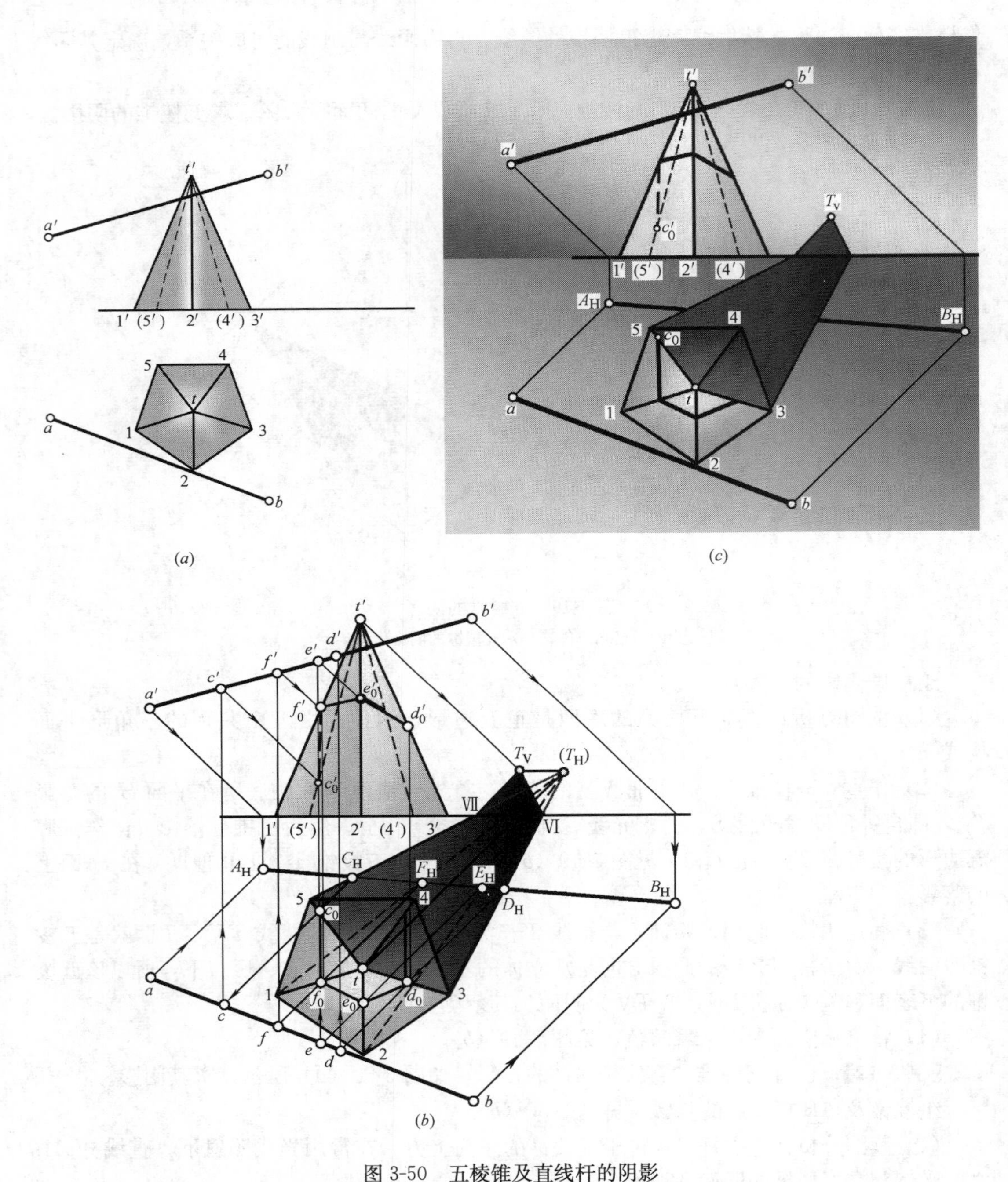

图 3-50　五棱锥及直线杆的阴影

(a) 已知条件；(b) 五棱锥及直线杆的阴影作图；(c) 五棱锥及直线杆阴影的表现图

(3) 作直立杆 AB 的落影：首先通过直立杆 AB 的端点分别作光线，求出其落影 A_H、B_H，连接 A_H 和 B_H 的影线就是直立杆 AB 在 H 面上的落影。从图 3-50（b）看出影线 A_HB_H 中的 C_HD_H 段位于五棱锥的影区内，这说明该段影线没有落到 H 面上，而是落在五棱锥 T—Ⅰ Ⅱ Ⅲ Ⅳ Ⅴ的阳面上。为此连接（T_H)1、(T_H)2 分别交影线 A_HB_H 于重影点 F_H、E_H，再用返回光线法作出五棱锥阴线 TⅤ、TⅢ上的滑影点 C_0、D_0 和棱线 TⅠ、T

Ⅱ上的折影点 F_0、E_0，然后连接 C_0F_0、F_0E_0、E_0D_0，完成直立杆 AB 的落影。

（4）将可见阴面和影区着暗色，见图 3-50（*c*）。

3.5.3　圆柱体的阴影

1）圆柱体阴线的组成

直立圆柱体是由两水平圆面和圆柱面构成的。如图 3-51 所示，一系列与圆柱面相切的光线，在空间形成了两个相互平行的光平面。它们与圆柱面相切的直素线 AB、CD 就是圆柱面上的阴线。这两条阴线将圆柱面分成大小相等的两部分，阳面和阴面各占一半。圆柱体的上顶是阳面，下底是阴面。故圆柱体的阴线是由柱面上的两条直阴线和上、下底两个半圆周组成的封闭线。

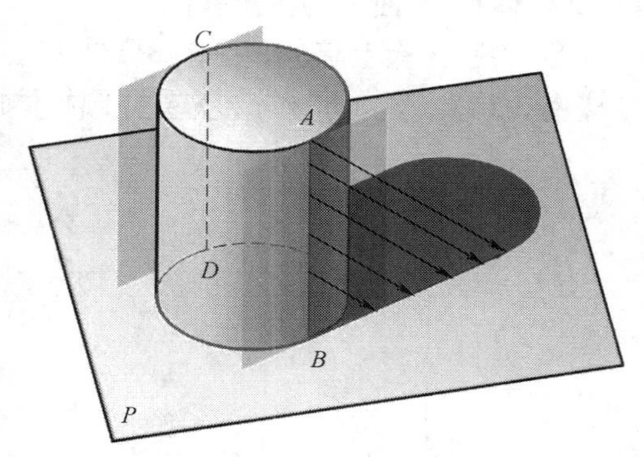

图 3-51　圆柱体阴影的形成

因直立圆柱面的 H 投影积聚成一圆周。阴线自然是垂直于 H 面的素线，故与圆柱面相切的光平面必然为铅垂面，其 H 投影积聚成与圆周相切的 45°直线，所以直立圆柱的阴线可由光线的 H 投影与圆周相切而定。

2）圆柱体阴影的作图：

【例 3-13】　已知圆柱体的平、立面图，见图 3-52（*a*），完成其阴影作图。

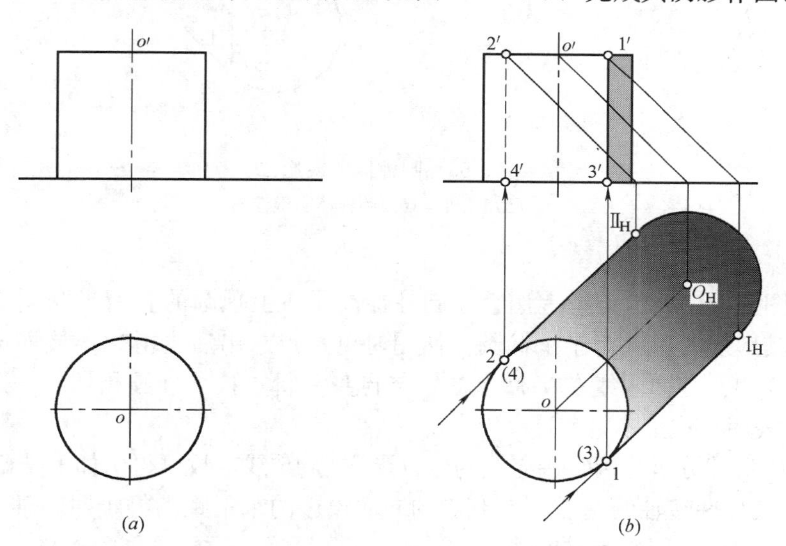

图 3-52　圆柱体的阴影一

（*a*）已知条件；（*b*）圆柱体阴影作图一

绘圆柱体阴影投影的步骤：

（1）确定直立圆柱面的阴线：首先在 H 投影中，作光线的 H 投影 s 与圆周相切于 1、2 两点，即圆柱面上的阴线ⅠⅢ、ⅡⅣ的 H 面投影。由此作铅垂联系线便得到阴线的 V 面投影 $1'3'$、$2'4'$。从 H 投影看出圆柱面的左前方一半是阳面，右后方一半是阴面。在 V

投影中，阴线 $1'3'$ 右侧的一小条为可见阴面，应将它涂上暗色。

（2）作直立圆柱体的落影：圆柱体上顶圆的右后半圆周为阴线，它在 H 面上的落影仍为等大的半圆周。通过上顶圆的圆心 O 作光线便可求得其落影 O_H，以 O_H 为圆心画与上顶圆等大的半圆周，得到右后半圆弧的落影。圆柱体下底圆的左前半圆周为阴线，其影与自身重合。阴线ⅠⅢ、ⅡⅣ在 H 面上的落影为 45°线，与上、下圆周的落影相切。完成直立圆柱体在 H 面上的落影作图。

（3）将影区涂上暗色，见图 3-52（*b*）。

【例 3-14】 图 3-53（*a*）为直立圆柱体的平、立面图，完成其阴影作图。

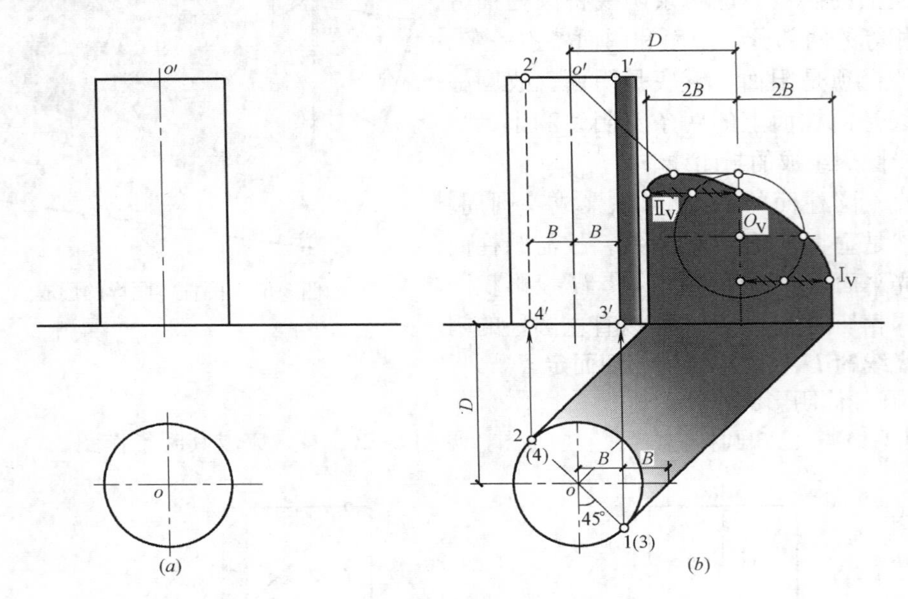

图 3-53 圆柱体的阴影二
（*a*）已知条件；（*b*）圆柱体阴影作图二

作图步骤：

（1）读图分析：该题是把上例直立圆柱加高了，上顶圆的右后半圆周阴线落影于 V 投影面上，其影线的形状为半个椭圆。作图时可逐点求出后光滑地连接而成，也可用图 3-46 的方法作出。柱面阴线在 V 面上的影与自身平行，且与椭圆相切。其余作法，在图 3-53（*b*）已表明，这里不再赘述。

（2）图中尺寸分析：因常用光线的各投影均为 45°线，故可得出如下结论：

① 直立圆柱回转轴的 V 投影与其影的同面投影的水平距离等于回转轴到承影面的距离，见图 3-53（*b*），图中为尺度 D。

② 直立圆柱在 V 面上落影的宽度等于圆柱面两阴线在 V 投影中距离的两倍。在图 3-53（*b*）中，设圆柱面两阴线在 V 投影中间距为 $2B$，则落影宽度为 $4B$。

以上两条请读者自行分析证明。根据这些特征可在一个投影中直接作圆柱体的阴影，即圆柱体的阴线和在 V 面上的落影都可以单面作图。

【例 3-15】 已知圆柱体的立面图，见图 3-54（*a*）。圆柱体的回转半径为 R，圆柱体回转轴至 V 面的距离为 50，用单面作图完成圆柱体的阴影。

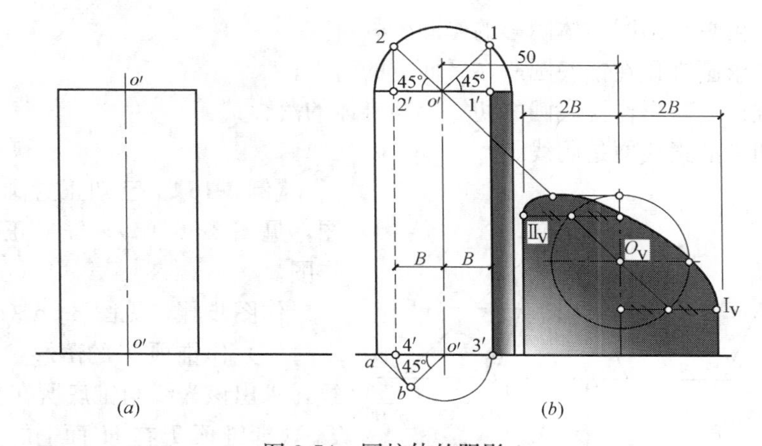

图 3-54　圆柱体的阴影

(*a*) 已知条件；(*b*) 圆柱阴影的单面作图

作图步骤：

(1) 确定圆柱面的阴线：图 3-54 (*b*) 显示出了在 V 投影上直接作圆柱面阴线的两种方法。其一是在圆柱体 V 投影的上或者下底边直接以圆柱半径 R 画半圆，过圆心引两条不同方向的 45°线，与半圆交于 1、2 两点，由点 1、2 分别作回转轴的平行线，该线在圆柱体 V 投影内的部分为阴线，左为虚线，右为实线；另一种方法是在圆柱体 V 投影的上或下底边上，以圆柱半径为斜边作 45°等腰直角三角形，其腰长就是 V 投影中阴线对回转轴的距离。再以 o'为圆心，直角三角形的直角边为半径画半圆，与圆柱底圆投影交于 3′、4′两点，由该两点作圆柱的素线就是所求阴线。

(2) 作圆柱体在 V 投影面上的落影。图 3-54 (*b*) 已展示清楚，不再详述。

(3) 将可见阴面和影区着暗色，见图 3-54 (*b*)。

3.5.4　圆锥体的阴影

1) 圆锥体阴影的形成及阴线的组成

以直立圆锥为例，图 3-55 所示为一系列与圆锥面相切的光线，在空间形成了两个相交的光平面。它们与圆锥面相切的直素线 TA、TB 就是锥面上的阴线。与圆锥面相切的光平面是一般位置平面。故不能用光线的投影与圆锥底圆相切得圆锥面的阴线。而锥面的素线是通过锥顶 T 的，与锥面相切的光平面必然包含通过锥顶 T 的光线，与圆锥面相切的光平面和锥底平面 P 的交线就是阴线 TA、TB 的影线，这些影线也一定通过引自锥顶 T 的光线与锥底平面 P 的交点 T_P，并与底圆相切于点 A、B。点 T_P 是锥顶 T 在锥底平面 P 上的落影。

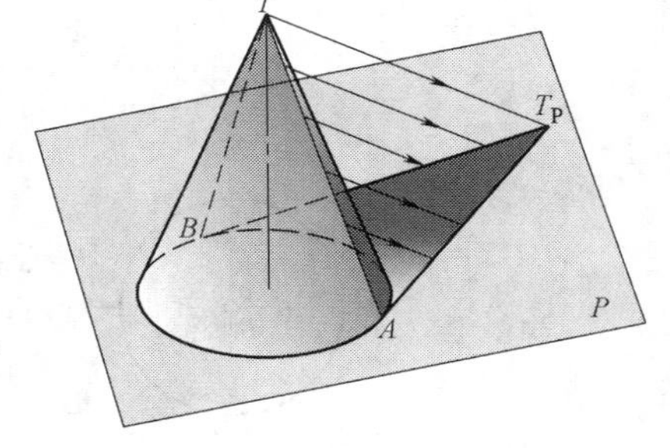

图 3-55　圆锥体阴影的形成

圆锥体的下底是阴面，故圆锥体的阴线是由锥面上的两条直阴线 TA、TB 和下底的部分圆周 AB 组成的封闭线，见图 3-55。正置圆锥阳面大于阴面，倒置圆锥阳面小于阴面。

2) 圆锥体阴影的作图

由上述分析总结出圆锥体阴影的作图步骤：

(1) 首先求圆锥顶在锥底圆所在平面上的落影；

(2) 以锥顶之落影作锥底圆的切线得圆锥体的落影；

(3) 过切点的素线便是阴线。

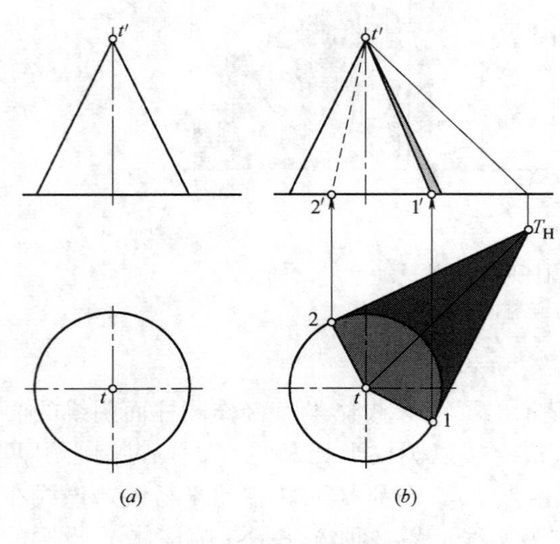

图 3-56 正置圆锥的阴影

(a) 已知条件；(b) 正置圆锥阴影作图

【例 3-16】 已知正置圆锥的平、立面图，见图 3-56 (a)，完成正置圆锥的阴影作图。

作图步骤，见图 3-56 (b)：

(1) 作锥顶 T 的落影：过锥顶 T 作光线，求出该光线与锥底所在平面 H 的交点 T_H，即锥顶 T 在 H 面上的落影。

(2) 作圆锥的落影及阴线：在 H 投影中，由影点 T_H 向圆锥底圆引切线，得切点 1、2，自切点 1、2 向锥顶 t 引直线 $t1$ 和 $t2$，这就是锥面阴线 TⅠ和 TⅡ的 H 投影。再自切点 1、2 向上作铅垂线，在 V 投影中得到 $1'$、$2'$，连线 $t'1'$、$t'2'$ 是锥面阴线 TⅠ和 TⅡ的 V 投影。T_H1、T_H2 是圆锥在 H 面上的影线。

(3) 将可见阴面和影区着暗色。

【例 3-17】 已知倒置圆锥的平、立面图，见图 3-57 (a)，完成倒置圆锥的阴影作图。

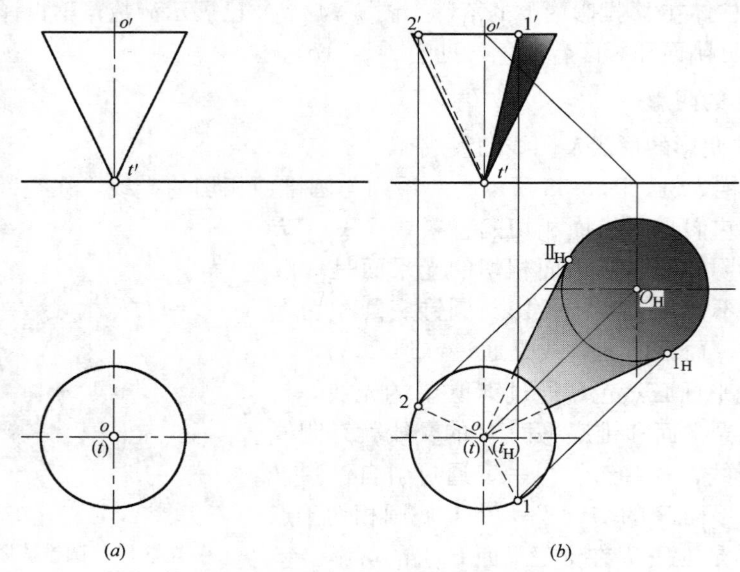

图 3-57 倒置圆锥的阴影

(a) 已知条件；(b) 倒置圆锥阴影作图

作图步骤，见图 3-57 (b)：

(1) 作倒置锥的落影：顶点 T 在 H 面上，其影 T_H 与自身重合。倒置锥的底圆平行

于 H 面，其影为与底圆等大的圆。为此，作圆心 O 的落影，过圆心 O 作光线，求出该光线与 H 面交点 O_H，即圆心 O 在 H 面上的落影。再以 O_H 为圆心画与倒置圆锥底圆等大的圆，这是倒置圆锥底圆的影。然后自锥顶之影 t_H 作底圆影的切线，得切点 I_H、II_H，切线 $t_H\mathrm{I}_H$ 和 $t_H\mathrm{II}_H$ 是倒置圆锥面在 H 面上的影线。影线 $t_H\mathrm{I}_H$、$t_H\mathrm{II}_H$ 和底圆之影围成的图形就是该倒置圆锥体的落影。

（2）求倒置圆锥面上的阴线：在 H 投影中，从切点 I_H、II_H 作返回光线至倒置圆锥的底圆，得点 1、2，自点 1、2 向锥顶 t 引直线 $t1$ 和 $t2$，这就是倒置锥面阴线 $T\mathrm{I}$ 和 $T\mathrm{II}$ 的 H 投影。再自点 1、2 向上作铅垂线，在 V 投影中得到点 $1'$、$2'$，连线 $t'1'$、$t'2'$ 是倒置锥面阴线 $T\mathrm{I}$ 和 $T\mathrm{II}$ 的 V 投影。

（3）将可见阴面和影区着暗色。

【例 3-18】 已知倒置圆锥的平、立面图，见图 3-58（a），求作倒置圆锥面的阴线。

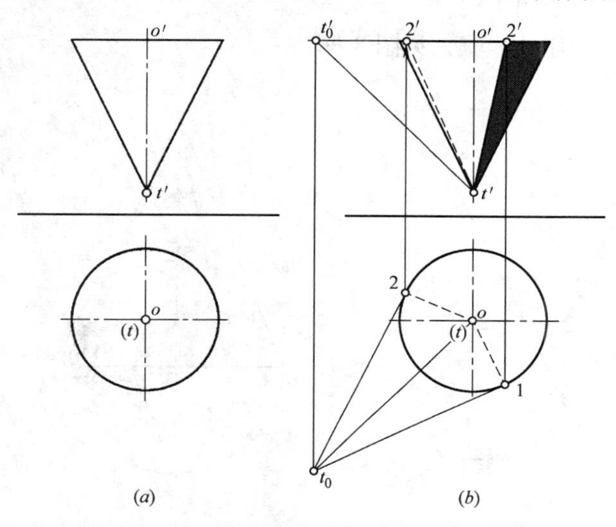

图 3-58　倒置圆锥的阴线

（a）已知条件；（b）倒置圆锥阴线作图

作图步骤，见图 3-58（b）：

前两例是通过圆锥体的真实落影求得锥面阴线的。本例采用圆锥体的虚影求倒置圆锥面阴线。

（1）过锥顶 T（t，t'）向锥底所在平面作反向光线与锥底平面交于 T_0（t_0，t'_0），这是锥顶在锥底平面上的虚影。

（2）由 t_0 向倒锥底圆引切线，得切点 1、2。自切点 1、2 向锥顶 t 引直虚线 $t1$ 和 $t2$，这就是倒锥面阴线 $T\mathrm{I}$ 和 $T\mathrm{II}$ 的 H 投影。再自切点 1、2 向上作铅垂线，在 V 投影中得到 $1'$、$2'$，连线 $t'1'$、$t'2'$ 是倒锥面阴线 $T\mathrm{I}$ 和 $T\mathrm{II}$ 的 V 投影。

（3）将可见阴面着暗色。

3）在单面投影中确定圆锥阴线位置的依据和作图步骤

（1）圆锥阴线单面作图证明：

将图 3-56（b）中的 H 投影上移，使其底圆的水平直径与 V 投影的底边重合，如图 3-59 所示。连接切点 1 和 2，直线 12 垂直于 tt_H，所以直线 12 是 45°线，它与 $a'b'$ 相交于点 4。现需证明连线 34 平行于左轮廓线 $t'a'$。

在直角三角$\triangle t1t_{\mathrm{H}}$ 和直角三角$\triangle t51$ 中：

$\because \triangle t1t_{\mathrm{H}} \backsim \triangle t51 \quad \therefore t5/t1 = t1/tt_{\mathrm{H}}$ ①

设圆锥底圆半径为 R，则 $t1=R$ ②

$tt_{\mathrm{H}}=\sqrt{2}t't$ ③

代②、③入①得：$t5/R=R/\sqrt{2}t't$ ④

$\because \triangle t54$ 为等腰直角三角形，故 $t5=t4/\sqrt{2}$ ⑤

代⑤入④得：$t4/\sqrt{2}R=R/\sqrt{2}tt'$　化简为 $t4/R=R/tt'$ 亦即 $t4/ta'=t3/tt'$

$\therefore$对顶的直角三角形$\triangle 4t3$ 和$\triangle a'tt'$是相似三角形，于是连线 $34 /\!/ t'a'$。

为方便作图，将 $a'b'$线上方的半圆折过来，与下方半圆重合，则 24 重合为 $2_1 4$，这样就得到圆锥阴线单面作图的步骤。

（2）圆锥阴线单面作图步骤，见图 3-60。

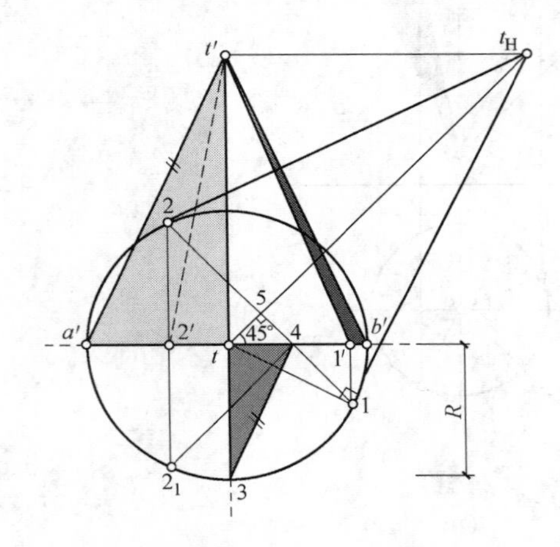

图 3-59　圆锥阴线单面作图证明

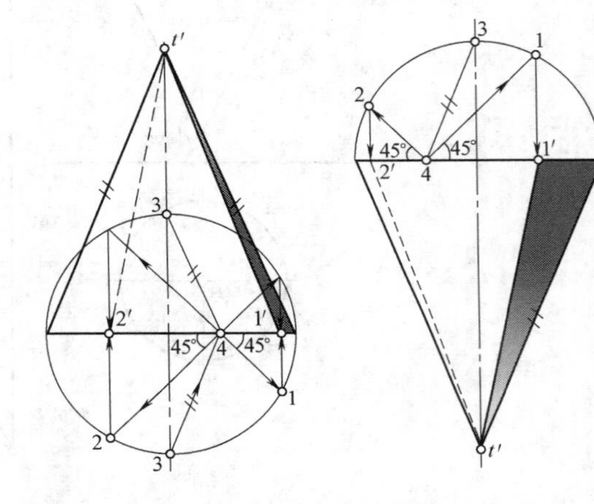

图 3-60　圆锥阴线的单面作图

① 在圆锥 V 投影中，以锥底圆的 V 投影为直径作半圆交回转轴线于点 3。为了图形清晰起见，半圆最好作在圆锥投影图的外侧，也可以作在圆锥投影图内，见图 3-60 左图。

② 自点 3 作圆锥轮廓线的平行线交圆锥底圆的 V 投影于点 4（对于正锥点 4 在回转轴右侧；倒锥点 4 在回转轴左侧）。

③ 过点 4 向左下和右下分别作 45°线交半圆于点 1、2。

④ 自点 1、2 作铅垂线交圆锥底圆的 V 投影于点 1′、2′，连线 $t'1'$和 $t'2'$就是锥面上的两条阴线。

4）特殊底角圆锥的阴线位置

（1）当锥底角等于常用光线对 H 面的倾角约 35°时，射向锥顶的光线擦过圆锥表面，正好与圆锥面相切，这时正锥出现一条暗线，即阴面的开始，其余是阳面；倒锥为受光的开始，是一条亮线，其余是阴面。这条光线在 V 和 H 投影图中的位置是过锥顶且与水平轴线成 45°角的一条直线，见图3-61（a）。

（2）锥底角为 45°时，正锥的右后1/4曲表面为阴面，倒锥左前 1/4 曲表面为阳面。在 V 投影图中，正锥的右轮廓素线和重合在中心线上的虚素线是阴线；倒锥左轮廓素线和重合在中心线上的素线是阴线，见图 3-61（*b*）。

【例 3-19】 已知壁灯的回转轴距墙面的距离为 L，见图 3-62（*a*），完成壁灯的阴影作图。

作图步骤，见图 3-62（*b*）：

（1）求壁灯的阴线：壁灯是由正、倒圆锥台构成。它们的阴线用图 3-60 所示的方法作出，见 3-62（*b*）左图。

（2）求壁灯在墙面上的落影：首先由距离 L 画出回转轴的落影，再过壁灯的上、中、下三个圆的圆心分别作光线与回转轴落影相交得圆心的落影，然后用图 3-46 所示的方法作出该三个圆的落影椭圆，最后分别作落影椭圆的公切线，完成壁灯落影作图。

（3）将可见阴面和影区着暗色，见图 3-62（*c*）。

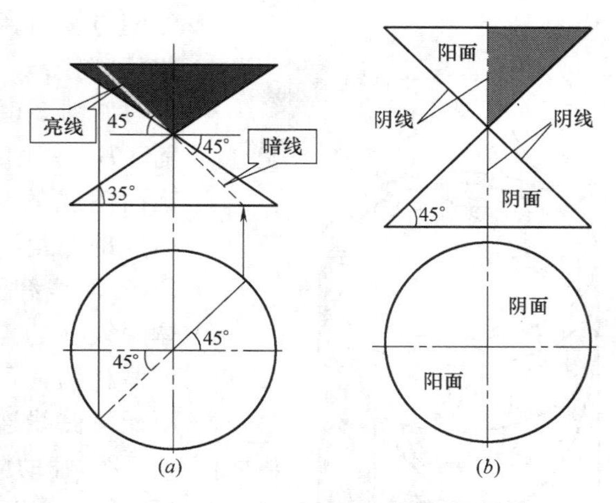

图 3-61　特殊底角圆锥的阴线

（*a*）锥底角为 35°时的阴线；（*b*）锥底角为 45°时的阴线

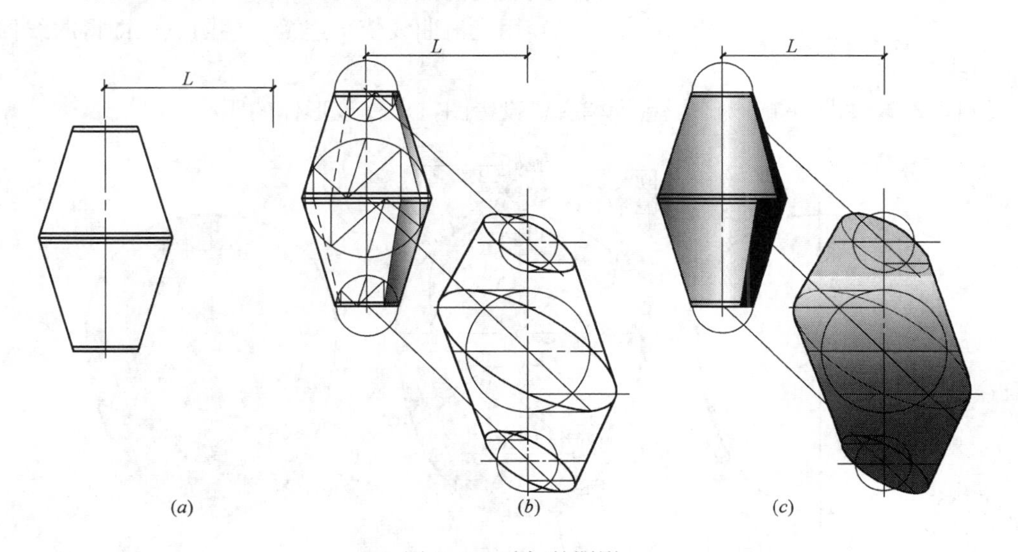

图 3-62　壁灯的阴影

（*a*）已知条件；（*b*）壁灯阴影作图；（*c*）壁灯阴影效果图

3.5.5　曲线回转体的阴影

绘制曲线回转体的阴影时，一般是先找出其阴线，再绘制其落影。曲线回转体上的阴线通常采用辅助切锥面法来求得。

1）辅助切锥面法求曲线回转体阴线的作图原理

辅助切锥面法求曲线回转体阴线的作图原理，是采用一系列与曲线回转体共回转轴的圆锥面（圆柱面是圆锥面的特殊情况），去与曲线回转体相切，每一个圆锥面与曲线回转体相切于一个纬圆，切线纬圆与切锥面阴线的交点就是曲线回转体阴线上

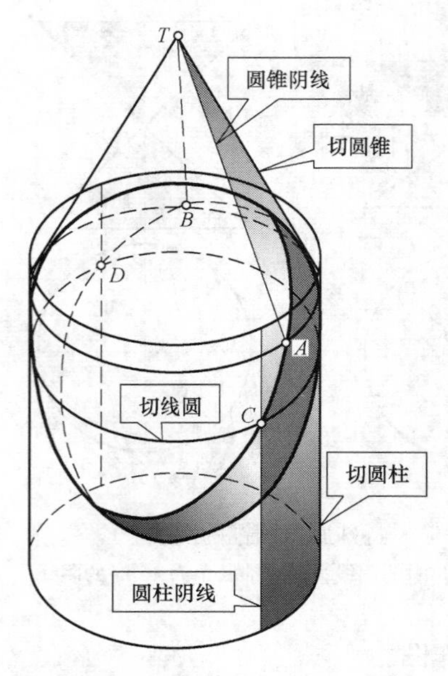

图 3-63 切锥面法的作图原理

的阴点，再用光滑曲线连接这些阴点即为曲线回转体的阴线。

如图 3-63 所示，圆锥面 T—AB 外切蛋形体于纬圆 AB，该圆锥面的阴线是 TA、TB，切线纬圆与圆锥面阴线的交点 A、B 是蛋形体阴线上的点。圆柱面（即底角为 90°的圆锥面）也外切蛋形体于纬圆 CD，切线纬圆与圆柱面阴线的交点 C、D 也是蛋形体阴线上的点。再继续用不同底角的圆锥面去与蛋形体相切，可以得到蛋形体阴线上的若干阴点，再用光滑曲线连接这些阴点，便获得蛋形体的阴线。

2）辅助切锥面法求曲线回转体阴线的作图步骤

（1）作出与曲线回转体同轴的外切（内切）的锥面（柱面）。

（2）画出切锥面与曲线回转体相切的纬圆。

（3）求出切锥面的阴线和与相切纬圆的交点，即为回转体阴线上的点。

（4）用光滑曲线依次连接这些阴点，即得曲线回转体的阴线。

【例 3-20】 图 3-64（*a*）为蛋形体的 V 投影图，求作该形体的阴线。

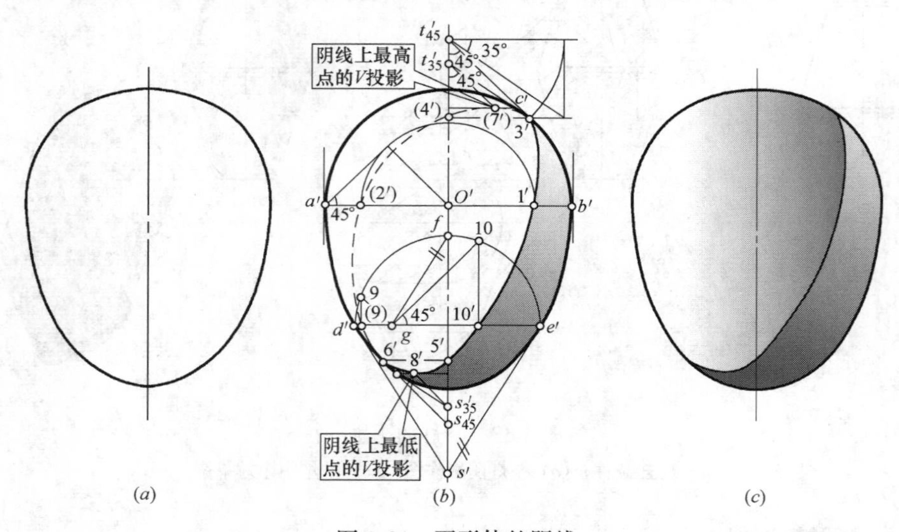

图 3-64 蛋形体的阴线

（*a*）已知条件；（*b*）蛋形体的阴线作图；（*c*）蛋形体渲染图

作图步骤，见图 3-64（*b*）：

（1）为了作图准确和方便起见，首先作底角为 45°的正、倒圆锥面外切蛋形体，求得蛋形体阴线在 V 投影轮廓线上的切点 3′、6′，它们是阴线 V 投影的可见与不可见的分界点。同时还作出了重合在中心线上的阴点（4′）、5′。该两点是蛋形体 W 投影轮廓线上的阴点，也是阴线 W 投影的可见与不可见的分界点（此处未画 W 投影）。

(2) 用旋转法作出与水平线夹角为 35°的线。再以此线方向作底角为 35°的正、倒圆锥面外切蛋形体，得到蛋形体阴线上的最高点 (7′)、最低点 8′。

(3) 作蛋形体的外切圆柱面（即底角为 90°的锥），得到蛋形体赤道圆上的点 1′、(2′)，是蛋形体 H 投影轮廓线上的阴点，也是蛋形体阴线 H 投影的可见与不可见的分界点（此处未画 H 投影）。

(4) 再适当选用一些底角为其他角度的锥面外切蛋形体，得一些中间点。如图 3-64 (*b*) 中的倒锥面 s'—$d'e'$外切蛋形体，求得阴点 (9′)、10′。

(5) 光滑地连接以上各阴点，并将可见阴面着暗色，完成蛋形体阴线作图。图 3-64 (*c*) 为渲染图。

3) 曲线回转体的落影作图

现以鼓形体的阴影为例说明曲线回转体阴影的作图方法。

【例 3-21】 已知紧靠正面墙的半鼓形体的投影图 3-65 (*a*)，求其阴影。

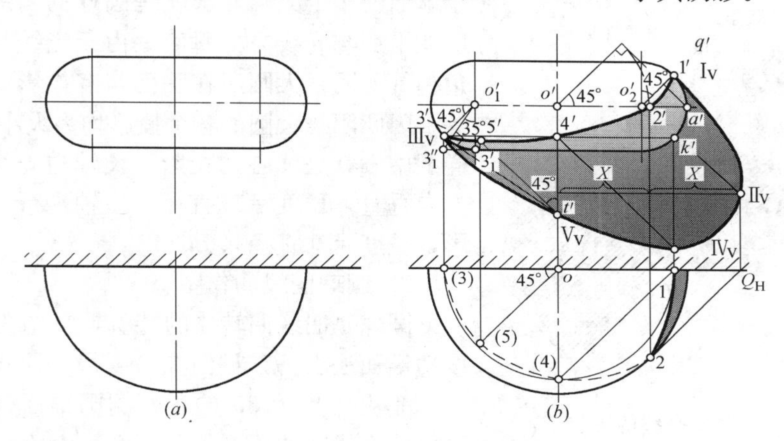

图 3-65　半鼓形体的阴影

(*a*) 已知条件；(*b*) 半鼓形体阴影作图

半鼓形体作阴影的步骤，见图 3-65 (*b*)：

(1) 求阴线：首先用切锥面法作出半鼓形体阴线的 V 投影，即用底角为 45°的正、倒切锥面外切鼓形体，求出轮廓线上的阴点 1′、3′、4′；再用锥底角为 35°的倒锥面外切鼓形体，求得阴线的最低阴点 5′。该阴点的作图是用旋转法先画出与铅垂轴线夹角为 35°的直线 $o_1'3_1''$，过 $o_1'3_1''$与半鼓形体 V 投影轮廓线的交点分别作水平线和垂直于 $o_1'3_1''$的直线，水平线是底角为 35°的倒锥面与鼓形体相切的纬圆；$o_1'3_1''$的垂线是底角为 35°的倒锥面左侧 V 投影轮廓线，该线交回转轴线于点 t'，这是底角为 35°的倒锥面顶点 T 的 V 投影。自倒锥面顶点 t'向上引 45°线交切线纬圆于阴点 5′，然后用圆柱面外切鼓形体得赤道圆上的阴点 2′。以上各阴点的 H 投影用纬圆法定出。这些阴点都处在曲线回转体的特殊位置上，故按以上特定的方法作出。最后把这些阴点用光滑曲线连接起来，就是半鼓形体阴线的 V、H 投影。

(2) 作半鼓形体在正面墙上的落影：阴点Ⅰ、Ⅲ在鼓形体的轮廓线上，其落影就是点 1′、3′；最低阴点Ⅴ在正面墙上的落影Ⅴv，可以在 H 投影中，从点 5 作光线（45°线）正好交于回转轴的积聚投影上，故阴点Ⅴ的影应在回转轴线上，即 4′点的正下方。于是在 V

投影中直接自阴点 5′引光线与回转轴线相交得Ⅴ点之影Ⅴv；位于半鼓形体正前方素线上的阴点Ⅳ至墙面的距离等于过该点的纬圆半径 4′k′，所以自 4′点引光线与过点 k′的铅垂线相交得Ⅳ点的影落Ⅳv（点 k′和点 1′在同一条铅垂线上）。*H* 投影轮廓线上的阴点Ⅱ的落影Ⅱv 至回转轴线的距离等于阴点 2′到回转轴线距离的两倍。因为阴点Ⅱ是由圆柱面外切鼓形体而求得。其作图方法是自阴点 2′向左下作 45°线与回转轴线相交于一点，再自该交点引水平线与过点 2′向右下作的 45°线相交得Ⅱ点的落影Ⅱv。最后，把这些影点用光滑曲线连接起来就是半鼓形体在正面墙上的影线。

（3）将可见阴面和影区着暗色，完成半鼓形体的阴影作图，见图 3-65（*b*）。

3.5.6 圆球的阴影

1）圆球阴线的概念

如图 3-66 所示，在平行光线照射下与圆球相切的光线构成光圆柱面，它与圆球相切于球面的一个大圆，这就是圆球的阴线。该阴线圆所在平面与光线方向垂直，由于光线与各投影面倾角相等，阴线大圆所在平面与各投影面的夹角也相等，因此阴线大圆的各个投影均为大小相等的椭圆，椭圆中心就是球心的投影，长轴与光线的同面投影方向垂直，长度＝球直径，短轴平行于光线同面投影，长度＝球直径×tan30°。

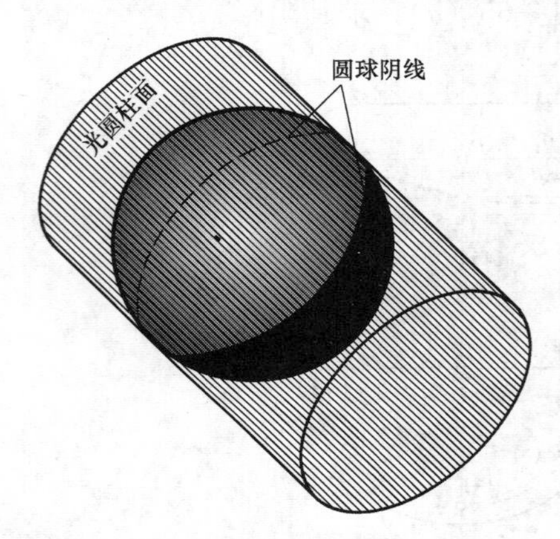

图 3-66　圆球阴线的形成

2）圆球阴线的作图

圆球是曲线回转体的特例，它的阴线 *V* 投影可按切锥面法求得，见图 3-67。最高阴点 5′和最低阴点 8′是由底角为 35°的正、倒圆锥面外切圆球而求得，轮廓线上的阴点 1′、2′和重合在中心线上的阴点 6′、9′是由底角为 45°的正、倒圆锥面外切圆球而求得，位于赤道圆上的阴点 7′、10′是由圆柱面外切圆球而求得，因外切圆柱面的 *H* 投影与圆球 *V* 投影的形状、大小相同，所以可直接由阴点 1′、2′向赤道圆引垂线而得到。然后，用光滑曲线连接以上各阴点得圆球阴线的 *V* 投影。

为了准确作出圆球阴线大圆的 *V* 投影椭圆短轴的两端点 3′、4′，在 *V* 投影中，设立一个与光线平行的正垂面 H_1 为新投影面，光线在 H_1 面上的投影方向与新投影轴 X_1 的交角为 35°，圆球面的阴线大圆在 H_1 面上的投影成为垂直于光线投影方向的直线 $3_1 4_1$。由此可以获得阴线大圆的 *V* 面投影椭圆的长、短轴的方向和大小。即长轴垂直于光线的 *V* 投影，长度等于球直径，短轴平行于光线的 *V* 投影。为了获得短轴的长度，设圆球的半径为 *R*，投影椭圆的短轴长度之半 $o'3'$为 *b*，在新投影 H_1 中 $b/R=\sin35°=1/\sqrt{3}$①，在 *V* 投影中 $b/R=\tan\alpha$②，由①式＝②式得 $\tan\alpha=1/\sqrt{3}$，所以 $\alpha=30°$。这说明在 *V* 投影中作图时，自长轴两端点作与长轴成 30°角的直线与过球心的光线投影相交，便得短轴长度 3′4′。

用同样的方法也可以求出圆球阴线大圆的 *H* 面投影椭圆。

3）圆球在投影面上的落影作图

如图3-67所示，圆球在投影面上的落影就是与圆球相切的光圆柱面与投影面的交线，其形状是椭圆，椭圆心是球心的落影；落影椭圆短轴为ⅠⅡ之影ⅠvⅡv，它垂直于光线的同面投影，长度等于球直径（因ⅠⅡ与V投影面平行）；长轴为ⅢⅣ之影ⅢvⅣv，它与光线的同面投影平行，为了获得落影椭圆长轴的长度，设长轴长度之半O_VⅣv为c，在新投影面H_1中，$R/c=\sin35°=1/\sqrt{3}$ ①，在V面投影中$R/c=\tan\alpha$②，由①式=②式得：$\tan\alpha=1/\sqrt{3}$，所以$\alpha=30°$。这说明落影椭圆长轴的长度=球直径×tan60°。作图时，自短轴两端点作与短轴成60°角的直线与过球心的光线投影相交，便得落影椭圆长轴ⅢvⅣv。自落影椭圆长、短轴的端点分别作与长、短轴平行的直线构成一矩形，除长、短轴的四个端点外，再定出矩形对角线上的四个点，连接这八个点成椭圆得圆球在V面上的落影。

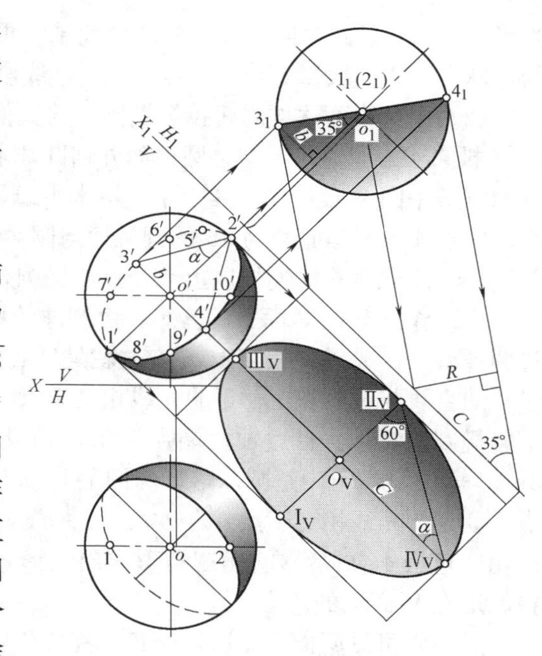

图3-67　圆球的阴影

4）圆球体阴影的单面作图

【例3-22】 图3-68（a）所示为圆球的V面投影图，球心O距承影面V的距离为L，试完成圆球阴线的V投影及圆球在V面上的落影作图。

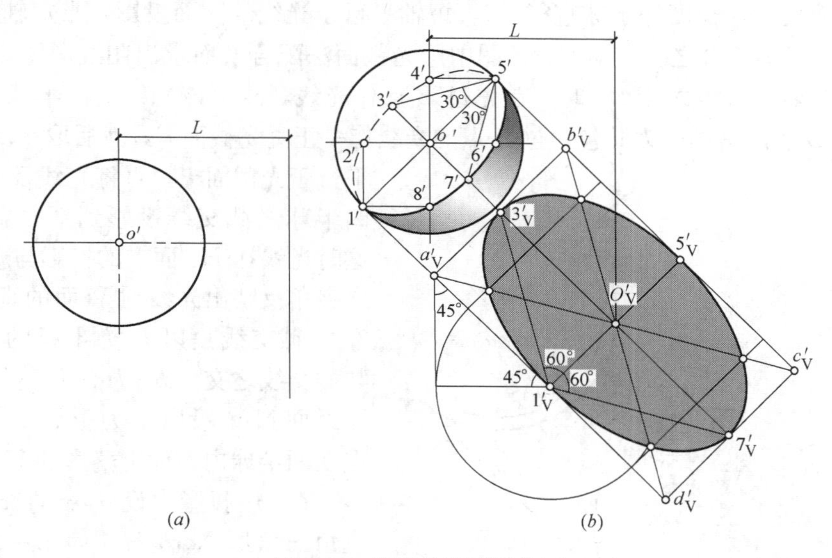

图3-68　圆球体阴影的作图

（a）已知条件；（b）圆球阴影单面作图过程示意

作图步骤，见图2-68（b）：

（1）作圆球阴线V投影椭圆的长、短轴：首先过球心o'作垂直于光线V投影s'的球

直径 $1'5'$，它是圆球阴线投影椭圆的长轴。再自长轴端点 $1'$、$5'$作与长轴成 30°角的直线，与过球心的光线投影 s'相交于点 $3'$、$7'$，线段 $3'7'$是圆球阴线投影椭圆的短轴。

（2）用切锥面法作阴线投影椭圆上的其他点：过长轴端点 $1'$、$5'$作铅垂线交圆球赤道圆 V 投影于点 $2'$、$6'$，这是圆柱面外切圆球求得的阴点。又自长轴端点 $1'$、$5'$作水平线交圆球侧子午圆 V 投影于点 $4'$、$8'$，该水平线是底角为 45°的圆锥面与圆球相切纬圆的 V 投影。阴点 $4'$、$8'$是底角为 45°的圆锥面与圆球相切求得的阴点。

（3）用光滑曲线连接以上八个点成椭圆，得圆球阴线的 V 投影。

（4）作圆球在 V 面上的落影：由圆球的铅垂回转轴线向右量取距离 L，画一铅垂线与过圆球心 o'的光线 s'相交于 o'_{V}，这就是球心的落影。再自球心落影 o'_{V}作垂直于光线 V 投影 s'的直线与过阴点 $1'$、$5'$的光线相交于点 $1'_{\mathrm{V}}$、$5'_{\mathrm{V}}$，线段 $1'_{\mathrm{V}}5'_{\mathrm{V}}$等于圆球直径，它是圆球落影椭圆的短轴。自短轴两端点作与短轴成 60°角的直线与过球心 o'的光线 s'相交于点 $3'_{\mathrm{V}}$、$7'_{\mathrm{V}}$，线段 $3'_{\mathrm{V}}7'_{\mathrm{V}}$是圆球落影椭圆的长轴。自影点 $3'_{\mathrm{V}}$、$7'_{\mathrm{V}}$分别作短轴的平行线与过阴点 $1'$、$5'$的光线相交于点 a'_{V}、b'_{V}、c'_{V}、d'_{V}，矩形 $a'_{\mathrm{V}}b'_{\mathrm{V}}c'_{\mathrm{V}}d'_{\mathrm{V}}$外切于圆球的落影椭圆。然后用底角为 45°的等腰直角三角形求出矩形 $a'_{\mathrm{V}}b'_{\mathrm{V}}c'_{\mathrm{V}}d'_{\mathrm{V}}$对角线的点，连接这八个点成椭圆得圆球在 V 面上的落影。

（5）将可见阴面和影区着暗色，完成作图。

5）凹半球的阴影作图

图 3-69 是嵌入墙内的凹半球面阴影作图。凹半球内表面上的阴线与圆球外表面的阴线求法相同，其形状也类似。凹半球阴线的左上部分内表面是阴面，余下的右下部分内表面是受光的阳面。凹半球口的左上方半圆周 ABC 是阴线，该阴线落影于凹半球内壁，其形状为凹半球面上的曲线 $A_0D_0B_0C_0$，V 投影为半个椭圆曲线 $a'_0d'_0b'_0c'_0$，长轴 $a'c'$垂直于光线的同面投影，长度等于球直径 $2R$，短轴平行于光线的同面投影，半短轴 $o'b'_0$的长度等于圆球半径的三分之一，即 $R/3$。图中用光截面法配合换面求出阴线 ABC 之影，便可得到证明。如求 B 点之影 B_0 时，首先过 B 点作光线，找出该光线与凹半球内壁的交点 B_0，即为 B 点的落影。为此包含过 B 点的光线作一正垂光截面 F，然后取一新投影面 H_1 平行于光截面 F，再将光线及光截面 F 与凹半球之截交线投影到新投影面 H_1 上。这时光线在 H_1 面上的投影与新投影轴 X_1 之夹角反映出光线对 V 面的真实倾角 $\alpha \approx$ 35°，截交线是以 R 为半径的半圆，光线与截交线之交点 b_{10}为点 B 落影的新投影，再返回到 V 投影上为影点 b'_0，它就是 B 点在凹半球内表面上落影的 V 投影。

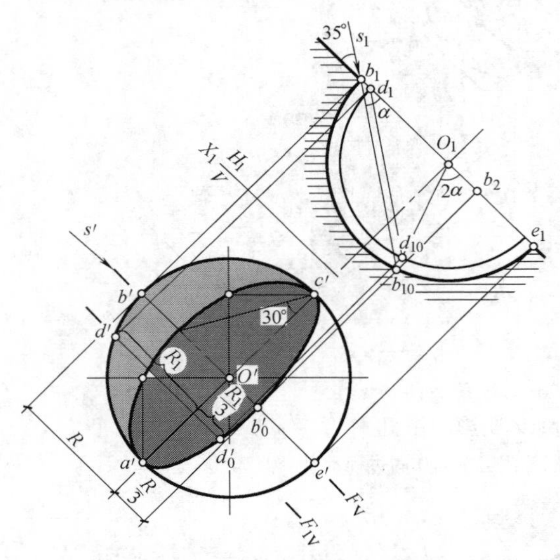

图 3-69　凹半球的阴影

在 H_1 投影中设 o_1b_2 的长度为 L，在直角三角形△$o_1b_2b_{10}$ 中，$L=R\cdot\cos2\alpha=R\cdot(1-2\sin^2\alpha)=R[1-2\times(1/\sqrt{3})^2]=R/3$，即线段 L 的长＝1/3 截交线圆半径。线段 L 与 V 投影中的 $o'b_0'$等长，故求 B 点之影的 V 投影 b'_0的作图可简化为：自 b'点

引光线的 V 投影（左上至右下的 45°线），并在线上量取 $o'b_0'=R/3$ 就可得到 B 点之影的 V 投影 b_0'。

阴线上其余各点的影都可按上述方法作出。如求 D 点之影 D_0 的 V 投影 d_0'，可由点 d' 引左上至右下的 45°线与 $a'c'$ 相交得截交线圆半径 R_1，再延长 $R_1/3$ 便得到 D 点之影 D_0 的 V 投影 d_0'，见图 3-69。

3.6　建筑局部及房屋的阴影

3.6.1　绘建筑局部及房屋阴影的基本思路

（1）首先读懂已知的正投影图，分析房屋建筑各个组成部分的形状、大小及相对位置。

（2）由光线方向判别建筑物各表面是受光的阳面还是背光的阴面，从而确定阴线。由受光的阳面和背光的阴面交成的凸角棱线才是求影的阴线。

（3）再分析各段阴线将落于哪些承影面，弄清楚各段阴线与承影面之间的相对关系以及与投影面之间的相对关系，充分运用前述的落影规律和作图方法，逐段求出阴线的落影——影线。

3.6.2　窗口的阴影

1）窗口阴影的基本作图

【例 3-23】　已知带遮阳的窗口平、立面图，如图 3-70（*a*）所示，完成其阴影。

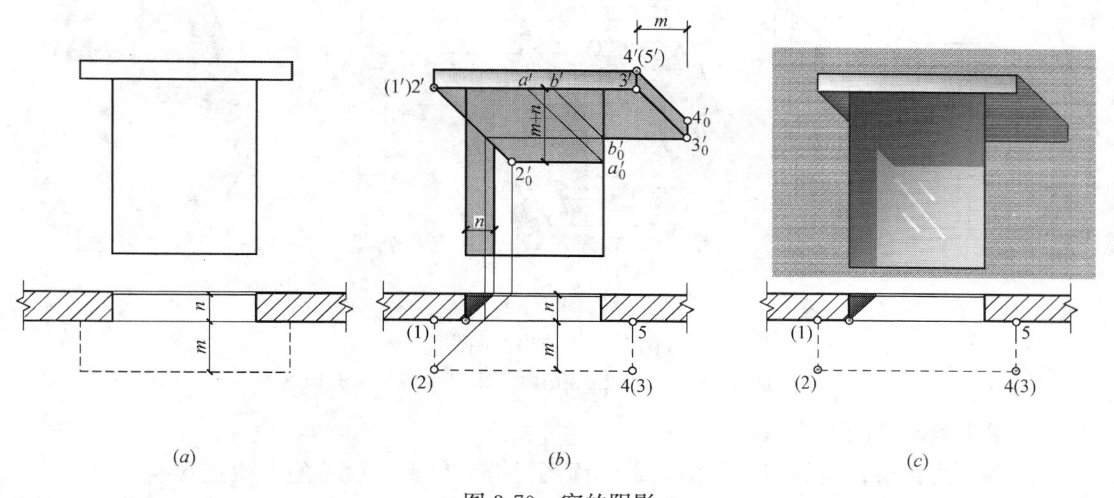

图 3-70　窗的阴影

（*a*）已知条件；（*b*）窗的阴影作图；（*c*）窗的阴影渲染图

作图步骤：

（1）识读窗口的平、立面图：如图 3-70（*a*）所示，窗上口有一长方体的遮阳板，挑出墙面的长度为 m，窗板凹进墙的深度为 n。

（2）由光线方向判明各立体的阴阳面，从而定出阴线。常用光线的方向是从物体的左、前、上射向右、后、下，故物体的左、前、上表面是阳面，右、后、下表面是阴面。窗上口遮阳板的阴线是折线ⅠⅡ—ⅡⅢ—ⅢⅣ—ⅣⅤ，窗框的左前棱是阴线，见图 3-70（*b*）。

（3）由直线段的落影规律，逐一作出各段阴线的落影。如图 3-70（*b*）所示，阴线ⅠⅡ、ⅣⅤ是正垂线，它们落影的 V 投影为 45°线。阴线ⅡⅢ是侧垂线，它的影分别落在窗板面、墙面和窗框的右侧表面上，该阴线与窗板面、墙面平行，其影与自身平行。只要将点Ⅱ分别落在窗板面、墙面上便可作出阴线ⅡⅢ在窗板面和墙面上的影。阴线ⅡⅢ中 AB 段之影落在窗框的右侧表面上，其影为侧平线，在窗户的垂直剖面图上可以看到这段影线。铅垂阴线ⅢⅣ平行于墙面，其影与自身平行等长。窗框的左前棱阴线在窗板面上的落影作图是由其平面图中的积聚投影引 45°光线而求得。该阴线的下段之影落在窗台的上表面，即 45°线。

（4）将可见阴面和影区着暗色（图 3-70*c*）。

（5）分析图中的落影宽度：因常用光线的各投影为 45°线，故遮阳、窗台等在墙面上的落影宽度等于遮阳、窗台等挑出墙面的长度；遮阳、窗框等在窗板面上的落影宽度等于遮阳、窗框等到窗板面的距离。按这一规律，可根据遮阳、窗台、窗框、窗套等距墙面和窗板面的距离在立面图中直接作影。但只有平行于正平面的水平或直立的阴线在正平面上的落影宽度才反映阴线到承影面的距离。倾斜而平行于正平面的阴线与影线间的距离不等于它们到承影面的距离。

【例 3-24】 已知花格盲窗的正立面图和纵剖面图为图 3-71（*a*）所示，完成阴影作图。

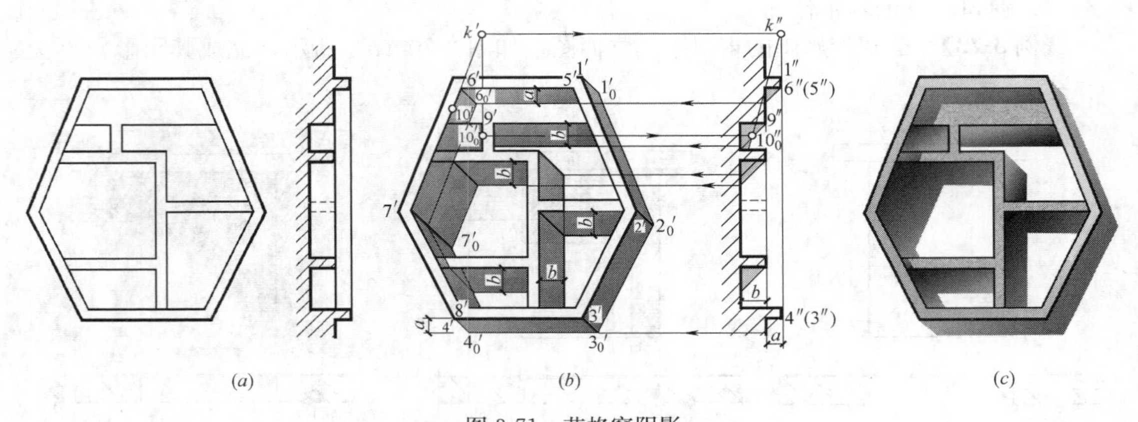

图 3-71 花格窗阴影

（*a*）已知条件；（*b*）花格窗阴影作图；（*c*）花格窗表现图

作图步骤，见图 3-71（*b*）：

（1）识读花格盲窗的正立面图和纵剖面图。分析窗框、窗芯的形状及其相对位置，以及它们在墙面上的凹凸情况。六边形花格窗框凸出墙面的长度为 a，窗板面凹进墙面的深度为 b。

（2）用光线方向判明花格盲窗各部的受光面和背光面，定出阴线。常用光线的方向是从物体的左前上射向右后下，故物体的左、前、上表面是受光的阳面，右、后、下表面是背光的阴面。六边形花格窗框的正平阴线是ⅠⅡ—ⅡⅢ—ⅢⅣ、ⅤⅥ—ⅥⅦ—ⅦⅧ，正垂阴线是过点Ⅰ、Ⅳ、Ⅴ、Ⅷ等的正垂线。水平窗芯的下前棱和铅垂窗芯的右前棱也是求影的阴线。

(3) 求各段阴线之落影：该例的承影面是与 V 投影面平行的墙面、窗板面、窗芯的前表面等，它们与大多数阴线平行，少量阴线与它们垂直，凡是平行于这些承影面的阴线，其影与阴线自身平行，凡垂直于这些承影面的阴线，其落影的 V、W 投影与光线的同面投影方向一致，为 45°斜线。所以该例的影线由阴线到承影面的距离作出，如图 3-71 (*b*) 所示。

(4) 将可见阴面和影区着暗色，如图 3-71 (*c*) 所示。

2) 房屋建筑中常见的几种窗口的阴影

在房屋建筑中，窗户的形式、尺度、位置对立面构图的艺术效果和室内装修造型影响很大，不同类型的房屋，其窗的数量和组合形式是多种多样的，它们的阴影也丰富多彩，如图 3-72 所示。但求阴影的方法和步骤与前面所述相同，不再赘述。

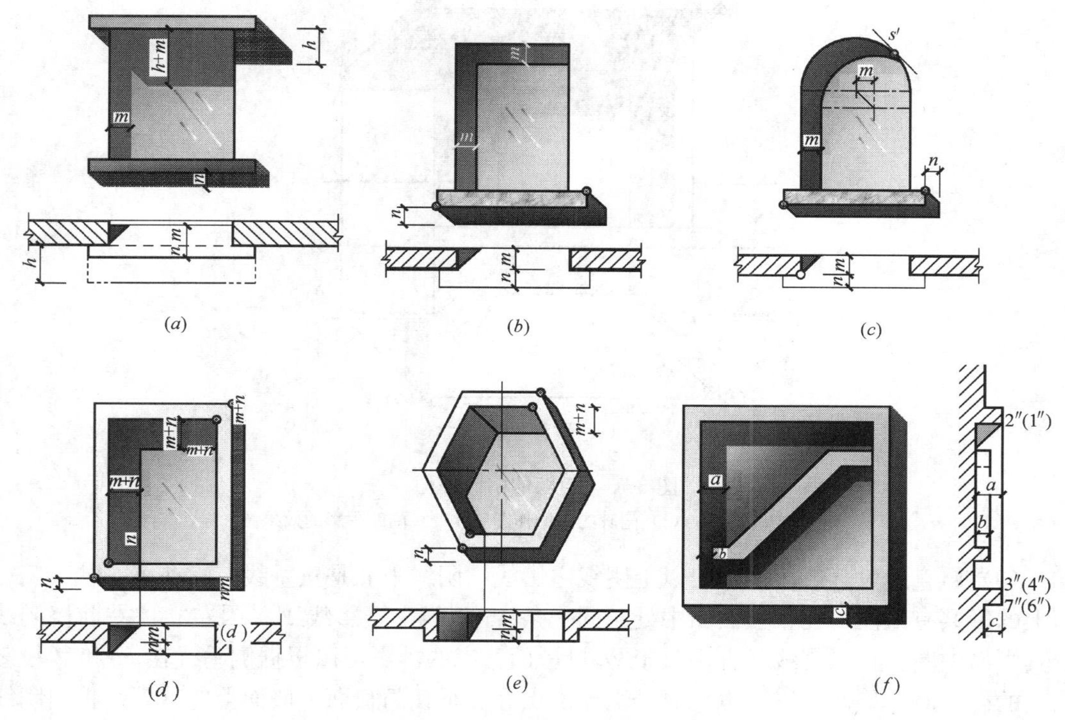

图 3-72　常见窗口的阴影

(*a*) 窗带遮阳和窗台；(*b*) 带窗台的矩形窗；(*c*) 带窗台的圆弧形窗；
(*d*) 带窗套的矩形窗；(*e*) 带窗套的六边形窗；(*f*) 带窗套的花格盲窗

3.6.3　门廊的阴影

【例 3-25】 已知门廊的平、立面图，如图 3-73 (*a*) 所示，完成其阴影。

作图步骤，见图 3-73 (*b*)：

(1) 识读门廊的平、立面图：从图 3-73 (*a*) 中可看出该门廊由平板雨篷、台阶、立柱组成。平板雨篷与台阶的平面图重合，即它们挑出墙面的尺度相同。

(2) 确定阴线和承影面：折线ⅠⅡ—ⅡⅢ—ⅢⅣ—ⅣⅤ是平板雨篷的阴线。立柱的右前棱是阴线，台阶的阴线位置与雨篷相似。承影面为门板面、墙面、勒脚的前表面和立柱的前表面等。

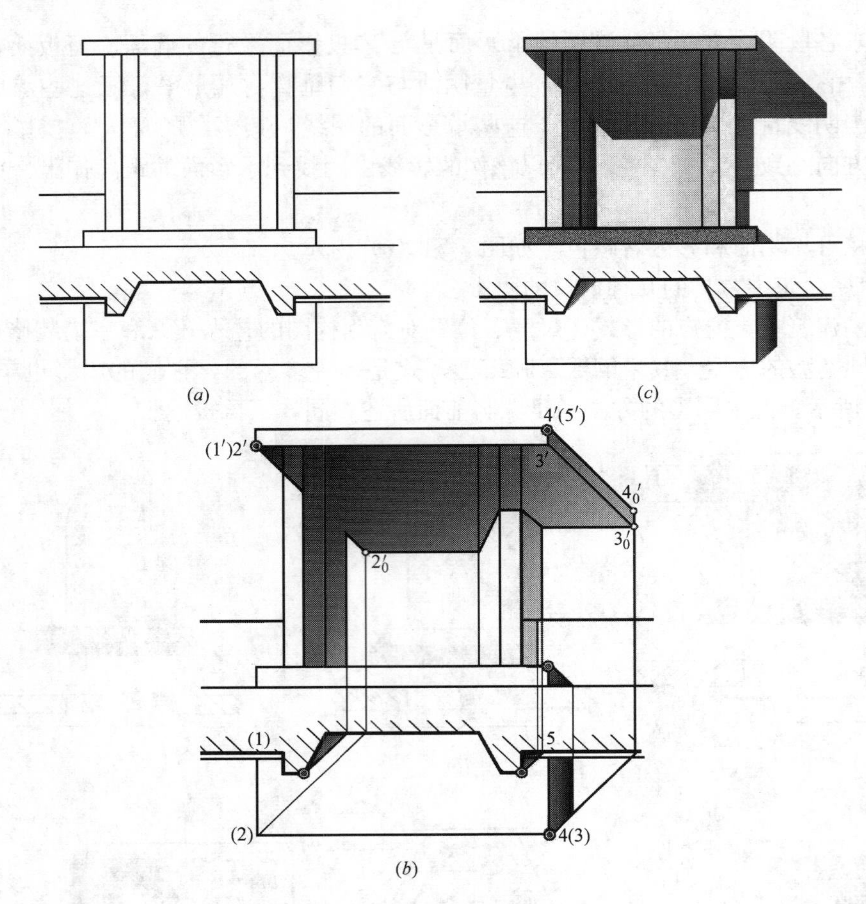

图 3-73 门廊的阴影作图一

(a) 已知条件；(b) 门廊的阴影作图一；(c) 门廊阴影的效果图

(3) 由直线段落影规律作出以上阴线之影线：阴线ⅠⅡ是正垂线，它在墙、柱、门板面上的影共有四段，在正立面图中处于同一条45°斜线上，影线$1'2_0'$因左立柱右前棱阴线及其影而中断。正平阴线ⅡⅢ垂直于W投影面，它的落影可以根据侧垂线在H和V投影面上的影呈对称形而获得。也可以分别作出点Ⅱ、Ⅲ在门板面、墙面上的落影，再引阴线ⅡⅢ的平行线，然后用返回光线法作出ⅡⅢ在立柱前表面上的影。其余阴线的落影，图2-73（b）已表明，不再赘述。

(4) 将可见阴面和影区着暗色，见图3-73（c）。

【例3-26】 已知门廊的平、立面图，如图3-74（a）所示，完成其阴影。

作图步骤，见图3-74（b）：

(1) 读图：图3-74（a）所示为带晒台和圆柱的门廊，晒台挑出墙面的尺度与台阶相同。

(2) 确定阴线和承影面：折线ⅠⅡ—ⅡⅢ—ⅢⅣ—ⅣⅤ和折线ⅥⅦ—ⅦⅧ—ⅧⅨ—ⅨⅩ是晒台外表面的阴线；门框左前棱是阴线；圆柱的右前素线和左后素线是阴线；台阶的阴线位置与晒台相似。承影面为门板面、墙面、勒脚的前表面和圆柱的左前半圆柱表面。

(3) 由直线段落影规律作出以上阴线之影线：阴线ⅥⅦ是正垂线，它在墙、圆柱、门

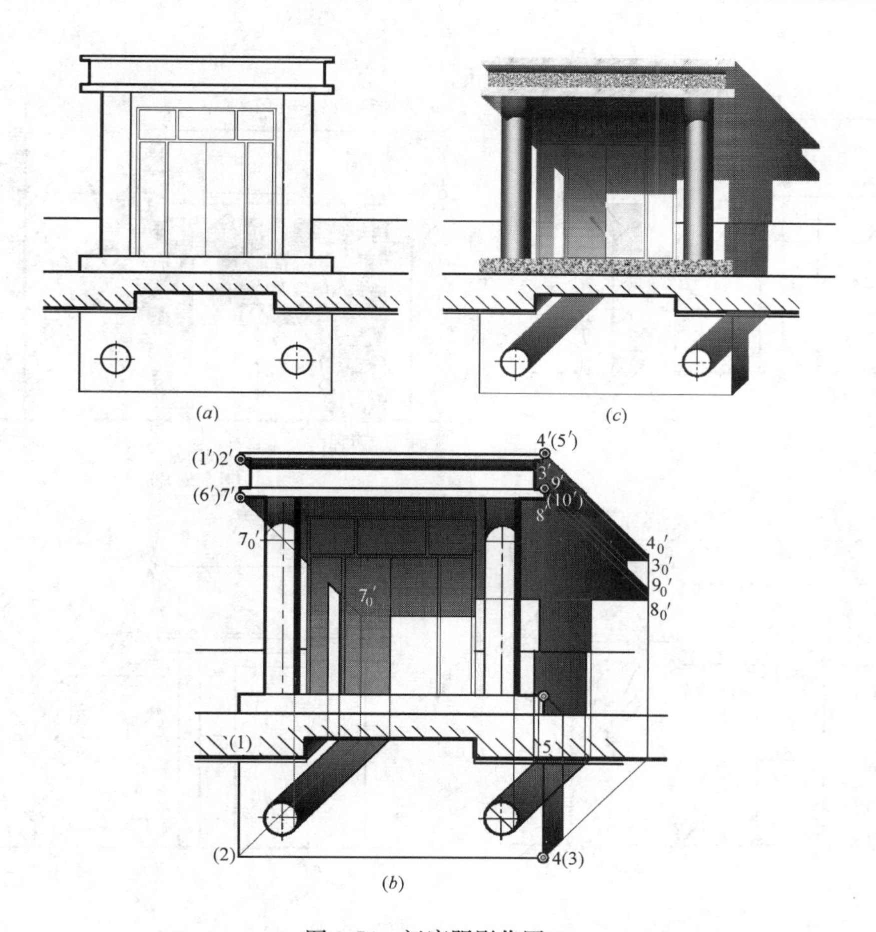

图 3-74　门廊阴影作图二

(*a*) 已知条件；(*b*) 门廊阴影作图二；(*c*) 门廊阴影效果图

板面上的影共有三段，在正立面图中处于同一条 45°斜线上，影线 $6'7'_0$ 因圆柱和左门框阴线及其影而中断。正平阴线ⅦⅧ垂直于 W 投影面，它的落影可以根据侧垂线在 H 和 V 投影面上的影呈对称形而获得。也可以由阴线到影线的距离等于该阴线到承影面的距离作出。其余阴线的落影，图 3-74 (*b*) 中已表明，不再赘述。完整而详细的作图顺序见本书光盘动画。

(4) 将可见阴面和影区着暗色，见图 3-74 (*b*) 和图 3-74 (*c*)。

【例 3-27】 已知带斜板雨篷和斜柱门廊的正立面、侧立面，如图 3-75 (*a*) 所示，求该门廊的阴影。

作阴影步骤，见图 3-75 (*b*)：

(1) 读图：图 2-75 (*a*) 所示为带斜板雨篷和斜柱门廊的正、侧两面投影，斜雨篷板和斜柱都从墙面挑出，其挑出长度和斜度在侧立面图中示出。斜雨篷板、斜柱前表面、门板面、墙面等垂直于 W 投影面，斜雨篷板和斜柱的侧表面平行于 W 投影面。墙面和门板面平行于 V 投影面。

(2) 由光线方向分别定出雨篷、斜柱、门框的阴线：折线ⅠⅡ—ⅡⅢ—ⅢⅣ—ⅣⅤ是雨篷板的阴线。斜柱的右前棱和门洞左前棱是需要求影的阴线。墙面、门板面、斜柱前表

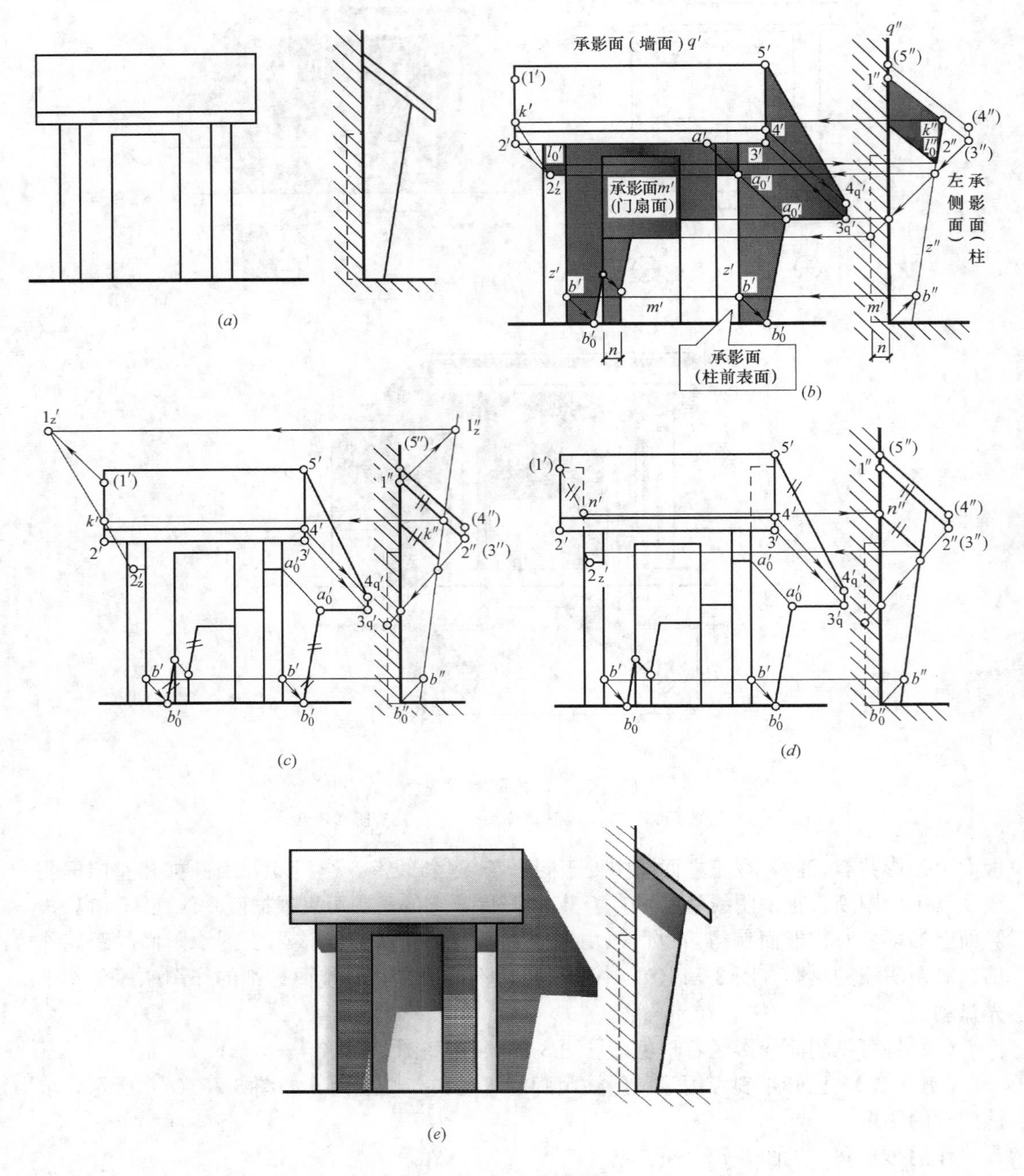

图 3-75 门廊阴影作图三

(a) 已知条件；(b) 门廊阴影作图三；(c) 虚影法作斜线在斜面上的影；
(d) 斜线ⅠⅡ在左斜柱前表面之影作图；(e) 门廊阴影渲染图

面和左表面是承影面，它们分别用 Q、M、Z 来表示。

(3) 求阴线之影线：首先求雨篷阴线ⅡⅢ在墙面、斜柱前表面、门板面上的影线，阴线ⅡⅢ是侧垂线，含阴线ⅡⅢ的光平面是侧垂面，它与墙面、柱前表面、门板面的交线是阴线ⅡⅢ的影线，这些影线是侧垂线，其 W 投影积聚为一点，V 投影与 $2'3'$ 平行，见图 3-75（b）。再自点 $2'$、$3'$ 分别引光线的 V 投影与ⅡⅢ影线的 V 投影相交于影点 $2'_Z$ 和 $3'_q$。雨篷阴线ⅢⅣ与墙面平行，自 $3'_q$ 作与阴线 $3'4'$ 平行相等的影线 $3'_q4'_q$。雨篷斜阴线ⅣⅤ的落影是由 $4'_q$ 引直线至 $5'$。雨篷板左端斜阴线ⅠⅡ在左斜柱前表面上的落影作图方法有多种，其作图原理是用直线上任意两点同面落影连线。图 3-75（b）中采用的是延棱扩面法，即扩大左斜柱前表面与雨篷板左端斜阴线ⅠⅡ相交于点 K，在 V 投影中连接 $k'2'_Z$ 即得折影点 l'_0。还可以用虚影法求出斜阴线ⅠⅡ两端点在左斜柱前表面上的落影 $Ⅰ_Z$ 和 $Ⅱ_Z$，然后连线而得。Ⅰ点在左斜柱前表面上的落影 $Ⅰ_Z$ 是虚影，它是在 W 投影中从 $1''$ 点引反向光线作出的，见图 3-75（c）。还可用平行二直线在同一平面上的落影相互平行的原理作出，见图 3-75（d）。斜阴线ⅠⅡ的影一部分落在左斜柱的前表面上，另一部分落在左斜柱的左侧面和墙面上，由折影点 l'_0 求得 l''_0，自 l''_0 引 $1''2''$ 的平行线便可完成，见图 3-75（b）。

门洞的左前棱阴线与门板面平行，其影与左前棱平行，且影线到阴线的距离等于该阴线到承影面（门板面）的距离 n。

斜柱右前棱斜阴线之影的作图也是用直线上任意两点同面落影连线的原理作出。如图 3-75（b）所示，其中一点 B 是从墙和地面交线的 W 投影由反光线方向投射到斜柱阴线上得 b'' 点，再由 b'' 点作出 b' 点，然后用光线求出其影，该影在地面的积聚投影上。另一点 A 是雨篷阴线ⅡⅢ上的点，它的影 A_0 落在右斜柱的阴线上和墙面上，是滑影点对，当该影点在右斜柱的阴线上时，就是右斜柱阴线上的阴点，在墙面时，也是右斜柱阴线上某阴点的影点，连线 $a'_0b'_0$ 就是右斜柱阴线之影线。其余见光盘。

（4）将影区着暗色。图 3-75（e）为带斜板雨篷和斜柱门廊阴影的渲染图。

3.6.4　阳台的阴影

阳台是供楼房中的人们与室外接触和眺望的平台。由阳台与外墙的相对位置和建筑结构的处理不同，可分为挑阳台、凹阳台和半凹阳台等多种形式。它们的形状和构成的变化给建筑立面图增添了丰富多彩的艺术效果。

【例 3-28】 已知带遮阳、隔板阳台的平、立面图，如图 3-76（a）所示，完成其阴影。

作阴影步骤，见图 3-76（b）：

（1）读平、立面图和阴线分析：设遮阳板挑出外墙面的长度为 a，遮阳板前表面与隔板前表面的距离为 d；阳台扶手前表面与外墙面的距离为 b；阳台体部前表面与外墙面的距离为 c，与隔板前表面的距离为 g；门板、窗板凹进外墙面的深度为 e；隔板伸出外墙面的长度为 f；带遮阳、隔板阳台的阴线除垂直于正平墙面之外，其余皆为平行于正平墙面的直阴线。阴线的具体位置请读者自行分析。

（2）求带遮阳、隔板阳台的影线：因阳台的阴线多数是正平线，少数为正垂线，故它们的影线直接由阴线到影线的距离等于该阴线到承影面的距离作出。也可以适当选一些点，如遮阳板右上角点、阳台扶手右上角点、阳台体部右下角点等，由它们的 H、V 投影作光线的投影，便可作出它们在墙面上落影的 V 投影，然后按平行关系作出各段阴线之影线。

（3）将影区着暗色，见图 3-76（c）。

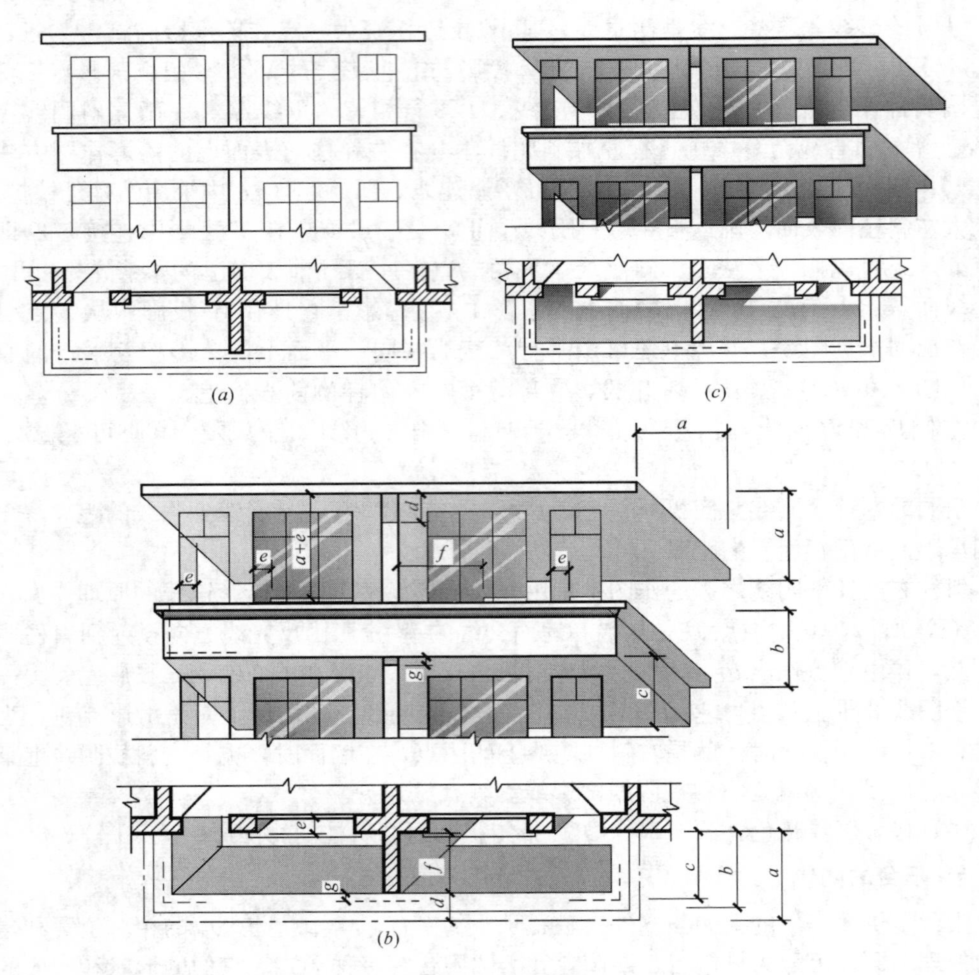

图 3-76　阳台阴影作图一

(*a*) 已知条件；(*b*) 阳台阴影作图一；(*c*) 阳台阴影效果图

【例 3-29】 已知阳台的局部正立面图，如图 3-77（*a*）所示，完成其阴影作图。

作阴影步骤：

(1) 读懂图 3-77（*a*）所示的阳台局部正立面图，结合阳台的构成特点，想像出它的平面图，见图 3-77（*b*）。该阳台的栏板是采用多边形花格板支撑扶手而上部透空的形式。设阳台前栏板右端花格板的安放位置与阳台右侧栏板第一块花格板的安放位置对称于过阳台转角线且与 V 投影面成 45°的铅垂面。所以右侧栏板最前一块花格板到阳台转角线的距离等于阳台前栏板右端花格板到阳台转角线的距离。

由于对称性，故把阳台的右端看成阳台前栏板的 W 投影，见图 3-77（*c*）中的投影标注。所以该阳台花格板及扶手等的阴影可由一个投影作出。

(2) 由光线方向定出阳台及花格板有落影的阴线。阳台扶手在图中有落影的阴线是正面扶手前表面的下棱线 A 和后表面的上棱线 C，它们都是侧垂线；右侧面扶手的阴线是右表面的上棱线 D 和左表面的下棱线 B，它们是正垂线。

图中有影落在阳台前表面的花格板是该阳台前栏板上的花格板，它们的阴线位置是与

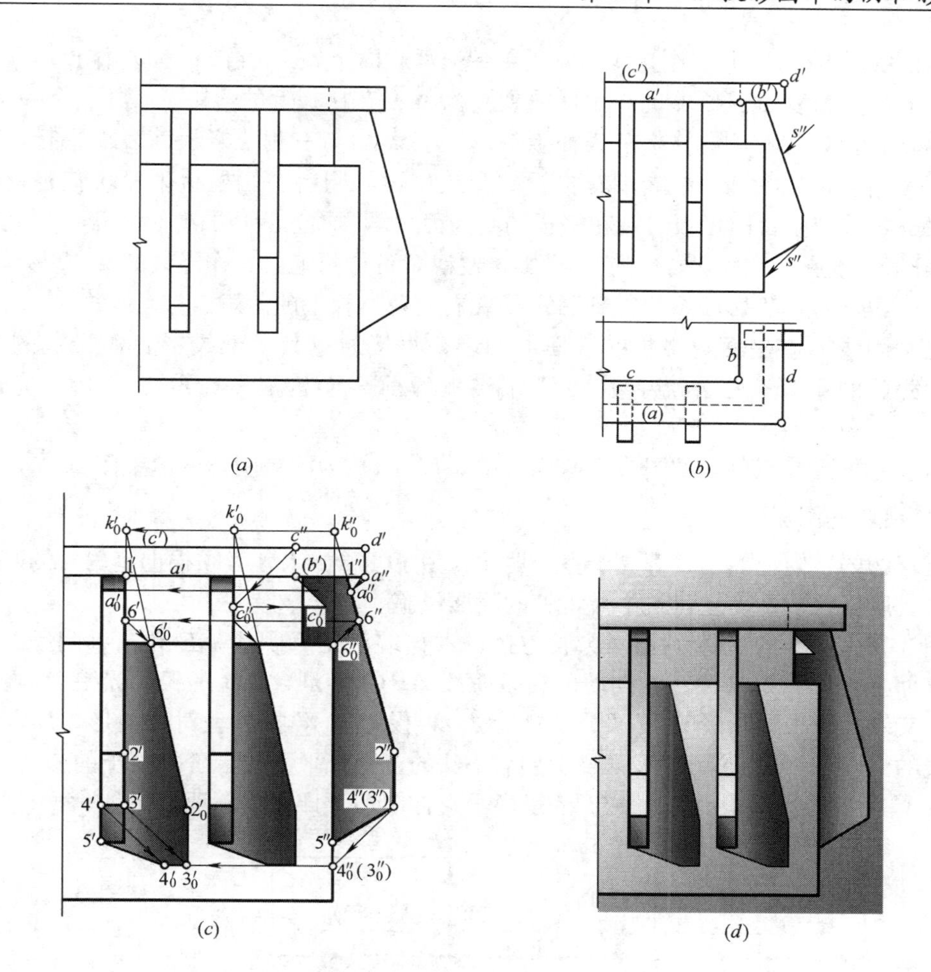

图 3-77　阳台阴影作图二

(*a*) 已知条件；(*b*) 阳台阴线分析；(*c*) 阳台阴影单面作图；(*d*) 阳台阴影渲染图

折阴线ⅠⅡ—ⅡⅢ—ⅢⅣ—ⅣⅤ相同的。

(3) 求各段阴线之影线：如图 3-77 (*c*) 所示，花格板阴线ⅠⅡ—ⅡⅢ—ⅢⅣ—ⅣⅤ之影，首先把阳台的右端看成阳台前栏板和花格板的 W 投影，侧垂阴线ⅢⅣ之影可由点Ⅲ、Ⅳ的 V、W 投影作光线的投影而求出，Ⅴ点在承影面上，其落影为自身。连接$5'4'_0$的线段就是阴线ⅣⅤ在阳台前表面落影的 V 投影。阴线ⅡⅢ平行于阳台前表面，其影与自身平行等长，自影点 $3'_0$作直影线 $3'_0 2'_0$平行并且等于阴线 $2'3'$得影点 $2'_0$；斜阴线ⅠⅡ之影可用直阴线上任意两点同面落影连线原理作图。为此用延棱扩面法求出斜阴线ⅠⅡ与阳台前表面的交点 K，它的投影作图是先在阳台前栏板和花格板的 W 投影中作出交点的 W 投影 k''_0，再由 k''_0向左作投影联系线定出交点的 V 投影 k'_0，连线 $2'_0 k'_0$与阳台板前表面的上棱线交于点 $6'_0$，影线 $2'_0 6'_0$为斜阴线ⅠⅡ在阳台板前表面上的落影。点 $6'_0$还可用返回光线法求出，即由阳台板前表面的上棱线 W 投影 $6''_0$引返回光线的 W 投影得点 $6''$，再由 $6''$定出 $6'$点，自 $6'$点引光线的 V 投影求出影点 $6'_0$。

侧垂阴线 A 在花格板上的影，A 棱线平行于花格板的前上斜表面，则影与 A 棱线平行。由阴线 A 的侧投影 a'' 作光线的侧投影 s'' 交承影面于 a''_0，再自 a''_0 向左作投影联系线交花格板的前上斜表面于影线 a'_0，由此得到阴线 A 在花格板上的落影。

侧垂阴线 C 在右侧花格板前表面上的影，棱线 C 与右侧花格板前表面平行，其影与棱线 C 平行。因阳台前栏板右端花格板的安放位置与阳台右侧栏板第一块花格板的安放位置对称，故把阳台前栏板右端花格板的右表面（承影面）看成右侧栏板第一块花格板的前表面的 W 投影。c'' 为棱线 C 的 W 投影，棱线 C 的影可通过 c'' 作光线的 W 投影 s'' 交承影面于 c''_0，再向右作投影联系线得到阴线 C 在右侧花格板上的落影。

正垂阴线 B 在右侧花格板前表面上的影，直接通过其积聚投影 b' 作光线的 V 投影 s' 与棱线 C 的影相交于一点，在右侧花格板的前表面构成一个亮三角形，完成落影作图。

(4) 将影区着暗色，见图 3-77 (c)。图 3-77 (d) 为阳台阴影的渲染图。

3.6.5 台阶的阴影

建筑物的室内地面一般都高于室外地面，为了便于出入，必须根据室内外的高差来设置台阶。所以台阶是房屋建筑中最常见的附属设施。

图 3-78 所示台阶两端的挡墙为长方体，右挡墙的铅垂阴线 DE 和正垂阴线 EF 在地面和墙面上之影简单易画；左挡墙的铅垂阴线 AB 之影是含 AB 的铅垂光平面与台阶踢、踏步的交线为影线，影线的 H 投影为 45°线，V 投影与 W 投影呈对称图形，B 点之影在该交线的 B_S 处。正垂阴线 BC 之影为包含 BC 的正垂光平面与台阶踢踏步的交线为影线。影线的 V 投影为 45°线，H 投影与 W 投影呈对称图形，详细步骤请见光盘。

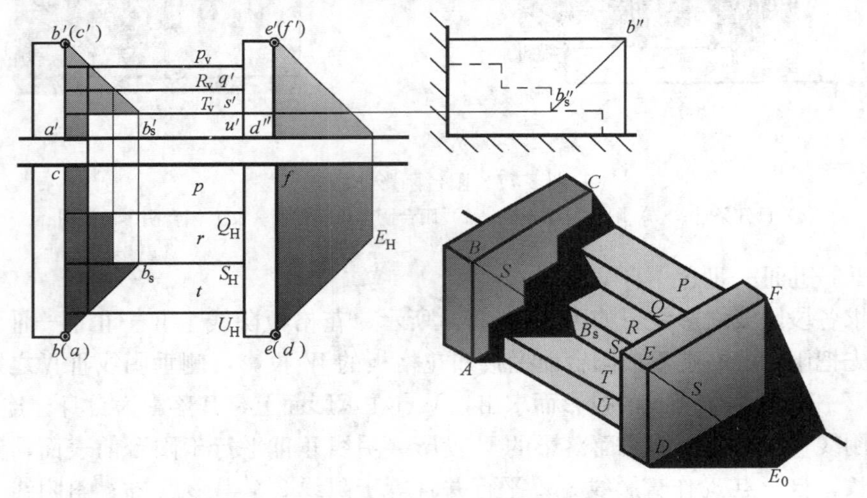

图 3-78 挡墙为长方体的台阶阴影作图

图 3-79 所示台阶两端的挡墙为五棱柱，左、右挡墙上的阴线 AB、EF 是铅垂线，CD、GJ 是正垂线，其落影的投影可根据垂直规律直接作出。阴线 BC、FG 是侧平线，阴线 FG 在地面上之影用虚影法求出。即先过点 F 引光线，作出 F 点在地面 H 上的落影 F_H，再过点 G 引光线，作出 G 点在地面 H 上的虚影 G_H，连接 F_HG_H 得折影点 K_0，顺便求得 G 点在墙面 V 上的落影 G_V，连接 K_0G_V 完成右挡墙在地面和墙面上的落影。

阴线 BC 在台阶踢踏步上的落影，用直线段在任一个踏面（踢面）所在平面上的落影

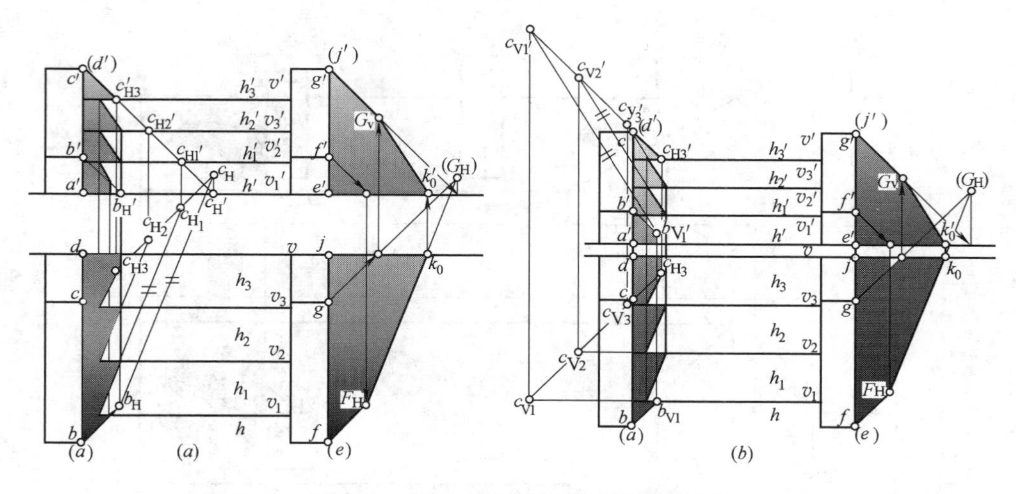

图 3-79　挡墙为五棱柱的台阶阴影作图

（a）挡墙为五棱柱的台阶阴影作图一；（b）挡墙为五棱柱的台阶阴影作图二

是该线段两端点同面落影连线，并运用线段落影的平行规律作图，便可完成左挡墙在台阶上落影的 V、H 投影。图 3-79（a）是先将 B、C 点之影落到地面 H 上得影点 B_H、C_H，B_HC_H 连线为阴线 BC 在地面 H 上的影线。然后再将 C 点之影分别落到第一、二、三踏面上，得影点 C_{H1}、C_{H2}、C_{H3}，过影点 C_{H1}、C_{H2}、C_{H3} 分别作直影线平行于 B_HC_H，取有效部分为阴线 BC 在台阶踢踏步上的影线。图 3-79（b）是先将 B、C 点之影落到第一个踢面所在的平面上得影点 B_{V1}、C_{V1}，$B_{V1}C_{V1}$ 连线为阴线 BC 在第一个踢面所在的平面上的影线。然后再将 C 点之影分别落到第二、三踢面所在的平面上，得影点 C_{V2}、C_{V3}，过影点 C_{V2}、C_{V3} 分别作直影线平行于影线 $B_{V1}C_{V1}$，取有效部分为阴线 BC 在台阶踢踏步上的影线。其他的作影方法请见光盘。

当挡墙斜面的坡度与台阶的坡度相同时，侧平斜阴线在所有凹（凸）棱上的折影点的 V、H 投影在一条铅垂线上。

3.6.6　烟囱在坡屋面上的落影

图 3-80（a）所示为烟囱在斜坡顶屋面上落影的几种情况。求落影的要点是：首先由光线方向定出烟囱的阴线是折线 AB—BC—CD—DE，这些阴线都是投影面垂直线，铅垂阴线 AB、DE 在斜屋面上落影的 H 投影为左下右上的 45°斜线，V 投影为坡度线，即该影线的 V 投影与水平方向的夹角反映屋面的坡度 α；正垂阴线 BC 在斜屋面上落影的 V 投影为左上右下的 45°斜线，H 投影为坡度线，也就是影线的 H 投影与铅垂方向的夹角反映屋面的坡度 α；侧垂阴线 CD 平行于斜屋面，它落影的 V、H 投影与阴线 CD 的同面投影平行相等。

在图 3-80（a）中，左起第一根烟囱之影全部落在正垂斜屋面上，影的 V 投影重合在斜屋面的积聚投影上。H 投影中的影线 b_0c_0 与 bc 平行相等，影线 c_0d_0 与水平方向成 α 角。

在图 3-80（a）中，左起第二根烟囱之影落在两个坡屋面上，影的转折点由 H 投影中的折影点 1_0、2_0、3_0 求得其 V 投影 $1_0'$、$2_0'$、$3_0'$，然后画出该烟囱在侧垂斜屋面上落影的 V 投影。

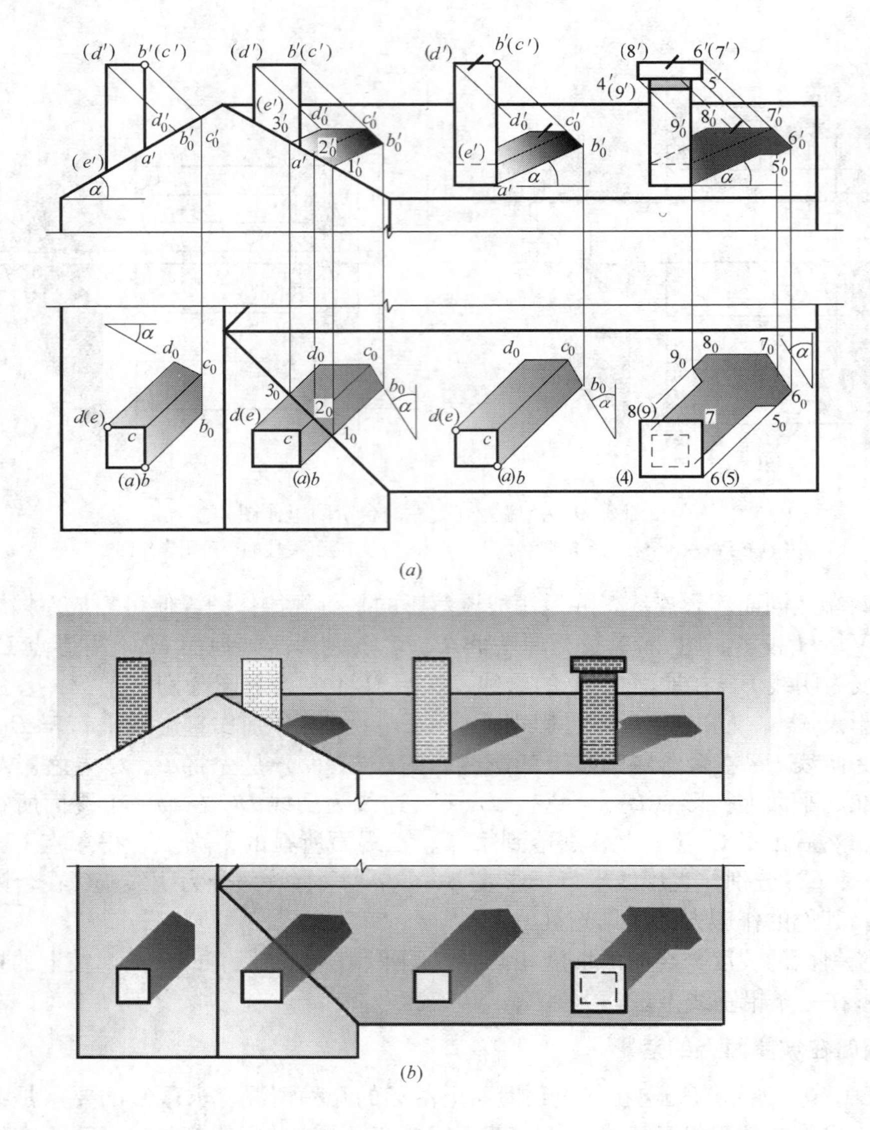

图 3-80　烟囱的阴影

(*a*) 烟囱的阴影作图；(*b*) 烟囱阴影的渲染图

在图 3-80（*a*）中，右起第一根烟囱为带有方盖盘的方烟囱在侧垂斜屋面上之影，该屋面上凡直线的 *H* 投影成 45°倾斜时，它们的 *V* 投影是与该屋面坡度相同的斜线。如带有方盖盘的方烟囱的 *H* 投影的对角线是 45°倾斜直线，它们的 *V* 投影是与该屋面坡度相同的斜线。利用这一原理可直接在立面图中作出烟囱在侧垂斜屋面上落影的 *V* 投影，而不需要 *H* 投影配合。也就是说，烟囱在斜屋面上落影的 *V* 投影可单面作图，其详细作图见光盘。图 3-80（*b*）是烟囱阴影的渲染表现图。

3.6.7　天窗的阴影

为了满足天然采光和自然通风的需要，在屋顶上常设置各种形式的天窗。图 3-81（*a*）所示为单坡顶天窗的阴影作图。天窗檐口阴线 *BC* 在天窗正前表面上的落影 $b_0'g_0'$ 与 b'

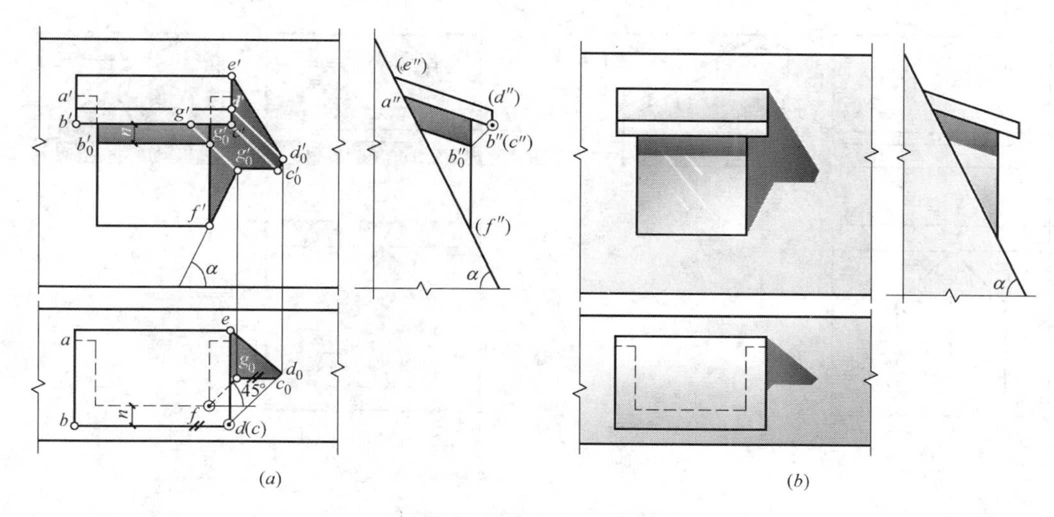

图 3-81　单坡顶天窗的阴影

(a) 单坡顶天窗的阴影作图；(b) 单坡顶天窗阴影表现图

c'平行，其距离等于檐口挑出天窗正前表面的长度 n。铅垂阴线 FG 在侧垂斜屋面上落影的 V 投影 $f'g_0'$与水平方向的夹角反映屋面的坡度 α；g_0'为滑影点对，是阴线 BC 上的点 G 的落影。再自斜屋面上的影点 g_0'作影线 $g_0'c_0'$与阴线 $g'c'$平行相等得影点 c_0'，由影点 c_0'作影线 $c_0'd_0'$平行于影线 $f'g_0'$与过点 d'的光线 V 投影相交于 d_0'，连接 $d_0'e'$完成单坡顶天窗在侧垂斜屋面上落影的 V 投影。然后，补出其 H 投影和 W 投影。图 3-81（b）为单坡顶天窗阴影的渲染图。

【例 3-30】　已知老虎窗的三面投影图，如图 3-82（a）所示，完成老虎窗的阴影作图。

作阴影的步骤（双坡顶天窗就是老虎窗）：

（1）由光线方向确定阴线：老虎窗的檐口阴线是正垂线 AB，正平线 BC、CD，铅垂线 DE 和正垂线 EF，老虎窗正面的右棱线 G 是铅垂阴线。

（2）求各段阴线的落影：正垂阴线 AB 在斜屋面上落影的 V 投影为 45°斜线，与光线的同面投影方向一致。该阴线在双坡天窗的左侧表面上的影为平行于 AB 的直影线，见图 3-82（b）的侧投影图。正平阴线 BC 在双坡天窗正前表面之影，由影点 b_0'作直影线$b_0'c_0'$平行且等于 $b'c'$得影点 c_0'，$b_0'c_0'$为阴线 BC 在双坡天窗正前表面之影的 V 投影。正平阴线 CD 之影，一部分落在双坡天窗的正前表面上，另一部分落在坡屋面上。阴线 CD 在天窗正前表面上的影线是过影点 c_0'作 $c'd'$平行线交右棱线 G 于滑影点 n_0'，$c_0'n_0'$是阴线 CD 在天窗前表面上落影的 V 投影。CD 在坡屋面上的影线作图，是先作出铅垂阴线 G 和 DE 在坡屋面上的影线，其作法是在 V 投影中，过 g'作与水平方向的夹角反映屋面坡度 α 的左下右上的坡度线，并与过 n'的光线 V 投影 s'相交于滑影点 n_0'；再延长檐角线 $e'd'$与过 g'作的左上右下的坡度线相交于点 k'，点 K 为铅垂阴线 DE 延长后与斜屋面的交点。因老虎窗的左、前、右面的出檐通常是相等的，直线 GK 的 H 投影为左上右下的 45°斜线，它的 V 投影 $g'k'$为左上右下的坡度线。然后由 k'作左下右上的坡度线与过点 d'、e'的光线 V 投影 s'分别相交于影点 d_0'、e_0'，影线 $d_0'e_0'$为阴线 DE 的落影。连接 $n_0'd_0'$、$f'e_0'$便完成老虎窗

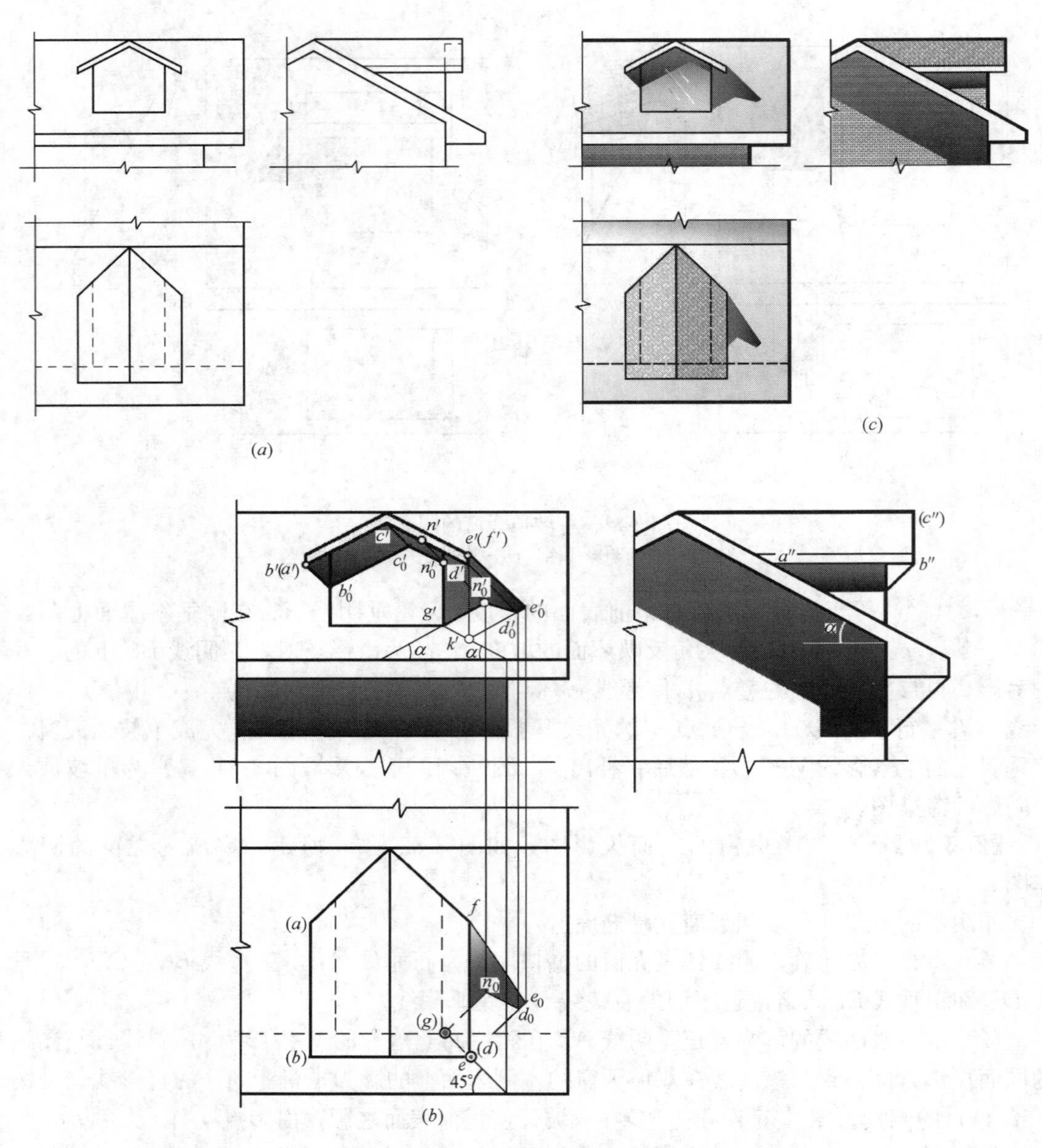

图 3-82 双坡顶天窗的阴影

(*a*) 已知条件；(*b*) 双坡顶天窗的阴影作图；(*c*) 老虎窗阴影表现图

在斜屋面上落影的 *V* 投影。最后由投影对应关系完成其 *H*、*W* 面投影。

(3) 将可见的阴面和影区着暗色，如图 3-82 (*c*) 所示。

3.6.8 L 形平面的双坡顶房屋的阴影

图 3-83 为平面呈 L 形的双坡顶房屋，它的屋顶由相同坡度的两块屋面组成。檐口和墙体的阴线大多为正平线和铅垂线，少数为斜线。对于正平阴线和铅垂阴线在正平墙面上的落影，可直接由阴线到影线的距离等于该阴线到承影面的距离作出，见图3-83 (*a*)。

斜阴线 *CD* 为屋面的悬山线，它的落影作图，是先作出 *C* 点在封檐板扩大面上的虚影

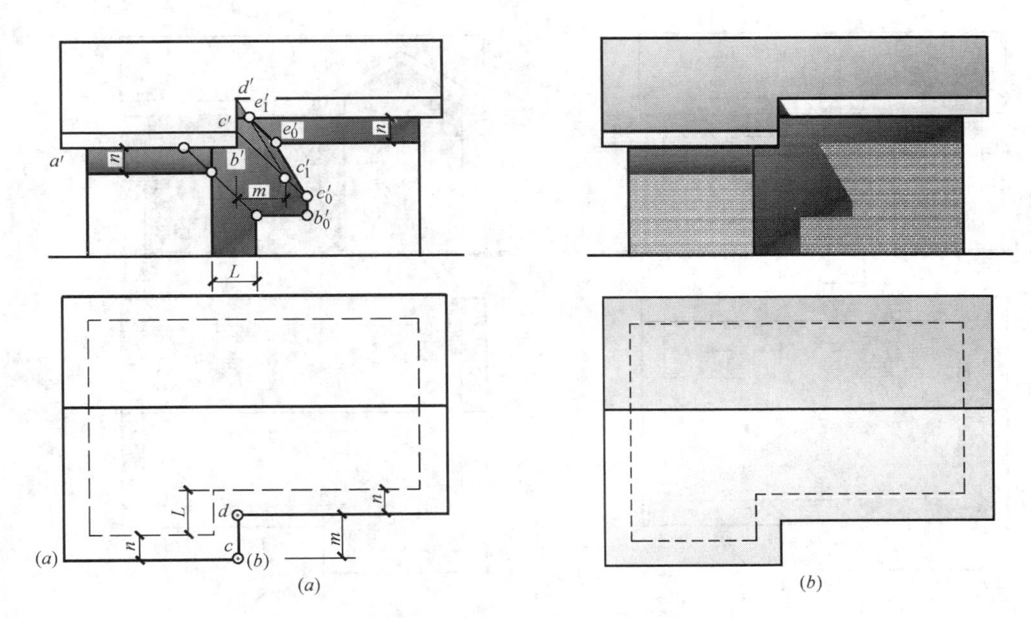

图 3-83　L 形平面的双坡顶房屋的阴影
(a) L 形平面的双坡顶房屋的阴影作图；(b) L 形平面的双坡顶房屋阴影的表现图

C_1(c_1，c_1')，$c_1'd'$的连线为悬山线 CD 在封檐板及其扩大面上落影的 V 投影，它与封檐板下边线交于滑影点 e_1'，通过滑影点对 e_0'作 $c_1'd'$的平行线便可作出 CD 在墙面上落影的 V 投影 $e_0'c_0'$。图 3-83 (b) 是该房屋阴影的渲染表现图。

3.6.9　坡度较小、檐口等高的两相交双坡顶房屋的阴影

图 3-84 所示为平面呈 L 形的双坡顶房屋，房顶由相同坡度的四块屋面相交而构成，它们的坡度较小，檐口高度相同。檐口和墙体的阴线大多为正平线，少数为正垂线。对于正平阴线在正平墙面上的落影，可以只求出阴线上任意一点的影，再按照平行相等的关系画出各段阴线之影。如在立面图中自 a'点引光线的 V 投影交墙的棱线于影点 a_0'，再引 $a_0'b_0'$、$b_0'c_0'$、$c_0'd_0'$等线段分别平行且等于 $a'b'$、$b'c'$、$c'd'$，便得到对应阴线在墙上的落影。阴线 $d'e'$靠近 e'点的一段之影落在出檐的侧表面上了。正垂阴线 $2'3'$和 $n'n_1'$的影为 45°斜线，点 $2'$之影是由过点Ⅱ的光线与墙面相交而得出，立面图中为影点 $2_1'$。其余作图见图 3-84 (a)。图 3-84 (b) 是该房屋阴影的渲染表现图。

3.6.10　两相邻双坡顶房屋的阴影

图 3-85 所示为不同跨度的两坡顶房屋的阴影作图。其中屋面悬山阴线 CD 在墙上的落影，需分别作出点 C、D 在同一墙面上的落影 C_1、D_1，然后连线而得出。为此先求出点 C 在墙面上落影的 V 投影 c_1'，再求出点 D 在反光线照射下落于墙面扩大面上的虚影 D_1 (d_1，d_1')，见图 3-85 (a)。连接 $c_1'd_1'$与檐口线的落影相交于滑影点 f_1'，线段 $c_1'f_1'$为阴线 CD 在墙面上落影的 V 投影。根据滑影点对的过度关系，由 f_1'求出 f_0'，自 f_0'引 $c_1'd_1'$的平行线与封檐板上口线相交得折影点，从折影点作 $c'd'$的平行线与过 d'的 45°光线交于影点 d_2'，连接 $e'd_2'$为屋面悬山阴线 DE 在屋面上落影的 V 投影。然后，按 V、H 投影的对应关系补出影区的 H 投影。图 3-85 (b) 是该房屋阴影的渲染表现图。

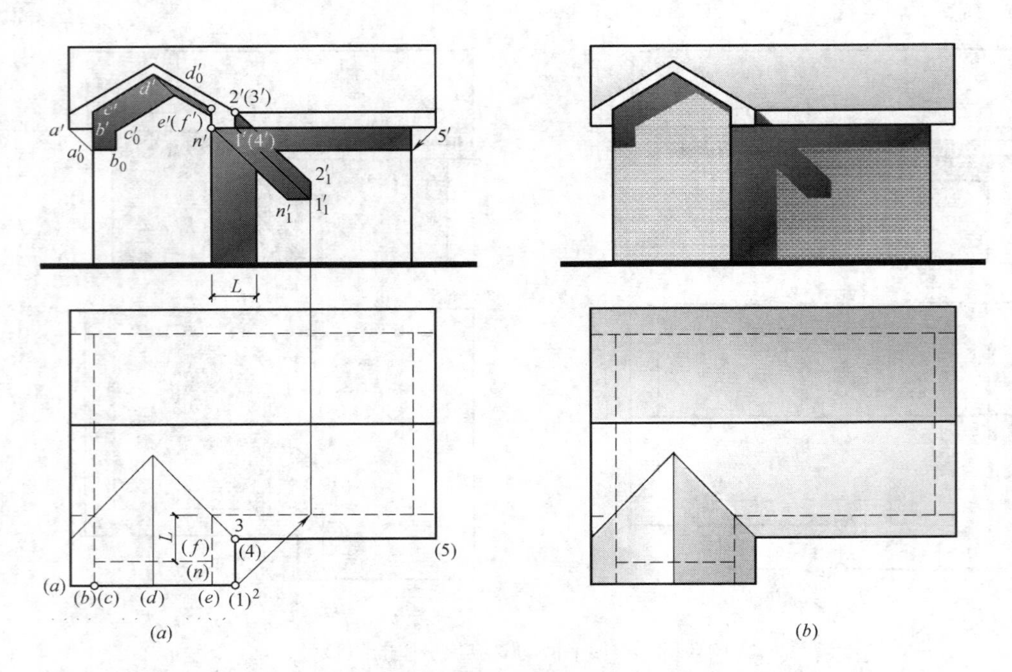

图 3-84 坡度较小、檐口等高两相交双坡顶房屋的阴影

(*a*) 坡度较小、檐口等高两相交双坡顶房屋的阴影作图；(*b*) 渲染表现图

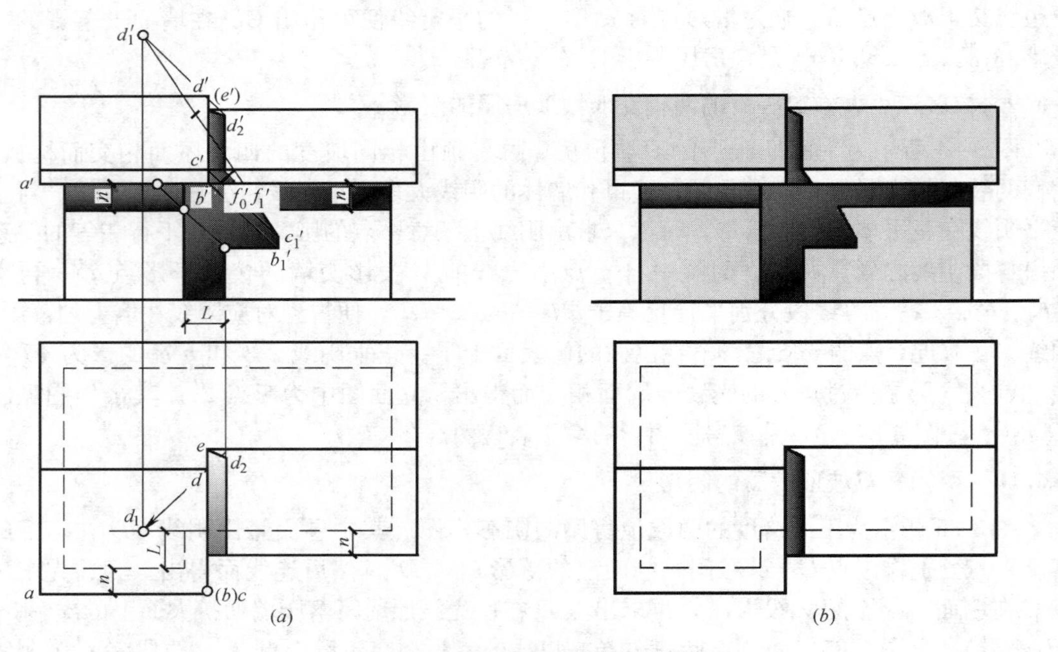

图 3-85 两相邻双坡顶房屋的阴影

(*a*) 两相邻双坡顶房屋的阴影作图；(*b*) 渲染表现图

3.6.11 坡度较陡、檐口高低不同两相交双坡顶房屋的阴影

图 3-86 (*a*) 所示为屋顶坡度较陡、檐口高低不同的两相交同坡屋面的房屋阴影作

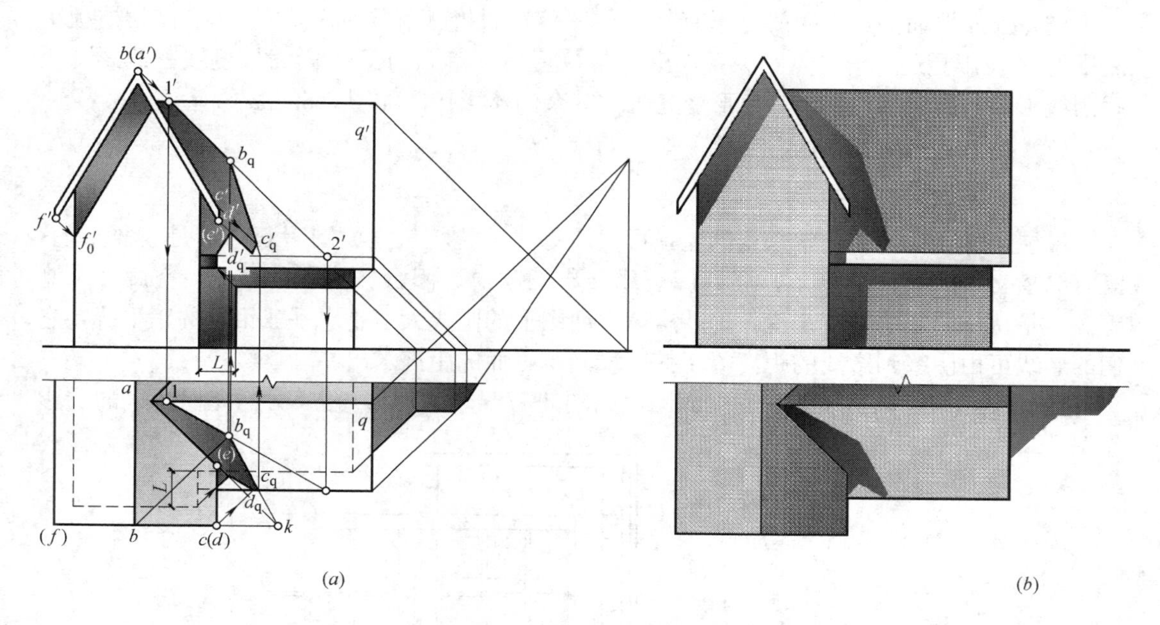

图 3-86　坡度较陡、檐口高低不同房屋的阴影
(a) 坡度较陡、檐口高低不同房屋的阴影作图；(b) 渲染表现图

图。该房屋阴影的作图要点为：

(1) 首先读懂平、立面图，弄清平、立面图中的每个点、每条线、每个面的空间位置以及它们之间的相互关系。再根据光线方向定出每一个房屋的受光阳面和背光阴面，从而确定阴线，分析这些阴线的落影位置。

(2) 作出正平阴线的影线，如立面图中左端封山出檐板的阴线之影是过 f' 点作 45°光线交墙的棱线于影点 f'_0，再自影点 f'_0 作其平行线而得到影线。立面图中右端檐口阴线之影的作图与其作法相同。立面图中前左墙面的铅垂阴线在前右墙面上之影是用阴线到影线的距离等于该阴线到承影面距离而作出。

(3) 屋脊阴线 AB 在屋面 Q 上的落影是用光截面法作出。即包含阴线 AB 作一正垂光平面，它与屋面 Q 的交线为ⅠⅡ。在 H 投影中过点 b 引左下右上的 45°光线与交线 12 相交于 b_q，再自影点 b_q 引投影联系线与交线 $1'2'$ 相交于 b'_q，影线 ⅠB_Q($1b_q$，$1'b'_q$) 是屋脊阴线 AB 在屋面 Q 上的落影。

(4) 阴线 $BC(bc，b'c')$ 在屋面 Q 上的落影是用延棱扩面法求出。即在 H 投影中延长阴线 bc 与斜沟线相交于点 k，连接 b_qk 与过点 c 的左下右上的 45°光线相交于影点 c_q，影线 b_qc_q 就是阴线 BC 在屋面 Q 上落影的 H 投影。然后自影点 c_q 向上引铅垂投影联系线与过点 c' 的左上右下的 45°光线相交于影点 c'_q，连线 $b'_qc'_q$ 是阴线 BC 在屋面 Q 上落影的 V 投影。

(5) 铅垂阴线 $CD(cd，c'd')$ 在屋面 Q 上落影的 V 投影为坡度线（与水平线的夹角反映屋面 Q 的坡度），H 投影为左下右上的 45°斜线。其作法是在 V 投影中，自影点 c'_q 引屋面 Q 的坡度线与过 d' 的左上右下的 45°光线相交于影点 d'_q。正垂阴线 DE 在（de，$d'e'$）屋面 Q 上落影的 V 投影为左上右下的 45°斜线，H 投影为坡度线（与铅垂线的夹角反映屋面 Q 的坡度）。

(6) 前左墙面的铅垂阴线之影有一部分还落在封檐板和屋面 Q 上，其中在封檐板上之影的 V 投影是通过滑影点对关系作出，在 Q 屋面上落影的 V 投影为坡度线。此影与正垂阴线 DE 的影间形成一个三角形受光区。其余的落影作图如图 3-86（*a*）所示。

(7) 将可见阴面和影区着暗色，如图 3-86（*b*）所示。

3.6.12 平屋顶房屋的阴影

平屋顶是房屋建筑上常采用的屋顶形式。每一栋建筑从立面图看起来都是较复杂的，既有纵横交错的立柱和遮阳，还有凹进或凸出的门窗、阳台、门厅、凹廊、空廊、外廊等。但是从作阴影的角度来说，这些房屋立面图上的阴线大多是水平或铅垂的正平线，它们的影线可由阴线到影线的距离等于该阴线到承影面的距离求出。

【例 3-31】 已知房屋的平、立面图，如图 3-87（*a*）所示，完成房屋立面图上的阴影作图。

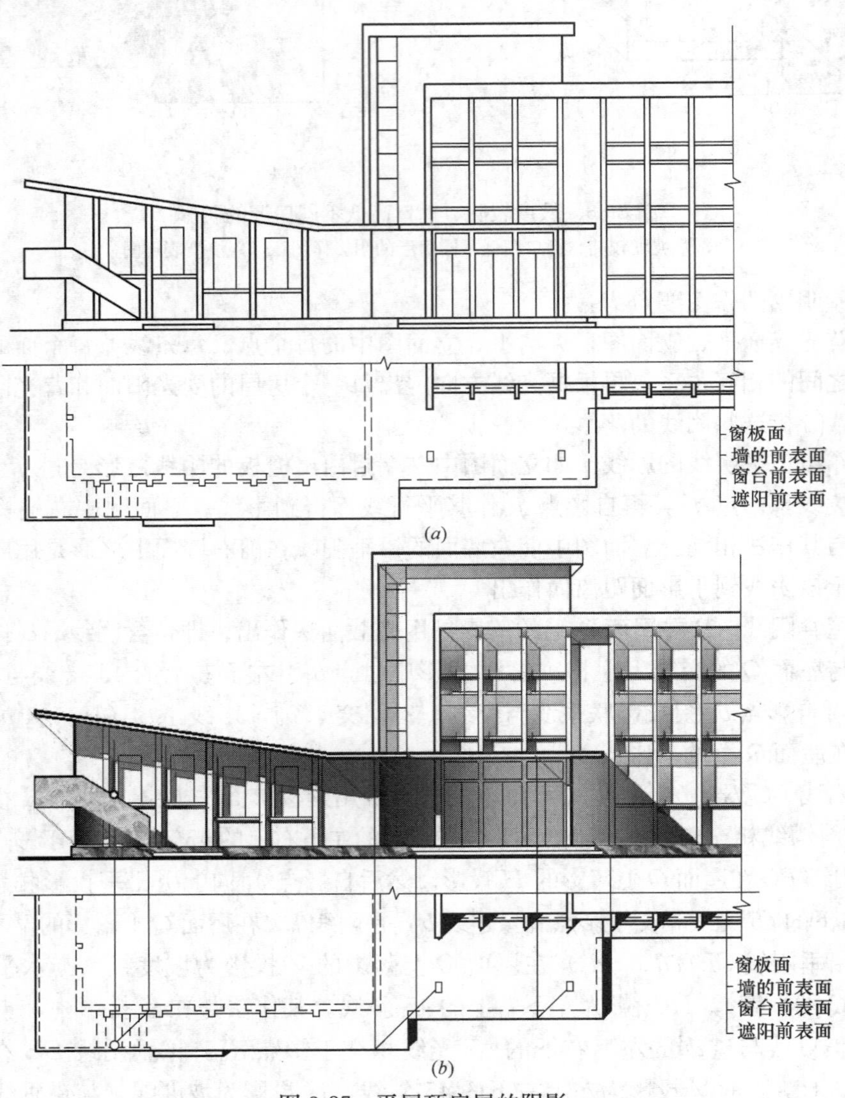

图 3-87 平屋顶房屋的阴影
（*a*）平顶房屋立面图和二层局部平面图

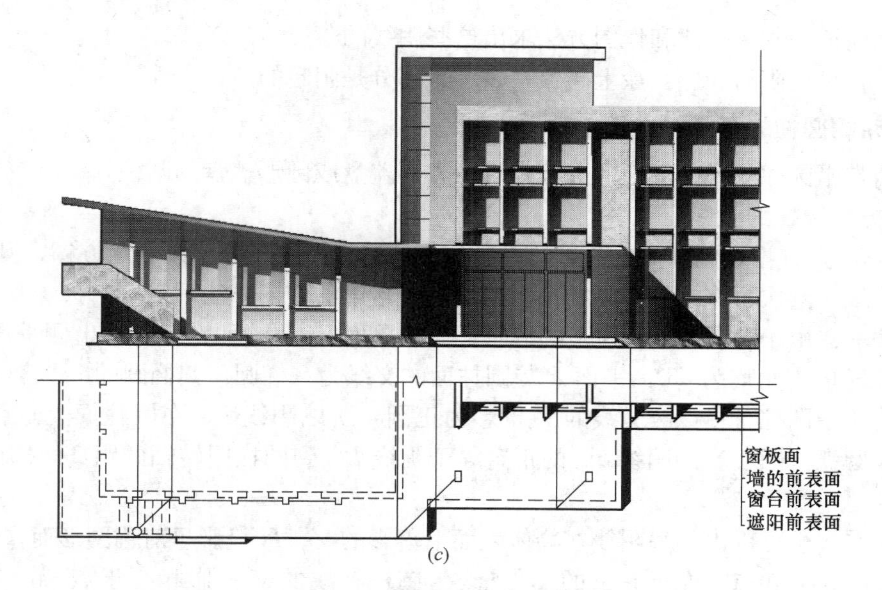

(c)

图 3-87 平屋顶房屋的阴影（续）
(b) 平顶房屋的阴影作图；(c) 平顶房屋阴影的表现图

作阴影的步骤，见图 3-87 (b)：

(1) 由平、立面图可知：该建筑的左端为带外廊的阶梯教室，中部为门厅及楼梯间等，右端是由外廊联系的各个教室，外廊在教室之后。左端屋面的 H 投影与台阶重合，右端立面是由凸出的水平、垂直遮阳构成的长方格图案。作影时要分清窗板面、窗下墙前表面、窗台前表面、遮阳前表面、外框前表面之间的距离。

(2) 根据光线方向确定阴线：左端屋面、门厅屋面、窗台、遮阳、右端横框的前下棱线及立柱、竖框的右前棱线等都是必求影的阴线。其余阴线见图 3-87 (b)。

(3) 以上大多数阴线之影线可按尺度直接在立面图中画出，也可以含各铅垂阴线作光截面，由平、立面图对应作出。少数正平斜阴线之影是求出阴线上任意点的影，再按平行关系画出其影。少数正垂阴线之影线的 V 投影为 45°斜线。

(4) 将影区着暗色，见图 3-87 (b)、(c)。

3.7 曲面组合体的阴影

在建筑物上有很多形体都是由几种简单的几何形体组合而成。本节将讨论建筑工程中常见的几种基本曲面组合体阴影的作图方法。

3.7.1 绘曲面组合体阴影的基本思路

(1) 首先读图，弄清组合体由哪些基本形体组成，分析它们的形状特征、大小及其相对位置。

(2) 根据光线方向判明各个基本形体的受光阳面和背光阴面，进而确定其求影的阴线。

(3) 分析各段阴线将落影于哪些承影面上，再由阴线与承影面之间的相对位置关系，充分运用前述的落影规律和作图方法求出这些阴线的落影——影线。

（4）在可见阴面和影区涂上暗色，表示这部分是阴暗的。

3.7.2 带帽圆柱的阴影

所谓带帽圆柱就是在圆柱的上方带有正方形盖盘或圆形盖盘的圆柱。

1）方帽圆柱的阴影

图 3-88 是方帽在圆柱面上落影的投影作图。其作图顺序是首先确定方帽、圆柱的阴、阳面及阴线。其次再作方帽在圆柱面上的落影。落影的作图方法理解有二：

方法一：由于含阴线 BC 的光线平面是一侧垂面 P，从 W 投影中看出侧垂面 P 与投影面 V、H 的夹角均为 45°，平面 P 与圆柱面的交线为一椭圆，其椭圆的 V 投影长、短轴相等，均等于圆柱直径，故交线的 V 投影为正圆，所以阴线 BC 在圆柱面上落影的 V 投影为一段圆弧，圆心 o' 到阴线 $b'c'$ 的距离等于阴线 BC 到圆柱回转轴的距离，即图中的尺度 n。

方法二：也可以由侧垂阴线在物体表面上落影的 V、H 投影呈对称图形而作出。

作图时，从 b' 点引左上右下的 45°光线与圆柱轴线的 V 投影相交于点 o'，以 o' 为圆心，圆柱半径为半径画圆与正垂阴线 AB 之影的 V 投影（左上右下的 45°斜线）相交于影点 b_0'，影点 b_0' 为 B 点在圆柱面上落影的 V 投影。因此方帽在圆柱面上落影的 V 投影可以在立面图中单独作出。图 3-88 中还作出了方帽在圆柱面上落影的 W 投影，从图中可以看出方帽在圆柱面上的落影与过回转轴的光线平面呈对称图形。

图 3-89 所示为凹入墙内的半圆柱面，其上冠以窗眉。侧垂阴线 AB 至凹半圆柱轴线的距离为 n，则可直接在立面图中作出全部阴影。

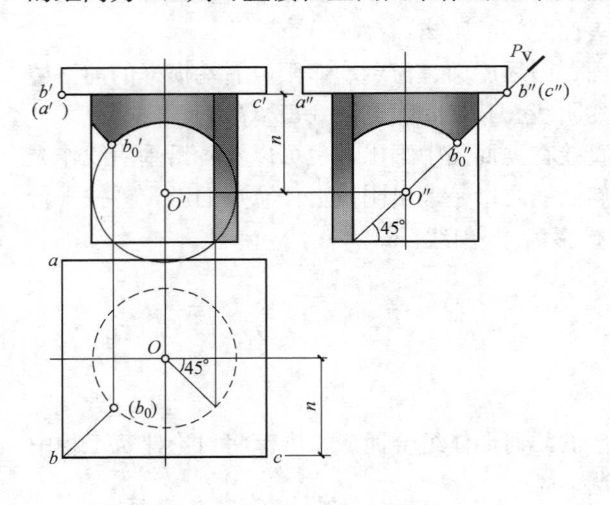

图 3-88　方帽圆柱阴影的作图

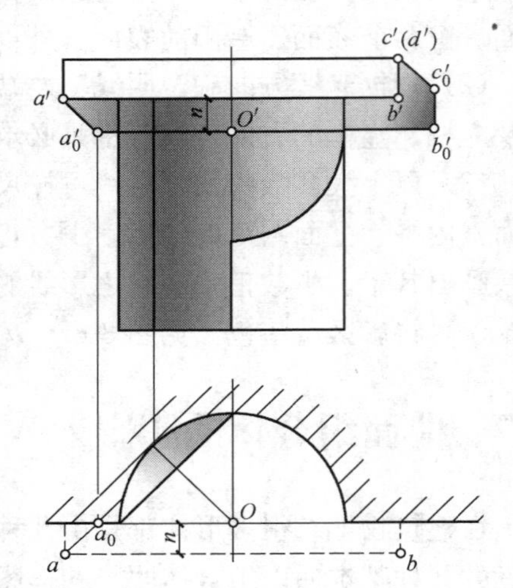

图 3-89　窗眉及凹入墙内的半圆柱阴影作图

2）圆帽圆柱的阴影

图 3-90 是圆帽在圆柱面上落影的投影作图。其作图顺序是首先确定圆帽、圆柱的阴、阳面及阴线。其次再作圆帽在圆柱面上的落影。落影作图的方法是利用圆柱面的 H 面投影的积聚性，配合返回光线法作出圆帽在圆柱面上的落影。

落影作图时，首先应求作特殊影点，如影线的最高点 B_0（b_0，b_0'）是自圆柱轴线的

H 投影作返回光线得点 b，由点 b 作投影联系线得点 b'，再自 B（b，b'）点引光线便求得影的最高点 B_0(b_0，b_0')。因 bb_0 的长度最短，所以 b_0'点最高。圆柱左轮廓线上的影点a_0'是由左轮廓线的 H 投影引返回光线得点 a，自点 a 作投影联系线得点 a'，由 a'点作左上右下的 45°光线交圆柱左轮廓线于影点 a_0'。在 V 投影中与轴线重合的最前素线上的影点 c_0'的作图同于影点 a_0'的作图。值得注意的是点 A 和 C 是以过回转轴的光线平面为对称平面的两个点，在 H 投影中自点 a、c 引光线的 H 投影长度相等，即 $aa_0=cc_0$，所以 A、C 点在圆柱面上落影的 V 面投影 a_0'、c_0'同高。圆柱阴线上的影点 d_0'的作图与影点 a_0'的作图类似。将以上诸影点光滑相连，即得圆帽在圆柱面上的影线。

3.7.3　带帽圆锥的阴影

所谓带帽圆锥就是在圆锥台的上方带有正方形盖盘或圆形盖盘的圆锥台。

1）方帽圆锥的阴影

图 3-91 所示为方帽圆锥阴影的单面作图。首先按前述圆锥阴线作图方法定出圆锥台的阴线，其次再讨论方帽阴线 AB 和 BC 在圆锥台面上的影线作图。

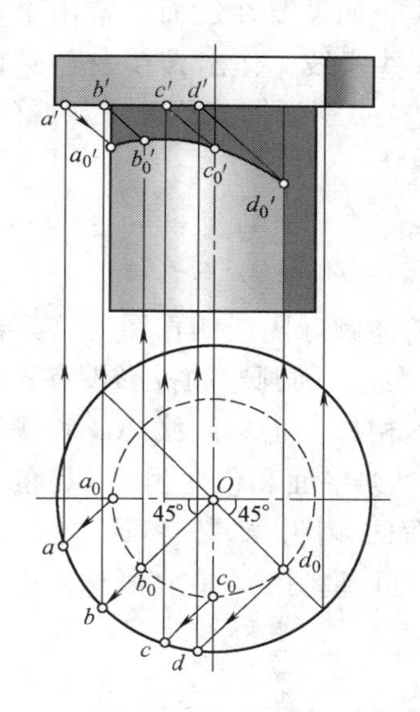

图 3-90　圆帽圆柱的阴影作图

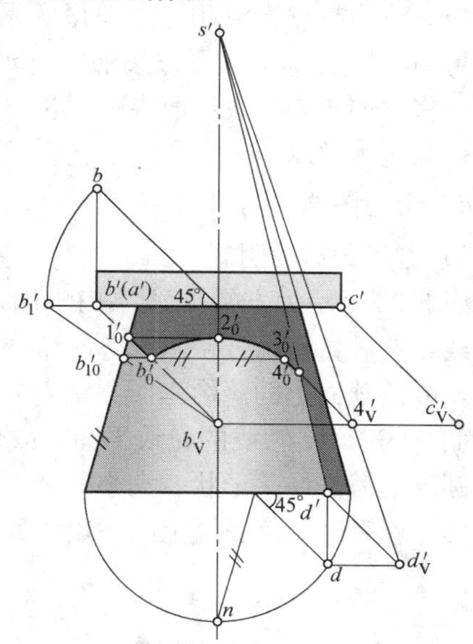

图 3-91　方帽圆锥的阴影作图

方帽上能落影于圆锥面上的阴线是正垂线 AB 和侧垂线 BC，这两条阴线对称于过圆锥回转轴线的光线平面，并与圆锥回转轴线的距离相等。故包含阴线 AB 的光线平面和包含阴线 BC 的光线平面与圆锥的截交线是形状、大小完全相同的两个椭圆。而方帽阴线 AB 和 BC 在圆锥台面上的落影，就是这两个椭圆上的一段对称椭圆弧线。因 AB 是正垂阴线，它在圆锥面上的落影弧线的 V 面投影积聚成左上右下的 45°斜线。侧垂阴线 BC 在圆锥面上的落影弧线的 V 面投影仍反映为以中心线对称的椭圆弧线。求影线时可以把正垂阴线 AB 落影的 V 面投影看成侧垂阴线 BC 落影的 W 投影，最高影点同高，所以自影点 $1_0'$作水平线与圆锥面的最前素线相交于点 $2_0'$。影点 b_0'是两阴线 AB 和 BC 交点 B 落影的 V 面投影，该影点需用旋转法求得（图 3-16）。由于椭圆弧对中心线呈对称形，故自影点 b_0'引水平线作出对称影点 $3_0'$，阴线 BC 落在圆锥阴线上的影点 $4_0'$，需将阴线 BC 和

圆锥阴线 SD 之影同时落在中心 V 面上（过回转轴线的正平面称为中心 V 面），再把两阴线落影的重影点 $4'_V$ 引返回光线而作出。将诸影点光滑相连，即得阴线 BC 在锥面上的落影。

2）圆帽圆锥的阴影

图 3-92 所示为共回转轴的圆帽圆锥阴影的单面作图。首先按前述圆柱和圆锥阴线的作图方法定出圆柱和圆锥台的阴线，其次再着重讨论圆帽底部的半圆阴线在圆锥面上落影作图的思路。

影线上的最高影点 a'_0 用旋转法求得（图 3-16），它位于对称光平面内的左前方素线上。圆锥左轮廓线位于中心 V 面上，该线上的影点 $1'_0$ 用圆帽底部前半圆周在中心 V 面上的落影与左轮廓线相交而求得。由于圆帽圆锥是同轴回转面，其阴影有对称性，以过回转轴的光线平面为对称平面，因而圆锥左轮廓线上的影点 $1'_0$ 与圆锥最前素线上的影点 $2'_0$ 对称并同高。故过影点 $1'_0$ 作水平线与中心线相交便得圆锥最前素线上的影点 $2'_0$。圆锥阴线上的影点 $3'_0$ 是利用圆帽底部前半圆周和锥面阴线在中心 V 面上落影的交点 $3'_V$ 引返回光线而求得。将诸影点光滑相连，即得圆帽在锥面上的影线。如果要在锥面上定出更多的影点，可仿照影点 $3'_0$ 的作图方法求出。即在锥面上任取一些素线，作出其在中心 V 面上的落影，将它们与圆帽底部前半圆周在中心 V 面上落影的交点引返回光线至各相应的素线，就可得到所求影点。

3.7.4 带帽圆球的阴影

1）方帽圆球的阴影

图 3-93 所示为方帽圆球阴影的单面作图。首先按前述圆球阴线的作图方法定出圆球的阴线，然后再作出方帽阴线 AB 和 BC 在圆球面上的影线。因圆球的投影没有积聚性可利用，故圆球面上的落影作图只能与锥面上的落影作图相似。正垂阴线 AB 和侧垂阴线 BC 对称于过回转轴线的光线平面，故包含阴线 AB 的光线平面和包含阴线 BC 的光线平面与圆球的截交线是形状、大小完全相同的两个正圆。而方帽阴线 AB 和 BC 在圆球面上的落影，就是这两个正圆上的一段对称圆弧线。因 AB 是正垂阴线，它在圆球面上的落影

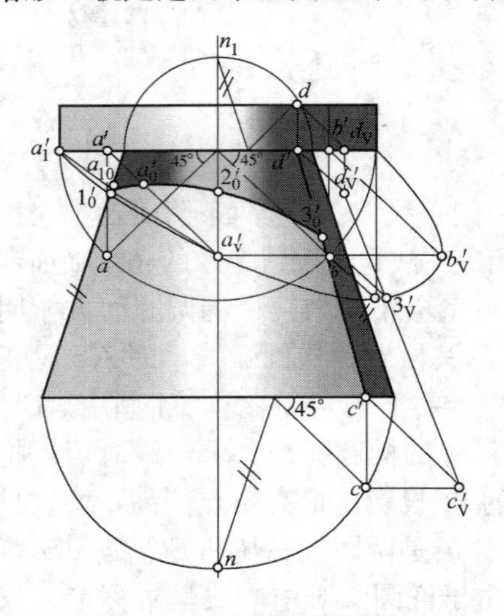

图 3-92 圆帽圆锥的阴影

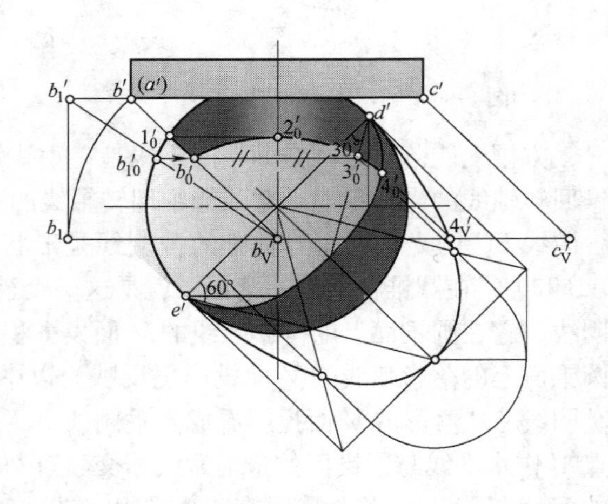

图 3-93 方帽圆球阴影的作图

圆弧线的 V 投影积聚成左上右下的 45°斜线。侧垂阴线 BC 在圆球面上的落影圆弧线的 V 投影反映为以中心线对称的椭圆弧线。求影线时可以把正垂阴线 AB 落影的 V 投影看成侧垂阴线 BC 落影的 W 投影，最高影点同高，所以自影点 $1_0'$ 作水平线与中心线相交于点 $2_0'$，得圆球面最前素线上的影点 $2_0'$。影点 b_0' 是两阴线 AB 和 BC 交点 B 落影的 V 投影，该影点是用旋转法求得（图 3-16）。由于椭圆弧对中心线呈对称形，故自影点 b_0' 引水平线作出对称影点 $3_0'$。阴线 BC 落在圆球阴线上的影点 $4_0'$，是将阴线 BC 落影于中心 V 面上为 $b_V'c_V'$，又将前半圆球阴线落影于中心 V 面上（图 3-68b），与影线 $b_V'c_V'$ 相交于点 $4_V'$，再自重影点 $4_V'$ 引返回光线而作出影点 $4_0'$。然后将诸影点光滑相连，即得阴线 BC 在圆球面上的落影。

2）圆帽圆球的阴影

图 3-94 所示为共回转轴的圆帽圆球阴影的单面作图。首先按前述圆球和圆柱阴线的作图方法定出圆球和圆帽的阴线，然后作出圆帽底部的半圆阴线在圆球面上的落影。

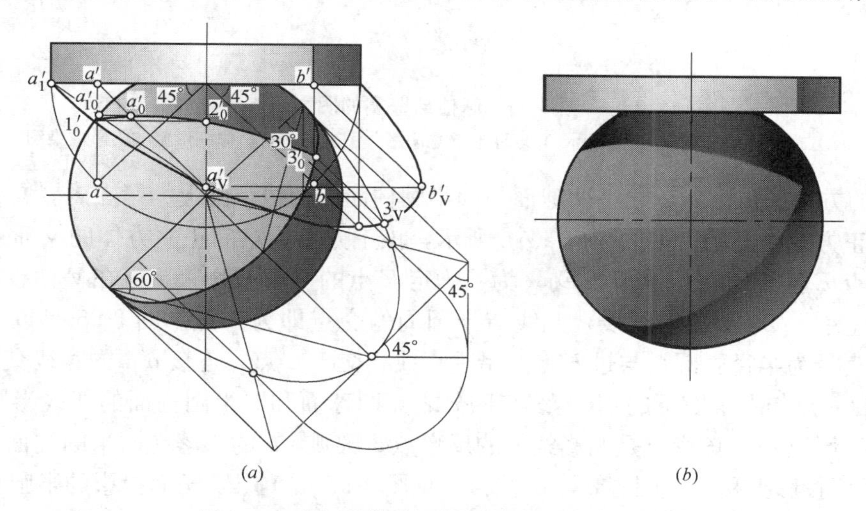

图 3-94　共回转轴的圆帽圆球阴影的单面作图
（a）圆帽圆球阴影的作图；（b）圆帽圆球阴影的渲染图

影线上的最高影点 a_0' 用旋转法求得（图 3-16），它位于对称光平面内的左前方素线上，也是圆帽底部圆周左前方阴点 A 之影的 V 面投影。圆球轮廓线位于中心 V 面上，该轮廓线上的影点 $1_0'$ 是用圆帽底部前半圆周在中心 V 面上的落影与轮廓线相交而求得。由于圆帽圆球是同轴回转面，其阴影有对称性，以过回转轴的光线平面为对称平面，因而圆球轮廓线上左侧的影点 $1_0'$ 与圆球最前素线上的影点 $2_0'$ 对称并同高。故过影点 $1_0'$ 作水平线与中心线相交便得圆球最前素线上的影点 $2_0'$。圆球阴线上的影点 $3_0'$ 是利用圆帽底部前半圆周和圆球阴线在中心 V 面上落影的交点 $3_V'$ 引返回光线而求得。将诸影点光滑相连，即得圆帽在圆球面上的影线。图 3-94（b）为渲染图。

3.7.5　球柱形壁龛的阴影

图 3-95 所示为球柱形壁龛的阴影作图。该形体的上部为四分之一凹球面，下部是与凹球面相切的凹半圆柱面。其内表面的阴线与圆球和圆柱的阴线相同。壁龛口阴线的 V 面投影是圆弧 $a'b'$ 和直线 $b'c'$，圆弧阴线 $a'e'$ 在凹球内表面上的落影曲线 $a'd_0'e_0'$ 可按图

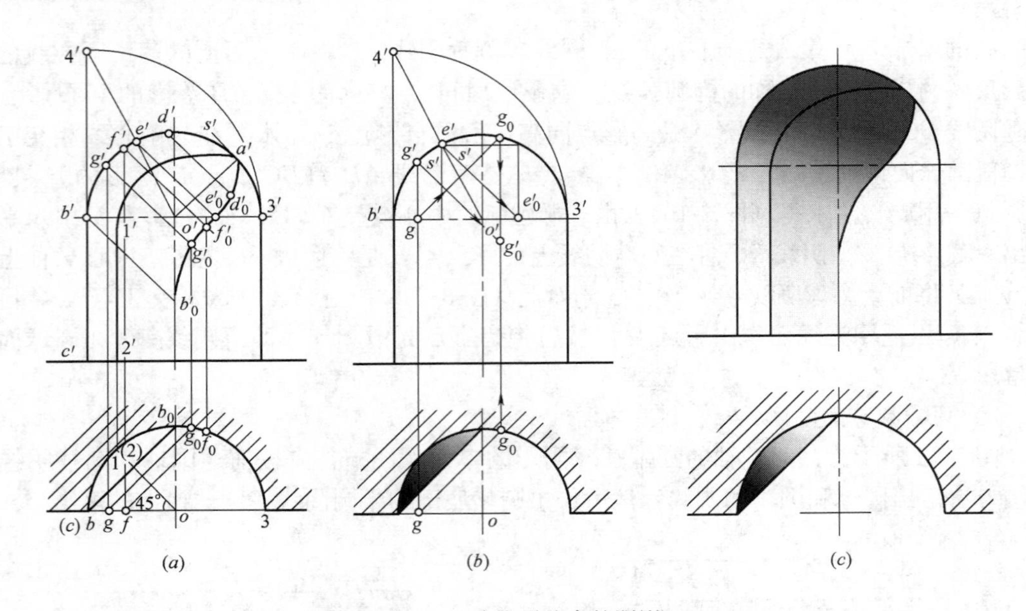

图 3-95　球柱形壁龛的阴影

(*a*) 球柱形壁龛的阴影作图；(*b*) 球柱形壁龛阴影作图要点；(*c*) 球柱形壁龛阴影渲染图

3-69所示的方法作出。四分之一凹球面与凹半圆柱面的切线半圆上的影点 e_0'，是借助于半圆的内接正方形作出的。如图 3-95 (*b*) 所示，该正方形为空间正立方体的 V 面投影，其左前上角点 E 落影于右后下角点 E_0。为了确定 E 点的 V 面投影 e'，可在 V 面投影中自圆心 o' 向左上引一 2∶1 的斜度线，此线与半圆周的交点即为 e' 点。图 3-95 是以 b' 点为圆心，半圆直径为半径画圆弧与过 b' 点的铅垂直线相交于 $4'$ 点，连接 $o'4'$ 的直线交半圆周于 e' 点。再由 e' 点作左上右下的 45°光线与四分之一凹球面和凹半圆柱面的切线半圆的 V 面投影相交于影点 e_0'，该影点是曲影线上的反弯点。圆弧 $e'b'$ 的影落在凹半圆柱面上。作影时可将 H 面投影上移，使圆心 o 与 o' 重合，见图 3-95 (*b*)，因 H 面投影的半圆与 V 面投影中的半圆是完全相等的，H 面投影上的点 g 上移到 V 面投影半圆的水平中心线上。然后从水平中心线上的点 g 引左下右上的 45°光线交半圆周于点 g_0，由 g_0 点向下作铅垂直线与过 g' 点的左上右下的 45°光线相交于影点 g_0'。这就是阴点 G 在凹半圆柱面上落影的 V 投影。同法可作出其余阴点如 F 点等在凹半圆柱面上落影的 V 投影。用光滑曲线连接影点 a'、d_0'、e_0'、f_0'、g_0'、b_0'，即得到圆弧阴线 $a'b'$ 在凹球凹柱内表面上落影的 V 面投影。直阴线 $b'c'$ 落影的 V 面投影与中心线重合。直阴线 BC 落影的 H 面投影为左下右上的 45°斜影线 cb_0。由以上分析看出该形体的阴影作图可在 V 投影中直接进行，见图 3-95 (*b*)。图 3-95 (*c*) 为球柱形壁龛阴影的渲染图。

3.7.6　方帽与鼓形体的阴影

所谓鼓形体就是由圆环面构成的立体。图 3-96 所示为方帽与半鼓形体阴影的作图。方帽盘的中心位于鼓形体的回转轴上。半鼓形体的阴线用切锥面法作出。方帽盘在半鼓形体上有落影的阴线，是正垂线 AC 和侧垂线 AB。

1) 方帽盘在半鼓形体上的影线作图原理

图 3-96 (*a*) 所示为方帽盘在半鼓形体上的落影作图的 V、H 投影。由于阴线 AB 和

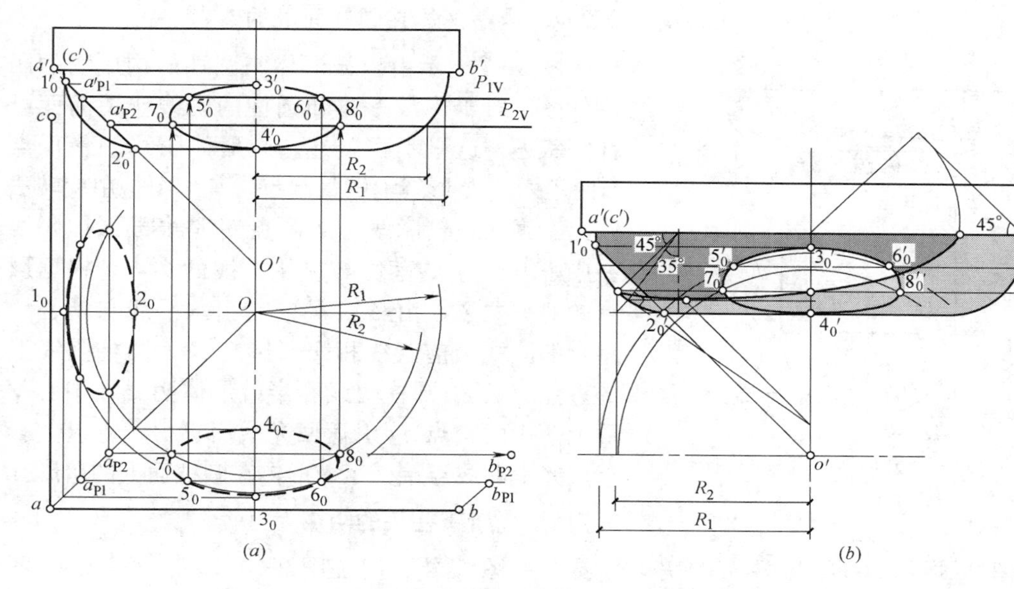

图 3-96　方帽与半鼓形体阴影的作图

(*a*) 方帽与半鼓形体的阴影；(*b*) 方帽与半鼓形体阴影的单面作图

AC 处于以过轴线的光线平面为对称平面的位置，故包含该两条阴线的光线平面与环面的截交线是形状相同的两条封闭曲线，在这两条曲线上各有一段曲线是方帽阴线 AB 和 AC 的部分落影。正垂阴线 AC 落影的 V 面投影积聚成 45°直线。而侧垂阴线 AB 落影的 V 面投影是一条封闭的曲线。为此，根据阴线 AB 的落影与阴线 AC 落影的对称性，可以把阴线 AC 落影的 V 面投影看成阴线 AB 落影的侧投影。阴线 AB 落影曲线位于最前素线上的最高点 $3'_0$ 和最低点 $4'_0$，可由阴线 AC 落影的 V 面投影与环面左轮廓线的交点 $1'_0$ 和 $2'_0$ 向右作水平线与中心线相交而求得。阴线 AB 落影曲线上的其他影点可利用辅助切平面法求出。即如图 3-96（*a*）所示，任取一辅助水平面 P_1，它与环面相交得半径为 R_1 的纬圆，阴线 AB 在辅助水平面 P_1 上的落影为 $A_{P1}B_{P1}$。在 H 投影中半径为 R_1 的纬圆与直影线 $a_{P1}b_{P1}$ 的交点 5_0、6_0 是阴线 AB 落影曲线上的影点的 H 投影，自点 5_0、6_0 向上引铅垂联系线交 P_{1V} 于点 $5'_0$、$6'_0$，这就是所求影点。同样步骤再取一辅助水平面 P_2，又得到影点 $7'_0$、$8'_0$。用光滑曲线连接影点 $3'_0$、$6'_0$、$8'_0$、$4'_0$、$7'_0$、$5'_0$、$3'_0$，在环面阴线以上的部分是阴线 AB 落影 V 面投影。

2）方帽与半鼓形体阴影的单面作图

如图 3-96（*b*）所示，首先用切锥面法作出半鼓形体的阴线。再过正垂阴线 AC 的 V 面积聚投影 $a'c'$ 作 45°光线与环面左轮廓线相交于点 $1'_0$ 和 $2'_0$，自点 $1'_0$、$2'_0$ 向右作水平线与中心线相交得最前素线上的最高影点 $3'_0$ 和最低影点 $4'_0$，为了简化其他影点的作图，将图 3-96（*a*）中的 H 投影翻转重合在 V 投影上，使 o 与 o' 重合，直接以 o' 为圆心，R_1、R_2 为半径画圆弧即可求得落影曲线上的若干点，然后用光滑曲线连接起来。如果要准确求出环面阴线上的影点，可利用阴线 AB 和环面阴线在中心 V 面上落影的交点引返回光线而作出（图中未画出）。

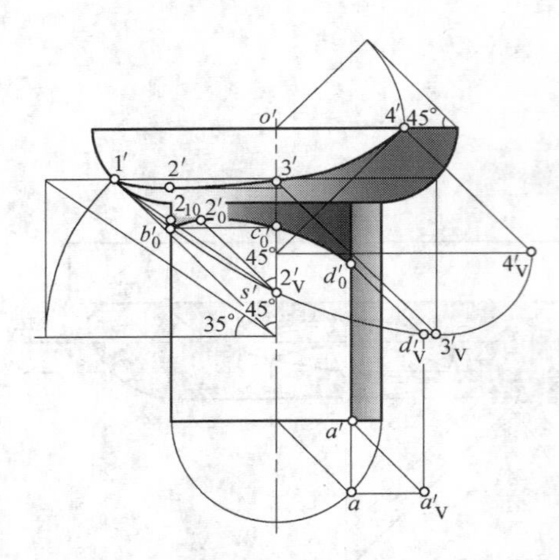

图 3-97　半鼓形体与圆柱的阴影

3.7.7　半鼓形体在圆柱面上的落影

图 3-97 所示由半鼓形体与圆柱的构成物的阴影作图。对于半鼓形体和圆柱的阴线作图前面已详细叙述，这里不再赘述。鼓形体阴线的最低点 $2'$的落影 $2'_0$是影线上的最高点，其作图是用旋转法画出。圆柱左轮廓线上的影点 b'_0是半鼓形体阴线在中心 V 面上的落影与左轮廓线的交点。根据影点的对称关系，由影点 b'_0向右引水平线与中心线重合的圆柱最前素线相交于影点 c'_0。圆柱阴线上的影点 d'_0是由圆柱阴线和半鼓形体阴线在中心 V 面上落影的交点 d'_V引返回光线而求得。将以上影点用光滑曲线连接得半鼓形体在圆柱面上的落影。

3.7.8　托斯康柱头的阴影

图 3-98 所示为托斯康柱头的阴影作图。本图综合运用了图 3-65（*b*）、图 3-88、图 3-96（*b*）、图 3-97 等的画图方法而作出。作影时应注意以下几点：

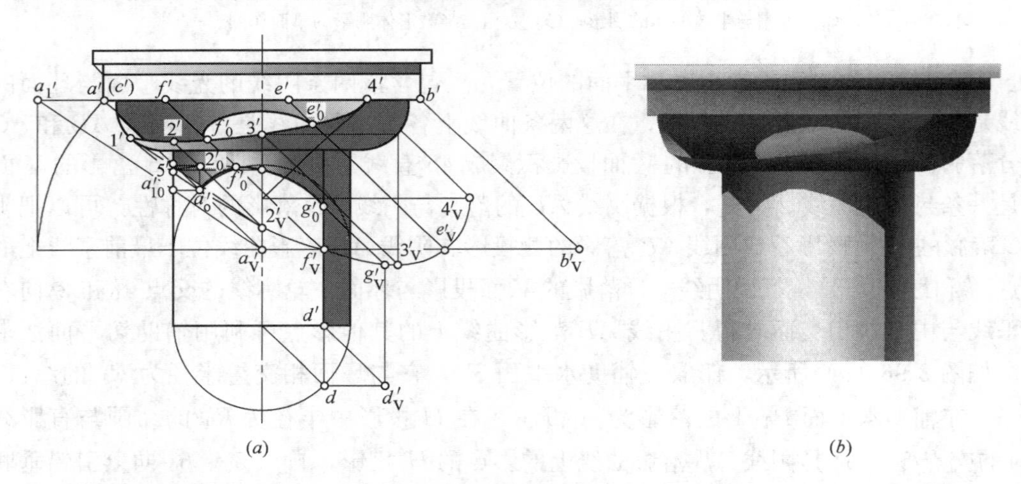

图 3-98　托斯康柱头的阴影
（*a*）托斯康柱头的阴影作图；（*b*）柱头阴影的渲染图

（1）由 A 点的落影 a'_0可以看出，方帽的阴线在圆柱面上有落影，该落影的画法见图 3-88。它是阴线 AB 和 AC 落影的交点。

（2）圆柱面上的影是由方帽及环面两者阴线落影的组合。圆柱阴线上的影点 g'_0由圆柱阴线和半鼓形体阴线在中心 V 面上落影的交点 g'_V引返回光线而求得。

（3）方帽阴线 AB 上的点 F、E 在环面、圆柱面及中心 V 面上的影是两阴线落影的交点或一阴线与一影线的交点。阴点 f'在环面上的落影 f'_0是圆环阴线上的影点，它在圆柱面上的落影 f_0、在中心 V 面上的落影 f'_V都是两阴线落影的交点，这些影点位于同一条光线上。阴点 e'在环面上的落影 e'_0是圆环阴线上的影点，它在中心 V 面上的落影 e'_V是两阴线落影的交点，它们仍位于同一条光线上。

复习思考题

1. 在正投影图中常用光线的方向是怎么规定的？用这种光线作影有何优点？为什么可以根据空间点对投影面的距离来作其落影？

2. 试述直线落影的平行规律、相交规律、垂直规律。

3. 如何判别平面图形的阴面、阳面？

4. 试作贴附在正墙面上的半圆面的落影。

5. 试分别叙述正投影图中基本几何体阴、阳面的判别方法和确定其阴线的方法，再分别叙述其求阴影的基本作图步骤。

6. 试作贴在正墙面上的半圆球、半圆环的阴影。

7. 简述建筑局部阴影的基本作图步骤。

8. 试作任意一窗口、门廊、台阶、天窗、烟囱、阳台、坡顶房屋、平顶房屋等的阴影。

9. 试作方帽在圆柱、圆锥、圆球、圆环上的落影，圆帽在圆柱、圆锥、圆球、圆环上的落影及圆环在圆柱上的落影。

第4章　透视投影的基本知识和基本规律

4.1　概述

4.1.1　透视图的作用

透视图是一种立体图样，如同照片和写生画一般，给人以自然、真切、身临其境的感觉，如图4-1所示。但是它又不同于照片和写生画，拍摄照片和写生画都需要以实物为对象，而透视图只根据建筑尺度或建筑的平、立、剖面图，画出未来建筑的立体形象，使人们直观地领会设计意图，提出评议。事实上，透视图首先是给设计者本人看的，因为在这之前设计者也并不确切地了解所设计的建筑物建成之后的真实面貌，因此，制作透视图可以提高设计人员的认识，对设计作进一步的推敲和研究，所以透视图是建筑设计的一个有机组成部分。也是设计人员用来表达设计意图、交流设计思想、交换意见的一种工具。在进行方案的设计、比较、征询意见和送审等过程中，通常用两种手段表达设计意图：一是图纸，其中包括建筑透视表现图；二是建筑模型，建筑模型虽然具有直观性强、可以从任意角度观看等优点，但对于材料质感的表现，特别是对环境气氛的反映和烘衬来说，都不如建筑透视表现图更为真实、生动。

图4-1　某建筑透视图

透视图还是设计人员常用来研究讨论建筑物的外观造型、立面处理、推敲方案、调整和修改设计的一种手段，以便使设计更加完美。透视图有时还可以作为主管部门或业主审批设计方案的重要依据。

此外，透视图是用绘图工具和技法在图纸上画出未来建筑的立体形象、效果和环境气氛。从这一意义上说它是一种绘画，但不是随心所欲的绘画，而是应当忠实地表现出未来建筑实体与空间环境的绘画，它要求准确地表达建筑物及环境的比例、尺度、形象以及相互之间的关系，真实地表现建筑的材料、色彩及建筑所属使用类型应具有的气氛。绝大部分建筑画都是以透视图的形式来表现的，因此，建筑透视在建筑绘画中占有十分重要的地位。由此可见，透视图在建筑设计工作和建筑绘画中具有非常重要的意义，现归纳如下：

（1）建筑透视表现图是用来准确、逼真地反映所设计的建筑物的外观形象、效果和环境气氛的。它是建筑设计中的一项重要内容，也是建筑设计的一个有机组成部分，设计人员常用这种直观图样来体现设计意图、交流设计思想、交换意见，是设计图纸之一。

（2）透视图能提高设计人员的认识，并能供设计者推敲建筑造型的优劣，作为调整和修改设计的一种重要手段，使设计更加完美。

（3）透视图能让主管部门和业主们直观地领会设计意图，提出评议，帮助设计者做出更好的设计。

（4）建筑透视表现图也是一种绘画，它的基本概念和技法为建筑绘画奠定了坚实的基础。

（5）透视图还可以作为广告、展览之用等。

4.1.2　透视现象

当我们在比较直的街道上行走的时候，只要留心地观察一下街景就会发现：同样大小的东西，如路灯及灯杆、行人、汽车等，处于近处的大和高，处于远处的小和低；同样间距的东西，近处间隔稀，远处间隔密，愈远愈密；再低头看一看街道和人行道，愈到远处愈窄，直到最后汇集成一点，就是街道两旁的建筑物，虽然参差不齐，但是越远越小，和道路一样，最后也汇集成一点，以上这些近大远小、近高远低、近疏远密、相互平行的街道直线在无限远处交汇于一点，凡此种种就是日常生活中的透视现象，如图 4-2 所示的街道实景图。

图 4-2　街道实景图

透视现象是怎样产生的呢？图 4-3 所示为高度和间距相同的四根灯柱，设平面 P 为画面，S 为人眼所在位置，灯柱 A、B、C、D 由近至远分布，自 S 引直线至各灯柱，由此可见 $\angle ASa \geqslant \angle BSb \geqslant \angle CSc \geqslant \angle DSd$，故灯柱 A、B、C、D 的透视依次由大到小，由高到低。

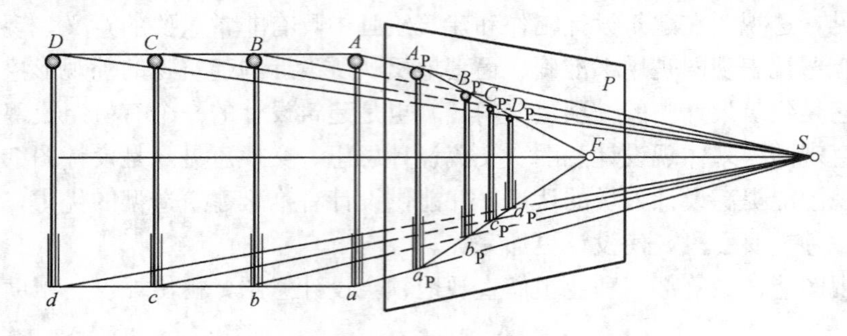

图 4-3 透视现象分析图

图 4-4 透视图的形成

4.1.3 透视图的形成

当我们用眼睛去观看一栋建筑物时，设想在建筑物与眼睛之间安放一透明画面 P，见图 4-4，由人眼引视线至建筑物各个角点，视线穿过画面 P 并与画面产生一系列的交点，依次连接这些交点即得到该建筑物的透视图。于是，透视的作图归结为求作直线（视线）与平面（画面）的交点问题。所以透视图是以人眼 S 为投影中心，视线为投射线的中心投影。

4.1.4 透视图的专用术语和符号

为了便于理解、叙述透视原理和掌握透视图的画法，我们结合图 4-5 介绍透视图中常用的一些专用术语和符号。

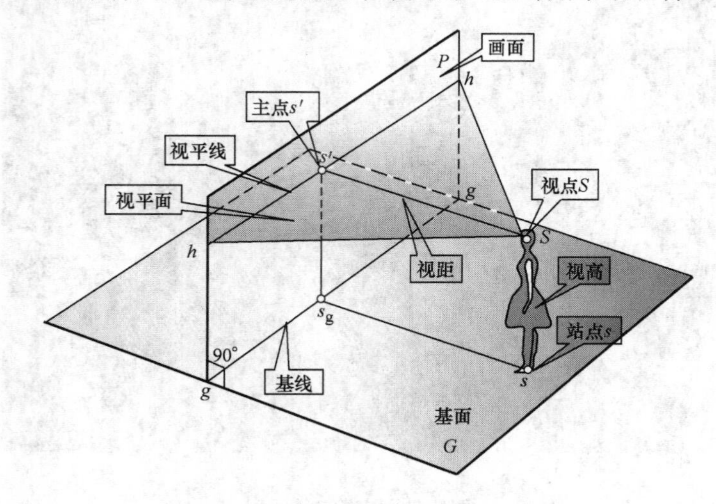

图 4-5 透视图的专用术语和符号

基面——放置建筑物的水平面，用字母 G 表示，也可将绘有建筑平面图的投影面理解为基面。

画面——透视投影面，即透视图所在的平面，用字母 P 表示。画面可以垂直于基面，也可以倾斜于基面，还可以用曲面作画面，如圆柱面、球面等。

基线——画面与基面的交线，用字母 g—g 表示。

视点——透视投影中心，相当于人眼所在的位置，用字母 S 表示。

站点 ——即视点 S 在基面 G 上的正投影，用字母 s 表示。相当于观看建筑物时，人的站立点。

主点——又称心点或视心，即视点 S 在画面 P 上的正投影，用字母 s' 表示。当画面为铅垂面时，主点 s' 位于视平线上。

视平面——过视点 S 的水平面，即过视点 S 所有水平视线的集合。

视平线——过视点的水平面与画面的交线，用字母 h—h 表示。

视高——视点 S 到基面 G 的距离，即人眼的高度，当画面为铅垂面时，视平线与基线的距离即反映视高，用字母 Ss 或 $s's_g$ 表示。

视距——视点到画面的距离，当画面为铅垂面时，站点到基线的距离，即反映视距，用字母 Ss' 或 ss_g 表示。

视线——过视点的直线。

4.2　点的透视及透视规律

4.2.1　点的透视和基透视的概念

点的透视：过空间点的视线与画面的交点，称为该点的透视。如图 4-6 中，视点 S 与 A 点的连线与画面 P 的交点 A_P 为点 A 的透视。

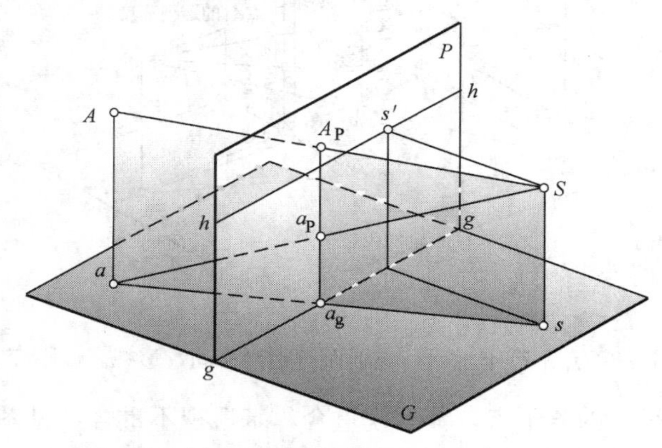

图 4-6　点的透视和基透视

点的基透视：空间点在基面上的正投影的透视称为该点的基透视。在图 4-6 中，视点 S 和 a 点的连线与画面 P 的交点 a_P 称为 A 点的基透视。

4.2.2　点的透视规律

(1) 当画面⊥基面时，点的透视与基透视的连线垂直于视平线 h—h 和基线 g—g。

在图 4-6 中，由于 $Aa\perp$基面 G，所以视线平面 $SAa\perp$基面 G，又画面 $P\perp$基面 G，故视线平面 SAa 与画面 P 的交线 $A_Pa_P\perp$基面 G，而 $h—h\,/\!/\,g—g\,/\!/$基面 G，因此 $A_Pa_P\perp$ $h—h$ 和 $g—g$，即：点的透视与基透视在同一条铅垂线上。

(2) 点的透视与基透视的距离为点的透视高度。点的透视高度一般不反映点的实际高度，如图 4-7 中的点 A。只有当点位于画面上时，其透视高度才等于点的实际高度，如图 4-7 中的 B 点。

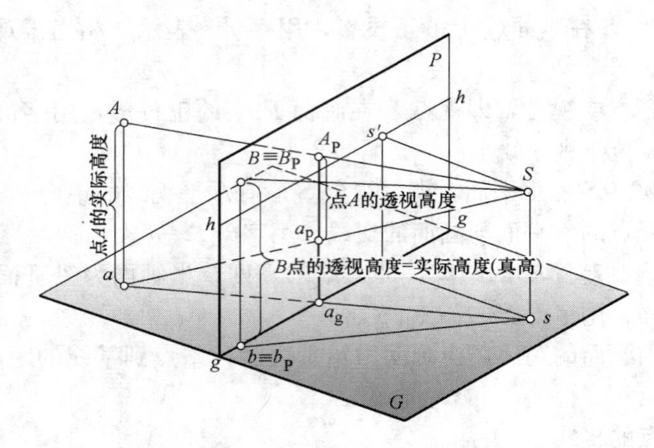

图 4-7　点的真实高度与透视高度

(3) 将空间点平行于画面且与画面等距离的移动时，其透视高度不变。如图 4-8 中的点 A 向右平移到 A_1 的位置，其透视高度相等，即 $A_{1P}a_{1P}=A_Pa_P$。

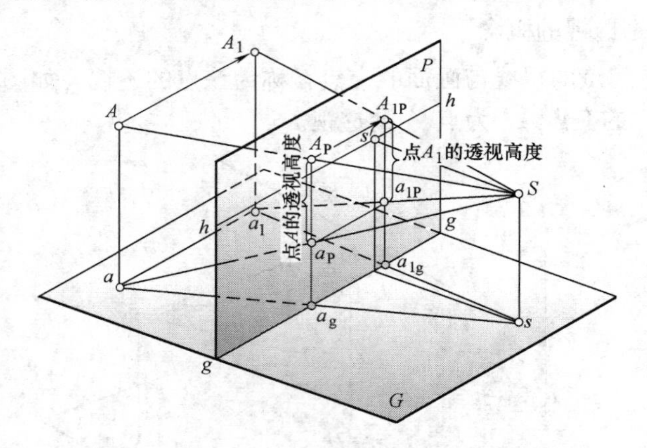

图 4-8　点平行于画面且与画面等距离移动，透视高度不变

(4) 处于同一视线上的若干点，其透视重合，基透视不重合，见图 4-9 中的点 A、B、F。基透视距视平线 $h—h$ 近者，表示空间点在后。位于画面后方的点，其基透视在基线 $g—g$ 与视平线 $h—h$ 之间，如图 4-9 中的点 A、B、C 的基透视。无限远点的基透视在视平线 $h—h$ 上，如图 4-9 中点 F 的基透视。

(5) 点位于画面上，其透视就是自身，基透视在基线上，如图 4-9 中的 D 点。位于画面前方的点，其基透视在基线 $g—g$ 的下方，如图 4-9 中的点 E。

(6) 位于同一铅垂线上的若干点，基透视重合，透视不重合。透视高者，表明空间点

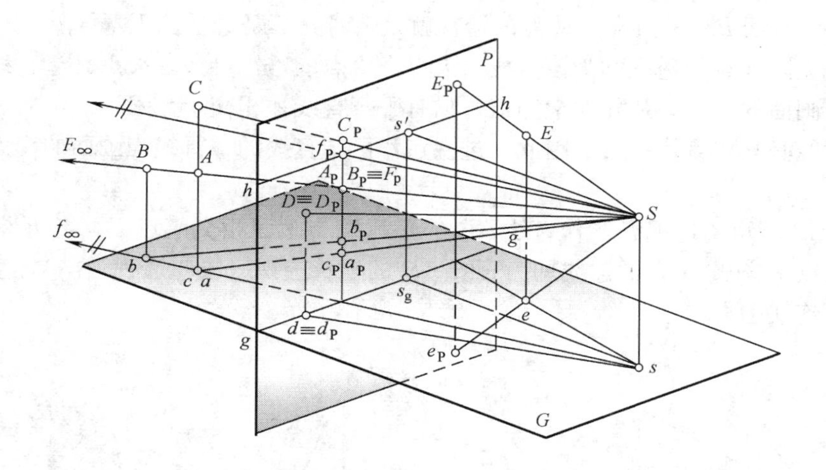

图 4-9　点的透视和基透视的位置

高，如图 4-9 中的点 A、C。

(7) 由以上叙述可知：点的基透视不仅是确定点的透视高度的起点，而且是判别空间点在画面前后左右位置的依据。

4.3　直线的透视及透视作图

4.3.1　直线的透视和基透视的概念

通过直线上各点的视线形成一视线平面，该平面与画面的交线就是直线的透视，故直线的透视在一般情况下仍为直线，如图 4-10 所示，AB 直线的透视为 A_PB_P。只有当直线通过视点时，其透视重合为一点，如图 4-11 所示，CD 直线的透视为 C_PD_P，而基透视 c_Pd_P 垂直于基线。

直线的基透视是直线在基面上的正投影的透视，如图 4-10 所示，AB 直线的基透视为 a_Pb_P。

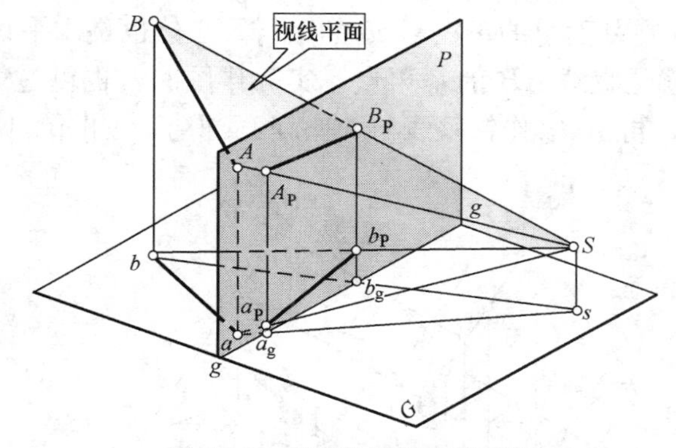

图 4-10　直线的透视和基透视

根据直线与画面的相对位置关系，直线分为画面相交直线和画面平行直线两类。直线与画面的相对位置不同，其透视图的作图方法亦不相同。

4.3.2　画面相交直线的透视作图

作直线的透视，可求出直线上两端点的透视后，连线即得该直线的透视。通常用直线的迹点连灭点得该直线的全长透视，那什么是直线的迹点、灭点呢？

1) 直线的迹点和灭点

直线与画面的交点称为该直线的迹点。图 4-12 中，直线 BA 延长后与画面相交于点

T，点 T 即为直线 BA 的迹点。迹点的透视就是自身，其基透视位于基线 $g—g$ 上。

直线上无限远点的透视称为该直线的灭点。由点的透视可知，灭点是过直线上无限远点的视线与画面的交点。从几何学知道，只有平行直线才相交于无限远点，故过直线上无限远点的视线必与该直线平行。因此，过视点作已知直线的平行线与画面的交点，便是该直线的灭点。

如图 4-12 所示，过视点 S 作直线 AB 的平行线与画面相交于点 F，点 F 即为该直线的灭点。灭点 F 与迹点 T 的连线即为直线 AB 的全长透视（或叫透视方向），直线 AB 的透视必在该连线上。

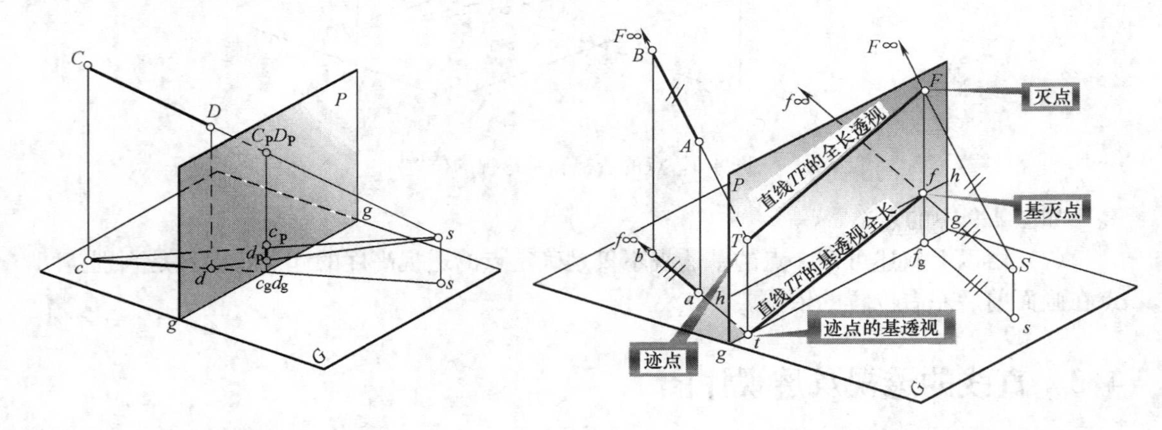

图 4-11　直线通过视点时，其透视为一点　　　图 4-12　直线的迹点与灭点作图

直线基透视的灭点称为该直线的基灭点，也是直线上无限远点的基透视，故基灭点在视平线 $h—h$ 上。因直线在基面上的正投影为水平线，按灭点的作图，过视点 S 作直线 AB 在基面上的正投影 ab 的平行线必然也是水平线，且必与视平线 $h—h$ 相交于点 f，点 f 就是直线 AB 的基灭点。实际作图时，也可过站点 s 作 ab 的平行线交基线 $g—g$ 于点 f_g，再由 f_g 作铅垂线与 $h—h$ 相交得 f，如图 4-12 所示。

2）直线透视的基本性质

（1）同方向平行线共灭点：与画面相交的一组同方向平行直线有一个共同的灭点，其基透视也有一个共同的基灭点。如图 4-13 所示，因自视点 S 引已知的一组同方向平行线的平行视线只有一条，它与画面只能交出唯一的灭点。所以一组同方向平行线的透视相交于它们的灭点。同理，它们的基透视也相交于它们的基灭点。

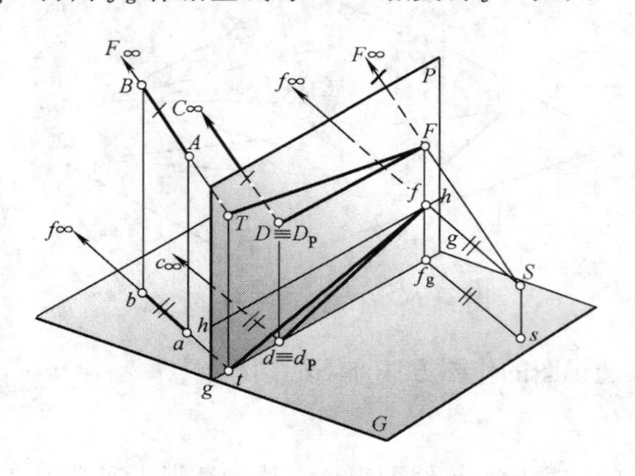

图 4-13　同方向平行线共灭点

（2）所属性：属于直线上的点，其透视与基透视分别属于该直线的透视与基透视。如图 4-14 所示，由于视线 SM 属于视线平面 SAB，因此 SM 与画面的交点 M_P（即 M 点透视）属于视线平面 SAB 与画面的交线 A_PB_P（即直线 AB 的透视）。同理，基

透视 m_P 也属于直线 AB 的基透视 a_Pb_P。

(3) 空间无限长的直线在透视图上是一条有限长度的线段，如图 4-12 所示。

3）基面上的画面相交直线的迹点、灭点作图

基面上的直线必为水平线，其迹点在基线 g—g 上，灭点在视平线 h—h 上，直线的透视与基透视重合。如图 4-15 所示，直线 AB 位于基面 G 上，延长后与画面相交于迹点 T，过视点 S 作直线 AB 的平行线与画面相交于点 F，点 F 为直线 AB 的灭点，TF 为直线 AB 的全长透视。因为直线 AB 位于基面上，是水平线，所以灭点 F 必在视平线 h—h 上。直线 AB 的透视 A_PB_P 属于 TF。故自视点 S 引视线至点 A 交 TF 于点 A_P，自视点 S 引视线至点 B 交 TF 于点 B_P，A_PB_P 为直线 AB 的透视。

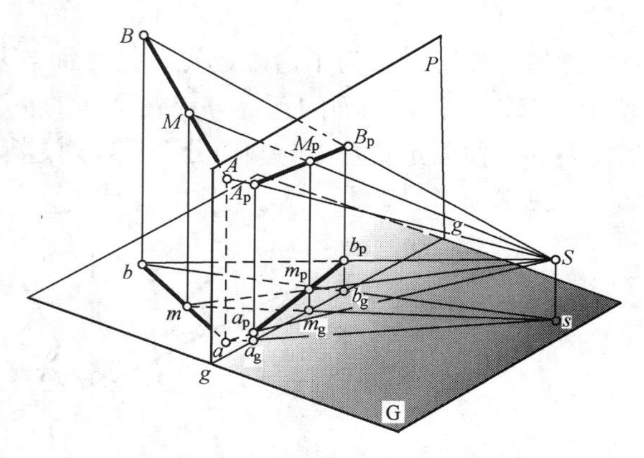

图 4-14　直线上点的透视

在实际绘图中，常用与画面成 90°、45°、30°、60°等特殊角度的水平线，如图 4-16 所示，这些线的灭点分别是：

(1) 垂直于画面的水平线的灭点是视心 s'，如图 4-16 中的直线 AS_∞。

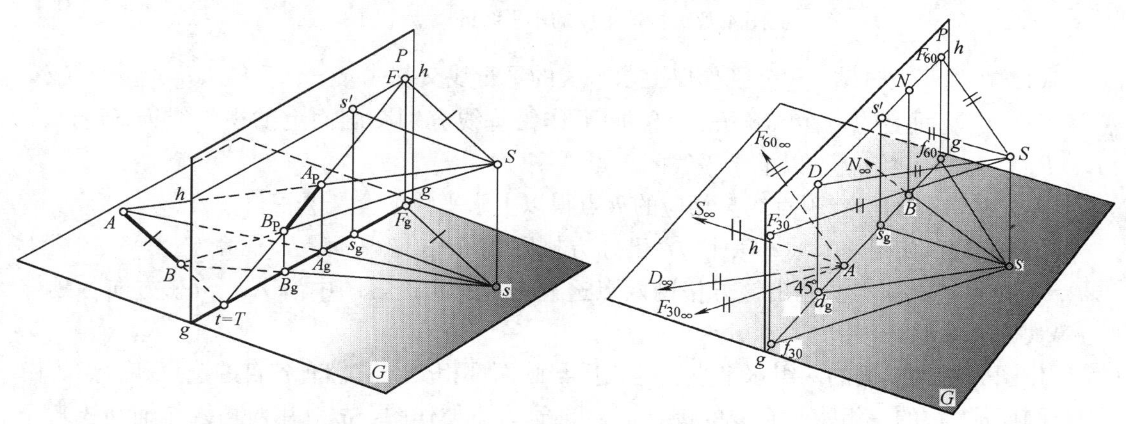

图 4-15　基面上的画面相交线的迹点、灭点及透视作图

图 4-16　特殊角度的水平线的灭点

(2) 与画面成 45°倾角的水平线的灭点是距离点 D，距离点到心点的距离等于视距（即 $Ds'=Ss'$），如图 4-16 中的直线 AD_∞。

(3) 与画面成 30°、60°倾角的水平线的灭点是 F_{30}、F_{60}，如图 4-16 中的直线 $AF_{30\infty}$ 和 $AF_{60\infty}$。它们与心点的距离如下：

$$s'F_{30}=\cot30°\cdot Ss'\approx1.73Ss'$$

$$s'F_{60}=\cot60°\cdot Ss'\approx0.58Ss'$$

(4) 过站点的水平线的透视是过该直线迹点的一条铅垂线，如图 4-16 中的直

线 BN_{∞}。

在图纸上作图时，为了清晰起见，把画面与基面分开画出，并去掉边框线，如图 4-17 所示，基面可放在画面的正上方或在画面的正下方，也可以在其他任意位置，根据作图的需要和方便而定。基面与画面分开后，通过基线 $g—g$ 保持对应关系。灭点的作图步骤如下，见图 4-17：

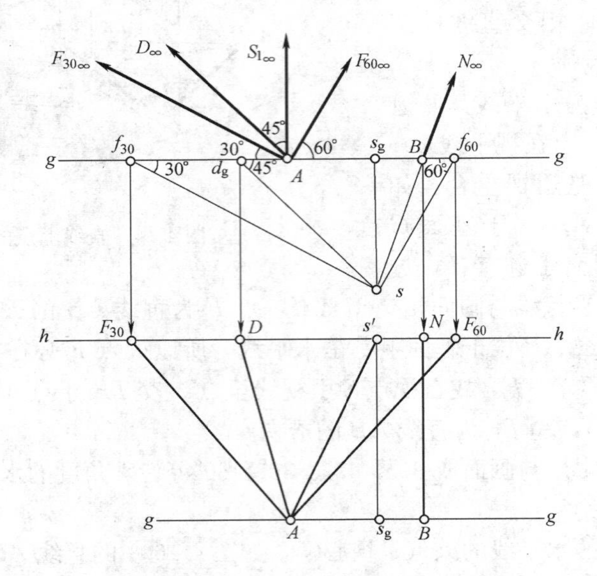

图 4-17 特殊角度的水平线的灭点作图

(1) 在基面上过站点 s 分别作以上水平线的平行线交基线 $g—g$ 于 s_g、d_g、f_{30}、f_{60}。

(2) 由基面上的 s_g、d_g、f_{30}、f_{60} 向下作铅垂线分别交画面上的视平线 $h—h$ 于 s'、D、F_{30}、F_{60}。它们就是以上水平线的灭点。

(3) 从各自的迹点引直线至相应的灭点得以上水平线的全长透视。

【例 4-1】 如图 4-18（a）所示，已知方格网 $abcd$ 位于基面上，视高 $s's_g=40$，视距 $ss_g=70$，用迹点灭点法画出该方格网两点透视图，并在透视图中沿 F_{30}、F_{60} 方向各延伸一等大的方格网。

作图分析：本例的两组水平直线延长后与画面都相交，它们有各自的迹点和灭点。由于与画面成 30°的一组水平直线的迹点距 s_g 较远，不便作图，故利用对角线作辅助线来完成作图。

作图步骤：

(1) 根据已知条件画出基线 $g—g$、视平线 $h—h$、心点 s'及旋转到画面上的视点 S，如图 4-18（b）所示。

(2) 求 60°方向线的灭点 F_{60} 及 30°方向线的灭点 F_{30}。即自视点 S 分别引 30°线、60°线至视平线 $h—h$，其交点就是灭点 F_{30} 和 F_{60}。

(3) 由视点 S 作直线平行于对角线 ac 与视平线 $h—h$ 交于点 $F_{对}$，点 $F_{对}$ 为正方形 $abcd$ 对角线 ac 的灭点，如图 4-18（b）所示。

(4) 如图 4-18（c）所示，在基面上延长直线 cd 及其平行线与基线相交得迹点 a、1、

(a)

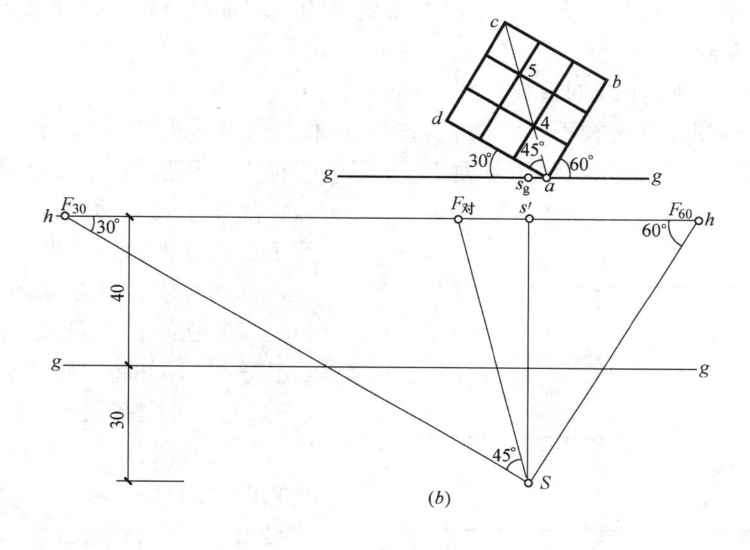

(b)

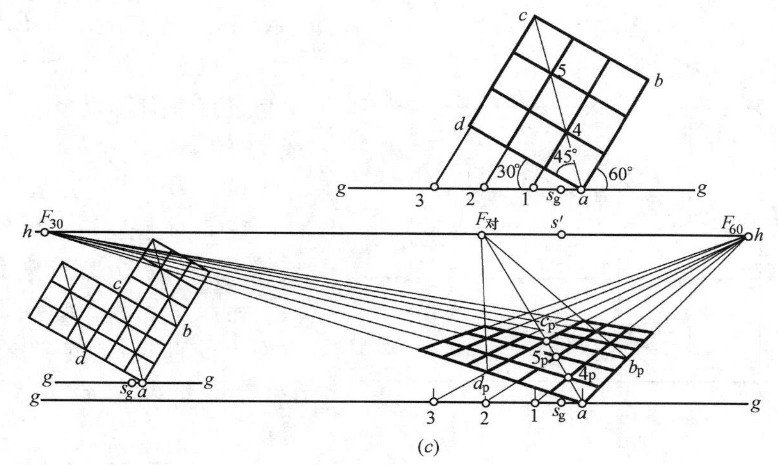

(c)

图 4-18 用迹点灭点法求方格网的透视

(a) 方格网的平面图；(b) 方格网的灭点作图；(c) 方格网的透视作图

2、3。并把它们按与 s_g 的相对位置等量转移到画面基线上。

(5) 在画面上由迹点 a、1、2、3 引直线至灭点 F_{60} 得 60°方向线的全长透视。

(6) 自迹点 a 引直线至对角线灭点 $F_{对}$，与 60°方向线的透视相交于点 4_P、5_P、c_P，

它们是对角线 ac 上的点 4、5、c 的透视。

(7) 从灭点 F_{30} 引直线分别至点 a、4_P、5_P、c_P 并延长到 aF_{60}，得 30°方向线的全长透视。两组线相交的部分就是方格网的透视。

(8) 再沿 F_{30}、F_{60} 方向各延伸一等大的方格网。因延伸的方格网对角线与刚作完的方格网对角线相互平行，它们的透视共灭点 $F_{对}$，因此由点 d_P、b_P 引直线至对角线的灭点 $F_{对}$，与各组线分别得交点，然后由交点引直线至相应的灭点便可完成。最后加深网格格线完成全图，如图 4-18 (*c*) 所示。

在本例中，利用辅助线的透视来确定点的透视，从而求出通过该点的另一直线的透视，是透视中常用的一种作图方法。用辅助线定点的原理是：两相交直线交点的透视就是该两直线透视的交点。

4) 与画面相交的水平线的透视作图

此类直线的透视与基透视不重合，它们的灭点和基灭点是视平线上的同一个点。

【例 4-2】 已知水平线 DE 高于基面 50，DE 在基面上的正投影 de 及视高、视距、站点，如图 4-19 (*a*) 所示。试作出水平线 DE 的透视和基透视。

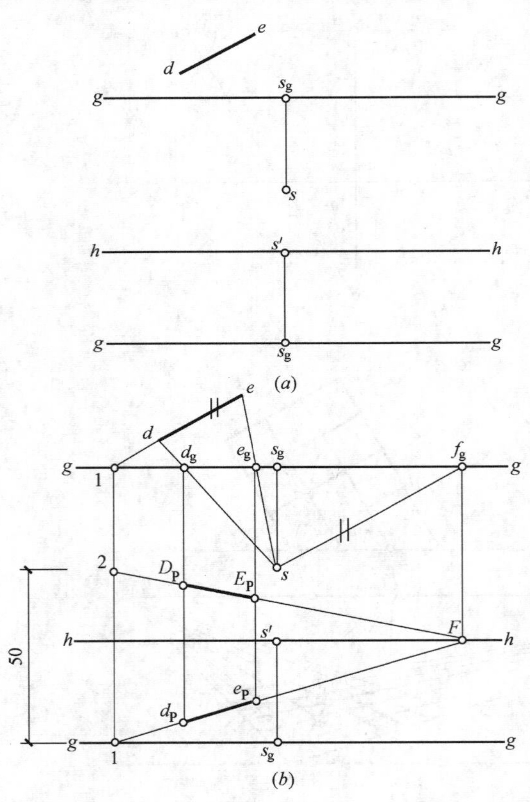

图 4-19 与画面相交的水平线的透视作图
(*a*) 已知条件；(*b*) 与画面相交的水平线的透视和基透视作图

作图步骤，见图 4-19 (*b*)：

(1) 在基面上延长 ed 交基线 $g—g$ 于迹点 1，并将它转移到画面的基线 $g—g$ 上。又在基面上过站点 s 作 de 的平行线交基线 $g—g$ 于点 f_g，它是 DE 直线的灭点在基线 $g—g$ 上的正投影。故再由 f_g 向下作铅垂线交画面上的视平线 $h—h$ 于点 F，点 F 是 DE 直线的灭点，也是它的基灭点。然后在画面上自迹点 1 引直线至灭点 F，$1F$ 为直线 de 的全长透视。

(2) 为了求得点 d、e 的透视 d_P、e_P，在基面上过站点 s 作辅助线，即连接 sd 和 se 分别交基线 $g—g$ 于点 d_g、e_g，过点 d_g、e_g 向下作铅垂线交画面上的直线 de 的全长透视 $1F$ 于点 d_P、e_P。线段 d_Pe_P 为水平线 DE 的基透视。

(3) 在画面上过迹点 1 向上作铅垂高度线并在其上量取直线段 12＝50，点 2 为 DE 直线的迹点。由点 2 引直线至灭点 F 与铅垂线 d_gd_P 交于点 D_P，与铅垂线 e_ge_P 交于点 E_P，直线段 D_PE_P 为水平线 DE 的透视。

5) 倾斜于基面的画面相交直线的灭点

倾斜于基面的画面相交直线，其灭点在视平线的上方或下方，但它们的基灭点仍在视平线上。如图 4-20 所示，上升斜线 BA 的灭点 $F_{上}$ 在视平线 $h—h$ 的上方；下降斜线 AC 的灭点 $F_{下}$ 在视平线 $h—h$ 的下方；它们的基灭点 F_X 在视平线 $h—h$ 上。

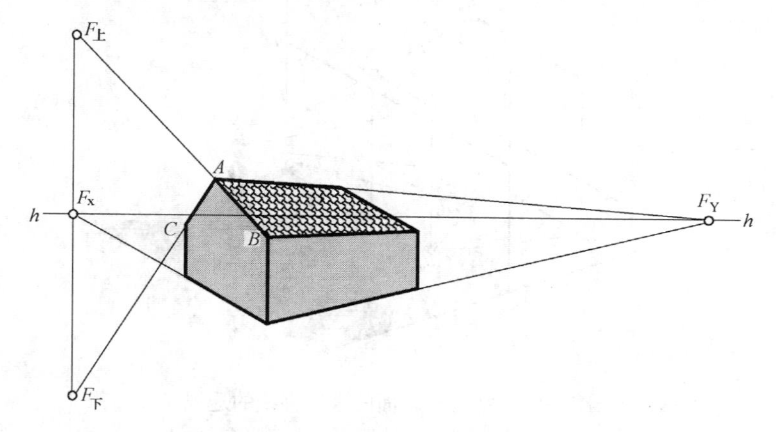

图 4-20　倾斜于基础的画面相交线的灭点

4.3.3　画面平行直线的透视作图

平行于画面的空间直线与画面永不相交，或者说相交于无限远。因此该类直线在画面上无迹点，无灭点，它们的透视与空间直线自身平行，基透视平行于基线 $g—g$（基面垂直线除外）。所以，该类空间直线的透视与视平线 $h—h$（基线 $g—g$）的夹角反映空间直线与基面的倾角。在透视图中点分线段的透视长度比等于该直线的分段长度比。如图 4-21 所示，直线 AB 的透视 $A_PB_P // AB$；A_PB_P 与视平线 $h—h$（基线 $g—g$）的夹角反映空间直线与基面的倾角 α；点 C 属于直线 AB，透视后 $A_PC_P：C_PB_P=AC：CB$。

画面平行直线的透视作图是借助画面相交直线的透视而作出。

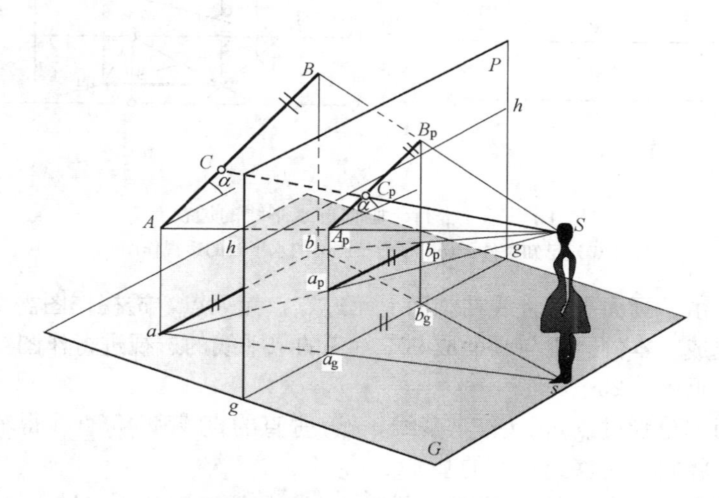

图 4-21　画面平行直线的透视

1）平行于画面的水平直线的透视作图

平行于画面的水平直线（包含基面上平行于画面的直线）的透视与基透视均平行于基

线 g—g 和视平线 h—h，如图 4-22 所示。

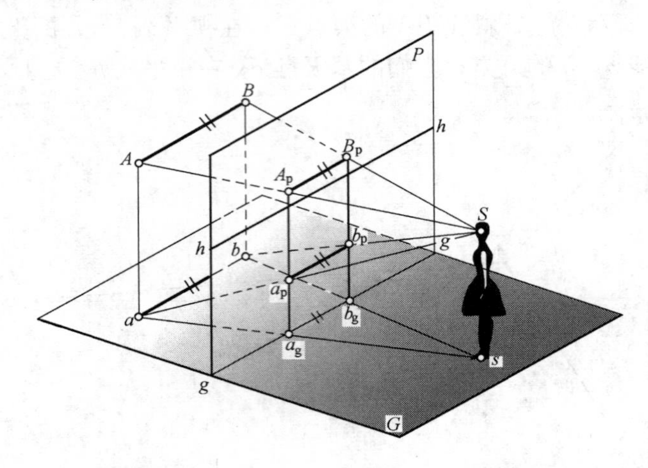

图 4-22 平行于画面的水平直线的透视

【例 4-3】 已知平行于画面的水平直线 CD 高于基面 50，CD 在基面上的正投影 cd 及其余条件如图 4-23（a）所示。试作出 CD 直线的透视和基透视。

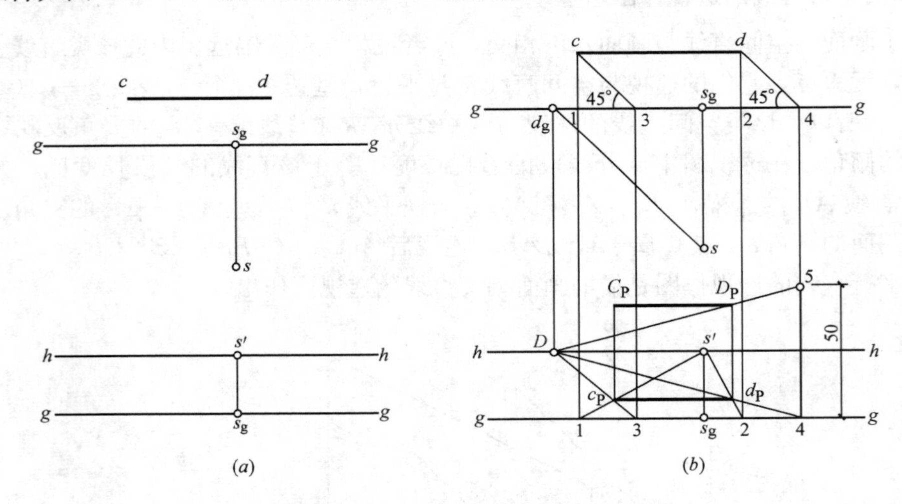

图 4-23 平行于画面的水平线的透视
（a）已知条件；（b）平行于画面的水平线的透视作图

作图分析：由于画面平行直线在画面上无迹点，无灭点，透视作图需要借助画面相交直线的透视来完成。本例运用与画面成 90°、45°的水平线的透视进行作图。

作图步骤，见图 4-23（b）：

（1）在基面上分别过点 c、d 作与基线 g—g 垂直的直线和 45°直线得辅助直线的迹点 1、2、3、4，并将它们转移到画面的基线 g—g 上。

（2）在基面上过站点 s 作 45°直线与基线 g—g 相交于点 d_g，并过点 d_g 向下引铅垂线交画面上的视平线 h—h 于 D，点 D 即为 45°线的灭点（也称距离点）。画面垂直线的灭点为视心 s'，连接 $1s'$ 和 $2s'$，$3D$ 和 $4D$，即得辅助线的全长透视，它们间的相应交点为 c_P、d_P，连接 c_Pd_P 得直线 CD 的基透视。

（3）在画面上过迹点 4 向上作铅垂线并在其上量取高度 4－5 等于 50，自点 5 引直线至距离点 D 与过点 d_P 的铅垂线交于 D_P。

（4）过 D_P 作平行于视平线 h—h 的直线与过 c_P 的铅垂线交于 C_P，线段 C_PD_P 为 CD 的透视。

【例 4-4】 已知一位于基面上的方格网，视高 $s's_g=30$，视距 $ss_g=50$，其余条件如图 4-24（a）所示。求作方格网的透视，并在透视图中向后、后右各延伸一等大的方格网。

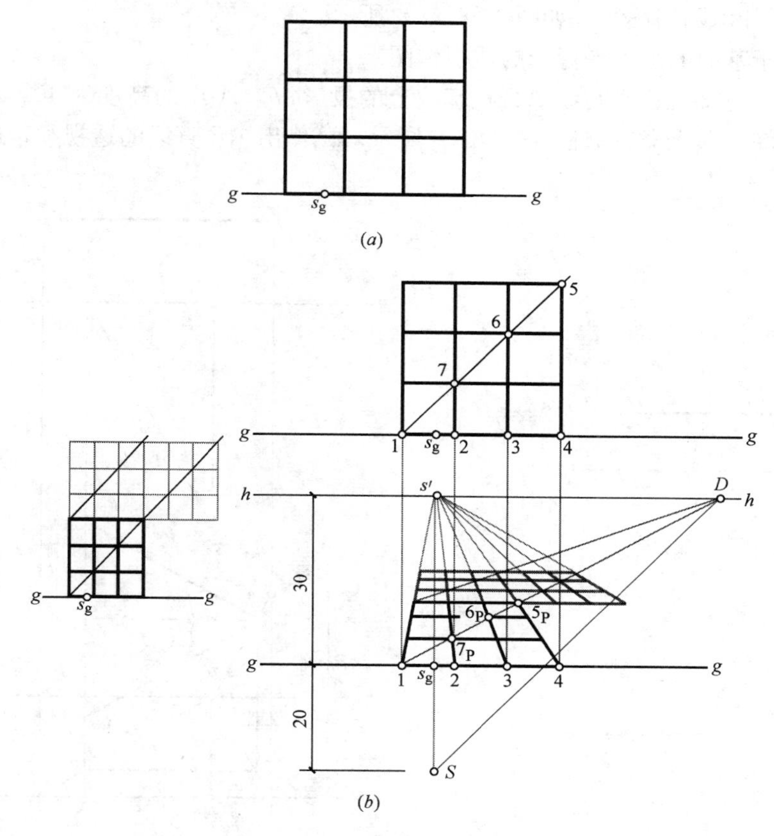

图 4-24　方格网的透视

（a）方格网的平面图；（b）方格网的透视作图

作图分析：该方格网由两组平行直线构成，其中一组是垂直于画面的水平线，它们的灭点是心点 s'。另一组是平行于画面的水平直线，它们的透视位置是借助于正方形的对角线 1—5 的透视而作出。

作图步骤，见图 4-24（b）：

（1）根据已知条件作出画面上的基线 g—g、视平线 h—h 及心点 s'，由视距 $ss_g=50$ 定出旋转到画面上的视点 S，自视点 S 作对角线 1—5 的平行线交视平线 h—h 于点 D。点 D 为对角线 1—5 的灭点，也是距离点。

（2）将基面 g—g 上的迹点 1、2、3、4 转移到画面的 g—g 上。在画面上自迹点 1、2、3、4 分别引直线至心点 s'，得垂直于画面的水平直线的全长透视。

（3）从迹点 1 引直线至距离点 D 与画面垂直线的透视交于点 5_P、6_P、7_P，它们是正方形对角线上的点 5、6、7 的透视。过点 5_P、6_P、7_P 作基线 $g—g$ 的平行线，求得方格网的透视。

（4）因延伸部分的方格网对角线与原方格网的对角线相互平行，见图 4-24（*b*）左图。它们的透视必共灭点 D，故从已作出的透视方格网的左后角引直线至距离点 D 与画面垂直线的透视交于各点，再由各交点作 $g—g$ 的平行线并延长，与 1—5 对角线的全长透视 $1—D$ 相交于一系列点，再分别过 $1—D$ 上的各交点引直线至心点 s'，完成延伸后的透视方格网，最后加深网格图线，如图 4-24（*b*）所示。

2）倾斜于基面的画面平行线的透视作图

【例 4-5】 已知画面平行线 AB 在基面上的投影 ab，A 点的高度为 40，AB 直线与基面的倾角为 30°，其余条件如图 4-25（*a*）所示。试作出 AB 直线的透视和基透视。

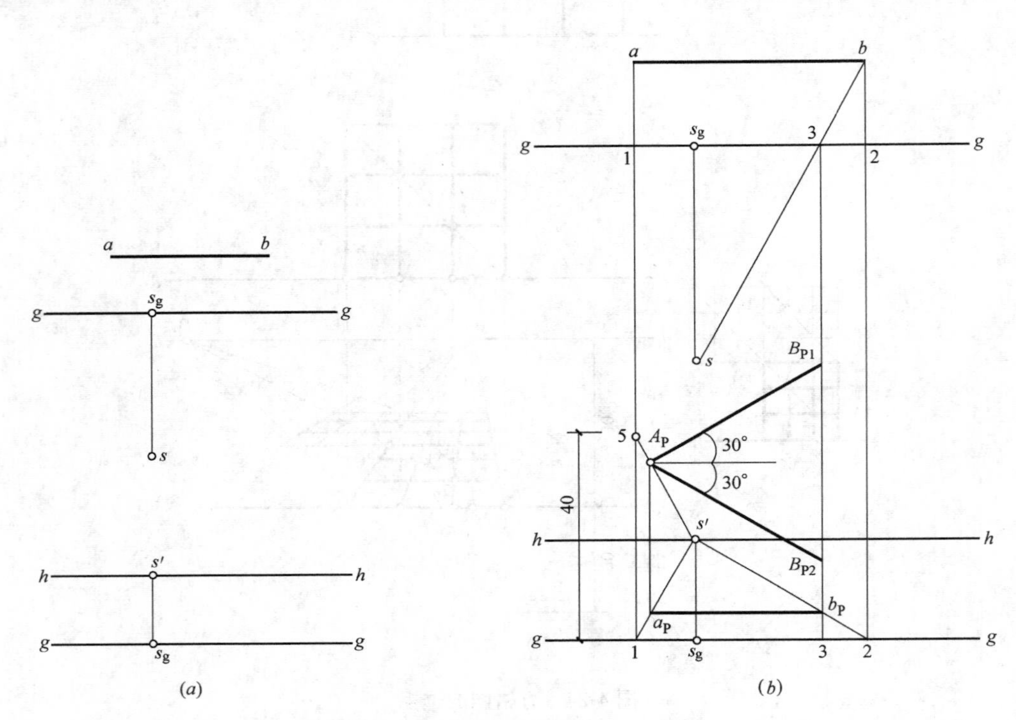

图 4-25 倾斜于基面的画面平行线的透视

（*a*）已知条件；（*b*）倾斜于基面的画面平行线的透视作图

作图步骤：

（1）因倾斜于基面的画面平行线的透视与基线 $g—g$ 的夹角反映空间直线与基面的倾角，基透视平行于基线 $g—g$，故首先求 AB 直线的基透视。即在基面上作垂直于基线 $g—g$ 的水平线 $a—1$、$b—2$，它们的灭点是心点 s'，迹点为点 1、2。在基面上，再连接 s、b 交基线 $g—g$ 于点 3，直线 sb 的透视是过点 3 的一条铅垂线。

（2）将基线 $g—g$ 上的迹点 1、2、3 转移到画面 $g—g$ 上。在画面上自点 1、2 分别引直线至心点 s'，直线 $s'—2$ 与过 3 点的铅垂线相交于点 b_P，过点 b_P 作直线平行于 $g—g$ 交 $1—s'$ 于点 a_P，线段 a_Pb_P 为 AB 直线的基透视。

（3）在画面上自点 1 作高度线并在其上量取线段 1—5 等于 40，连接 5、s' 与过点 a_P

的铅垂线交于点 A_P，它是已知线的端点 A 的透视。然后自点 A_P 作与基线 g—g 成 30°的斜线与过 b_P 的铅垂线交于点 B_{P1} 或 B_{P2}，直线段 A_PB_{P1} 和 A_PB_{P2} 是 AB 直线的透视。

3）基面垂直线的透视作图

当画面垂直于基面时，基面垂直线必平行于画面，它们的透视应垂直于视平线 h—h，见图 4-26。

（1）真高线法量取透视高度

直线位于画面上，其透视是该直线自身，基透视在基线 g—g 上。位于画面上且垂直于基线的铅垂线，能够反映该铅垂线的真实长度，我们把它称为真高线。用真高线来解决透视图中高度量取的方法，称为真高线法。

如图 4-27 所示，设已知点 A 的高度为 aA，试在画面的指定位置（如点 a_P）作出铅垂线 Aa 的透视。

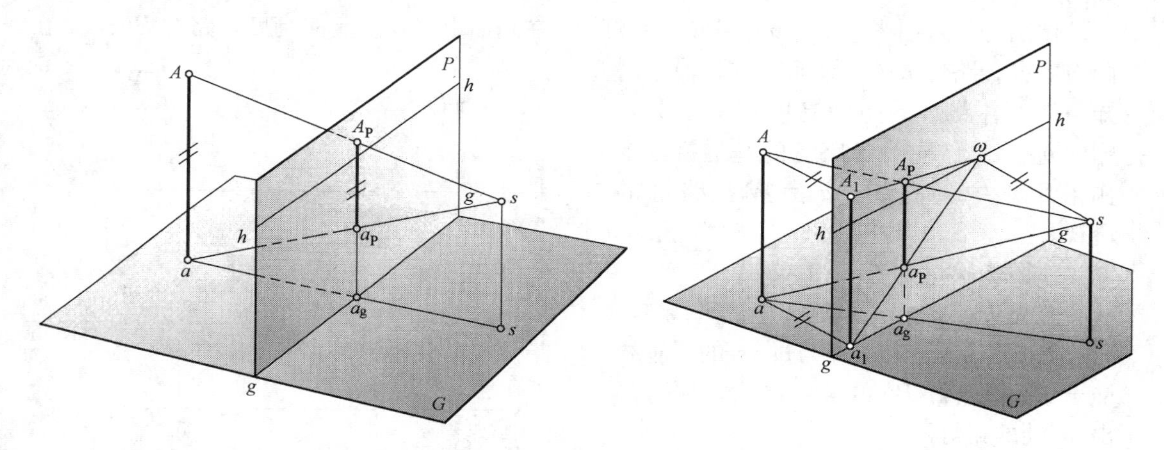

图 4-26　基面垂直线的透视　　图 4-27　真高线法量取透视高度的原理

为了作出铅垂线 Aa 在 a_P 处的透视，假想将直线 Aa 沿任意水平线 AA_1 和 aa_1 平移到画面 A_1a_1 的位置上，则 A_1a_1 就是反映 A 点真实高度的真高线。连接 a_1、a_P 并延长交视平线 h—h 于 ω，则 ω 就是 AA_1 和 aa_1 的灭点，再连接 $A_1\omega$ 与过点 a_P 的铅垂线交于 A_P，铅垂线 A_Pa_P 即为所求。值得一提的是：水平线 AA_1 和 aa_1 是相互平行的，方向是任意的，这种“任意”导致了它们的灭点 ω 在 h—h 上的任意位置或点 a_1 在基线 g—g 上的任意位置。注意：a_1 和 ω 是相互关联的，若 a_1 确定，则 ω 随之而定，反之，ω 确定，a_1 也随之而定。因此，在画面上作图时，可按以下步骤进行：

如果在视平线 h—h 上先任意定灭点 ω，连接 ωa_P 并延长与基线 g—g 相交于 a_1，再过 a_1 作铅垂线 A_1a_1 等于点的真实高度。然后连接 ωA_1 与过 a_P 的铅垂线交于 A_P。

如果在基线 g—g 上先任定点 a_1，过 a_1 作铅垂线 A_1a_1 等于点的真实高度。再连接 a_1a_P 并延长与视平线 h—h 相交于 ω，然后连接 ωA_1 与过 a_P 的铅垂线交于 A_P。

由上述作图方法可完成如下作图：已知某点的真实高度和基透视，可作出该点的透视高度；反之，已知某点的透视高度，也可作出该点的真实高度。

【例 4-6】 已知 A 点的透视和基透视，试作出 A 点的真实高度。

作图步骤：

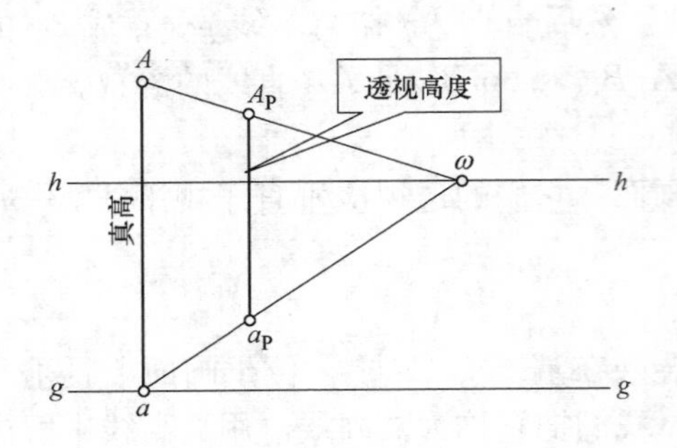

图 4-28　透视图中作点的真实高度

如图 4-28 所示，在视平线 h—h 上任定一灭点 ω，连接 ωa_P 并延长与基线 g—g 相交于点 a，连接 ωA_P 并延长与过点 a 的铅垂线相交于点 A，线段 Aa 为 A 点的真实高度。

如果有若干点的透视高度需要确定，根据"空间点平行于画面且与画面等距离的移动，其透视高度不变"的规律，可集中用一条真高线来作出，这样的真高线称为集中真高线。

【例 4-7】 已知路灯的真实高度为 Aa，如图 4-29（a）所示。试在 b_P、c_P、d_P 处各画一路灯，其高度等于 Aa。

作图分析：由图 4-29（a）可知，路灯 Aa 在画面上，反映真实高度，路灯 Bb、Cc 在画面后方，路灯 Dd 在画面前方。根据已知条件，各路灯的空间高度均等于 Aa，图中 b_P、c_P、d_P 为各路灯的基透视。本例采用集中真高线 Aa 完成各路灯的透视。

作图步骤，见图 4-29（b）：

首先连接 a、b_P 并延长与视平线 h—h 相交于点 ω，连接 ωA 与过 b_P 的铅垂线交于 B_P 得路灯 Bb 的透视高度，便可画出 b_P 处的路灯。

因任何铅垂线在 ωa 和 ωA 间所截的线段，其实长均等于 Aa，故将路灯 C_Pc_P、D_Pd_P 平行于画面且与画面等距离地平移到铅垂面 $A\omega a$ 内，求得其透视高度，再返回到原位置上，最后画出路灯 C_Pc_P、D_Pd_P。图 4-29（b）已清晰地表明作图过程，不再赘述。

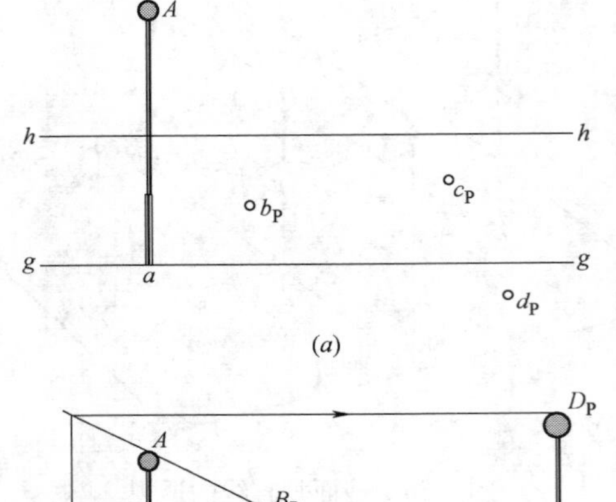

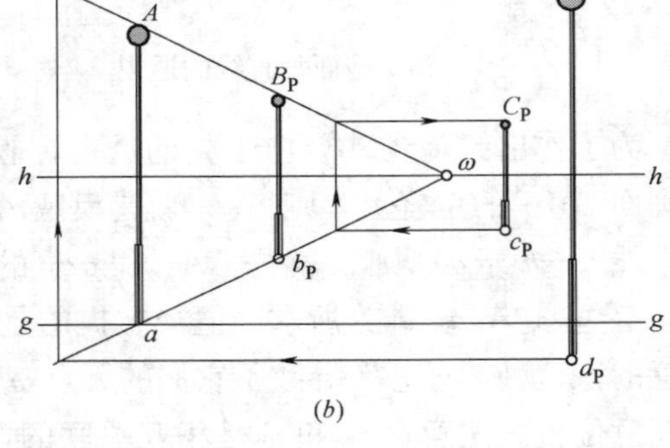

图 4-29　集中真高线法举例

（a）已知条件；（b）集中真高线求透视高度

（2）视平线比例分割法量取透视高度

在透视图中地面任何一点到视平线的距离（真高）都等于视高。利用这一规律，在透视图中，基面垂直线的透视高度可以按比例关系确定。

【例 4-8】 在图 4-30（a）所示的透视图中，已知视高为 1.6m，试用视平线比例分割法在 a_P、b_P 处画身高为 1.6m 的成年人，在 c_P 处画身高为 1.2m 的小孩，在 d_P 处画 4m 高的树，在 e_P 处画 4.8m 高的路灯，完成其透视作图。

作图步骤，见图 4-30（b）：

站在 a_P、b_P 处的人身高均为 1.6m，其头顶都在视平线 h—h 上。站在 c_P 处的小孩身高 1.2m，为视高的 3/4，其透视高度按点 c_P 到视平线 h—h 的距离的 3/4 来确定。在 d_P

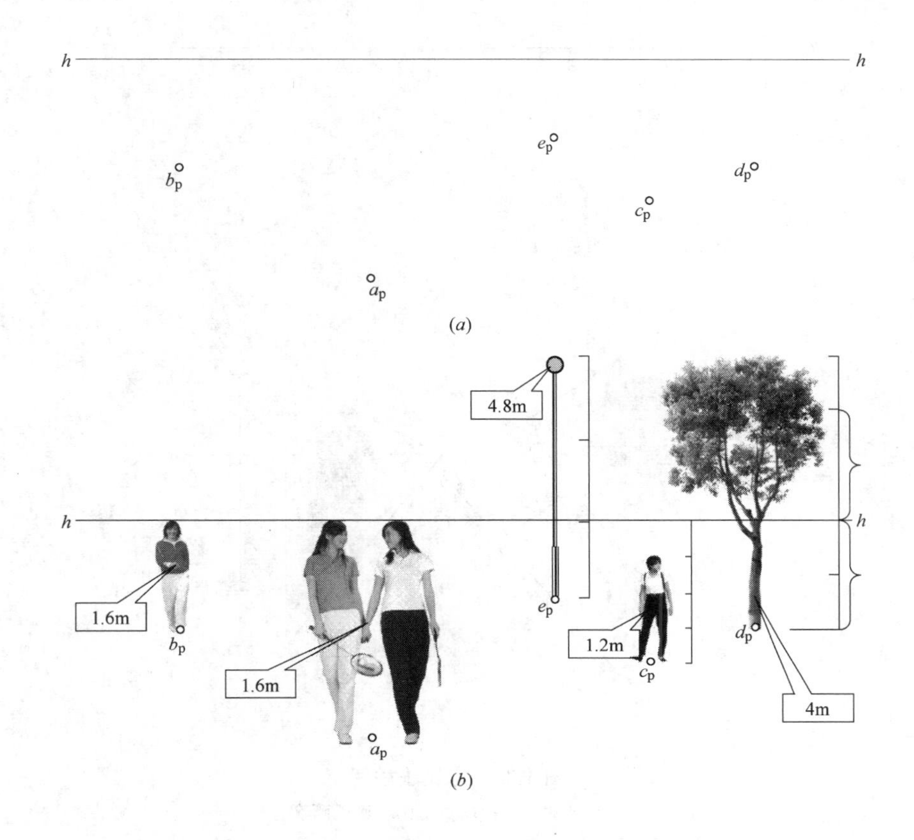

图 4-30 视平线比例分割法举例

(*a*) 已知条件；(*b*) 视平线比例分割法确定透视高度

处的树高 4m，视平线 *h*—*h* 以下部分为 1.6m，视平线 *h*—*h* 以上部分应为 2.4m，上、下两部分之比为 3∶2，由此可确定其透视高度。在 e_P 处的路灯高 4.8m，高出视平线 3.2m，灯杆在视平线 *h*—*h* 的上、下两部分之比应为 2∶1，见图 4-30（*b*）。视平线定比分割法对于在透视图中加绘配景及控制人、车、物的透视高度是比较简便的一种方法。

【例 4-9】 在图 4-31（*a*）所示的透视图中，已知视高为 1.3m，试在 *a*、*b* 处画出身高为 1.8m 的成年人的透视（用定比方法作图）。

作图步骤：

（1）图中 *a* 处的透视高度用几何定比关系确定：自点 *a* 作铅垂线与视平线 *h*—*h* 交于点 *O*；又由点 *a* 任作一直线，用任意比例尺在该直线上量取 *ac*＝视高 1.3m，*cd*＝0.5m。连接 *cO*，再过点 *d* 作直线平行于 *cO* 交 *aO* 的延长线于点 *A*，得 *a* 处人的透视高度，见图 3-31（*b*）中的左图。

（2）图中 *b* 处用任意比例尺的真高线确定透视高度：为了不影响图面整洁，在透视图的外侧任作一真高线 *nm* 与视平线 *h*—*h* 交于点 *k*，用任意比例尺在该真高线上量 *km*＝视高 1.3m，*kn*＝0.5m。连接 *m*、*b* 并延长交视平线 *h*—*h* 于点 ω，自 ω 引直线至点 *n* 与过点 *b* 的铅垂线相交于 *B*，即得 *b* 处人的透视高度，见图 4-31（*b*）中的右图。

【例 4-10】 已知沙发椅的透视平面图及坐垫、扶手和靠背的高度依次为 01、02 和

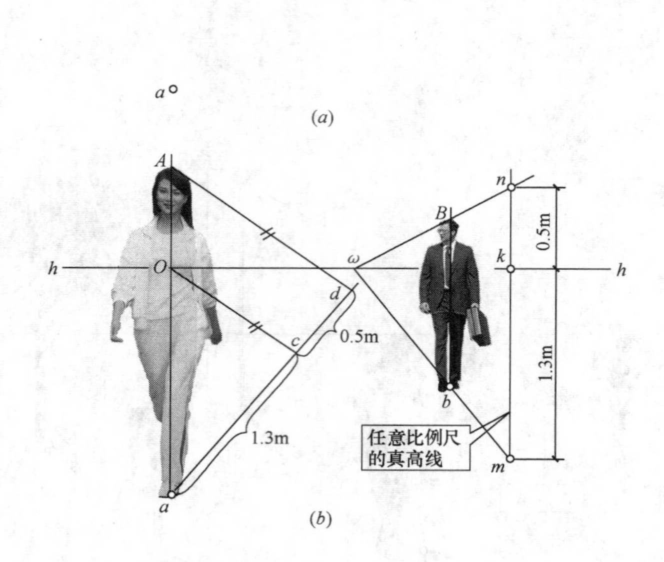

图 4-31 定比法举例

(a) 已知条件；(b) 定比求透视高度

03，见图 4-32（a）。试完成其透视图，并画出指定光线下的阴影。

作图分析：沙发椅的透视平面图和各部分的真高在图 4-32（a）中已标明，求的是坐垫、扶手和靠背的透视高度及绘制沙发椅透视轮廓线。该题的主要作图是利用集中真高线求各部分的透视高度。

作图步骤：

（1）首先过透视平面图的主要角点向上作高度线，将坐垫、扶手和靠背高度转移到沙发椅的透视图中，即连接 0A 并延长交视平线 h—h 于点 ω，自点 ω 分别引直线至点 1、2、3 交过点 A 的铅垂线于点 B、C、D，得坐垫、扶手和靠背的透视高度，见图 4-32（b）。

（2）利用沙发椅长、宽方向的灭点 F_X 和 F_Y，依次作出沙发椅宽度和长度方向的可见轮廓线。

（3）根据图 4-32（a）中指定的光线作阴影。L 表示光线的透视方向，l 表示光线的基透视方向，l 平行于视平线 h—h，这说明光线平行于画面，空间光线的透视与 h—h 的夹角反映空间光线对基面的真实倾角，空间光线的透视和基透视在画面上分别呈几何平行。故绘制阴影的方法与轴测图阴影的绘制方法基本相同，唯一不同的是：当影线与画面相交线平行时，它们要共灭点。沙发椅阴影的透视作图在图 4-32（b）中已表明，不再赘述。最后整理图线、着色完成全图，见图 4-32（c）。

【例 4-11】 已知纪念碑的平面图、立面图、视高及画面位置等，如图 4-33（a）所示，视距 ss_g＝100，试用迹点、灭点法完成纪念碑的透视作图，并按给定光线求阴影。

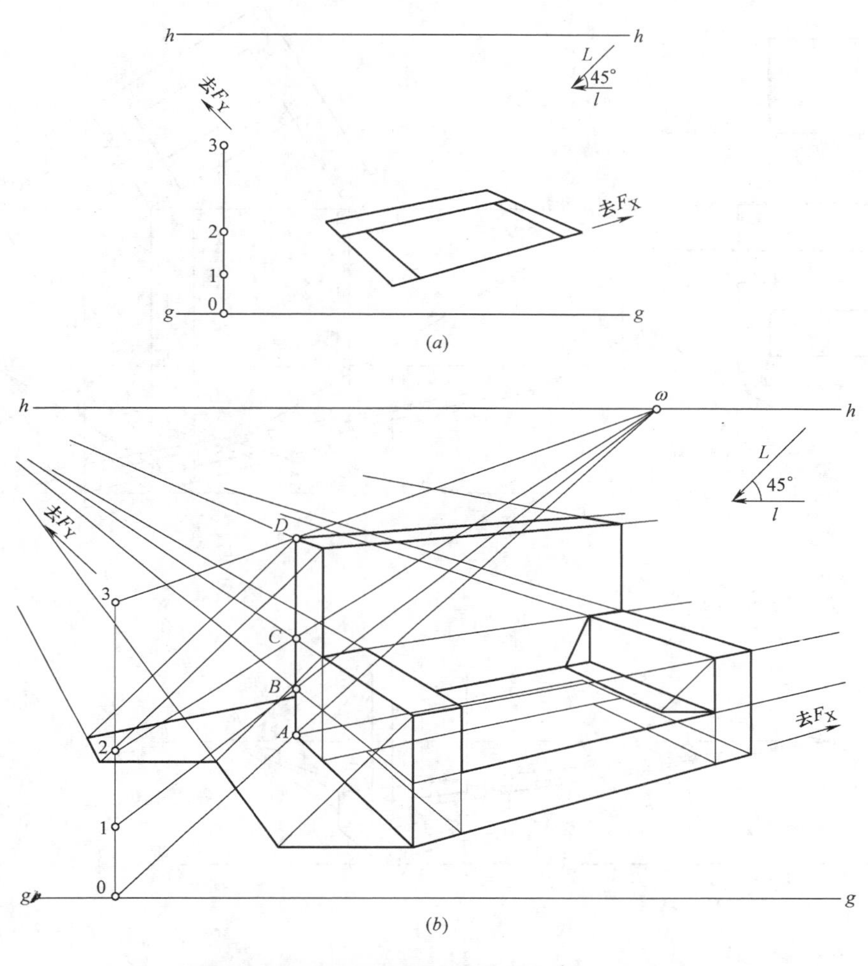

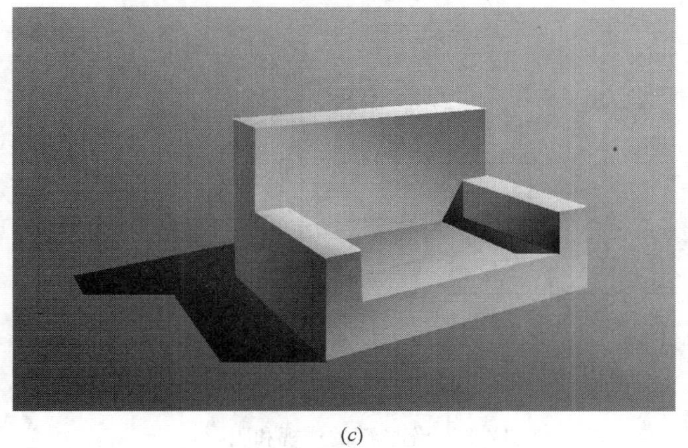

(c)

图 4-32　沙发的透视

(a) 沙发的透视平面图；(b) 沙发的透视及阴影作图；(c) 沙发的透视及阴影效果图

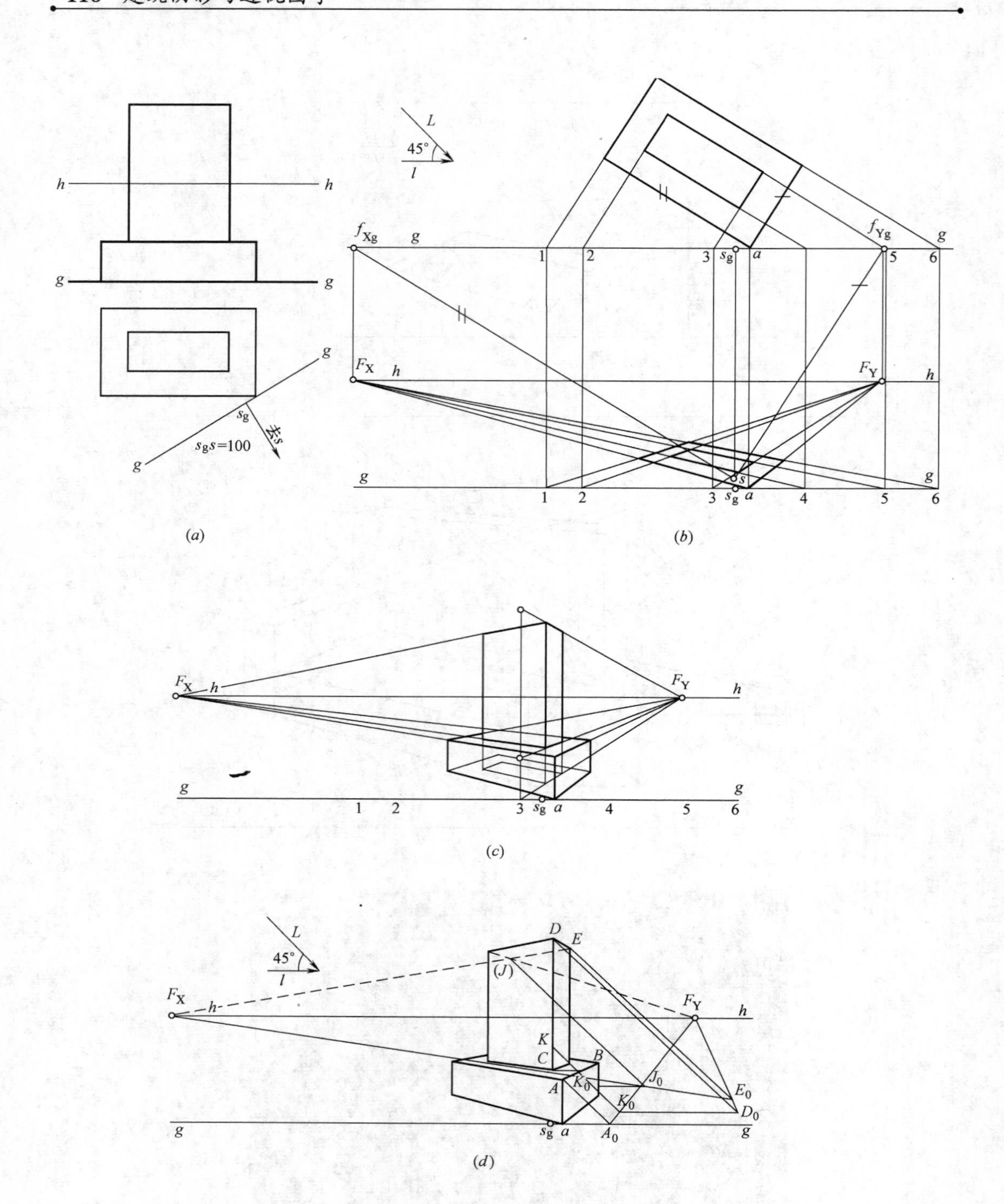

图 4-33　纪念碑的透视和阴影

（*a*）纪念碑的平面图、立面图；（*b*）作纪念碑的透视平面图；（*c*）升高完成纪念碑透视图；（*d*）作纪念碑阴影的透视

(*e*)

图 4-33　纪念碑的透视和阴影（续）
（*e*）纪念碑的渲染效果图

作图步骤：

（1）首先作透视平面图。由已知视高在图纸的适当位置画出基线 g—g、视平线 h—h、心点 s' 及 s_g。再将纪念碑的平面图及基线等旋转适当角度后，按图 4-33（*b*）所示置于视平线上方。自基面上的点 s_g 向下作铅垂线并在其上量取视距 $ss_g=100$ 得站点 s，由站点 s 分别作长即 X 向和宽即 Y 向的平行线交基面上的 g—g 于点 f_{Xg}、f_{Yg}。从点 f_{Xg}、f_{Yg} 向下作铅垂线交 h—h 于灭点 F_X、F_Y。然后分别延长纪念碑平面图的长和宽交基面 g—g 于迹点 1、2、3、4、5、6，并将它们转移到画面的基线 g—g 上。自画面基线 g—g 上的迹点 1、2、3、a 引直线至灭点 F_Y，又由迹点 4、5、6、a 引直线至灭点 F_X，完成纪念碑的透视平面图，见图 4-33（*b*）。

（2）其次竖高。碑座的高度在 a 棱上量取，碑体的高度在过点 3 的真高线上量取，见图 4-33（*c*）。这样可减少作图线。再利用灭点 F_X、F_Y 便可完成纪念碑的透视作图。

（3）最后作阴影，本题给出的是画面平行光线，绘制阴影的方法与轴测图阴影的绘制方法基本相同，唯一不同的是：当影线与画面相交线平行时，它们要共灭点。阴影的透视作图在图 4-33（*d*）中已表明，不再赘述。最后整理图线、着色完成全图，见图 4-33（*e*）。

4.4　透视图的分类

任何空间物体都有长、宽、高三个方向的量度。我们把这三个方向称为主向，即长用 OX 向表示、宽用 OY 向表示、高用 OZ 向表示，它们的灭点称为主向灭点，分别用 F_X、F_Y、F_Z 表示。

根据建筑物主立面与画面的相对位置关系，透视图可分为平行透视、成角透视和斜透视三种：

4.4.1 平行透视

当建筑物的主立面与画面平行时，画出的建筑透视图叫平行透视，也叫正面透视。这时建筑物长和高方向的轮廓线与画面平行，无迹点、灭点。只有宽度方向的轮廓线与画面垂直相交，其灭点为主点 s'，为此平行透视又称为一点透视，如图 4-34 所示。

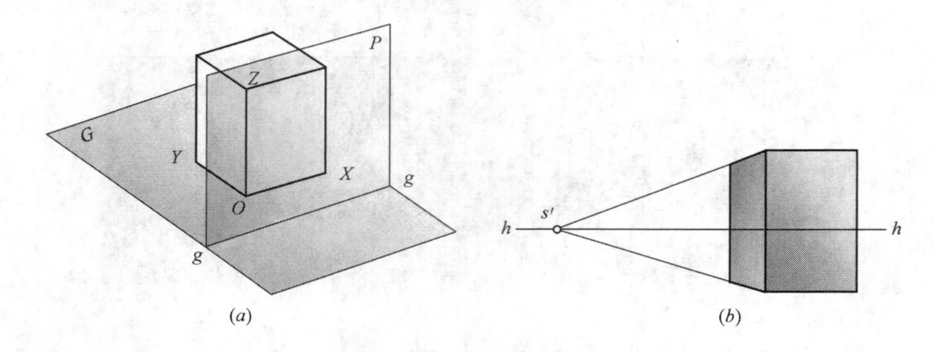

图 4-34 平行透视（一点透视）

（a）建筑物与画面的相对位置；（b）透视图形象

用平行透视画出的透视图显得端庄、稳重、景深感强，常用来画纪念性建筑物的门廊、入口或处于林荫道底景的建筑物。由于这种透视图画起来比较简便，一般建筑物的室内透视也多采用这种透视。

平行透视的应用实例，如图 4-35 所示，这是非洲贝宁外交部大楼的外景透视图。

图 4-35 平行透视的实例

4.4.2 成角透视

建筑物的主要立面与画面成一定的倾斜角度时，画出的建筑透视图叫成角透视。即建筑物的三个主要方向的轮廓线中的高方向与画面平行，而长、宽方向的轮廓线与画面斜交，产生两个位于视平线 h—h 上的灭点 F_X、F_Y，为此成角透视又称为两点透视，如图 4-36 所示。

成角透视的特点：图面效果生动、立体感强，为常用的一种透视作图方式。

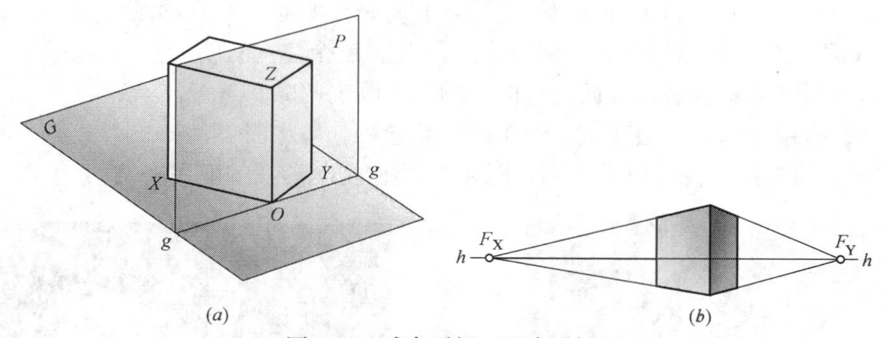

图 4-36　成角透视（两点透视）

（a）建筑物与画面的相对位置；（b）透视图形象

成角透视的适用范围：大多数的建筑物都采用两点透视，如广场、街景、室内、庭院及一般建筑等。

图 4-37 为成角透视的应用实例。它是某别墅的外景透视图。

图 4-37　成角透视实例

4.4.3　斜透视

画面倾斜于基面时，建筑物的三个主要方向的轮廓线与画面斜交产生三个灭点 F_X、F_Y、F_Z，这样画出的透视图叫斜透视，也称为三点透视，如图 4-38 所示。

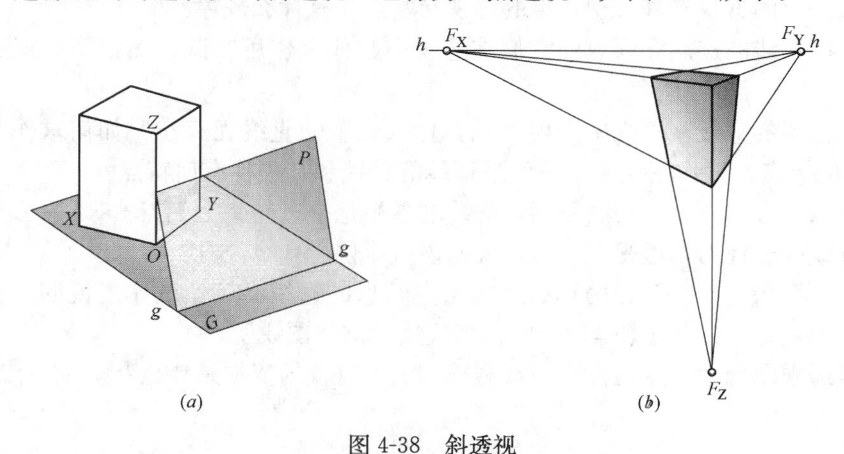

图 4-38　斜透视

（a）斜面画与建筑物的相对位置；（b）俯视斜透视图形象

斜透视的特点：画面倾斜于基面。形体的每一个立面与画面都倾斜成一定的角度。OX、OY、OZ 三个主向都与画面倾斜相交，因此有三个主向灭点 F_X、F_Y、F_Z。画面可向前倾斜，画出仰望斜透视；画面也可向后倾斜，画出俯瞰斜透视。

斜透视的适用范围：高层建筑、纪念碑、纪念塔、鸟瞰图等。

图 4-39 为仰望斜透视的应用实例。图 4-40 为俯视斜透视的应用实例。

图 4-39　仰望斜透视图

图 4-40　俯视斜透视图

复习思考题

1. 什么是透视图？它与正投影图和轴测图有何区别？

2. 什么是基面和画面？它们之间的相互位置如何？基面和画面如何保持对应关系？

3. 什么是点的透视与基透视？点的透视与基透视有什么规律？

4. 什么叫直线的迹点和灭点？它们在透视中起什么作用？试作图说明直线灭点的作图步骤。

5. 什么位置的直线在透视中产生灭点？什么位置的直线无灭点？如何求作与画面相交的水平线的灭点？试作图说明。画面平行线的透视和基透视有何特点？

6. 为什么同方向相互平行的画面相交线的透视汇交于同一个灭点？

7. 当直线的透视与基透视重合时，说明该直线位于什么位置？

8. 什么叫真高线？如何利用真高线求出空间点的透视高度？试作图说明。视平线比例分割法确定透视高度的依据是什么？如何应用？试作图说明。

9. 建筑透视图分为一点透视、两点透视和三点透视的依据是什么？

第 5 章　透视图的基本画法及视点、画面与建筑物间相对位置的选择

绘制建筑透视图的方法很多，本章介绍的是在垂直画面上作建筑透视图的几种基本方法，如主距法、量点法、网格法和建筑师法等，这些方法主要是针对作透视平面图而言。当透视平面图作出后，还需要利用真高线来确定透视高度。此外，透视图中各立面的细部画法，一般都是采用定比分割法作图。为了使建筑物的透视图获得良好的透视效果，通常需要正确选择视点、画面与建筑物的相对位置。本章将依次介绍这些作图方法及其原理。

5.1　主距法画建筑透视图

5.1.1　距离点的概念及求作

如图 5-1 所示，位于基面上的直线 AB 与画面 P 垂直相交于迹点 A，直线 AB 的灭点为主点 s'，As' 为直线 AB 的透视方向。为了确定点 B 的透视，可自点 B 作与画面成 45°的水平辅助线 BB_1 交基线 g—g 于点 B_1，再求出 45°水平辅助线的灭点 D，连线 DB_1 就是水平辅助线 BB_1 的透视方向，因此连线 DB_1 与 As'的交点 B_P 就是点 B 的透视。

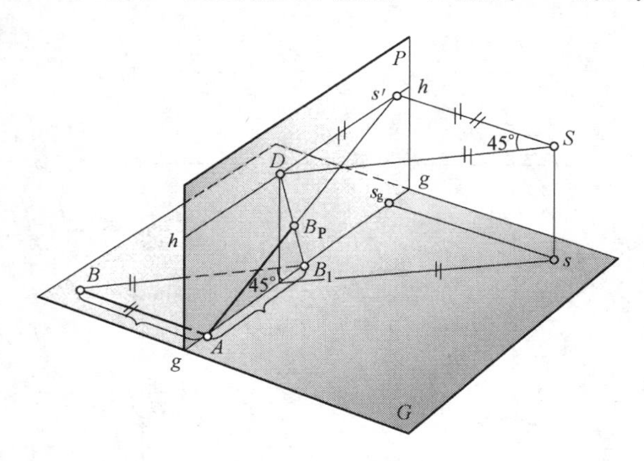

图 5-1　距点法的作图原理

由于水平辅助线与基线 g—g 成 45°角，显然 $AB_1=AB$，即把点到画面的离距转移到基线上。因此把 45°水平线的灭点称为距离点，简称距点，用 D 表示。在图 5-1 中，因视线 SD 与 45°水平辅助线平行，而主视线 Ss'垂直于视平线 h—h，所以距离点 D 到主点 s'的距离等于视距，即 $Ds'=Ss'=ss_g$。因此，求距离点 D 只需要在视平线 h—h 上直接量取线段 $Ds'=Ss'=ss_g$ 即可。

45°水平辅助线可以右斜，也可以左斜，故距离点可以放在主点右侧，也可以放在主点左侧。常用 D^+ 或 D^- 加以区别，作图时视其方便任取其一。

5.1.2　分距点的概念

当视距较大时，致使距点到心点的距离较远或者需要放大画图时，采用分距点作图较

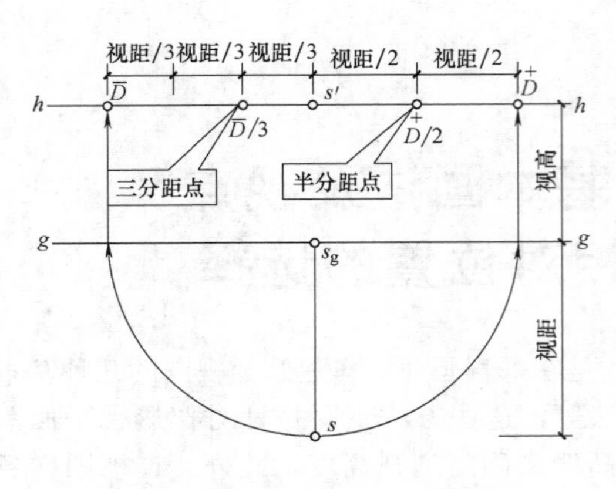

图 5-2 距点分距点的求作

方便，分距点包括二分距点（$D/2$）、三分距点（$D/3$）、四分距点（$D/4$）等。对于放大作图来说，透视图需要放大到所给图样的多少倍，就采用几分距点作图较为方便。分距点的确定见图 5-2，可以先根据距点到心点的距离等于视距定出距点 D。再取 Ds'长度之半得二分距点 $D/2$。取 Ds'长度的三分之一得三分距点 $D/3$，以此类推。换句话说：半分距点到心点的距离等于视距的二分之一；三分距点到心点的距离等于视距的三分之一等。

5.1.3 主距法的绘图原理

主距法的绘图原理是采用与画面垂直的水平线和与画面成 45°角的水平线之交点求作点的透视。

【例 5-1】 已知视高、视距及基面上的点 b，如图 5-3（a）所示，完成点 b 的透视。

作图步骤，见图 5-3（b）：

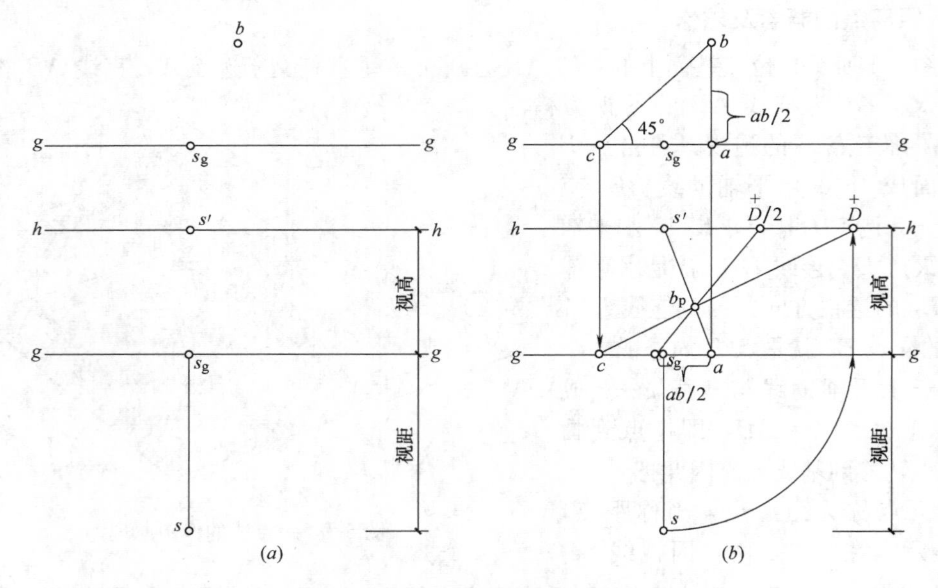

图 5-3 主距法绘图原理

（a）已知条件；（b）主距法绘图原理示意

（1）在基面上过点 b 分别作画面垂直线 ba 和 45°水平线 bc 交基线 g—g 于点 a、c，将迹点 a、c 按与 s_g 的相对位置转移到画面基线 g—g 上。连接 as'得过迹点 a 的画面垂直线的全长透视。

（2）在视平线 h—h 上量取 $s'D=ss_g$ 得距点 D，自 s'向右量取 $s'D$ 长度之半得二分距点 $D/2$。从迹点 c 引直线至距点 D 交 as'于点 b_P，点 b_P 为点 b 的透视。这是用距点求点 b 的透视，如果在画面基线 g—g 上自迹点 a 向左量取线段 ab 长度之半，见图 5-3（b），由该点连二分距点 $D/2$ 仍然交 as'于点 b_P。

用主距法求点的透视时，并不需要在基面上画出 45°水平辅助线，而只需按点对画面的距离，直接在基线上量取即可。

主距法适用于画平行透视。当画面与建筑物主立面平行时，建筑物上三个主要方向的

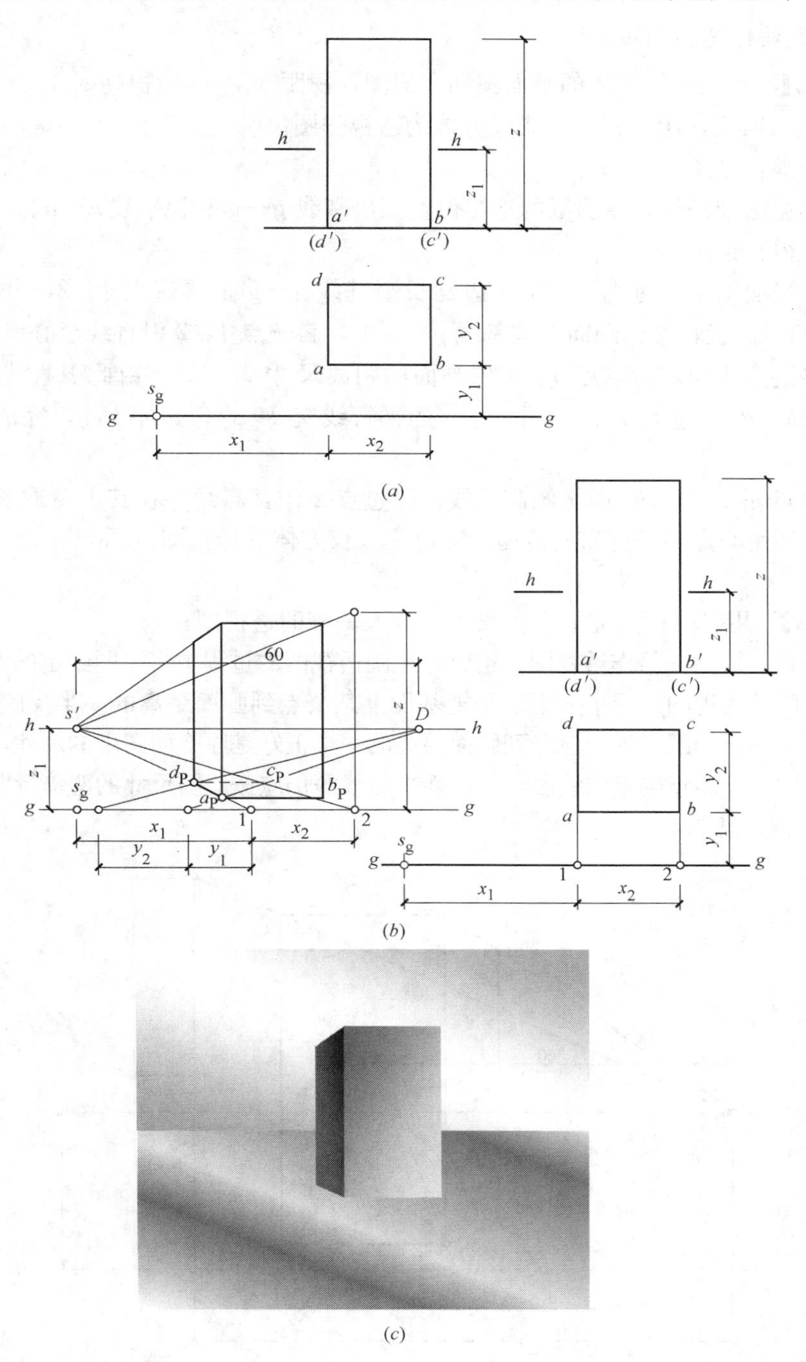

图 5-4　用主距法求长方体的透视

(a) 长方体的平、立面图；(b) 长方体的透视作图；(c) 长方体透视效果图

棱线有两个方向的棱线与画面平行，无灭点。只有一个方向的棱线（一般是宽度或进深方向的棱线）与画面垂直相交，灭点为主点 s'。该方向棱线的透视长度就可用距点定出，故距点也是画面垂直线的量点。

5.1.4 主距法作透视图实例

【例 5-2】 已知一长方体的平面图和立面图，视距 $ss_g=60$、视高 $s's_g=Z_1$，其余条件如图 5-4（*a*）所示，用主距法完成长方体的透视作图。

作图步骤，见图 5-4（*b*）：

（1）根据已知条件，在图纸的适当位置画出基线 $g—g$ 和视平线 $h—h$、心点 s'，量取 $s'D$等于 60 得到距点 D。

（2）在平面图中，将边 da 和 cb 边延长至基线 $g—g$ 上得迹点 1、2，并将迹点 1、2 按与 s_g 的相对位置转移到画面上的基线 $g—g$ 上，自迹点 1、2 引直线至心点 s'。

（3）自迹点 1 向左量取点 a、d 到画面的距离尺寸 y_1、y_2，由此引直线至距点 D 交 $1—s'$于点 a_P、d_P，过点 a_P、d_P 作 $g—g$ 的平行线交 $2—s'$于点 b_P、c_P，完成长方体的透视平面图。

（4）由点 a_P、d_P、b_P 向上画高度线。又过点 2 作真高线并在其上量取长方体的高度等于 Z；再利用心点 s'进行高度传递，即可完成长方体的透视图。图 5-4（*c*）为长方体透视效果图。

【例 5-3】 用半分距点完成上例长方体放大一倍的透视图。

作图分析：放大一倍作透视图，也就是在画透视图的过程中将原图给定的所有尺寸均大一倍后，再画其透视图。因半分距点是把基面上某个点到画面距离的一半反映到基线 $g—g$ 上，对于放大一倍作图来说，该点到画面距离的一半正好是原平面图中的尺寸，故可以从原图上直接量取。非距点确定的线段，如画面平行线等仍应按原图尺寸的两倍量取。

作图步骤，见图 5-5：

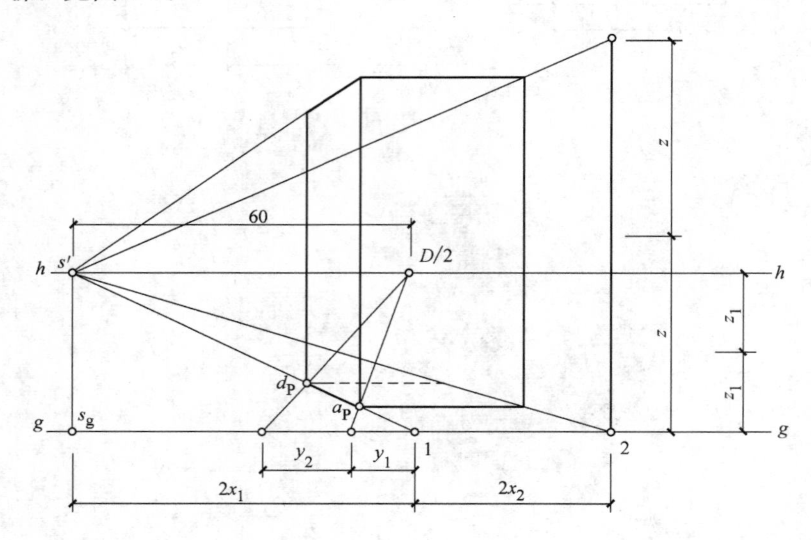

图 5-5 放大一倍画长方体透视图

(1) 在图纸的适当位置画一水平线作为基线 $g—g$，再画一铅垂线并其上量取给定视高的两倍画视平线 $h—h$，然后确定主点 s' 和 s_g，自 s' 向右量取 60 得到半分距点 $D/2$。

(2) 将上例平面图中的迹点 1、2 转移到该题基线 $g—g$ 上。即由本题的点 s_g 向右量取上例的 s_g 至点 1、点 1 至点 2 的两倍距离，即 $2x_1$、$2x_2$ 得到本题的迹点 1、2。自迹点 1、2 引直线至 s'。

(3) 在基线 $g—g$ 上自迹点 1 向左直接量取点 a、d 到画面的距离 y_1、y_2，并由此引直线至半分距点 $D/2$ 交 $1—s'$ 于点 a_P、d_P，过点 a_P、d_P 作 $g—g$ 的平行线交 $2—s'$ 于点 b_P、c_P，完成长方体放大一倍的透视平面图。

(4) 竖高。过点 2 作真高线并在其上量取长方体的高度等于 $2Z$；再利用心点 s' 进行高度传递，即可完成长方体放大一倍的透视图。

5.1.5　降低或升高基面的作图原理及应用

在绘制建筑物的透视图时，通常取人眼的高度为视高，这个高度与建筑物的高度相比是较小的，即基线 $g—g$ 与视平线 $h—h$ 间的距离也比较小，则在基线 $g—g$ 与视平线 $h—h$ 之间作出的透视平面图就很狭窄，线条较拥挤，很难得到准确的交点位置，见图 5-6 (*b*) 图，若将基线 $g—g$ 降低到 $g_1—g_1$ 的适当位置，也就是相当于将基面 G 下降至 G_1，这时得到的透视平面图就很清晰，各个交点的位置也较准确。待在 G_1 基面上的透视平面图完成后，再将 G_1 基面上的透视平面图各个顶点回升到原基面的应有位置，然后确定高度，画出透视图。无论降低或升高基面，各透视平面图的相应顶点总是位于同一条铅垂线上，见图 5-6 (*a*)。由于基面的升降，可以得到准确的交点位置，从而也就可以保证透视图的准确性。

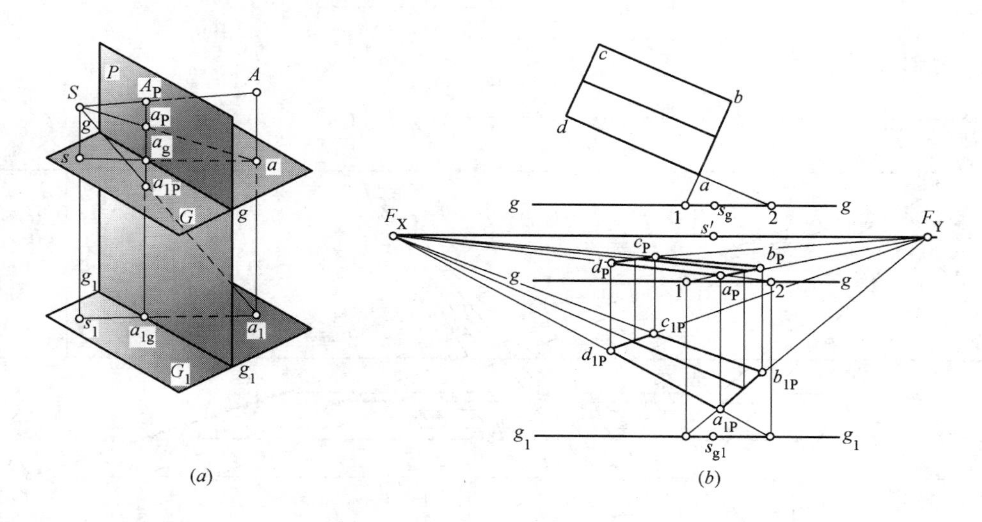

图 5-6　降低或升高基面

(*a*) 降低或升高基面的作图原理；(*b*) 降低或升高基面的透视作图

【例 5-4】 图 5-7 (*a*) 为某大门的平面图、立面图，视距 $ss_g=90$，视高 $s's_g=15$，其余条件如图所示，试降下基面并放大一倍完成大门的透视作图。

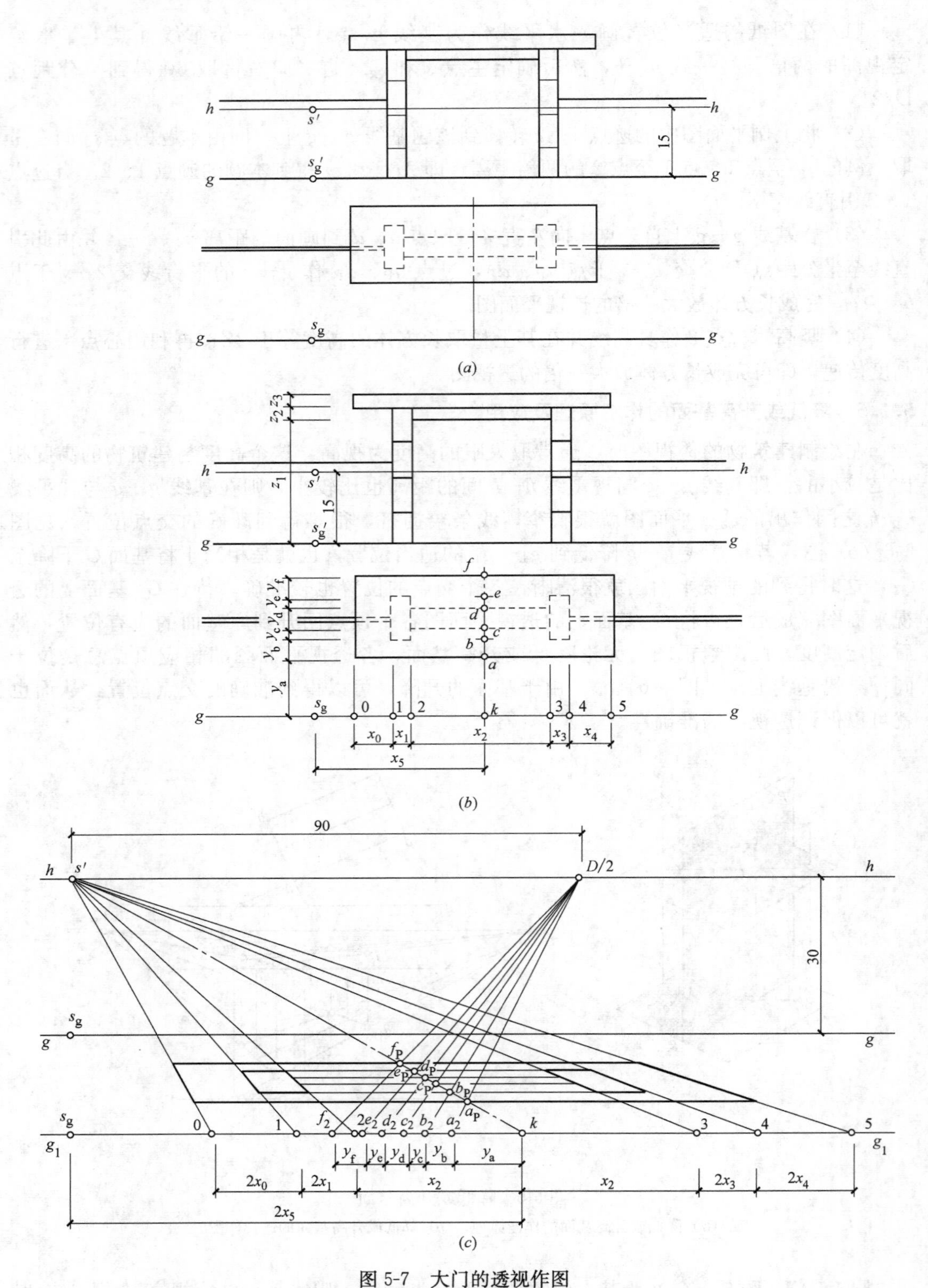

图 5-7 大门的透视作图

(*a*) 某大门的平、立面图；(*b*) 某大门平、立面图上的必要尺度和点；(*c*) 作某大门的透视平面图；

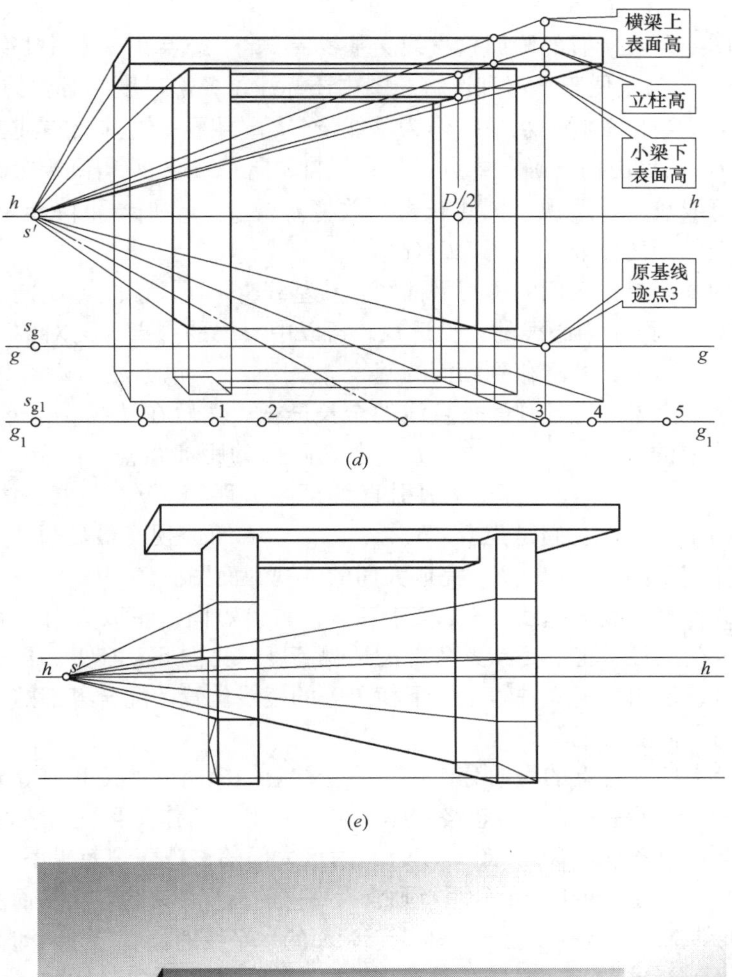

(f)

图 5-7　大门的透视作图（续）

(*d*) 某大门的主体透视作图；(*e*) 某大门的细部透视作图；(*f*) 某大门的透视效果图

作图步骤：

(1) 在平面图上延长所有的画面垂直线交基线 $g—g$ 于迹点 0～5；中心线与基线交于点 k，见图 5-7 (*b*)。为了便于学习和讲解，图中还标注了各部尺度和必要的点。

(2) 在图纸的适当位置画一水平线作为基线 $g—g$，再画一铅垂线并其上量取视高＝30 画视平线 $h—h$，然后由构图确定主点 s' 和 s_g，自 s' 向右量取 90 得到半分距点 $D/2$。因平面图上画面平行线较多，透视后图线较密，故将基线 $g—g$ 和 s_g 下降至 $g_1—g_1$。基线 $g—g$ 与 $g_1—g_1$ 间的距离任取，见图 5-7 (*c*)。

(3) 在降下的基面上作大门的透视平面图：从基线 $g_1—g_1$ 上的点 s_{g1} 向右量取 $2x_5$ 确定中心线的迹点 k，并画出中心线的全长透视。再以中心线的迹点 k 为对称点，将平面图中的各迹点按放大一倍的尺寸转移到画面的基线 $g_1—g_1$ 上，仍标注为迹点 0～5，由这些迹点分别引直线至主点 s'，得各画面垂直线的全长透视；然后在基线 $g_1—g_1$ 上，自迹点 k 向左量取平面图中的 a、b、c、d、e、f 等点到画面的距离得点 a_2、b_2、c_2、d_2、e_2、f_2，再由点 a_2、b_2、c_2、d_2、e_2、f_2 分别引直线至半分距点 $D/2$ 交中心线的透视于点 a_P、b_P、c_P、d_P、e_P、f_P，它们是点 a、b、c、d、e、f 的透视。最后过点 a_P、b_P、c_P、d_P、e_P、f_P 分别作直线平行于 $h—h$，完成大门的透视平面图。

(4) 过迹点 3 作真高线与基线 $g—g$ 交于一点，自该点向上量取大门立面图中各高度尺寸的两倍确定大门立柱、上、下横梁各部的透视高度，见图 5-7 (*d*)。再由透视平面图各顶点向上作铅垂线定出大门立柱，上、下横梁等的棱线位置，配合各部的透视高度和主点 s' 就能完成大门主体的透视图。

(5) 画围墙及大门立柱上的横向分格：大门立柱上的横向分格按几何等分再配合主点 s' 便可完成。围墙处于立柱中部，如忽略其厚度也可采用几何作图再配合立柱上的横向分格完成其透视作图，见图 5-7 (*e*)。图 5-7 (*f*) 为该大门的透视表现效果图。

从以上作图可以看出，对于用半分距点画放大一倍的透视图来说，将平面图和立面图中的尺寸量到画面上的基线和真高线上时，垂直于画面的水平线的长度尺寸，即 Y 方向的尺寸按 1∶1 量取，画面平行线的长度尺寸，即 X、Z 方向的尺寸按原图尺寸的 2 倍量取。

【例 5-5】 已知某客厅的平面图、立面图及视距 $ss_g=50$，其余条件如图 5-8 (*a*) 所示，用主距法放大一倍完成其室内透视。

作图分析：从图 5-8 (*a*) 所示的平面图上看出两边墙体与画面垂直相交有迹点，其余所有家具的轮廓线与画面都不相交，为此延长各家具的画面垂直轮廓线与基线 $g—g$ 产生交点；平面图的左上角斜放一柜机空调，无画面垂直轮廓线，作图时也需要过其角点作画面垂直线与基线 $g—g$ 相交，见图 5-8 (*b*)。此例要求放大一倍作透视图，仍采用半分距点作图。

作图步骤：

(1) 在平面图上延长各家具的画面垂直轮廓线和过柜机空调的角点作画面垂直线与基线 $g—g$ 交于迹点 1～8，见图 5-8 (*b*)。为了便于学习和讲解，图中还标注了各部尺度和必要的点。

(2) 在图纸的适当位置，由立面图上的主点 s' 到地面距离的两倍作为视高画出基线 $g—g$、视平线 $h—h$，然后确定画面上的主点 s' 和 s_g，自 s' 向右和向左各量取视距 $ss_g=50$，得到主点 s' 左、右的半分距点 $D^-/2$ 和 $D^+/2$，见图 5-8 (*c*)。

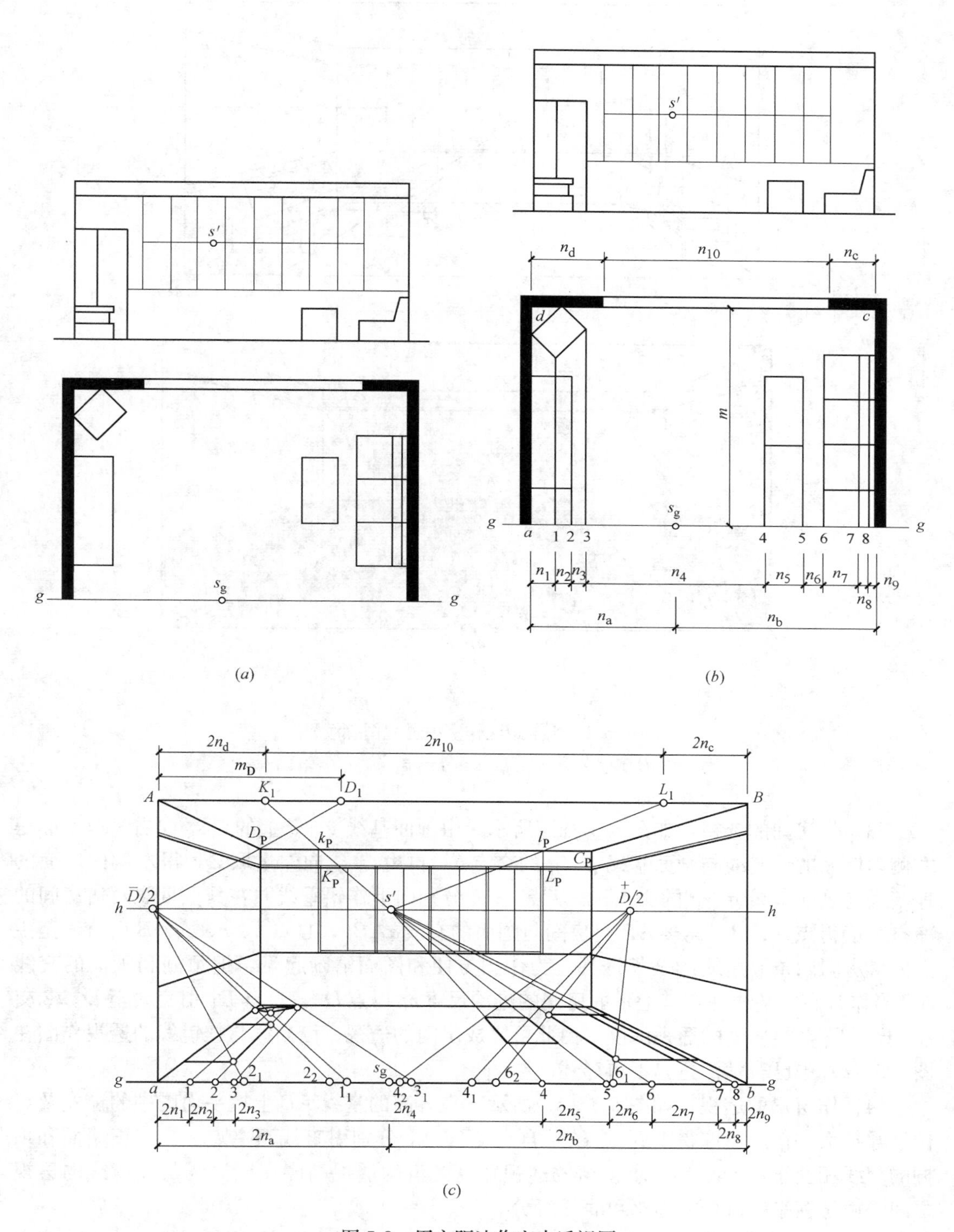

图 5-8　用主距法作室内透视图

(*a*) 某客厅的平、立面图；(*b*) 在客厅的平面图上标注出迹点等；(*c*) 画房间的透视及各家具的透视平面；

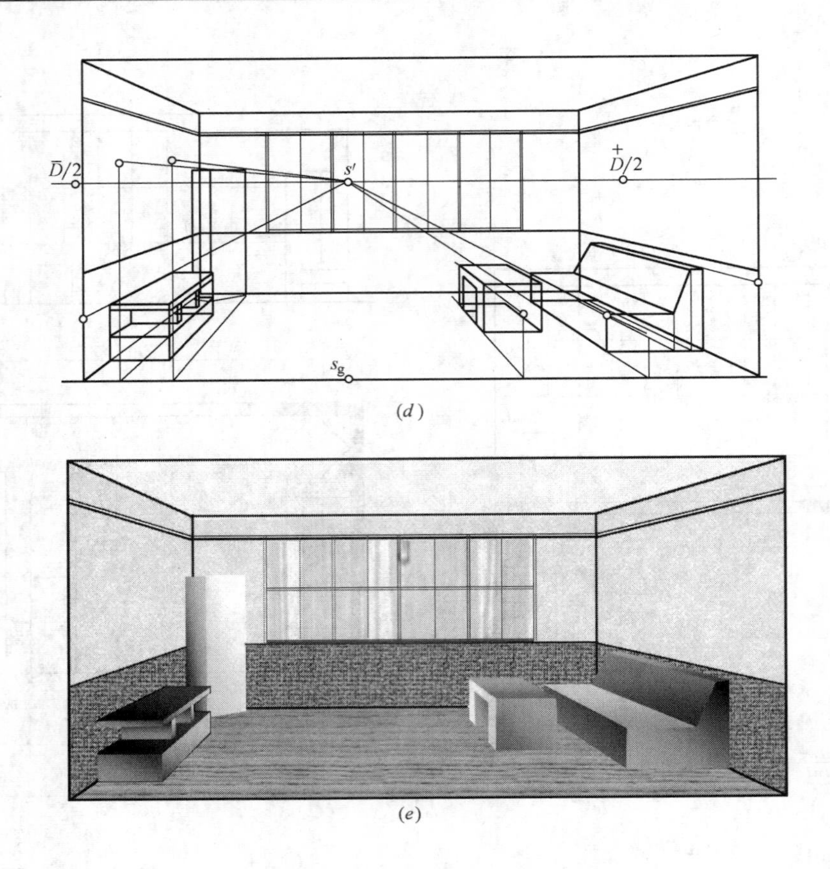

图 5-8 用主距法作室内透视图（续）
（d）画各家具的高度；（e）整理图线、渲染着色

（3）作房间的透视：如图 5-8（c）所示，由画面基线 $g—g$ 上的点 s_g 向右量取 $2n_b$ 得右侧内墙面的地基线与画面基线 $g—g$ 的交点 b，再由点 s_g 向左量取 $2n_a$ 得左侧内墙面的地基线与画面基线 $g—g$ 的交点 a，从点 a、b 分别向上作铅垂线并在其上量取两倍房间的净空高度得点 A、B，连接 AB 得房间与画面的交线 $aABb$，自点 a、b、A、B 引直线至主点 s' 得房间四条墙角线的全长透视。为作图方便和图面清晰起见，把顶棚和画面的交线 AB 当作升高的基线并在其上量取房间的进深尺度 m 得点 D_1，自点 D_1 引直线至 $D^{-}/2$ 交 As' 于点 D_P，得房间的透视深度，由此可完成房间的透视。墙裙线与挂镜线的透视作图在图 5-8（c）中已表示清楚，不再详述。

（4）作窗户的透视：如图 5-8（c）所示，在升高的基线 AB 上按平面图中的窗宽及定位尺寸扩大一倍后量取得点 K_1、L_1，自点 K_1、L_1 分别引直线至主点 s'，与正墙面和顶棚的交线相交于点 k_P、l_P，求得窗的透视宽度。窗的透视高度在墙裙线与挂镜线的透视之间。由于窗平行画面，窗格可直接等分。

（5）作房间里各家具的透视平面图：将图 5-8（b）中平面图的基线 $g—g$ 上的迹点 1～8 转移到画面的基线上，见图 5-8（c），其标注仍为迹点 1～8。自画面基线上的迹点 1～8 分别引直线至主点 s'，得沙发、茶几、电视柜等左右端面定位线的全长透视，再由

半分距点 $D^-/2$ 或 $D^+/2$ 确定它们的深度尺寸的透视，如电视柜深度尺寸的确定，若把深度尺寸确定在 2—s'线上，从迹点 2 向右量取电视柜前、后端面到画面的距离得点 2_1、2_2，由点 2_1、2_2 分别引直线至主点之左的半分距点 $D^-/2$ 交 2—s'于两点，自该两点分别作直线平行于 h—h，完成电视柜的透视平面。又如茶几前、后端面的透视定位，若把它确定在 4—s'线上，应从迹点 4 向左量取茶几前、后端面到画面的距离得点 4_1、4_2，由点 4_1、4_2 分别引直线至主点之右的半分距点 $D^+/2$ 交 4—s'于两点，自该两点分别作直线平行于 h—h，完成茶几的透视平面。同法可作出其余家具的透视平面。

本例需要注意的是：在确定前、后进深尺度时，首先要固定该尺寸放在哪一条画面垂直线的透视上，然后再定用哪一个距点，若用主点之左的距点，尺度应量在画面垂直线透视的右侧。若用主点之右的距点，尺度应量在画面垂直线透视的左侧。

(6) 为了画出各家具的高度，应分别作每一个家具真高线，图 5-8 (*d*) 已展示清楚，不再详述。

(7) 整理图线、渲染着色，如图 5-8 (*e*) 所示。

5.2　量点法画建筑透视图

5.2.1　与画面相交的水平线量点的概念

当直线垂直于画面时，确定画面垂直线的透视长度可用距离点。确定与画面斜交的水平直线透视长度采用的是量点。如图 5-9 所示，直线 AB 为基面上的一条画面相交线，点 A 是迹点。过视点 S 作视线平行于 AB 交视平线 h—h 于灭点 F，自迹点 A 引直线至灭点 F 得 AB 的透视方向，为了确定点 B 的透视，在基面上自点 B 作一辅助线 BB_1 交基线 g—g 于 B_1，使 $AB_1=AB$，于是 $\triangle ABB_1$ 为等腰三角形，辅助线 BB_1 是等腰三角形的底边，辅助线 BB_1 与已知线 AB 之夹角等于辅助线 BB_1 与基线 g—g 之夹角。该辅助线 BB_1 的灭点可由视点 S 作视线平行于 BB_1 交视平线 h—h 于点 M，点 M 为辅助线 BB_1 的灭点。自迹点 B_1 引直线至灭点 M 交 AF 于点 B_P，它就是点 B 的透视。而 $\triangle AB_PB_1$ 是等腰三角形 $\triangle ABB_1$ 的透视，AB_P 与 AB_1 作为两腰，其透视后的长度是不相等，AB_P 的真实长度就等于基线上 AB_1 的长度，AB_1 的长度又等于空间线段 AB 的长度。因辅助线与基线和已知直线成等角度，即把已知直线段的长度转移到基线 g—g 上，所以辅助水平直线的灭点叫已知直线的量点。由于辅助直线的灭点是用来量取已知直线的透视长度的，故称辅助直线的灭点为已知直线的量点。而基线 g—g 称为量线。

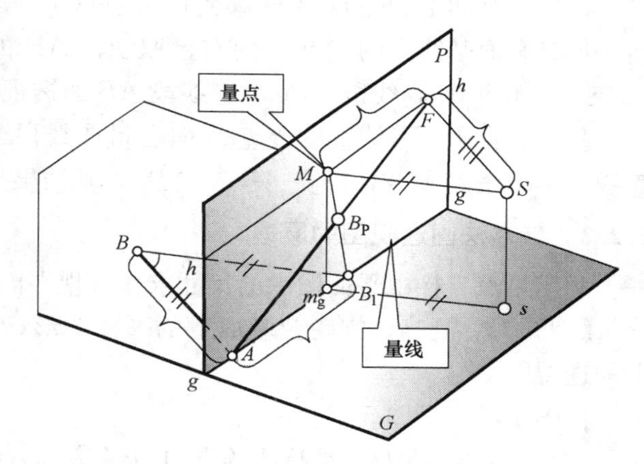

图 5-9　量点、量线的概念

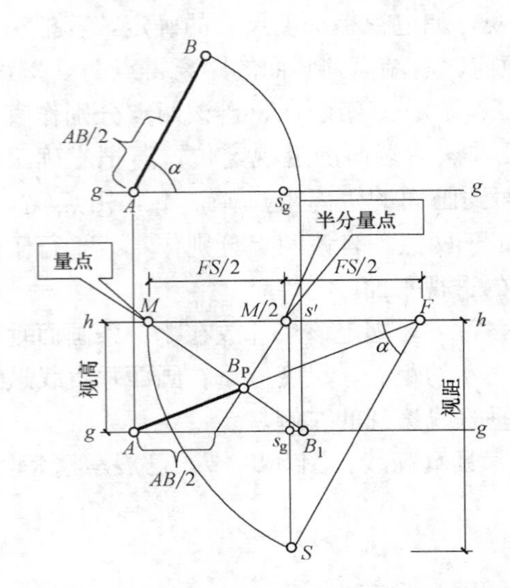

图 5-10　量点和分量点的作图

5.2.2　量点和分量点的求作

量点的具体作图：从图 5-9 中看出，$SF//AB$，$SM//BB_1$，AB_1 在基线 g—g 上，FM 在视平线 h—h 上，所以$\triangle SFM \backsim \triangle ABB_1$，它们均为等腰三角形。$FM=FS$，即：灭点到量点的距离等于灭点到视点的距离。因此，以灭点 F 为圆心，FS 的长度为半径画圆弧交视平线 h—h 于量点 M，见图 5-10。也可在视平线上直接量取$FM=FS$（f_gs）。

分量点的作图：灭点到分量点的距离等于灭点到视点距离的 1/2、1/3、1/4……等，它们分别叫半分量点、三分量点、四分量点等等。如半分量点到灭点的距离＝灭点到视点的距离/2，以此类推，见图 5-10。

【例 5-6】 已知条件如图 5-10 所示，由量点和分量点作出直线段 AB 的透视。

作图步骤，见图 5-10：

（1）由重合在画面上的视点 S 作直线段 AB 的平行线交视平线 h—h 于灭点 F，以 F 为圆心、FS 为半径画圆弧交视平线 h—h 于量点 M。取 FM 长度之半为半分量点 $M/2$。

（2）将基面上的迹点 A 转移到画面基线 g—g 上，连接 AF 得直线段 AB 的透视方向。再自画面基线上的迹点 A 向右量取线段 AB 的实长得点 B_1，由点 B_1 引直线至量点 M 交 AF 于点 B_P，线段 AB_P 为直线段 AB 的透视。

（3）若自画面基线上的迹点 A 向右量取线段 AB 实长的二分之一得一点，由该点引直线至半分量点 $M/2$，仍交 AF 于点 B_P，其结果是相同的。

5.2.3　量点法画透视图的原理

利用量点直接由平面图中的尺寸求作透视平面图的方法，称为量点法。

【例 5-7】 视高、视距及基面上的平面图形 $abcd$，如图 5-11（a）所示，完成平面图形的透视图。

作图步骤，见图 5-11（b）：

（1）设线段 ab 及其平行线的方向为 X 方向，线段 cd 及其平行线的方向为 Y 方向。

（2）求 X 方向和 Y 方向的灭点：过站点 s 分别作直线平行于 ab 和 ad，与基线 g—g 分别交于点 f_{Xg}、点 f_{Yg}，由点 f_{Xg}向上作铅垂线交视平线 h—h 于灭点 F_X，自点 f_{Yg}向上作铅垂线交视平线 h—h 于灭点 F_Y。

（3）求 X 方向和 Y 方向的量点：在视平线 h—h 上自灭点 F_X 向右量取站点 s 至点 f_{Xg}的距离得 X 方向的量点 M_X；由灭点 F_Y 向左量取站点 s 至点 f_{Yg}的距离得 Y 方向的量点 M_Y。

（4）把基面上的迹点 a 按与 s_g 的相对位置关系转移到画面基线上，见图 5-11（b）。自画面基线上的迹点 a 分别引直线至灭点 F_X 和灭点 F_Y。

（5）在画面基线 g—g 上，自迹点 a 向左量取线段 ab 的实长得点 b_1，由点 b_1 引直线至量点 M_X 交 aF_X 于点 b_P 得线段 ab 的透视；再由点 b_P 引直线至灭点 F_Y。

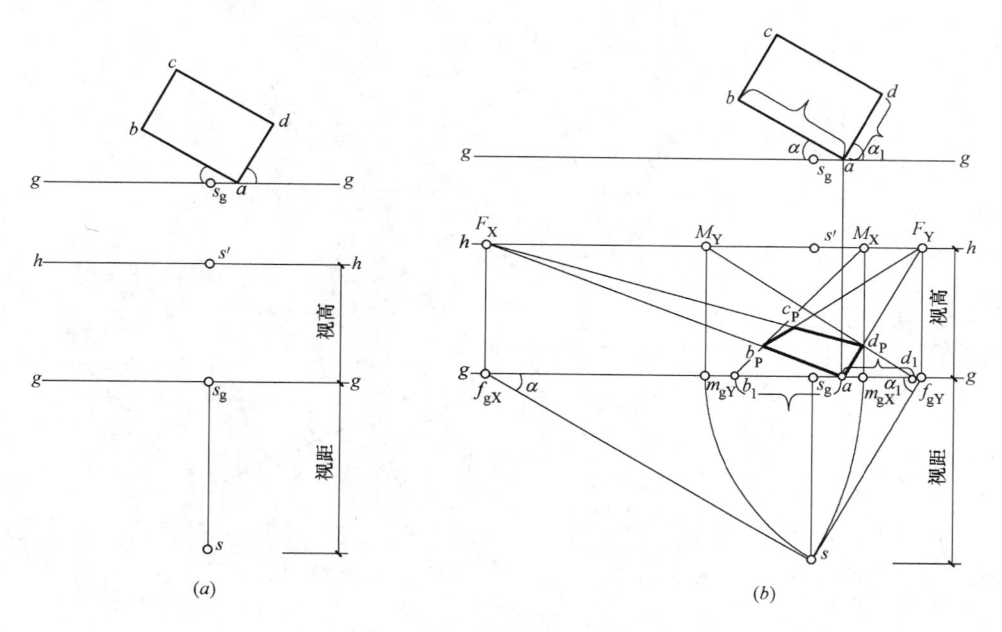

图 5-11　量点法画透视图

(*a*) 已知条件；(*b*) 量点法画透视图的原理示意

(6) 在画面基线 *g*—*g* 上，自迹点 *a* 向右量取线段 *ad* 的实长得点 d_1，由点 d_1 引直线至量点 M_Y 交 aF_Y 于点 d_P 得线段 *ad* 的透视；再由点 d_P 引直线至灭点 F_X 交 b_PF_Y 于点 c_P，完成平面图形 *abcd* 的透视。

从以上作图可以看出：

(1) 在实际作透视图时，辅助线是不需要在平面图上画出的。

(2) 灭点是用来确定平面图上主向水平线的透视方向，而量点是用来确定主向水平线的透视长度，某一方向直线的透视长度，只能用与它对应的量点来求得。每一方向线都有自己的灭点和量点，同方向平行线有共同的灭点和量点。

(3) 距点是画面垂直线的量点。

(4) 在放大作透视图时，可以采用分量点，如半分量点 *M*/2、三分量点 *M*/3、四分量点 *M*/4 等。分量点的作图原理与分距点类似。

5.2.4　量点法画透视图实例

【例 5-8】 已知水平线 *AB* 高于基面 50 及 *AB* 在基面上的正投影 *ab*，如图 5-12 (*a*) 所示。视高为 20，视距为 50，用量点法完成直线 *AB* 的透视和基透视作图。

作图步骤，见图 5-12 (*b*)：

(1) 由视高＝20 作出基线 *g*—*g*、视平线 *h*—*h*，再确定主点 s'、s_g。

(2) 求水平线 *AB* 的灭点 *F*：自主点 s' 向下作铅垂线并在其上量取视距 Ss'等于 50 得重合在画面上的视点 *S*。过视点 *S* 作 *ab* 的平行线交视平线 *h*—*h* 于灭点 *F*。因 *AB* 为水平线，故 *AB*//*ab*。

(3) 求水平线 *AB* 的量点*M*：在视平线 *h*—*h* 上，自灭点 *F* 向右量取*FM*＝*FS* 得水平

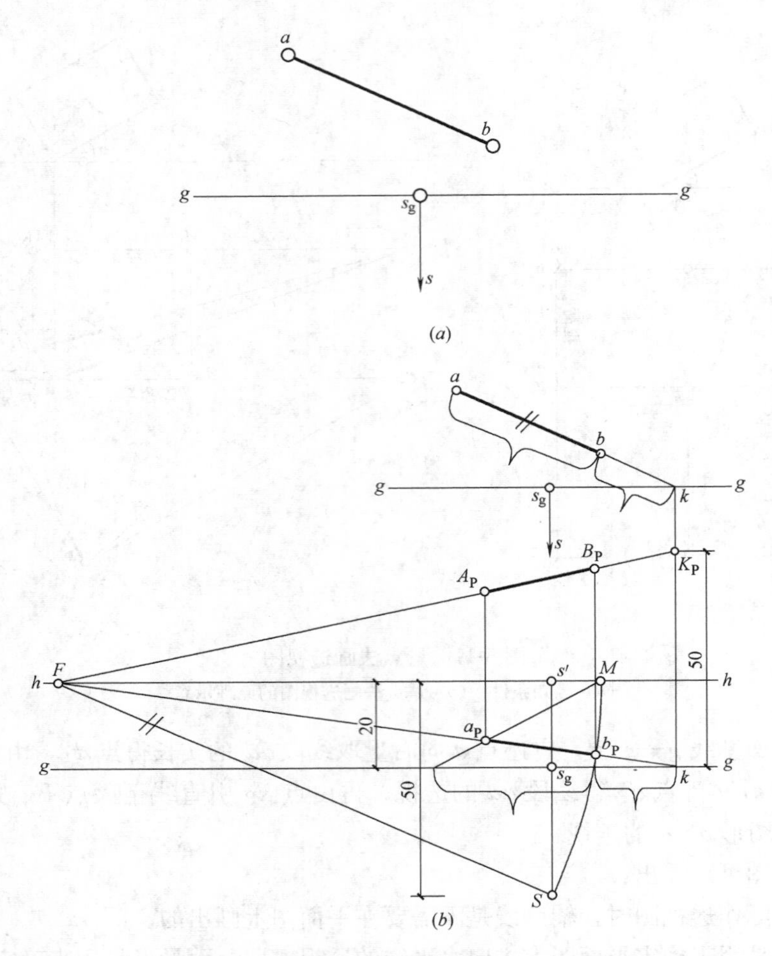

图 5-12 量点法作水平线的透视和基透视
(a) 已知条件；(b) 量点法作水平线的透视和基透视示意

线 AB 的量点 M。

(4) 在基面上延长 ab 交基线 g—g 于迹点 k，将迹点 k 转移到画面的 g—g 上，见图 5-12 (b)。在画面上自迹点 k 引直线至灭点 F，得 ab 的透视方向。为求点 a、b 的透视，在画面基线 g—g 上自迹点 k 向左依次量取 kb、ba 的实长得两点，由该两点引直线至量点 M 交 kF 于点 b_P、a_P，线段 $b_P a_P$ 为水平线 AB 基透视。

(5) 过迹点 k 作真高线 kK_P，并在其上量取 kK_P 等于 50，连接 K_P、F 与过点 b_P、a_P 的铅垂线分别交于点 B_P、A_P，即得水平线 AB 的透视。

【例 5-9】 已知建筑形体的平、立面图，视高 $s's_g=20$，视距 $ss_g=60$，其余条件如图 5-13 (a) 所示，试用分量点放大一倍画其透视图。

作图步骤：

(1) 在图纸的适当位置按视高等于 40 画出视平线 h—h 和基线 g—g，再确定主点 s' 和 s_g，然后根据视距等于 120 求出灭点 F_X、F_Y 和量点 M_X、M_Y 以及半分量点 $M_X/2$、$M_Y/2$，见图 5-13 (b)。

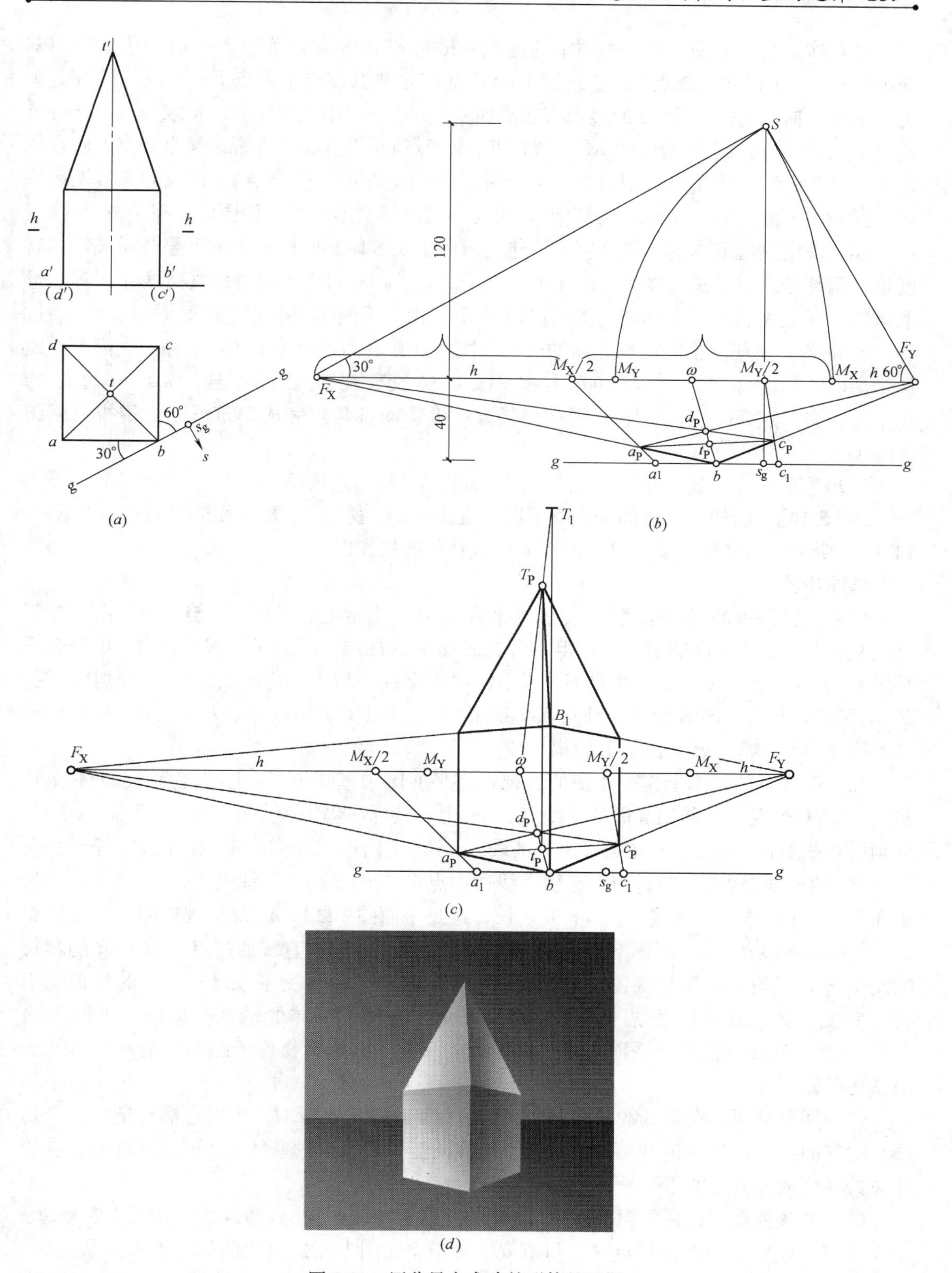

图 5-13　用分量点求建筑形体的透视

(a) 已知条件；(b) 作建筑形体的透视平面图；(c) 建筑形体的高度透视作图；(d) 建筑形体的透视渲染图

(2) 作透视平面图：将平面图中的迹点 b 按与 s_g 的相对位置放大一倍转移到画面基线 g—g 上，仍标注为迹点 b。自画面上的迹点 b 分别引直线至灭点 F_X、F_Y，得 ba、bc 边的透视方向。为求点 a、c 的透视，在画面基线 g—g 上由迹点 b 向左量取 $ba_1=ab$ 得点 a_1，从点 a_1 引直线至半分量点 $M_X/2$ 与 bF_X 交于点 a_P 得点 a 的透视；又自迹点 b 向右量取 $bc_1=bc$ 得点 c_1，由点 c_1 引直线至半分量点 $M_Y/2$ 与 bF_Y 交于点 c_P 得点 c 的透视；然后连接 a_PF_Y 和 c_PF_X，它们相交于 d_P，由此可完成建筑形体的平面图的透视。

(3) 确定建筑形体的透视高度：该建筑形体由长方体和四棱锥体上下叠合而成，其高度也由两部分组成。长方体的 b 棱在画面上反映实长，故自点 b 向上作真高线并在其上量取 bB_1 等于立面图上长方体高度的两倍得点 B_1，由点 B_1 分别引直线至灭点 F_X、F_Y 与过 a_P、c_P 的铅垂线相交便完成长方体的透视作图。又在真高线上量取 B_1T_1 等于立面图上四棱锥高度的两倍得点 T_1，延长 bd_P 与视平线 h—h 交于辅助灭点 ω，连接 ωT_1 与过 t_P 的铅垂线相交于点 T_P，自点 T_P 分别连接长方体上顶面各角点完成建筑形体的透视，见图 5-13 (c)。

(4) 整理图线、渲染着色，完成全图，如图 5-13 (d) 所示。

【例 5-10】 已知建筑物的平、立面图，视高 $s's_g$、视距 ss_g 及画面的位置等，如图 5-14 (a) 所示。用降低基面和量点法完成建筑物的透视作图。

作图步骤：

(1) 按已知视高画出基线 g—g 和视平线 h—h，确定主点 s' 和 s_g。自主点 s' 向下作铅垂线并在其上量取 $s'S$ 等于视距，得重合在画面上的视点 S，由视点 S 向左作 30°线交视平线 h—h 于灭点 F_X；又自视点 S 向右引 60°线交视平线 h—h 于灭点 F_Y；分别以 F_X、F_Y 为圆心，F_XS、F_YS 为半径画圆弧交视平线 h—h 于量点 M_X 和 M_Y，见图 5-14 (b)。将基线 g—g 下降至 g_1—g_1，其距离任取。

(2) 在降下的基面上作平面图的透视：将平面图中基线 g—g 上的迹点 a、d 不变其与 s_g 的相对位置，转移到画面的基线 g_1—g_1 上，其标注仍为迹点 a、d。自灭点 F_X、F_Y 分别引直线通过迹点 a、d 并延长。在基线 g_1—g_1 上由迹点 d 向右量取线段 $d1$ 等于平面图中 dn 的长度得点 1，自量点 M_X 引直线通过点 1 与 F_Xd 的延长线交于 n_P，线段 dn_P 为平面图中 dn 的透视。连接 F_Y、n_P 并延长，这是平面图中线段 nf 的透视方向。又自迹点 d 向左量取线段 $d2$ 等于平面图中 de 的长度得点 2，由 M_Y 引直线通过点 2 与 F_Yd 的延长线交于 e_P，线段 de_P 为平面图中 de 的透视。连接 F_X、e_P 并延长交 F_Y、n_P 的延长线于 f_P，完成右侧长方体的透视平面图。同法可画出左侧长方体的透视平面图，见图 5-14 (c)。注意：建筑物的透视平面图一定在基线的下方，因建筑物位于画面之前，作出的透视图比已知图大。

(3) 回升基面：在降低的基面上作出的透视平面图，在量取高度时还需要把它回升到原来的基面上，首先将迹点 a 和 d 按铅垂线方向上移到原来的基线 g—g 上，再由各自的消失关系完成回升后的透视平面图，见图 5-14 (d)。

(4) 画透视高度：自画面基线 g—g 上的迹点 a、d 向上作真高线并在其上量取 aA 等于立面图上矮建筑物的高得点 A，量取 dD 等于立面图上高建筑物的高得点 D，从点 A、D 出发便可完成建筑物的透视轮廓线，见图 5-14 (e)。图 5-14 (f) 为建筑物的透视渲染效果图。

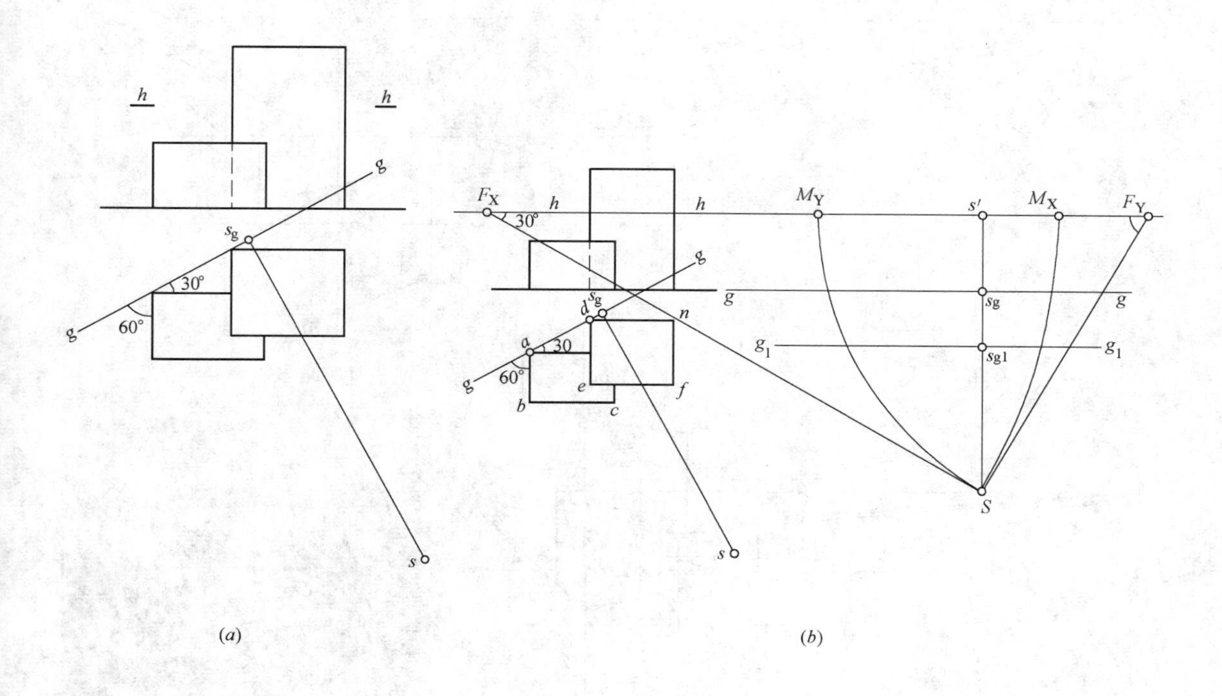

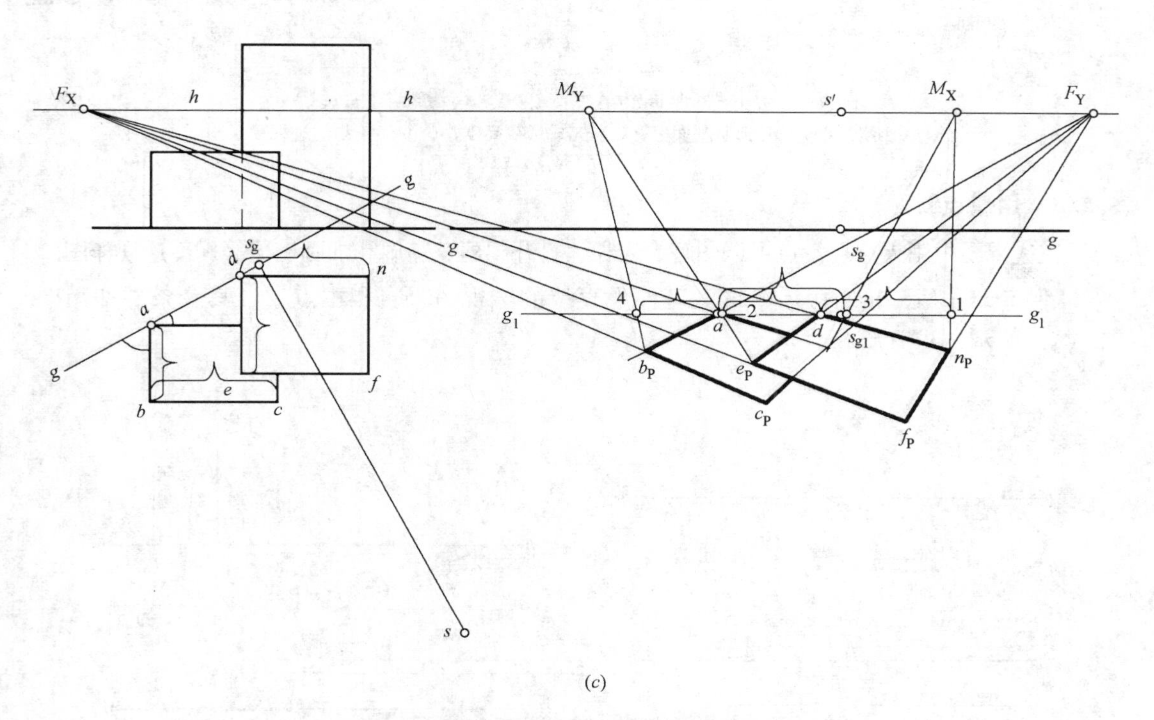

图 5-14　用降低基面和量点法作建筑物透视举例

(*a*) 已知条件；(*b*) 由视高、视距求灭点、量点；

(*c*) 在降下的基面上画透视平面

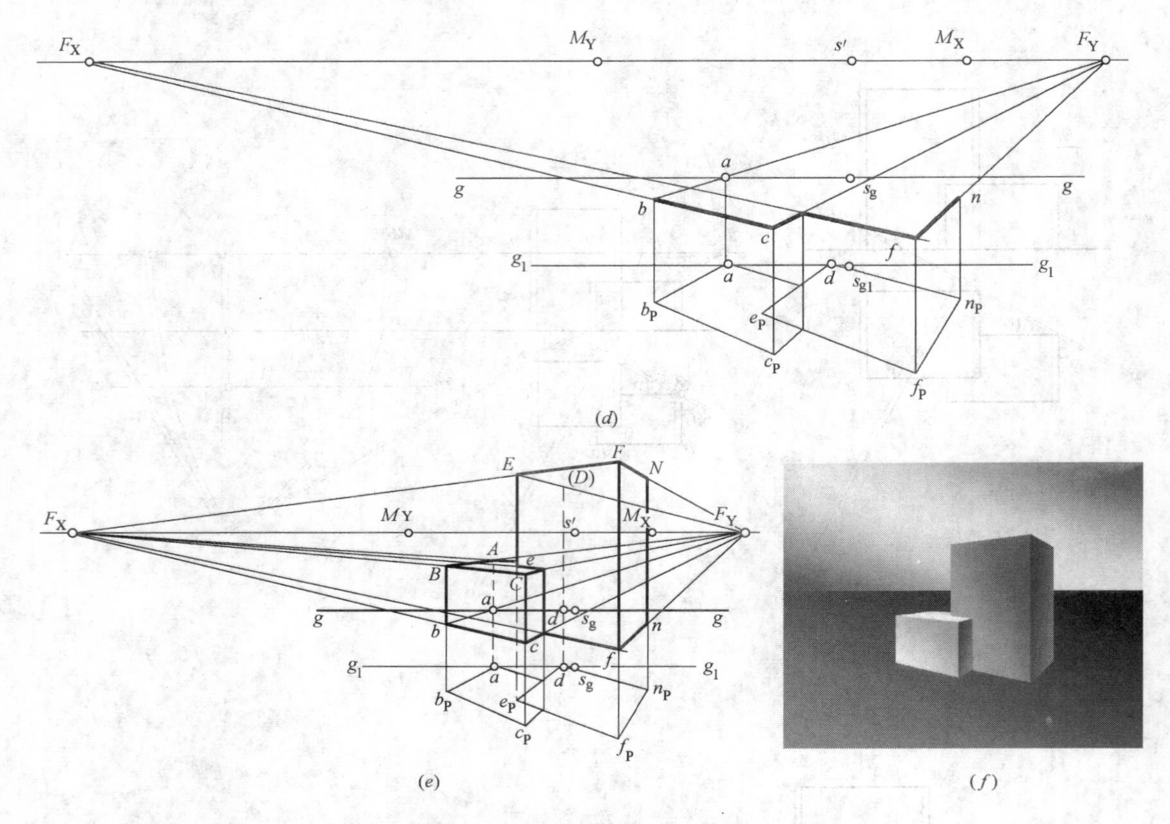

图 5-14 用降低基面和量点法作建筑物透视举例（续）

（d）把透视平面回升到原基面上；（e）完成透视高度；（f）建筑物的透视效果图

5.2.5 用量点解题

在透视图中用灭点、量点可以图解的实长、打开门扇、窗扇和加画出檐等局部透视作图。

【例 5-11】 已知视距 $ss_g=50$、基面上直线的透视 A_PB_P 和主点 s'，其余条件如图 5-15（a）所示。求其真长。

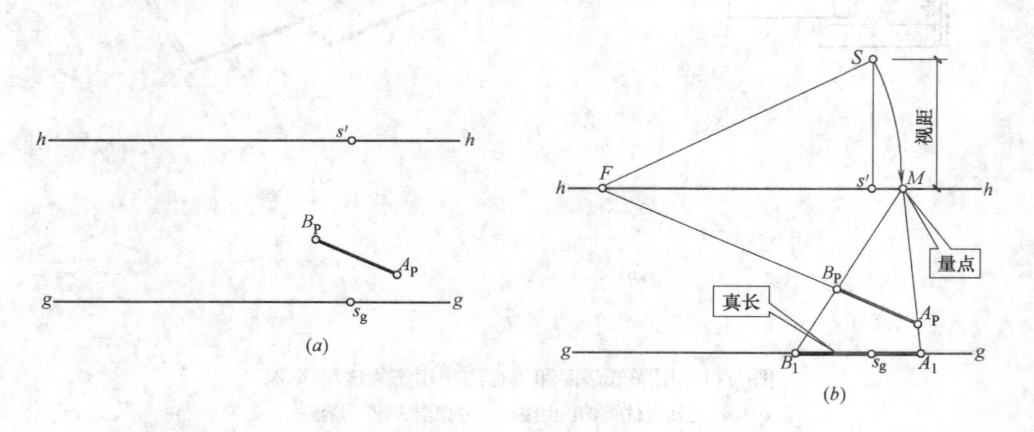

图 5-15 在透视图中用量点求直线真长的透视作图

（a）已知条件；（b）在透视图中用量点求直线 A_PB_P 真长的透视作图

作图步骤：

(1) 求灭点：延长 A_PB_P 交视平线 $h—h$ 于灭点 F。

(2) 求量点：自主点 s' 向上作铅垂线并在其上量取 $s'S$=视距 $ss_g=50$，得重合在画面上的视点 S，以灭点 F 为圆心，FS 为半径画圆弧交视平线 $h—h$ 于量点 M。

(3) 求 A_PB_P 的真长：自量点 M 分别引直线通过点 A_P、B_P 并延长交基线 $g—g$ 于点 A_1、B_1，连线 A_1B_1 即为 A_PB_P 的真长。

【例 5-12】 已知一般直线的透视 A_PB_P、基透视 a_Pb_P、视距 $ss_g=50$ 及主点 s'，如图 5-16 (*a*) 所示。求该直线的真实长度。

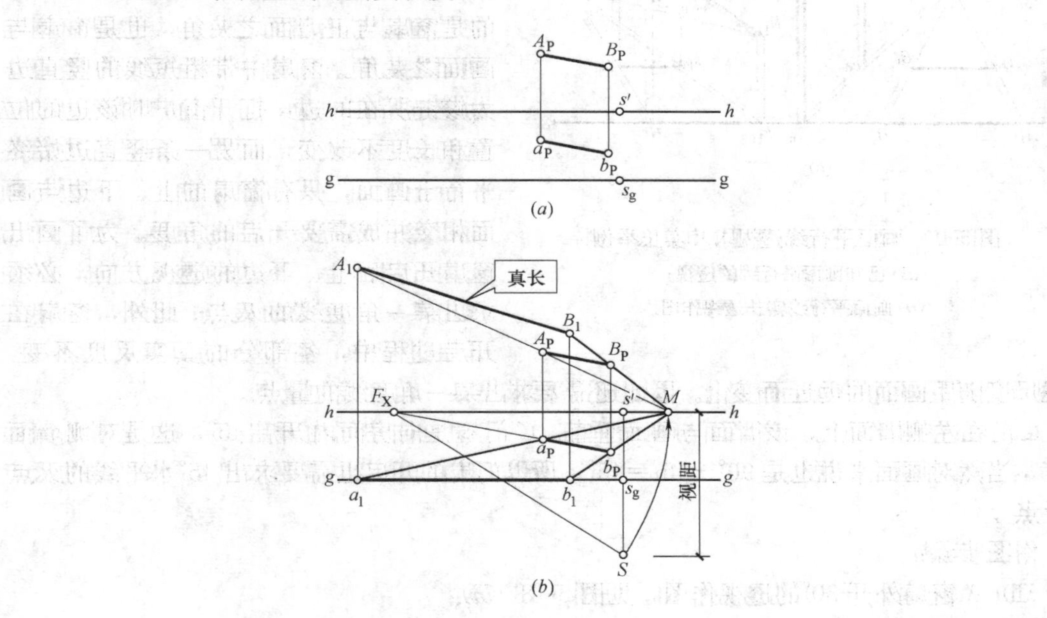

图 5-16　一般直线透视的真长

(*a*) 已知一般直线的透视、基透视；(*b*) 一般直线的透视真长作图

作图步骤，见图 5-16 (*b*)：

(1) 求一般线基透视的灭点：延长一般线的基透视 a_Pb_P 交视平线 $h—h$ 于基灭点 F_X。

(2) 求一般线基透视的量点：为了作图清晰起见，自主点 s' 向下作铅垂线并在其上量取 $s'S$=视距 $ss_g=50$，得重合在画面上的视点 S，以基灭点 F_X 为圆心，F_XS 为半径画圆弧交视平线 $h—h$ 于点 M，它就是一般线基透视 a_Pb_P 的量点 M。

(3) 求一般直线 A_PB_P 的真长：自一般线基透视的量点 M 分别引直线通过点 a_P、b_P 并延长交基线 $g—g$ 于点 a_1、b_1，连接 a_1、b_1 即得 a_Pb_P 的真长。又自一般线基透视的量点 M 分别引直线通过点 A_P、B_P 并延长与过点 a_1、b_1 的铅垂线交于点 A_1、B_1，连接 A_1B_1 求得 A_PB_P 的真长，见图 5-16 (*b*)。

【例 5-13】 已知图 5-17 (*a*) 中的画面平行线的透视，求其真长。

作图步骤，见图 5-17 (*b*)：

画面平行线在透视图中无迹点、灭点，它们的量点是视平线上任一点。其作图方法和步骤与上一例相同，不同的是量点可以在视平线 $h—h$ 上任意确定，如图 5-17 (*b*) 中的量

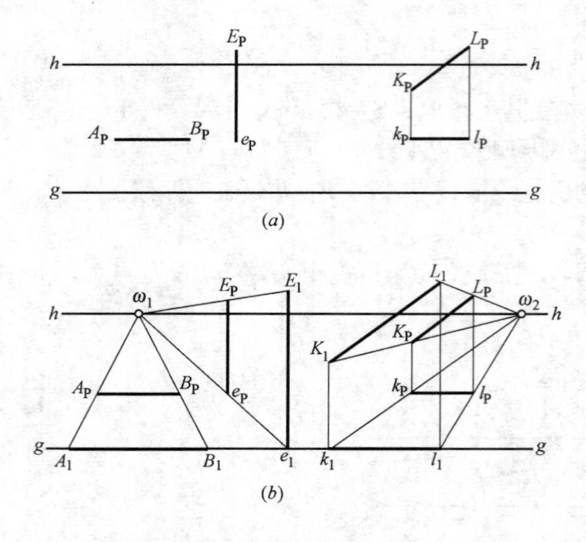

图 5-17 画面平行线透视求其实长举例
（*a*）已知画面平行线的透视；
（*b*）画面平行线实长透视作图

点 ω_1 和 ω_2。

【例 5-14】 已知房间的室内透视，如图 5-18（*a*）所示，视距 $Ss'=50$，试将 *A* 窗扇外开 30°、*B* 窗扇外开 60°、*C* 门扇内开 45°，完成其透视作图。

作图分析：

A、*B* 窗扇所在的正墙面平行于画面。将窗扇向房间外开启某一角度，指的是窗扇与正墙面之夹角，也是窗扇与画面之夹角。窗扇中带粗短线的竖直边为铰链所在的边，打开窗户时该边的位置和长度不改变，而另一条竖直边始终平行于画面，只有窗扇的上、下边与画面相交并成需要开启的角度。为了画出窗扇开启后上、下边的透视方向，必须求出某一角度线的灭点；此外，窗扇在开启过程中，各部分的真实尺度不变，透视尺度随距画面的远近而变化。因此还需要求出某一角度线的量点。

C 门在左侧墙面上，该墙面与画面垂直。*C* 门扇是向房间内开启 45°，这是对侧墙面而言，当然对画面来说也是 90°－45°＝45°，所以门扇的开启也需要求出 45°水平线的灭点和量点。

作图步骤：

(1) *A* 窗扇外开 30°的透视作图，见图 5-18（*b*）：

① 求 30°线的灭点和量点：自主点 s' 向下作铅垂线并在其上量取 $s'S$ 等于 50 得重合在画面上的视点 *S*，由视点 *S* 向左作 30°线交视平线 $h—h$ 于 30°线的灭点 F_{30}；以 F_{30} 为圆心，$F_{30}S$ 为半径画弧交 $h—h$ 于 30°线的量点 M_{30}。

② 自灭点 F_{30} 分别连接 *A* 窗扇的右上角和右下角，得 *A* 窗扇打开后的上、下边框的透视方向线；再由量点 M_{30} 连接 *A* 窗扇的左下角与 *A* 窗扇下边的透视方向线相交于一点，过该交点向上作垂线与 *A* 窗扇上边框的透视方向线相交，即完成 *A* 窗扇的外开 30°透视作图。

(2) *B* 窗扇外开 60°的透视作图，见图 5-18（*c*）：

① 求 60°线的灭点和量点：自视点 *S* 向右作 60°线交视平线 $h—h$ 于 60°线的灭点 F_{60}；以 F_{60} 为圆心，$F_{60}S$ 为半径画弧交 $h—h$ 于 60°线的量点 M_{60}。

② 自灭点 F_{60} 分别连接 *B* 窗扇的左上角和左下角，得 *B* 窗扇打开后的上、下边的透视方向线；再由量点 M_{60} 连接 *B* 窗扇的右下角与 *B* 窗扇下边的透视方向线相交于一点，过该交点向上作垂线与 *B* 窗扇上边的透视方向线相交，即完成 *B* 窗扇外开 60°的透视作图。

(3) *C* 门扇内开 45°的透视作图，见图 5-18（*d*）：

① 求 45°线的灭点即距点和左向 45°线量点：自视点 *S* 向左作 45°线交视平线 $h—h$ 于

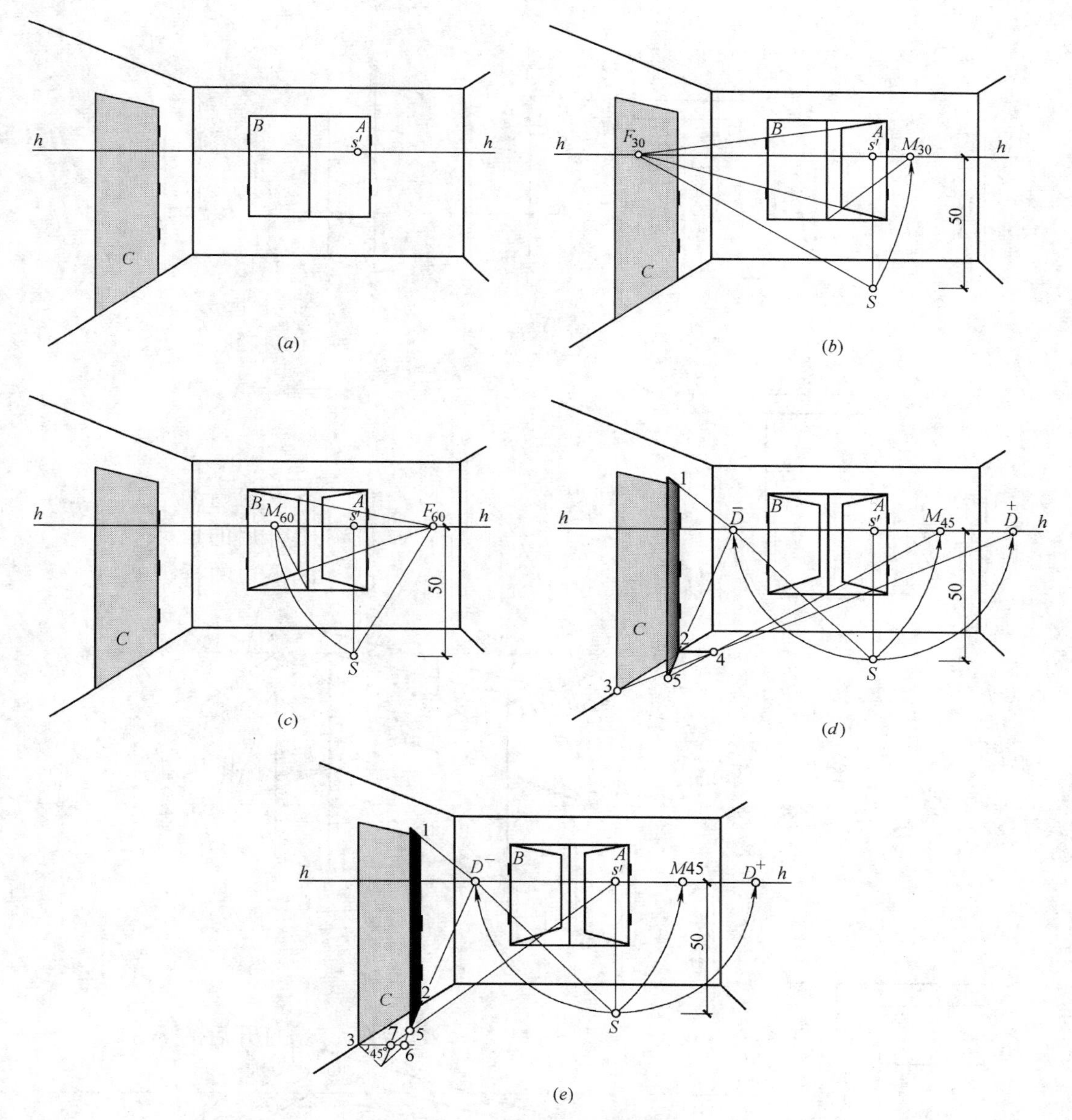

图 5-18　打开室内门窗透视举例

(*a*) 某房间的室内透视；(*b*) *A* 窗外开 30°透视作图；(*c*) *B* 窗扇外开 60°透视作图；(*d*) *C* 门内开 45°的透视作图；(*e*) *C* 门内开 45°用透视定比作图

左距点 D^-，也是门扇开启后上、下边线的灭点。也可以主点 s'为圆心，$s'S$ 为半径画圆弧与视平线 h—h 相交得左距点 D^- 和右距点 D^+；再以左距点 D^- 为圆心、D^-S 为半径画圆弧与视平线 h—h 相交得左向 45°线的量点 M_{45}。

② 自左距点 D^-分别引直线至 C 门扇的角点 1、2 并延长，这是 C 门扇开启后上、下边的透视方向线；为了确定 C 门扇开启后的透视宽度，首先将 C 门扇的已知透视宽度转移到基线平行线上，再由量点确定在 D^-—2 的延长线上。为此自点 2 作基线平行线 2—4 与 3—D^+ 交于点 4，△324 为等腰直角三角形。线段 2—4 的真长等于线段 2—3 的真长。

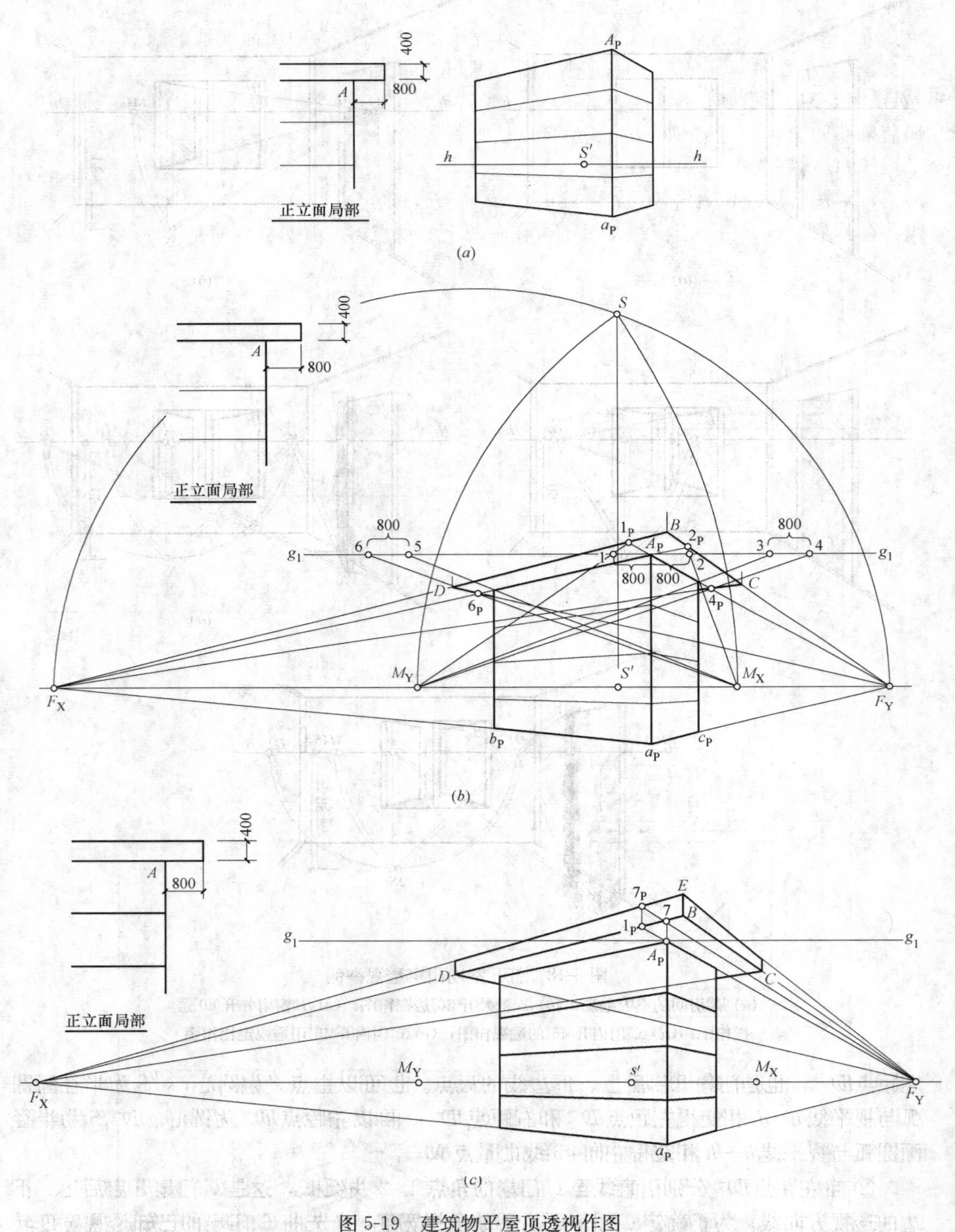

图 5-19 建筑物平屋顶透视作图

(a) 建筑物的墙体透视及出檐局部正投影图；(b) 平屋顶出檐宽度的透视作图；

(c) 平板屋顶厚度透视的作图；

然后由量点M_{45}引直线通过点4交D^{-}—2的延长于点5，过点5向上作铅垂线与D^{-}—1的延长线相交，完成C门扇内开45°的透视作图。

图5-18（e）是用透视定比作图，见图便知，不再赘述。

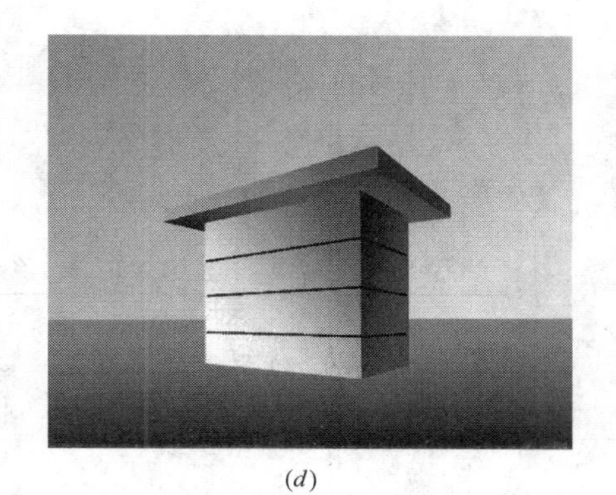

（d）

图5-19 建筑物平屋顶透视作图（续）
（d）建筑物的透视渲染图

【例5-15】 已知建筑物的墙体透视及平屋顶出檐尺寸，如图5-19（a）所示，比例为1∶100，棱A_Pa_P位于画面上，完成该建筑的平屋顶透视作图。

作图步骤，见图5-19（b）：

（1）求灭点和量点：在墙体透视图上分别延长a_Pb_P和a_Pc_P交视平线h—h于灭点F_X、F_Y。再以F_XF_Y为直径画半圆与过主点s'的铅垂线相交得重合在画面上的视点S，以F_X为圆心、F_XS为半径画圆弧交视平线h—h于量点M_X。又以F_Y为圆心、F_YS为半径画圆弧交视平线h—h于量点M_Y。

（2）画出檐挑出墙体的宽度的透视：过画面上的点A_P作平行于视平线h—h的量线g_1—g_1。在量线g_1—g_1上自点A_P向左和右各量取800得点1、2，从量点M_Y画直线通过点1与F_YA_P的延长线相交于点1_P，连接F_X1_P并延长；又从量点M_X画直线通过点2与F_XA_P的延长线相交于点2_P，连接F_Y2_P并延长交F_X1_P的延长线于点B。再自量点M_Y引直线通过建筑物墙体的右上角交量线g_1—g_1于点3，在量线g_1—g_1上自点3向右量取线段3－4等于800得点4，连接4—M_Y与F_YA_P相交于点4_P，自F_X引直线通过点4_P与F_YB相交于点C。然后再自量点M_X引直线通过建筑物墙体的左上角交量线g_1—g_1于点5，在量线g_1—g_1上由点5向左量取线段5－6＝800得点6，连接6、M_X与F_XA_P相交于点6_P，自F_Y引直线通过点6_P与F_XB相交于点D，见图5-19（b）。

（3）画平板屋顶厚度的透视：分别过点B、C、D向上作铅垂线；在真高线a_PA_P的延长线上量取线段A_P－7＝400得点7，自F_Y引直线通过点7与过点1_P的铅垂线相交于点7_P，由F_X引直线通过点7_P交过点B的铅垂线于点E，连接EF_Y便可完成屋顶的透视作图，见图5-19（c）。图5-19（d）为该建筑物的透视渲染图。

5.3 透视图中的分割

在绘制建筑物的透视图时，通常是先画出它的主要轮廓，然后在图中加画其细节部分。如绘制建筑物中的门、窗、柱子、阳台、雨篷、栏杆以及横向、纵向的分格等，这就需要掌握在透视图中进行分割的作图方法，以便简化作图，提高绘图效率和准确度。

5.3.1 直线的分段

1）画面平行直线的透视分段

在透视图中，当直线平行于画面时，点分线段的透视长度比等于该直线的分段长度比。因此要把平行于画面的直线段分为已知比，可以在透视图中直接进行。

【例5-16】 已知基面垂直线段AB的透视为A_PB_P，欲在直线段AB上取点C，使AC∶CB＝

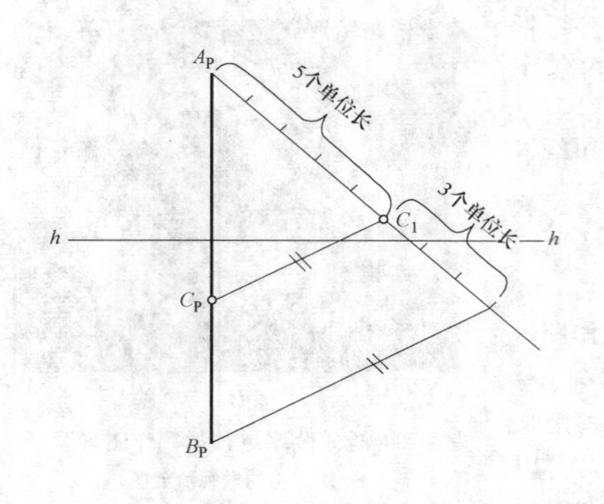

图 5-20 画面平行线段的透视定比分段

5∶3。试在透视图中完成点 C 的透视 C_P。

作图步骤：

过线段 A_PB_P 的任意一个端点（如点 A_P）任作一直线并在其上截取八等分，设第五个分点为 C_1，见图 5-20，用直线段连接第八个分点和点 B_P，然后自点 C_1 作直线平行于它交 A_PB_P 于点 C_P，完成透视作图。

【例 5-17】 已知建筑形体的透视，如图 5-21（*a*）所示。试将其横向分割成四等分，完成其透视作图。

作图步骤：

在透视图中任选一竖向棱线 Aa，并按上述方法将其四等分，得透视等分点 1_1、2_1、3_1，见图 5-21（*b*）。然后延长形体上下水平边线交视平线 h—h 于灭点 F_X、F_Y，自灭点 F_X 分别画直线通过点 1_1、2_1、3_1 并延长交棱线 bB 于点 1_2、2_2、3_2，由灭点 F_Y 分别连接点 1_2、2_2、3_2，完成透视作图。

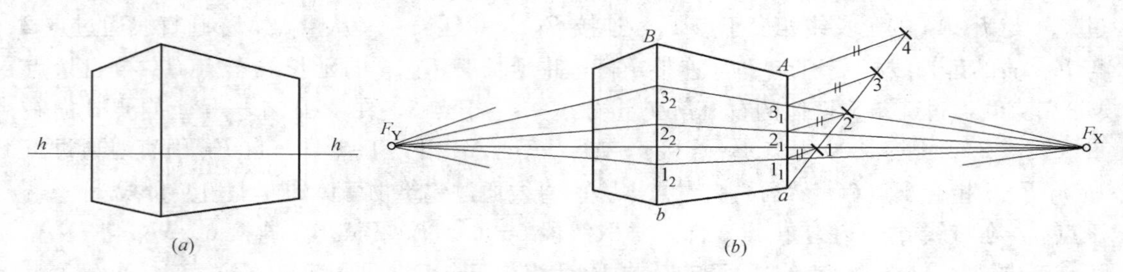

图 5-21 建筑形体横向分割的透视
（*a*）建筑形体透视图；（*b*）建筑形体横向分割的透视作图

2）在与画面相交的水平线上截取成比例的线段

在透视图中点分画面相交水平直线的真实长度之比不等于其透视长度之比。我们仍可根据平面几何中“一组平行线截相交两直线，对应线段成比例”的定理作图，但要注意这平行线在透视图中汇交于同一灭点。

【例 5-18】 在直线段 AB 的透视图 A_PB_P 上，确定点 C 和 D 的透视 C_P、D_P，使 AC∶CD∶DB＝3∶4∶5。

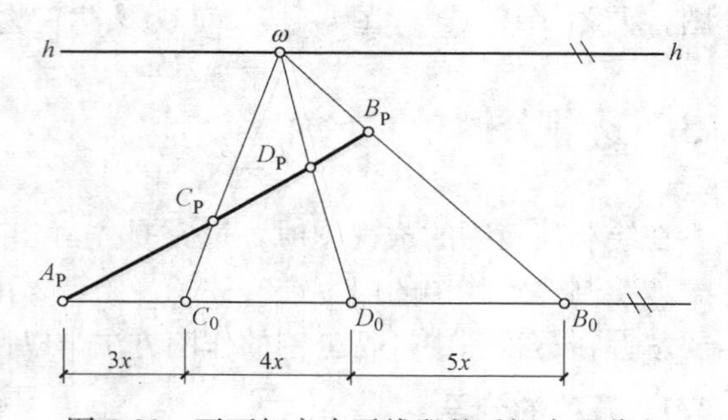

图 5-22 画面相交水平线段的透视定比分段

作图步骤，见图 5-22：

过 A_P 作直线平行于 h—h，并在其上截量所需比例得点 C_0、D_0、B_0，见图 5-22。连接 B_0B_P 并延长交 h—h 于灭点 ω，自灭点 ω 分别画直线至点 C_0、D_0 与 A_PB_P 相交于点 C_P、D_P，完成透视作图。

3）在与画面相交的水平线上，连续截取等长的线段

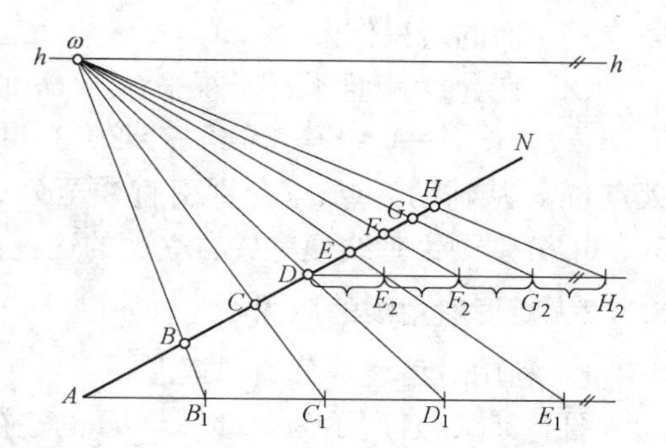

图 5-23 在透视线段上连续截取等长的线段

【例 5-19】 在透视图中，已知基面上的直线 AN，试将其若干等分，完成透视作图。

作图步骤，见图 5-23：

(1) 过点 A 作直线平行于视平线 h—h，并在其上截量若干等长线段的透视，得分点 B_1、C_1、D_1、E_1。

(2) 在视平线 h—h 上任取一适当灭点 ω，自灭点 ω 分别画直线至各分点 B_1、C_1、D_1、E_1 与直线 AN 相交于对应的透视分点 B、C、D、E。若还需连续截取若干等分，再自点 D 作直线平行于 h—h 与 ωE_1 相交于点 E_2，按 DE_2 的长度，在其线上连续截取等长的线段又得分点 F_2、G_2、H_2……；由分点 F_2、G_2、H_2……引直线至灭点 ω 与直线 AN 又可以相交于对应的透视分点 F、G、H 等。

【例 5-20】 已知建筑形体的透视，如图 5-24（a）所示。试将其左立面垂直分割成四等分，右立面按 2∶3∶4 垂直分割成三部分，完成透视作图。

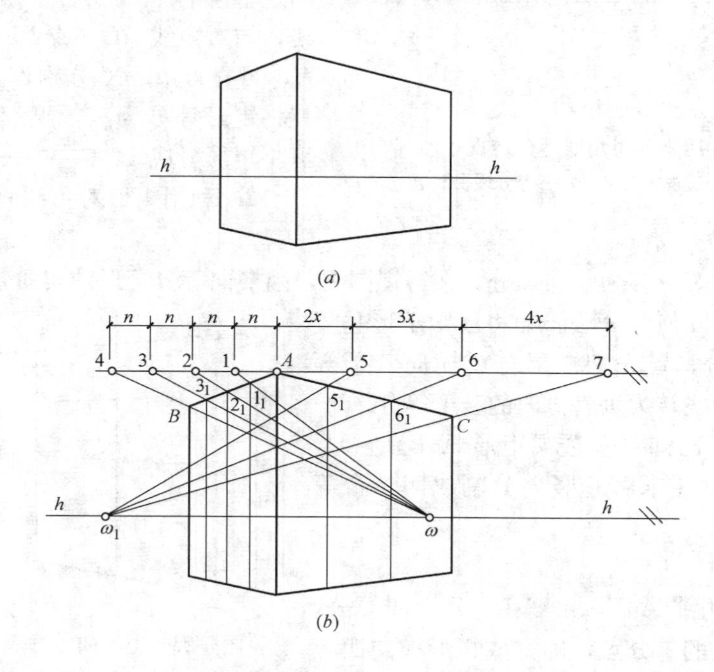

图 5-24 建筑形体立面垂直分割的透视

（a）已知建筑形体透视图；（b）建筑形体立面垂直分割透视作图

作图步骤，见图 5-24（b）：

(1) 过点 A 作直线平行于视平线 h—h，在该线上由点 A 向左任取四等分，得分点 1、2、3、4，连接点 4 和点 B 并延长交视平线 h—h 于辅助灭点 ω，从辅助灭点 ω 分别引直线至分点 1、2、3 交 AB 于透视分点 1_1、2_1、3_1，自透视分点 1_1、2_1、3_1 分别画铅垂线便

完成左立面的透视作图。

(2) 在含点 A 且平行于视平线 h—h 的线上以适当长度为单位，由点 A 向右量取分点 5、6、7，使 A—5∶5—6∶6—7=2∶3∶4，连接点 7 和点 C 并延长交视平线 h—h 于辅助灭点 ω_1，从辅助灭点 ω_1 分别引直线至分点 5、6 交 AC 于透视分点 5_1、6_1，自透视分点 5_1、6_1 分别画铅垂线便完成右立面的透视作图。

5.3.2 矩形对角线的应用

1) 利用对角线等分透视矩形

图 5-25 (*a*) 所示为矩形 $ABCD$ 的透视图，若将它竖向分割成两个全等的矩形，首先应作对角线 AC 和 BD，过对角线的交点 E 作边线的平行线，就将矩形等分为二。显然，重复上述步骤还可分割成更小的矩形，如分成 4、8、16……等分。若将图 5-25 (*b*) 所示矩形 $ABCD$ 的透视图竖向分割成三个全等的矩形。首先将该矩形二等分，在此基础上，再作每个矩形的左上至右下（或右上至左下）的对角线，与对角线 AC（或 BD）相交于点 L、K，过交点 L、K 分别作边线的平行线，就将矩形等分为三，继续重复上述步骤可将矩形分成 3、6、9……等分。

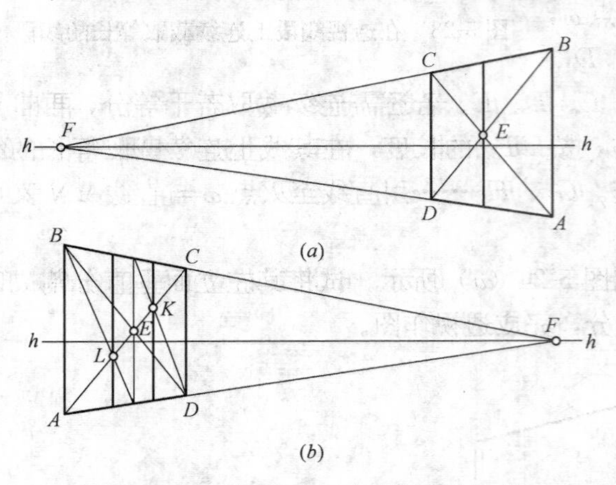

图 5-25 用矩形对角线等分透视矩形
(*a*) 二等分透视矩形；(*b*) 三等分透视矩形

2) 利用矩形对角线将横向分割转为竖向分割

(1) 由横向等分转为竖向等分：在透视图中，因横向等分矩形的实质是等分画面平行线，可直接采用几何等分法。如将已知矩形垂直分割成若干等分，首先把矩形分成横向若干等分，再利用对角线转为垂直方向的若干等分。

【例 5-21】 已知铅垂透视矩形 $A_PB_PC_PD_P$，如图 5-26 所示，要求将它竖向分割成四个全等的矩形。

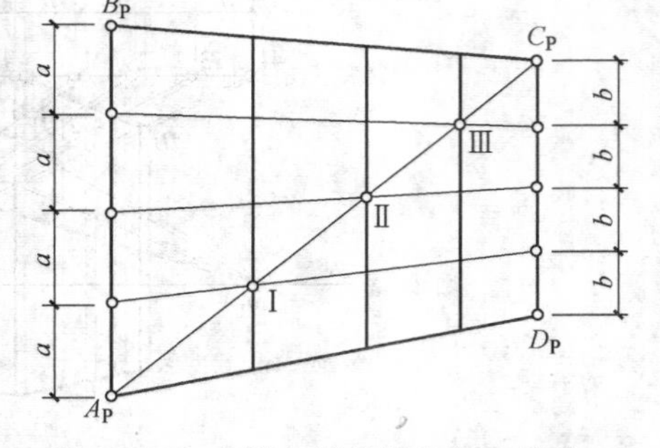

图 5-26 由横向等分转为竖向等分

作图步骤：

① 将铅垂边线 A_PB_P 和 C_PD_P 分别四等分，并连接各自对应的等分点，即完成矩形横向四等分的透视作图。

② 作对角线 A_PC_P，与横向分割线交于点Ⅰ、Ⅱ、Ⅲ，再过点Ⅰ、Ⅱ、Ⅲ作 A_PB_P 的平行线，即将矩形 $A_PB_PC_PD_P$ 分割成竖向的四个全等的透视矩形。

(2) 由横向按比例分割转为竖向按同一比例分割。

【例 5-22】 已知铅垂透视矩形 $A_PB_PC_PD_P$，如图 5-27 所示，要求将它沿 B_PC_P 方向垂直分割为 2∶3∶4 的三个小矩形。

作图步骤：

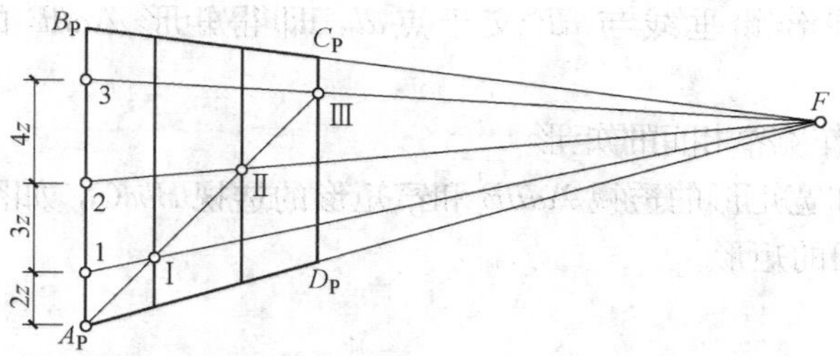

图 5-27　由横向按比例分割转为竖向按比例分割

在铅垂边线 A_PB_P 上，自点 A_P 向上截取三个分点 1、2、3，使各段的长度比为 2∶3∶4，由分点 1、2、3 分别引直线至灭点 F，直线 3—F 与铅垂边线 C_PD_P 相交于点Ⅲ，作矩形 A_P3ⅢD_P 的对角线 A_PⅢ分别交直线 2—F、1—F 于点Ⅱ和点Ⅰ，再过点Ⅰ、Ⅱ作 A_PB_P 的平行线即完成透视作图，见图 5-27。

5.3.3　透视矩形的追加

1）在透视图中作连续等大矩形的透视

【例 5-23】　已知矩形的透视 $ABCD$，如图 5-28（a）所示，欲求在 CD 之右侧追加两个与矩形 $ABCD$ 等大的矩形的透视。

作图分析：

按已知矩形的透视，追加一系列等大的矩形的透视，可利用这些矩形的对角线相互平行的特性来解决作图问题。

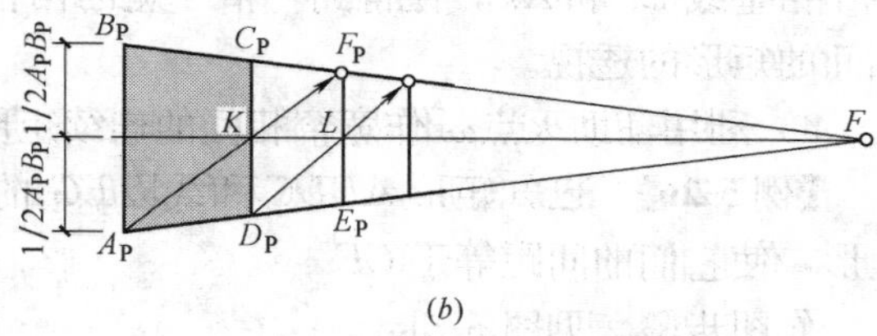

图 5-28　追加等大矩形的透视

（a）用矩形对角线追加矩形；（b）用矩形的中线追加矩形

作图步骤，见图 5-28（a）：

作出水平线 BC 和 AD 的灭点 F 及对角线 AC 的灭点 $F_上$，自点 D 画直线至对角线灭点 $F_上$ 交 BC 的延长线于点 E，得第二个矩形的对角线 DE，再过点 E 作第二个矩形的铅垂边线 EG。同法可作出余下的矩形。

当对角线的灭点 $F_上$ 在图板之外时，就可按图 5-28（b）所示方法作图，首先作出矩形的透视 $A_PB_PC_PD_P$ 的水平中线 KF，自点 A_P 引直线通过点 K 并延长交 B_PF 于点 F_P，再过点 F_P 作第二个矩形的铅垂边线 F_PE_P。以下的矩形均按同样步骤作出。

2）在透视图中作对称矩形

【例 5-24】　已知透视矩形 $AabB$ 和 $BbcC$，见图 5-29。试在 Cc 右侧作透视矩形 $CcdD$，使矩形 $CcdD$ 与矩形 $AabB$ 相对称。

作图步骤，见图 5-29：

首先作出矩形 $BbcC$ 的两对角线的交点，自点 a 引直线通过对角线的交点并延长交

AF 于点 D，由点 D 作铅垂线与 aF 交于点 d，即得矩形 $AabB$ 的对称矩形 $CcdD$ 的透视。

3）在透视图中作宽窄相间的矩形

【例 5-25】 已知宽矩形的透视 $AabB$ 和窄矩形的透视 $BbcC$，如图 5-30 所示。试在 Cc 右侧作相同宽窄相间的矩形。

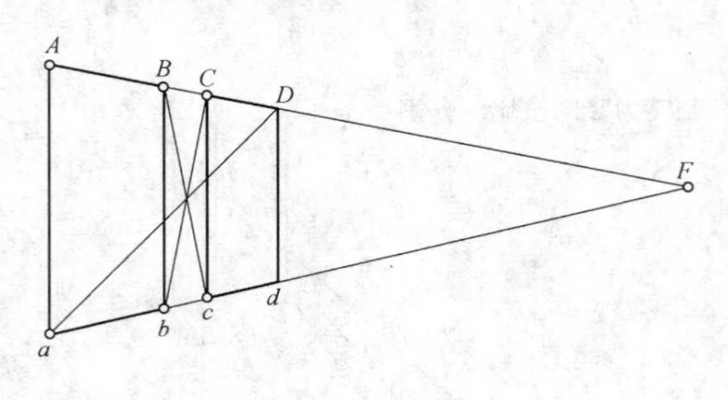

图 5-29 用对角线作对称矩形

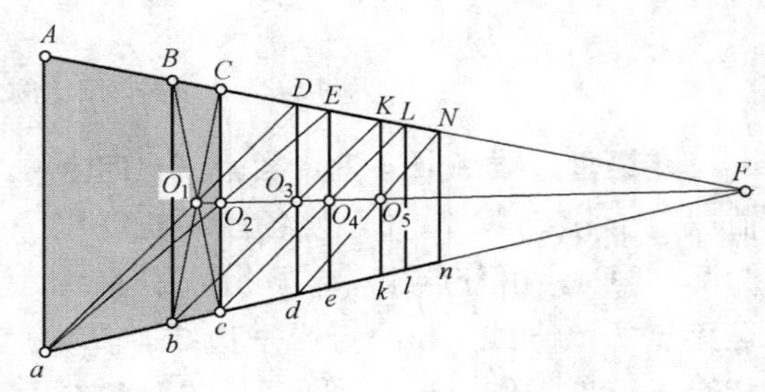

图 5-30 作宽窄相间的连续矩形

作图步骤，见图 5-30：

首先按上例步骤作出与矩形 $AabB$ 的对称矩形 $CcdD$，然后画出矩形的水平中线 O_1F，与铅垂线 Cc、Dd 相交于点 O_2、点 O_3，连线 aO_2、bO_3 延长交 AF 于点 E 和点 K，由此各作铅垂线 Ee 和 Kk，便得到一窄一宽的两个矩形的透视。按此步骤可作出若干组宽窄相间的矩形的透视。

4）利用辅助灭点 ω 作宽窄相间的连续矩形

【例 5-26】 已知矩形 $ABDC$ 和线段 EG 的透视，试沿 AC 方向追加若干个大小相同的矩形，使它们的间距等于 CE。

作图步骤，见图 5-31：

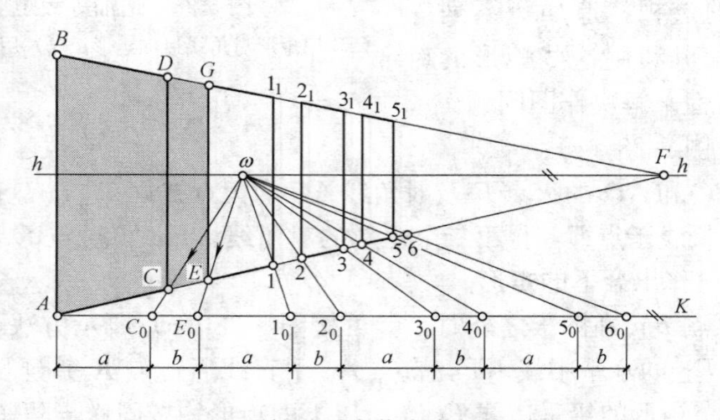

图 5-31 用辅助灭点作宽窄相间的矩形

（1）自点 A 作视平线 $h—h$ 的平行线 AK，又在视平线 $h—h$ 上任意确定一辅助灭点 ω，由灭点 ω 分别引直线通过点 C、点 E 并延长交 AK 于 C_0、E_0，设线段 AC_0 的长度为 a，线段 C_0E_0 的长度为 b。

（2）在直线 AK 上自 E_0 点向右截取 $E_01_0=2_03_0=4_05_0=a$，$1_02_0=3_04_0=5_06_0=b$。

（3）由点 1_0、2_0、3_0、4_0、5_0、6_0 分别引直线至灭点 ω 交 AF 于点 1、2、3、4、5 和 6，再分别过点 1、2、3、4、5 和 6 作铅垂线便完成等距等大的矩形的透视作图。

5.3.4　应用实例

【例 5-27】 已知房屋建筑的平、立、侧面图，视距 $s_g s=120$，视高及其余条件如图 5-32（*a*）所示，试用量点法放大一倍完成其透视作图。

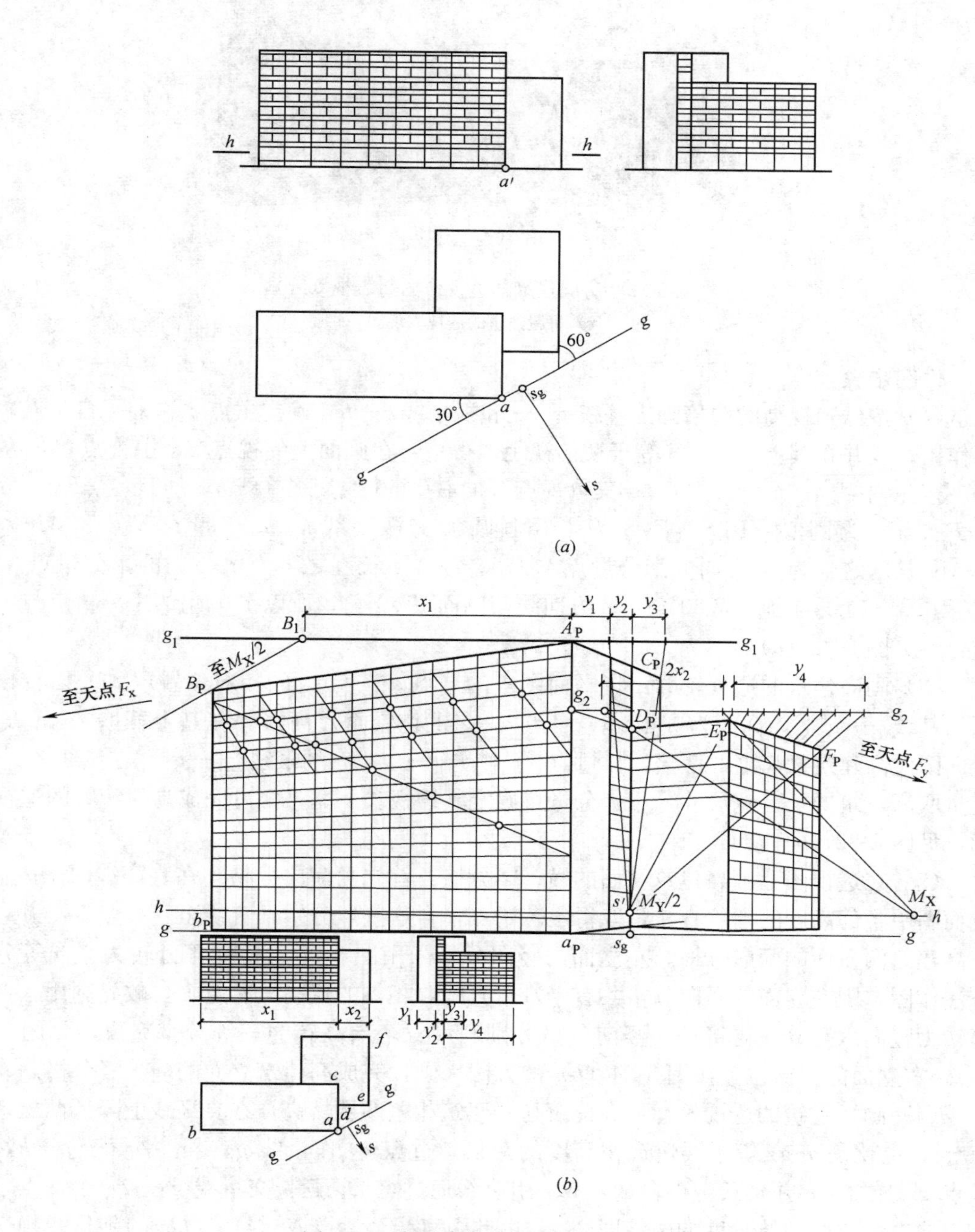

图 5-32　房屋建筑的透视作图与表现

（*a*）房屋建筑的平、立面图；（*b*）房屋建筑的透视作图

(c)

图 5-32 房屋建筑的透视作图与表视（续）
(c) 房屋建筑的透视表现图

作图步骤：

(1) 按已知视高的两倍画出基线 $g—g$ 和视平线 $h—h$，确定主点 s' 和 s_g。自主点 s' 向下作铅垂线并在其上量取 $s'S$ 等于 2 倍视距，得重合在画面上的视点 S，由视点 S 向左作 30°线交视平线 $h—h$ 于灭点 F_X；又自视点 S 向右引 60°线交视平线 $h—h$ 于灭点 F_Y；分别以 F_X、F_Y 为圆心，F_XS、F_YS 为半径画圆弧交视平线 $h—h$ 于量点 M_X 和 M_Y，取 F_XM_X 长度之半为 X 方向的半分量点 $M_X/2$，F_YM_Y 长度之半为 Y 方向的半分量点 $M_Y/2$。因 X 方向线与画面成 30°角，Y 方向线与画面成 60°角，所以 Y 方向的半分量点与主点重合，见图 5-32 (b)。

(2) 画高建筑的透视轮廓：将平面图中的迹点 a 按与 s_g 的相对位置放大一倍转移到画面基线 $g—g$ 上，标注为迹点 a_P，自点 a_P 向上作铅垂真高线并在其上截取 A_Pa_P 等于立面图上高建筑物高度的两倍，再过点 A_P 作平行于 $h—h$ 的量线 $g_1—g_1$，在量线 $g_1—g_1$ 上量取高建筑的长、宽尺寸，用半分量点确定其透视长、宽，便可完成高建筑物的透视轮廓，见图 5-32 (b)。

(3) 在透视图上画高建筑立面的横、竖分格：首先画横向分格，在真高线 A_Pa_P 上按立面图中各部高度的两倍直接量取得出若干点，自这些点分别画直线至两灭点 F_X、F_Y 完成高建筑两立面的横向分格。左立面的竖向分格采用图 5-26 由横向等分转为竖向等分的方法作图，因左立面的竖向分格共有十八个开间，相等的层高只有七个，故先利用六个层高转为竖向六等分，再将每一竖向分格分别利用三个层高转为三等分来完成，见图 5-32 (b)。右立面的门窗位置按图 5-24 (b) 的方法来画，完成高建筑立面的横、竖分格。

(4) 画矮建筑的透视轮廓：高建筑与矮建筑相差两层楼高，在真高线上降低两层楼取点 g_2，也就是 a_Pg_2 等于矮建筑物高度的两倍，过点 g_2 作量线 $g_2—g_2$ 平行于 $h—h$。由灭点 F_x 连接 D_P 并延长，再自量点 M_X 引直线通过点 D_P 延长交量线 $g_2—g_2$ 于一点，由该点向右量取矮建筑长度的两倍即 $2x_2$，由此引直线至量点 M_X 与 F_XD_P 的延长线相交于 E_P。又自半分量点 $M_Y/2$ 引直线通过点 E_P 延长交量线 $g_2—g_2$ 于一点，由该点向右量取矮

建筑的宽度即 y_4，自此引直线至半分量点 $M_Y/2$ 与连线 F_YE_P 相交于 F_P。从点 E_P、F_P 作铅垂线出发就可完成矮建筑的透视轮廓。

(5) 矮建筑的横向分格由高建筑直接转入。竖向分格用图 5-24 (*b*) 所示的方法来完成。整理图线，作出配景，完成全图。图 5-32 (*c*) 为该建筑的表现渲染图。

5.4　斜线的灭点及平面的灭线

5.4.1　斜线的灭点及其作图步骤

斜线是指倾斜于画面又倾斜于基面的一般直线，如图 5-33 中双坡顶房屋上的直线段 AB 和 BC。为了作出一般直线 AB 和 BC 的灭点，自视点 S 分别作视线平行于 AB、BC 及其在基面上的正投影 ac，它们与画面的交点 $F_{X上}$、$F_{X下}$ 和 F_X 分别为 AB、BC 和 ac 的灭点，因这三条线属于铅垂的山墙面，所以视线平面 $F_{X上}SF_{X下}$ 也是铅垂面。当画面垂直于基面时，视线平面 $F_{X上}SF_{X下}$ 与画面的交线 $F_{X上}F_{X下}$ 为垂直于 $h—h$ 的铅垂线。由于 ac 位于基面上，故其灭点 F_X 在视平线 $h—h$ 上，它也是交线 $F_{X上}F_{X下}$ 与视平线 $h—h$ 的交点。由上述分析可以得出：斜线的灭点与该斜线的水平投影的灭点位于同一条铅垂线上。

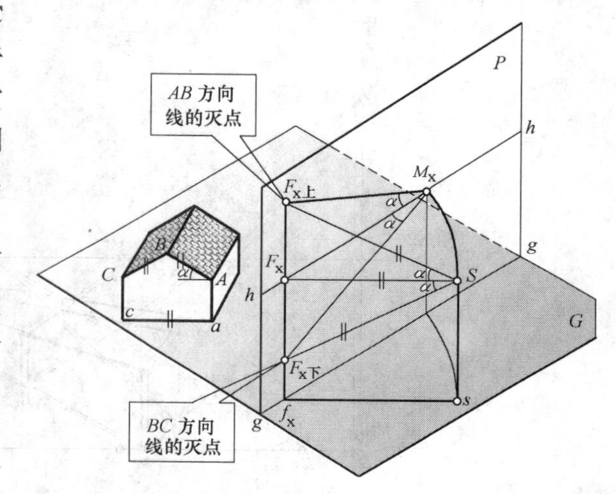

图 5-33　斜线的灭点及其求作

设直线 AB、BC 对基面的倾角为 α，则 $\angle F_{X上}SF_X=\angle F_{X下}SF_X=\alpha$，如果将视线平面 $F_{X上}SF_{X下}$ 绕轴线 $f_XF_{X上}$ 旋转到画面 P 上，SF_X 必定重合在视平线 $h—h$ 上，而视点 S 与 ac 及其平行线的量点 M_X 重合，视线 $SF_{X上}$ 重合在画面上成为 $M_XF_{X上}$，视线 $SF_{X下}$ 重合在画面上成为 $M_XF_{X下}$，它们与视平线 $h—h$ 的夹角仍为 α。根据上述分析得到斜线灭点的作图步骤为：

(1) 作出斜线 AB、BC 水平投影 ac 的灭点 F_X 和量点 M_X。

(2) 由量点 M_X 作与视平线 $h—h$ 交角为 α 角的直线，该直线与过灭点 F_X 的铅垂线的交点 $F_{X上}$ 或 $F_{X下}$ 就是斜线 AB 或 BC 的灭点。斜线 AB 为上升线，灭点在 $h—h$ 上方，斜线 BC 为下降线，灭点在 $h—h$ 下方。图中 AB 和 BC 线在基面上的正投影是在一条线 ac 上，而它们的基透视也是在一条线上，当然它们的基透视消失于灭点 F_X。如果它们在基面上的正投影不在一直线上，而是同方向的平行线，故它们的基透视也消失于灭点 F_X。

当建筑物的轮廓线中相互平行的斜线较多时，利用斜线灭点作图较为简捷、准确、迅速。

5.4.2　用斜线灭点作透视图的实例

【例 5-28】 已知双坡顶房屋的平、立面图，视高为 80，视距为 110，其余条件如图

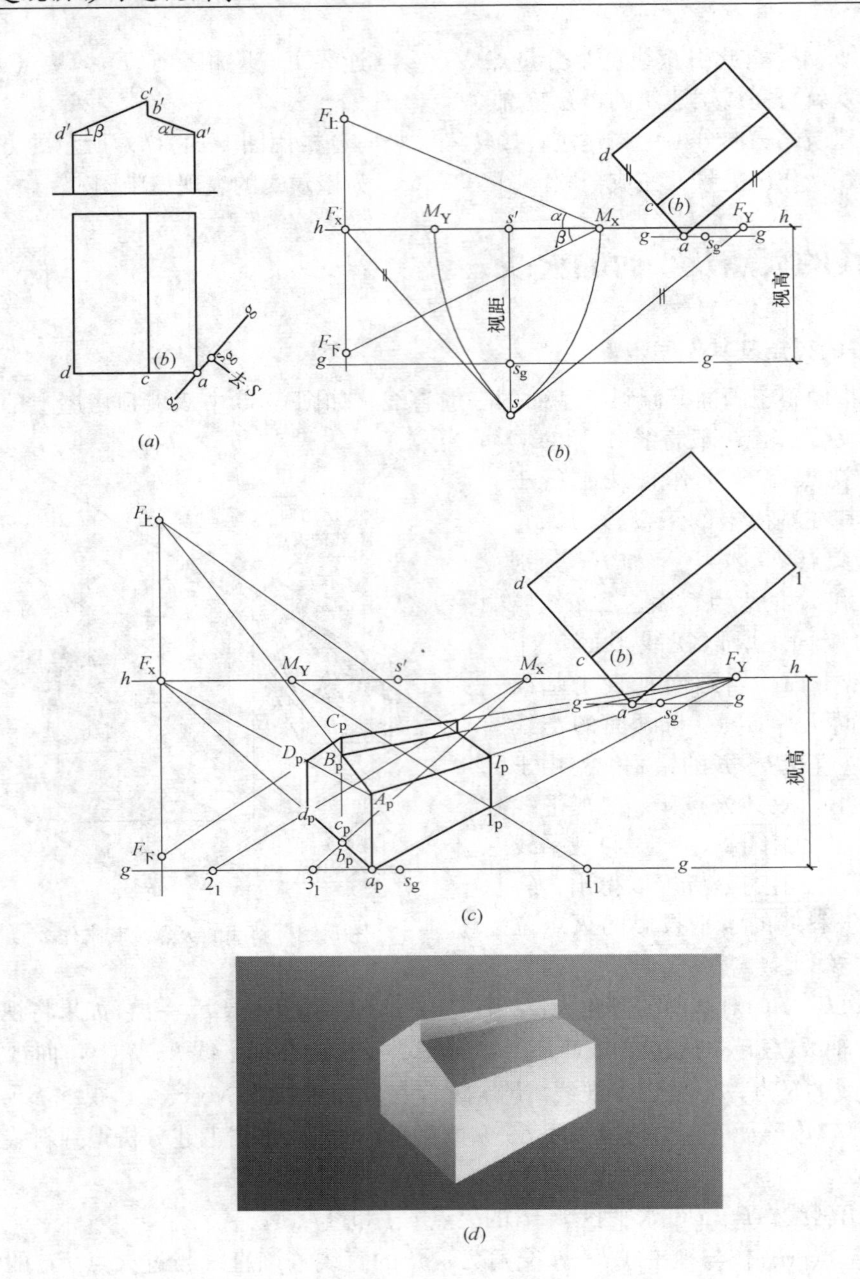

图 5-34 坡顶房屋的透视

(*a*) 房屋的平、立面图；(*b*) 作视平线、基线、灭点、量点等；(*c*) 作坡顶房屋的透视图；(*d*) 透视渲染图

5-34 (*a*) 所示，完成双坡顶房屋的透视图。

作图步骤：

(1) 构图：按已知条件定出 $h—h$、$g—g$、s'、s_g、F_X、F_Y、M_X、M_Y 及 $F_上$、$F_下$，见图 5-34 (*b*)。

(2) 用量点法画透视平面图：将平面图中的迹点 a 按与 s_g 的相对位置转移到画面基线 $g—g$ 上，标注为迹点 a_P。自画面上的迹点 a_P 分别引直线至灭点 F_X、F_Y，得直线 ad、

$a1$ 的透视方向。为求点 d、点 1 的透视 d_P、1_P，在画面基线 $g—g$ 上由迹点 a_P 向左量取 a_P2_1 等于 ad 得点 2_1，a_P3_1 等于 ac 得点 3_1，从点 2_1、3_1 分别引直线至量点 M_X 与 a_PF_X 交于点 d_P、c_P 得点 d、c 的透视；又自迹点 a_P 向右量取 a_P1_1 等于 $a1$ 得点 1_1，由点 1_1 引直线至量点 M_Y 与 a_PF_Y 交于点 1_P 得点 1 的透视，见图 5-34（c）。

（3）利用真高线画墙体透视：由点 a_P、d_P、1_P 向上画铅垂线，在过点 a_P 的铅垂线上量取 a_PA_P 等于立面图上墙体高度，然后连接 A_PF_Y 和 A_PF_X 与过点 1_P、d_P 的铅垂线相交于 I_P、D_P。

（4）用斜线的灭点画坡屋顶的透视：自 A_P、I_P 引直线至上升线的灭点 $F_上$，斜线 $A_PF_上$ 与过 c_P 的铅垂线相交于 B_P，连接 $F_下$ D_P 并延长交过 c_P 的铅垂线于 C_P。再由 B_P、C_P 画直线至灭点 F_Y 即可完成全图，见图 5-34（c）。图 5-34（d）为透视渲染图。

从作图过程中可以看出：由于利用了斜线的灭点，而免去量取山墙顶点 B、C 的真高。

【例 5-29】 已知楼梯间的平、剖面图及视点 S 的投影，其余条件如图 5-35（a）所示，求作楼梯间的透视图。

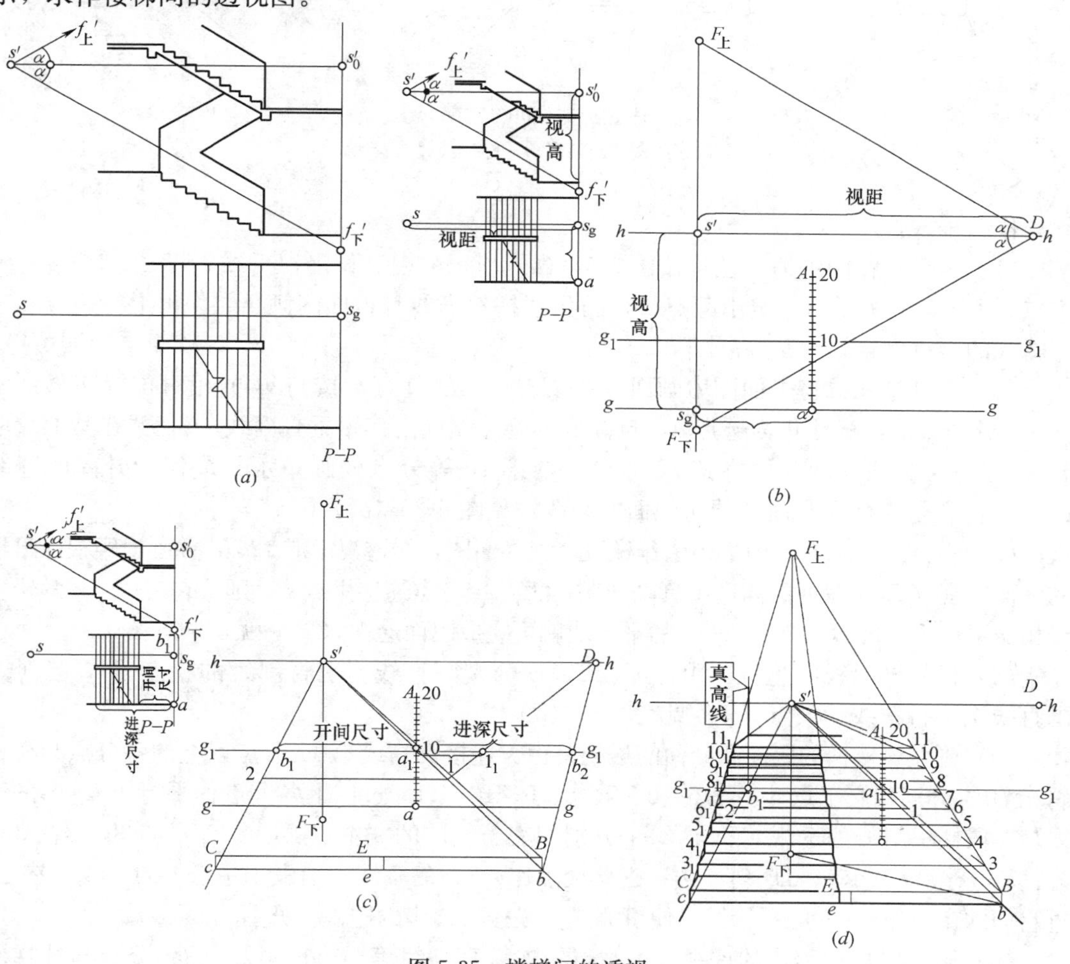

图 5-35　楼梯间的透视

（a）楼梯间的平、剖面图；（b）确定视平线、基线、主点、距点、斜线灭点及真高线等；（c）在升高的基面上画楼梯间透视平面；（d）画梯段的透视

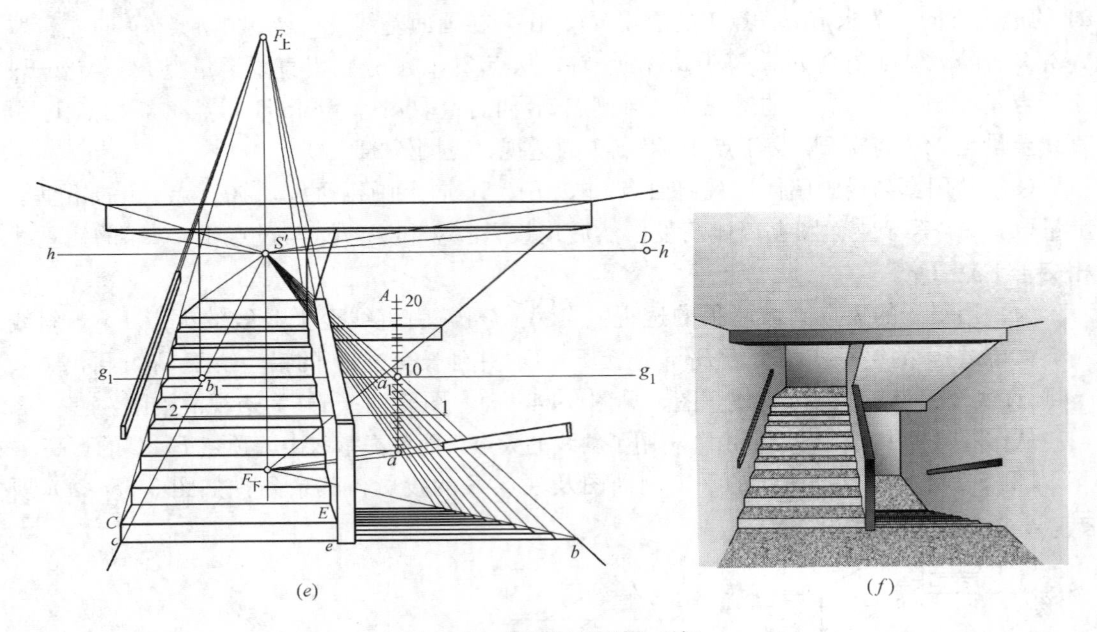

图 5-35 楼梯间的透视（续）

（e）完成楼梯间透视图；（f）楼梯间表现图

作图步骤：

（1）构图：在图纸适当位置按图 5-35（a）所示的视高作出视平线 $h—h$、基线 $g—g$、主点 s' 和 s_g，由视距 ss_g 定出距点 D，再由楼梯斜度线与地面的倾角 α 作出上行斜线和下行斜线的灭点 $F_上$、$F_下$，见图 5-35（b）。

（2）作真高线：将平面图中画面迹线 $P—P$ 上的迹点 a 按与 s_g 的相对位置转移到画面基线 $g—g$ 上，标注仍为迹点 a，自画面的迹点 a 向上作铅垂真高线 aA，并在其上量取 aA 等于一层楼的高度，再将其 20 等分，在第 10 等分点处画一水平线作为升高的基线 $g_1—g_1$，它是楼梯平台面延伸与画面的交线，见图 5-35（b）。

（3）在升高的基面上用主距法作梯段透视平面图，即透视矩形 12cb，并画出距视点最近的踢面透视 $cCEe$。踢面的高度由真高线 aA 的第 11 分点连接主点 s'，延长它与过点 b 的铅垂线相交于点 B，自 B 向左作 $h—h$ 的平行线就可完成踢面透视 $cCEe$，见图5-35（c）。

（4）作楼梯斜线的透视：由点 C、E、B 分别画直线至上行斜线的灭点 $F_上$，自点 b 画直线至下行斜线的灭点 $F_下$，见图 5-35（d）。

（5）画左段楼梯的踢面和踏面的透视：由 s' 连接真高线第 11 分点以上的各分点与楼梯斜线 $BF_上$ 分别相交于点 3、4、5、6、7、8、9、10、11。过以上各分点作平行于 $h—h$ 的直线与左段楼梯斜线的透视 $CF_上$、$EF_上$ 分别相交于相应的 9 个点，如 $CF_上$ 的点 3_1、4_1、5_1、6_1、7_1、8_1、9_1、10_1、11_1 等。再由这些交点作 $h—h$ 的垂线和消失于主点 s' 的直线，然后，过它们的交点作 $h—h$ 的平行线，便可完成左段楼梯踏步的透视，见图5-35（d）。

（6）画右段楼梯踏步的透视：由主点 s' 连接真高线第 10 分点以下的各分点与楼梯斜线 $bF_下$ 分别相交于各点，过这些交点作 $h—h$ 的平行线和消失于主点 s' 的直线，便可完成右段楼梯踏步的透视，见图 5-35（e）。

（7）作出楼梯扶手、栏板、楼梯梁、平台及上一层梯段的底部轮廓线、顶棚与左右墙面的交线等，见图 5-35（*e*）。

（8）整理图线、渲染着色，见图 5-35（*f*）。

5.4.3　平面的灭线

1）平面灭线的概念及其求作

平面的灭线是过视点作已知平面的平行面，该平面与画面的交线就是已知平面的灭线。它是该平面的所有画面相交直线灭点的集合。

如图 5-36 所示，已知平面为△*ABC* 及其在基面上的正投影△*abc*，它与画面的交线（迹线）为 *BC*。欲求其灭线，应过视点 *S* 分别作视线平行于 *AB* 和 *AC*，该两视线与画面的交点为 F_1、F_2，连接 F_1、F_2 的直线就是△*ABC* 平面的灭线。因过视点而平行于已知平面的所有视线都包含在已知平面的平行面 SF_1F_2 内，所以平面的灭线是属于该平面的所有画面相交直线灭点的集合。因此要作某平面的灭线，也就是求该平面上任意两条相交直线的灭点连线。

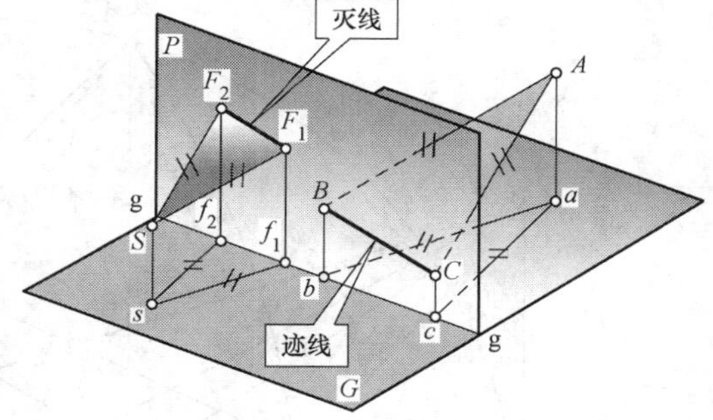

图 5-36　平面灭线的概念及作图

2）平面灭线的几何性质

（1）平面的灭线平行于该平面的迹线。在图 5-36 中的视线平面 SF_1F_2 平行于已知的△*ABC* 平面，它们与画面的交线应平行，即灭线 F_1F_2 // 迹线 *BC*（这是根据立体几何中的“平行二平面与第三平面的交线平行”原理而得出的）。

（2）平面上所有与画面相交直线的灭点，一定在该平面的灭线上。

（3）与该平面平行的任何直线（平行于画面的直线除外），其灭点也一定在该平面的灭线上。

（4）平行面共灭线。两平行面可认为相交于无穷远处，它们的灭线就是无穷远处交线的透视。

3）几种典型位置平面的灭线

（1）既倾斜于基面又倾斜于画面的平面，其灭线是一条倾斜直线。

（2）水平面（包括基面）的灭线就是视平线 *h*—*h*。

（3）铅垂面的灭线是一条铅垂线。

（4）基线垂直面的灭线是一条通过主点 s' 的铅垂线。

（5）画面平行面没有灭线。

4）用平面灭线的原理作透视图实例

【例 5-30】 已知两坡顶房屋的墙体透视图，如图 5-37（*a*）所示，视心为 s'、视平线为 *h*—*h*、屋面坡度为 30°，完成屋顶的透视作图。

作图步骤：

（1）求主向水平线的灭点 F_X、F_Y 和量点 M_X、M_Y：延长墙体的主向水平线 *ab* 和 *an*，分别交视平线 *h*—*h* 于灭点 F_X、F_Y。由于房屋墙体转角一般为 90°，故以 $F_X F_Y$ 为直

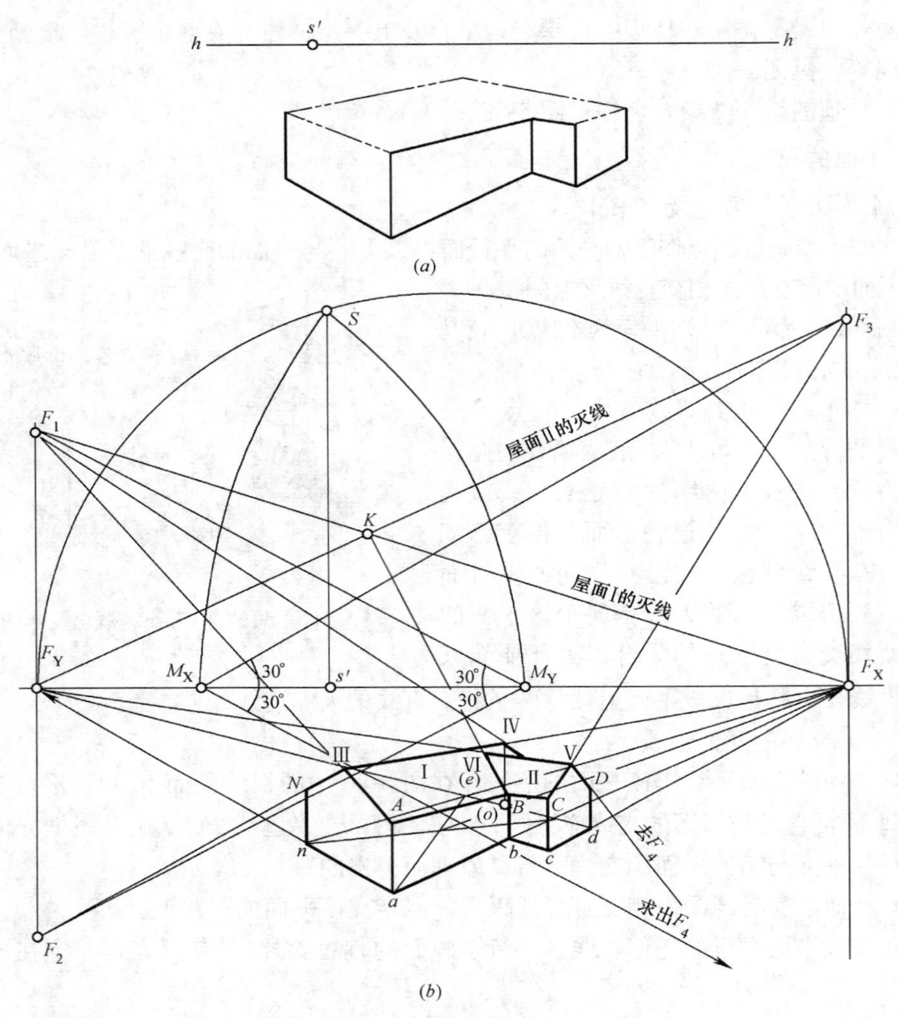

图 5-37 两坡顶房屋的屋顶透视

(*a*) 墙体透视图；(*b*) 坡屋顶的透视作图

径画半圆与过视心 s'的铅垂线相交于重合视点 S。再分别以 F_X、F_Y 为圆心，F_XS、F_YS 为半径画圆弧交视平线 h—h 于量点 M_X、M_Y。

(2) 作屋面斜线的灭点 F_1、F_2、F_3、F_4：由量点 M_X 向右上和右下作 30°线与过灭点 F_X 的铅垂线相交于 F_3、F_4；自量点 M_Y 向左上和左下作 30°线与过灭点 F_Y 的铅垂线相交于 F_1、F_2。

(3) 作斜屋顶的透视：自点 A 引直线至斜线的灭点 F_1，与斜线 F_2N 的延长线相交于屋脊顶点Ⅲ，连线Ⅲ、F_X 为横向建筑屋脊线的透视方向，为求其屋脊线的透视长度，连接 n、F_X，d、F_Y，它们的交点为 e，再利用透视矩形对角线等分矩形的原理求得屋脊线的基透视与 de 的交点 o，由点 o 向上作铅垂线与ⅢF_X 相交于点Ⅳ，线段ⅢⅣ为横向建筑屋脊线的透视。连接 F_1、Ⅳ并延长，完成横向建筑屋顶的透视。

纵向建筑屋顶的透视作图是从点 C 画直线至斜线的灭点 F_3 与斜线 F_4D 的延长线相交于屋脊顶点Ⅴ。连线Ⅴ、F_Y 为纵向建筑屋脊线的透视方向，再利用两平面交线的灭点是两平面灭线的交点原理作屋面Ⅰ和屋面Ⅱ的交线。灭点 F_1、F_X 的连线为屋面Ⅰ的灭线，灭点 F_3、F_Y 的连线为屋面Ⅱ的灭线，它们的交点 K 为两屋面交线的灭点。连接 B、K 交ⅤF_Y 于点Ⅵ，完成屋顶的透视作图，见图 5-37（b）。

【例 5-31】 已知房屋的平、立面图，视高 $s's_g=20$，视距 $ss_g=100$，屋面坡度为 30°，其余条件如图 5-38（a）所示。试用量点法画其透视图。

作图步骤：

（1）按已知视高画出基线 g—g 和视平线 h—h，确定主点 s' 和 s_g。自主点 s' 向上作铅垂线并在其上量取 $s'S$ 等于视距，得重合在画面上的视点 S，由视点 S 向左作 30°线交视平线

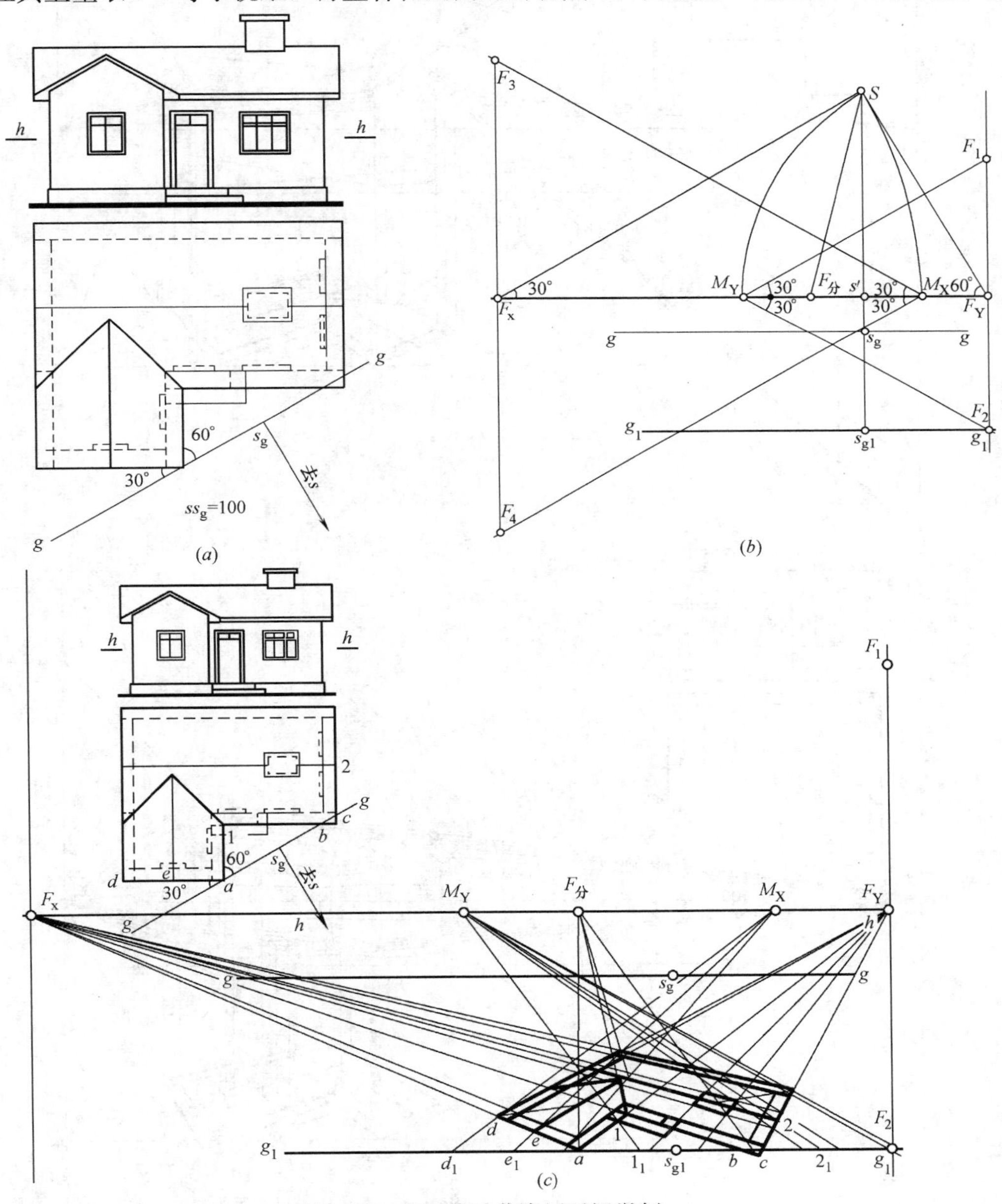

图 5-38　用量点法作房屋透视举例

（a）房屋的平、立面图；（b）作视平线、基线、灭点、量点等；（c）作平面图的透视

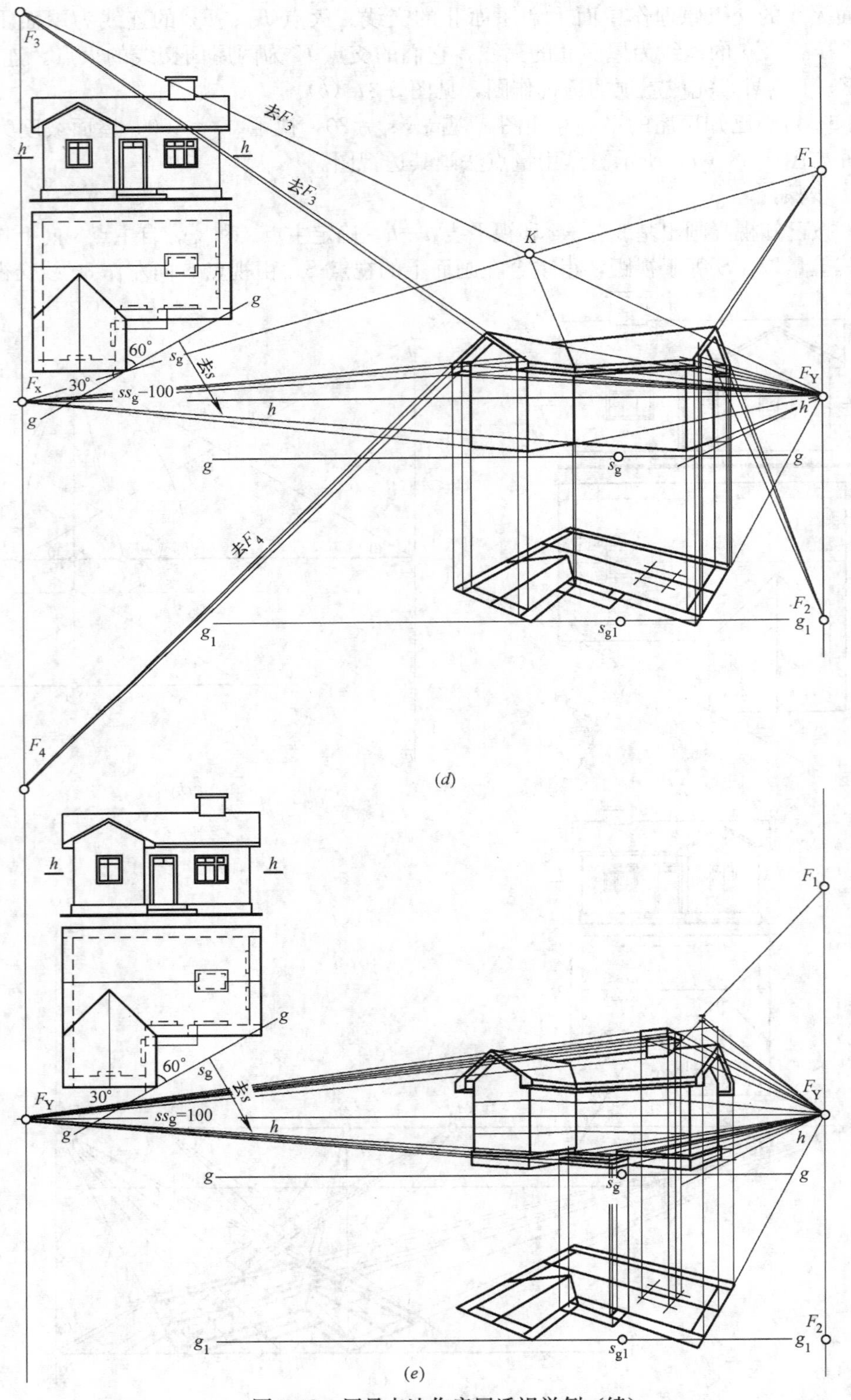

图 5-38 用量点法作房屋透视举例（续）

(*d*) 画房顶及墙体的透视；(*e*) 画烟囱、台阶、勒脚及窗的上下位置

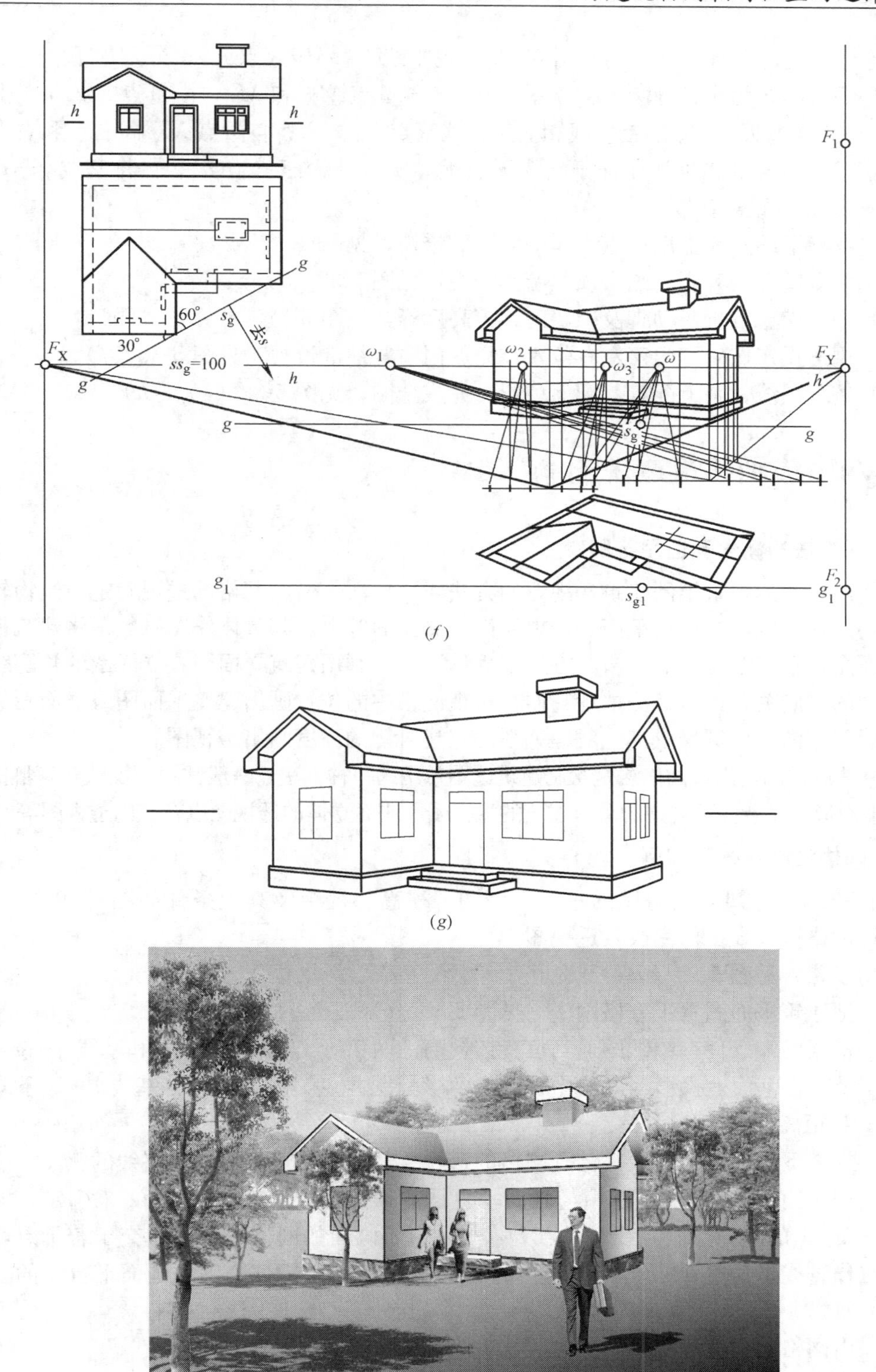

(*f*)

(*g*)

(*h*)

图 5-38　用量点法作房屋透视举例（续）

（*f*）画门窗的左右位置；（*g*）房屋的透视图；（*h*）房屋及配景表现图

h—h 于灭点 F_X；又自视点 S 向右引 60°线交视平线 h—h 于灭点 F_Y；分别以 F_X、F_Y 为圆心，F_XS、F_YS 为半径画圆弧交视平线 h—h 于量点 M_X 和 M_Y，由量点 M_X 向左上和左下作 30°线与过灭点 F_X 的铅垂线相交于斜线灭点 F_3、F_4；自量点 M_Y 向右上和右下作 30°线与过灭点 F_Y 的铅垂线相交于斜线灭点 F_1、F_2，见图 5-38（b）。再将基线 g—g 下降至 g_1—g_1，其距离任取。

（2）在降下的基面上用量点法作平面图的透视，见图 5-38（c）。

（3）回升基面、升高、画房顶及墙体透视，见图 5-38（d）。

（4）画烟囱、台阶、勒脚及确定门、窗高度等，见图 5-38（e）。

（5）用透视定比确定门窗左右位置，完成门窗等细部透视，见图 5-38（f）。

（6）整理图线、画上配景、配上色彩、完成全图，见图 5-38（g）、（h）。

5.5 网格法画建筑透视图

5.5.1 网格法的概念及适用范围

利用网格的透视来绘制建筑透视图的方法叫网格法。借助网格的透视确定建筑物轮廓线上点的透视可以用在透视平面、透视立面及侧立面等上。其具体作图一般是将建筑平面图或立面图置于一个特定的网格（方形或矩形）中，利用建筑平面图或立面图的轮廓线与网格格线的对应关系，凭目测估计它们在透视网格中的位置画出建筑平面图或立面图的透视，最后利用高度比例尺或其他对应关系确定建筑物的高度画出透视图。

网格法的适用范围：网格法是绘制建筑透图常用的一种方法。一般常用于反映建筑群的鸟瞰图、平面形状复杂而不规则的单体建筑的透视图、曲面立体的透视图以及室内透视图等。

5.5.2 网格法画透视图实例

【例 5-32】 已知多层房屋的平、立面图，视高、视距及其他条件如图 5-39（a）所示。试用网格法放大一倍完成其透视图。

作图步骤，见图 5-39（b）：

（1）把建筑平面图置于方格网中，见图 5-39（b）右上平面图。

（2）根据已知条件在图纸的适当位置按视高的两倍画出视平线 h—h 和基线 g—g，定出视心 s' 及其在基面上投影 s_g，再由视距确定半分距离点 $D/2$。然后将基线 g—g 下降至 g_1—g_1，其距离任取。

（3）在降下的基面上放大一倍画网格的透视。其中垂直于画面的网格线的灭点为视心 s'，平行于画面的网格线的透视用与画面垂直线的量点 D 或半分量点 $D/2$ 来确定，即自基线 g_1—g_1 上的左角点画直线至量点 D，与垂直于画面的网格线透视相交于若干点，过这些交点作直线平行于 h—h，完成网格的透视。用半分量点 $D/2$ 确定画面平行线的方法见有关光盘。

（4）由网格透视画建筑平面图的透视。

（5）回升基面，确定高度，完成外形轮廓的透视。

（6）用高度比例尺及定比分割等方法完成门、窗及墙面划格线等细部。

（7）画配景，作出墙面的装饰色彩，完成全图。图 5-39（c）为房屋及配景效果图。

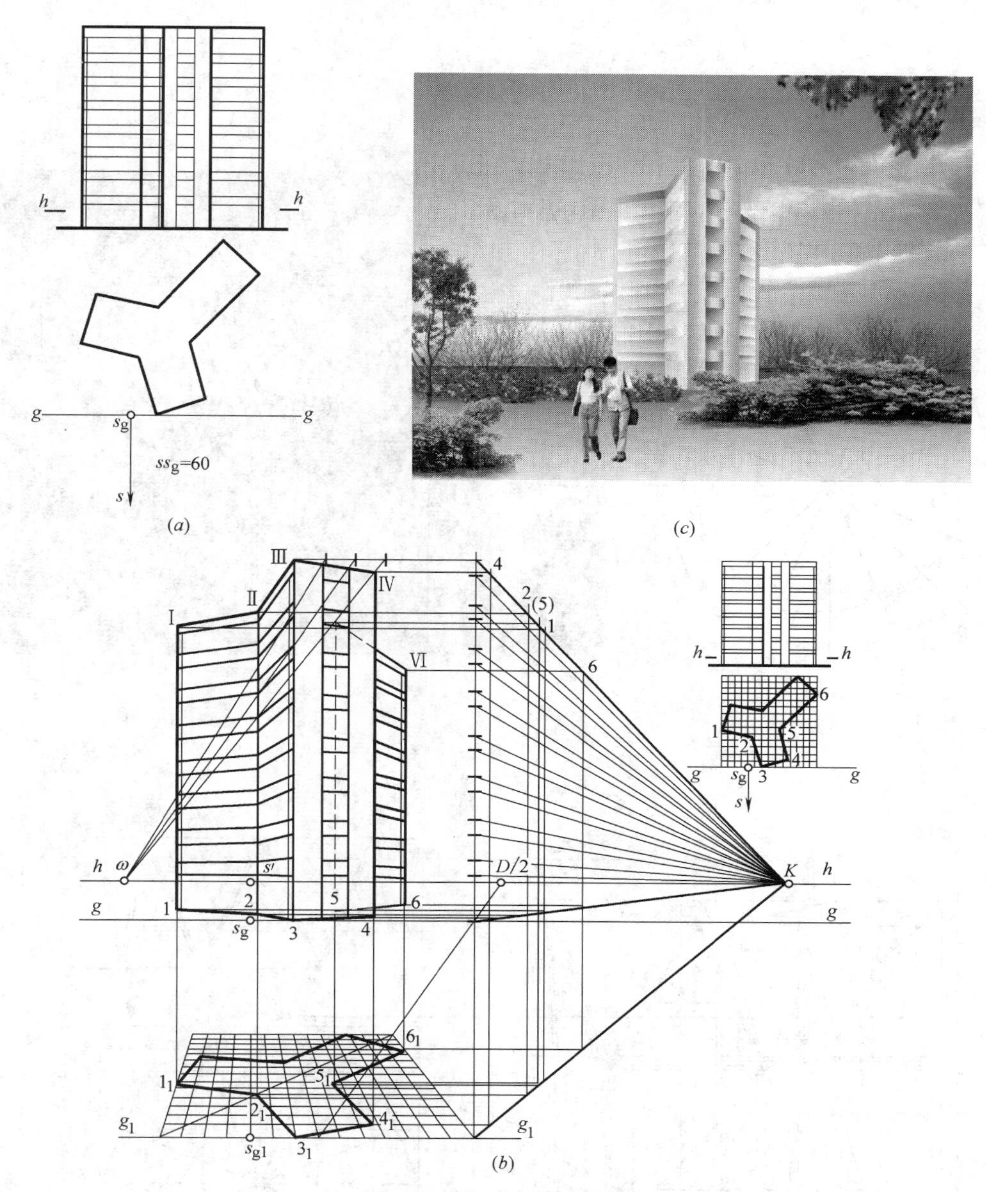

图 5-39　多层房屋的透视

(a) 多层房屋的平、立面图；(b) 网格法作多层建筑的透视图；(c) 多层房屋及配景效果图

【例 5-33】 已知某折板建筑的平、立面图，视距 $ss_g=100$，视高、s' 及 s_g 如图 5-40 (a) 所示，试用网格法完成其透视图。

作图步骤，见图 5-40 (b)：

(1) 根据建筑平面图画出所需要的格网，尽量使建筑平面图中的各角点处于网格的交点上，见图 5-40 (b) 右侧的平面图。

(2) 构图：在图纸的适当位置按视高画基线 $g—g$、视平线 $h—h$，确定视心 s'、s_g 及距离点 D。

(3) 将基线 $g—g$ 下降至 $g_1—g_1$，其距离任取。在降下的基面上画网格的透视，见图 5-40

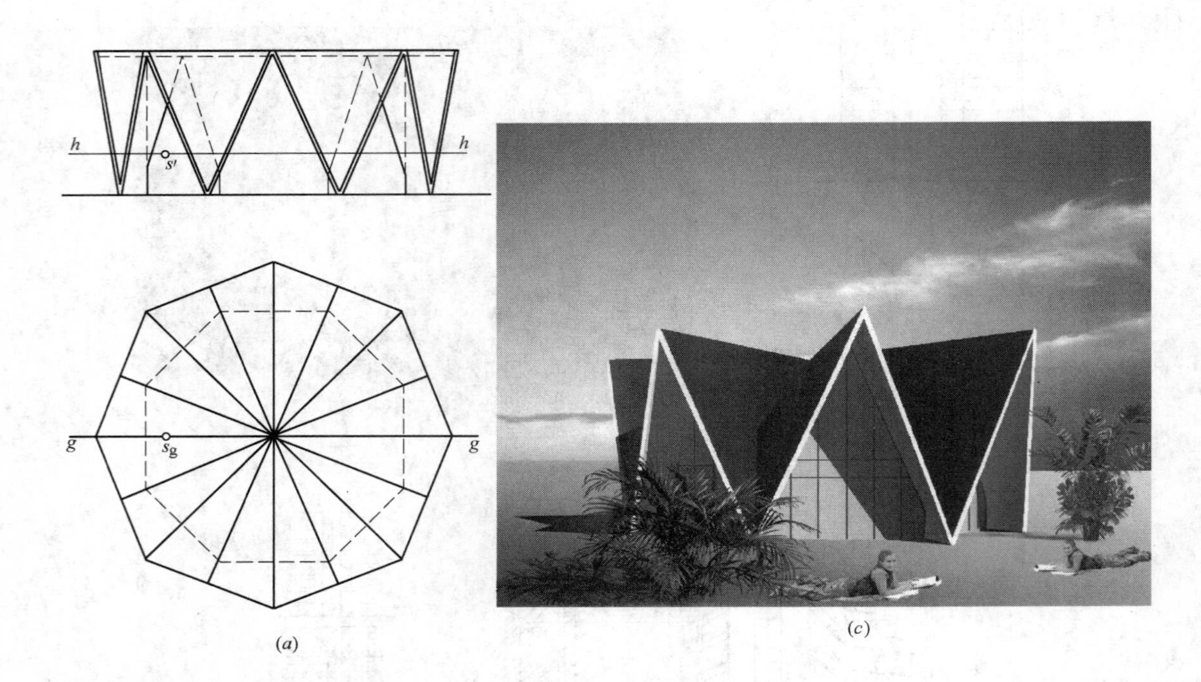

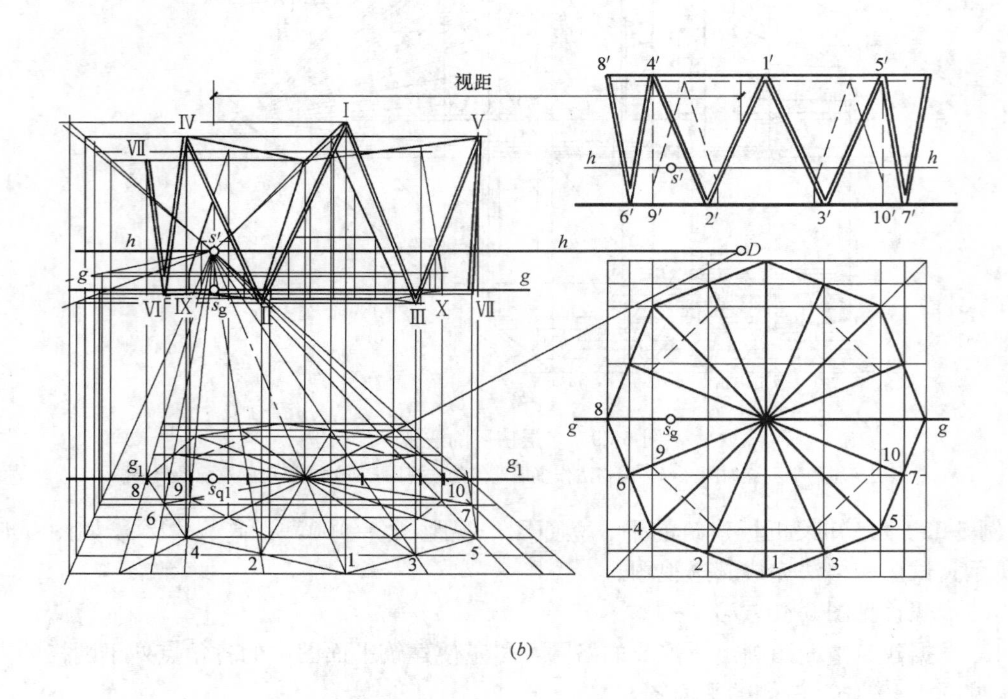

图 5-40 用网格法作折板建筑的透视

(*a*) 某折板建筑的平、立面图；(*b*) 某折板建筑的透视作图；(*c*) 某折板建筑及配景效果图

(b) 左下侧的网格透视图。

(4) 利用网格透视画建筑平面的透视。

(5) 回升基面，确定高度，完成外形轮廓的透视。

(6) 用定比分割画门、窗及墙面划格线等细部。

(7) 画出配景及阴影，着色，完成全图。图 5-40 (c) 为建筑效果及配景图。

5.6 建筑师法画建筑透视图

5.6.1 建筑师法的作图原理

建筑师法是绘制建筑透视图最常用的基本方法之一，也是建筑师们经常使用的一种画图方法。在绘制透视图时，首先要作出建筑透视平面图中点的透视，而点的透视是利用位于基面上的两条相交直线的透视而确定，其中一条直线一定是通过站点 s 的直线，它的透视是一条过迹点的铅垂线。

如图 5-41 所示，垂直于画面的直线段 AB 位于基面上，它的透视方向是迹点 A 连接主点 s'，为求其 B 点的透视，作辅助线 sB 至 F_∞ 与基线 $g—g$ 相交于迹点 1，再求辅助线 sF_∞ 的灭点 F。自视点 S 作直线平行于辅助线 sF_∞，该直线与画面的交点就是辅助线的灭点 F。连接 1、F 与 As' 的交点 B_P 就是 B 点的透视。为此，包含 Ss、sF_∞ 作平面 SsB，因 Ss 垂直于基面 G，故平面 SsB 也垂直于基面 G，所以平面 SsB 与画面的交线 1—F 必然垂直于基面，也垂直于基线 $g—g$。由此得出：过站点 s 的水平直线的透视，是过迹点的一条铅垂线。与建筑物的高度方向相同，故用建筑师法画透视图，图面较干净，画放大或缩小的透视图也较方便。

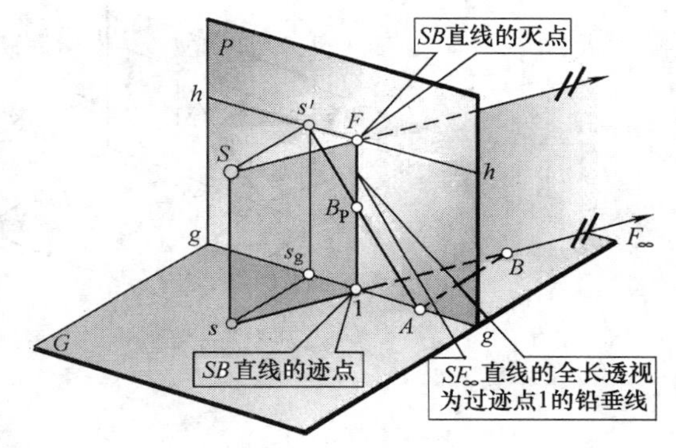

图 5-41　建筑师法的作图原理

5.6.2 建筑师法绘透视图实例

【例 5-34】 已知基面上的直线段 AB，其余条件如图 5-42 (a) 所示。试完成直线段 AB 的透视作图。

作图步骤，见图 5-42 (b)：

(1) 空间分析：直线段 AB 为水平线，其灭点在视平线 $h—h$ 上，自视点 S 和站点 s 分别作直线平行于直线段 AB，它们与视平线 $h—h$ 和基线 $g—g$ 相交于灭点 F 及其投影 f_g。直线 AF 是直线段 AB 的透视方向。为求其 B 点的透视，作辅助线 sB 与基线 $g—g$ 相交于迹点 B_g，由迹点 B_g 作铅垂线交 AF 于 B_P，见图 5-42 (b) 左图。

(2) 透视作图：在展开的基面上过站点 s 作直线段 AB 的平行线交基线 $g—g$ 于 f_g，由 f_g 作铅垂线交画面上的视平线 $h—h$ 于灭点 F。在画面上连接 AF 得直线 AB 的透视方向。又在基面上连接 sB 与基线 $g—g$ 相交于迹点 B_g，由迹点 B_g 作铅垂线交画面上的 AF 于点 B_P，见 5-42 (b) 右图。

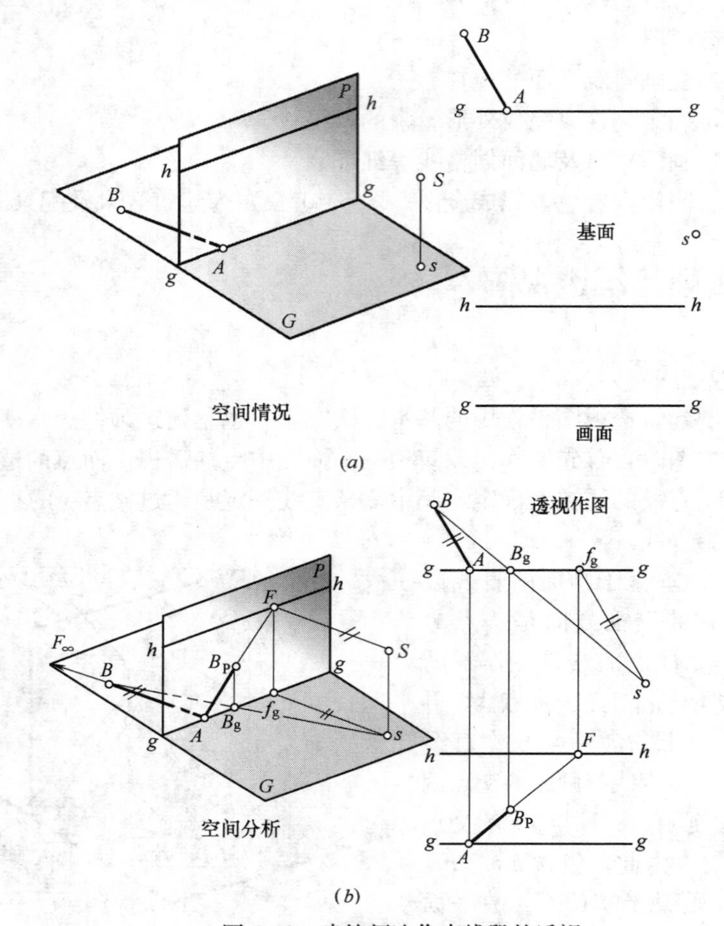

图 5-42 建筑师法作直线段的透视

(*a*) 已知条件；(*b*) 建筑师法作直线段透视的作图

【例 5-35】 已知建筑形体的平、立面图，视高、视距、光线等条件见图 5-43（*a*）。试用建筑师法画其透视图，并按给定光线完成其阴影。

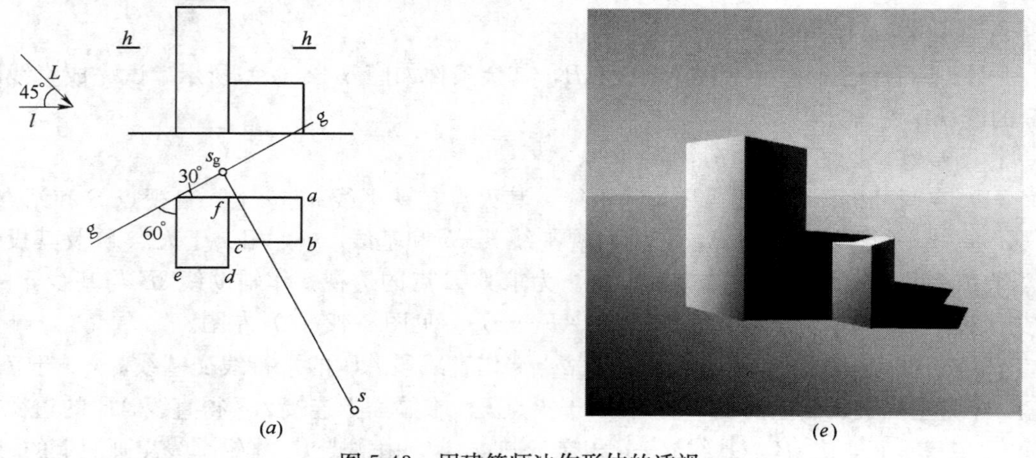

图 5-43 用建筑师法作形体的透视

(*a*) 已知条件；(*e*) 效果图

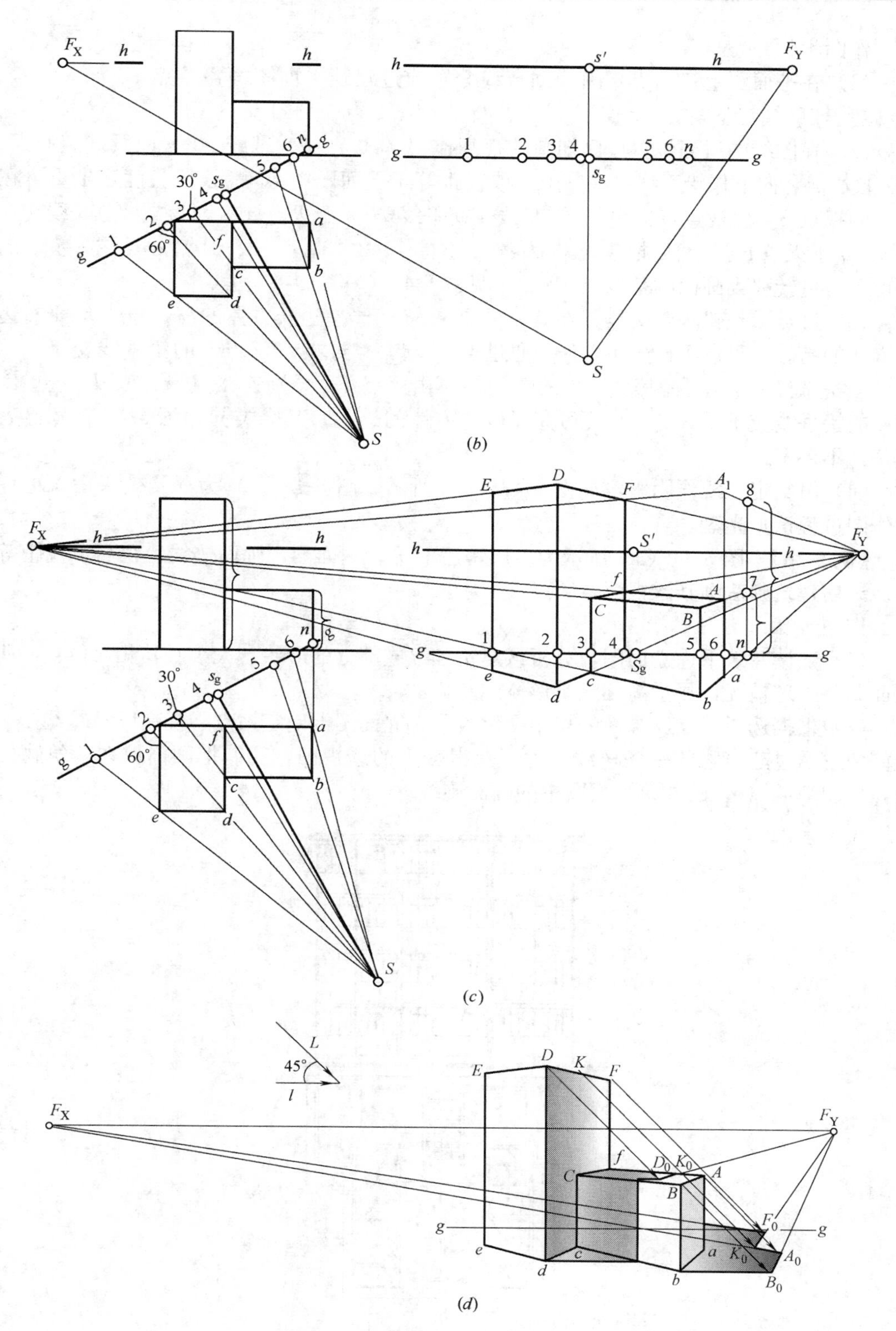

图 5-43　用建筑师法作形体的透视（续）

（b）作辅助线、求灭点等；（c）透视作图；（d）透视阴影作图

作图步骤：

(1) 在平面图上自站点 s 画辅助直线分别通过建筑平面图的各角点 a、b、c、d、e、f，这些辅助线与基线 g—g 交于 1、2、3、4、5、6 点，见图 5-43 (b)。

(2) 在图纸的适当位置按已知图的视高作视平线 h—h、基线 g—g 以及确定心点 s'、s_g。自心点 s' 向下作铅垂线并在其上量取视距等于平面图中 ss_g 的线段长度定出重合在画面上的视点 S，由视点 S 向左上作 30°线交视平线 h—h 于灭点 F_X，向右上作 60°线交视平线 h—h 于灭点 F_Y。然后把建筑平面 g—g 上的 1、2、3、4、5、6 点及 n 点按与 s_g 的相对位置等量转移到画面的基线 g—g 上，见图 5-43 (b)。

(3) 过点 n 作铅垂真高线并在其上量取 n—8 等于左边长方体的高，n—7 等于右边矮长方体的高。自灭点 F_Y 作直线分别通过点 n、点 7 与过点 6、点 5 的铅垂线交于 a、A、b、B，完成矮长方体右侧棱面 ab 的透视。再由灭点 F_X 分别连接点 A、b、B 与过点 3、点 4 的铅垂线交于 C、c、f，便可完成矮长方体的透视。其余类同，图 5-43 (c) 已表示清楚，不再赘述。

(4) 由给定光线作阴影，如图 5-43 (d) 所示。图 5-43 (e) 为渲染效果图。更详细的作图过程请见光盘。

【例 5-36】 图 5-44 (a) 所示为多层房屋的平、立面图，画面迹线、视高、视距等自定。试用建筑师法画其透视图。

作图步骤：

(1) 熟读建筑平、立面图，分析该建筑各组成部分的形状、大小及其相对位置，研究立面凹凸处理情况，尽量简化建筑形体。

(2) 根据选择视点、画面的规则在建筑平、立面图上确定站点、视高以及基线 g—g，最好使它通过建筑物的一条棱线。为了获得较大的透视图，我们把画面放在建筑物的后面，见图 5-44 (b) 的建筑平面图中的画面迹线 g—g。

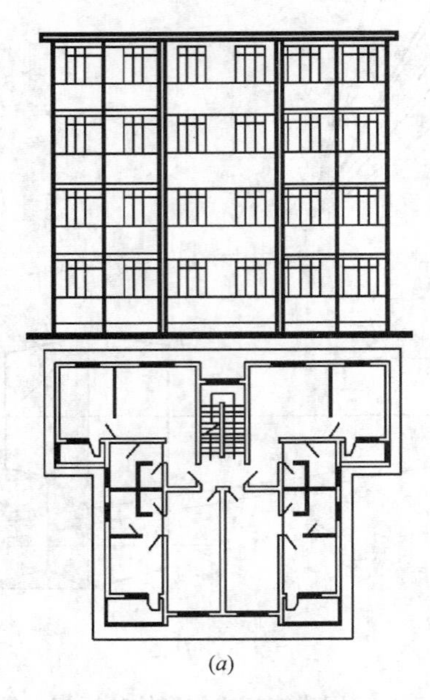

(a)

图 5-44 用建筑师法作建筑透视

(a) 多层房屋的平、立面图

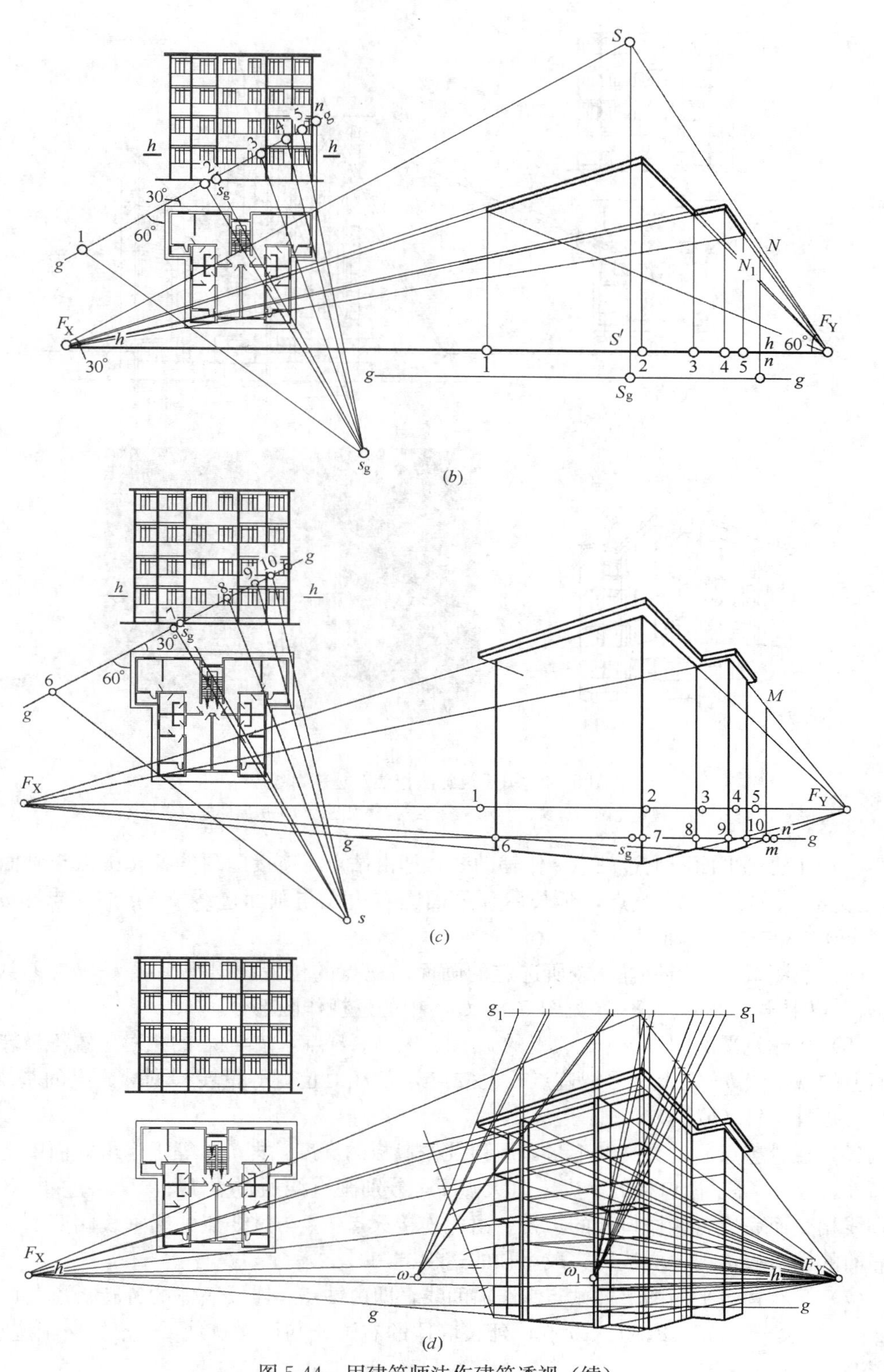

图 5-44 用建筑师法作建筑透视（续）

(b) 作屋顶的透视；(c) 作简化后的墙体透视；(d) 用透视定比画墙面的凹凸

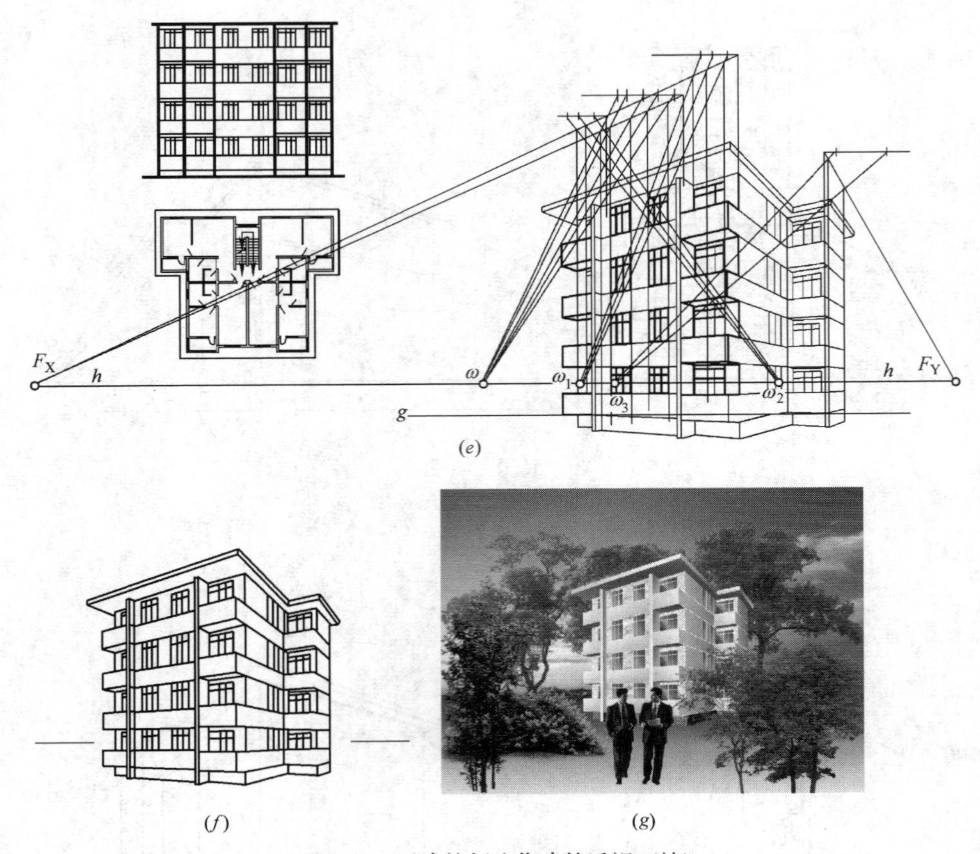

图 5-44 用建筑师法作建筑透视（续）

(*e*) 用透视定比画门、窗；(*f*) 房屋的线描透视图；(*g*) 房屋的配景表现图

(3) 在建筑平面图上过站点 *s* 作辅助线，即由站点 *s* 连接屋顶的各转折点与画面迹线 *g*—*g* 交于 1、2、3、4、5 点，延长屋顶平面图右边线与画面迹线 *g*—*g* 的交点为 *n*，见 5-44 (*b*) 中的建筑平面图。

(4) 在图纸的适当位置，按所选定的画面、视点的位置画出视平线 *h*—*h*、基线 *g*—*g*、s_g，再求出灭点 F_X、F_Y，见图 5-44 (*b*) 中的透视作图部分。

(5) 将建筑平面图中 *g*—*g* 线上的 1、2、3、4、5 点，按与 s_g 的相对位置等量转移到画面上的视平线 *h*—*h* 上。再把迹点 *n* 也按与 s_g 的相对位置等量转移到画面上的基线 *g*—*g* 上，见图 5-44 (*b*)。

(6) 在过迹点 *n* 的真高线上量取屋顶及檐口板的高度，即 *nN* 等于建筑立面图上房屋的高度，NN_1 等于檐口板的高度，自灭点 F_Y 分别画直线通过点 *N*、N_1 与过 4、5 点的铅垂线相交而完成右侧檐口板的透视，由此连接灭点 F_X 与过 3 点的铅垂线相交而完成右侧靠前的檐口板透视，同法可完成屋顶的透视。

(7) 又在建筑平面图上过站点 *s* 作辅助线，即由站点 *s* 连接墙体的各转折点与画面迹线 *g*—*g* 相交于 6、7、8、9、10 点，延长墙体的右边线与画面迹线 *g*—*g* 相交于迹点 *m*，见图 5-44 (*c*)。

(8) 把建筑平面图中 *g*—*g* 线上的 6、7、8、9、10 及迹点 *m* 按与 s_g 的相对位置等量转移到画面上的基线 g—g 上，见图 5-44（c）。

（9）在过迹点 m 的真高线上量取 mM 等于墙体的总高，画出简化后的墙体轮廓线的透视。

（10）用透视定比分割完成各建筑细部的透视，见图 5-44（d）、（e）。

（11）整理图线，作出配景，完成全图，见图 5-44（f）、（g）。

更详细的作图过程请见光盘。

5.7　视点、画面与建筑物间相对位置的选择

在画透视图之前，必须根据建筑物的形体特征和透视图的表现要求，选定所画透视图的类型。然后安排好视点、画面、建筑物三者之间的相对位置，因为这三者相对位置的变化对透视图形象影响很大，如果处理不好，透视图将产生畸形、失真，而不能准确地反映设计意图。为了获得理想的透视图，必须考虑以下问题：

5.7.1　视野和视角

眼睛注视一点时所能看到的空间范围称为视野。视野有单眼视野和双眼视野之分，这里是指单眼视野。人的单眼视野是以人眼（视点 S）为顶点，主视线 Ss' 为中心轴线的一个椭圆锥面，称为视锥。如图 5-45 所示，视锥的顶角称为视角，视锥的最左素线 SA 和最右素线 SB 的夹角 α 称为水平视角；视锥的最上素线 SC 和最下素线 SD 的夹角 δ 称为垂直视角。根据测定水平视角 α 可达 120°～148°，垂直视角 δ 可达 110°～125°。视锥与画面相交所得的封闭曲线内的区域称为视域。人眼的视域为椭圆形，其长轴是水平的，短轴就是铅垂的了。但能看清楚的视域范围只是中心很小的一部分，也呈椭圆形，为了作图简捷、方便起见，把这一小部分近似看成正圆，则视锥便是正圆锥了。这种清晰视野的视角为 28°～37°。在画透视图时，通常把视角控制在 60°以内，锥顶角小于 60°的视锥叫正常视锥。透视图效果较好的视角是 28°～40°。这时主视线的长度（即视距）为视域直径的1.5～2.0 倍。在特殊情况下，如室内透视，视角也可大于 60°，但不超过 90°，此时的透视图已开始产生畸形了（由视点 S 向画面 P 作垂线，其交点为 s'，Ss' 称为主视线，也叫中心视线）。

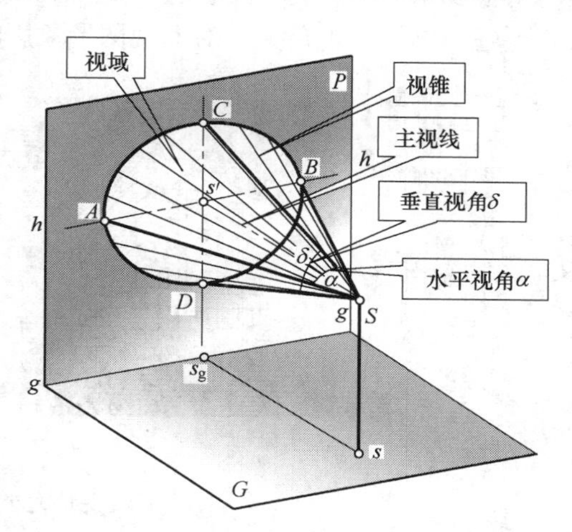

图 5-45　视锥与视角

5.7.2　视点的选择

视点是由视距、站点、视高确定其空间位置，因此视点的选择包括视距、站点及视高的选择。

1）视距的选择

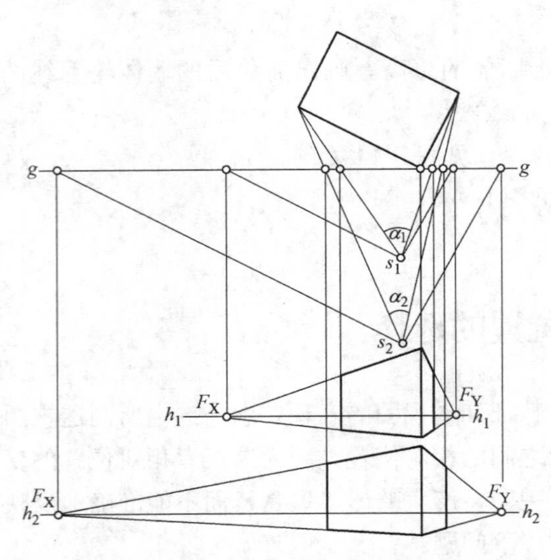

图 5-46 视角大小对透视图形象的影响

视距 Ss'（ss_g）是由视角大小控制，因此视角大小应适宜。如图 5-46 所示，站点 s_1 与建筑物距离较近，导致水平视角 α_1 偏大，两灭点相距较近，建筑物上水平轮廓线的透视收敛得过于急剧，墙面显得狭窄，因此，图像给人的视觉效果欠佳。如将站点移至 s_2 处，此时，水平视角 α_2 接近 40°，两灭点相距较远，水平轮廓线的透视显得平缓、墙面宽阔，图像看来比较舒展自然。若站点与建筑物的距离过远，视角过小，则透视特征减弱，画出的图形近似轴测图，缺乏真实感。图 5-47 表示视角大小对房屋透视图形象影响的实例，图 5-47 中（*a*）图的水平视角为 55°、仰角为 40°，透视图的右上部均产生透视畸形而失真。图 5-47 中（*b*）图的水平视角为 45°、仰角为 30°，透视图的形象较好，若站点距建筑物再远些，透视形象会更好。可见，视角大小对透视图形象影响甚大。

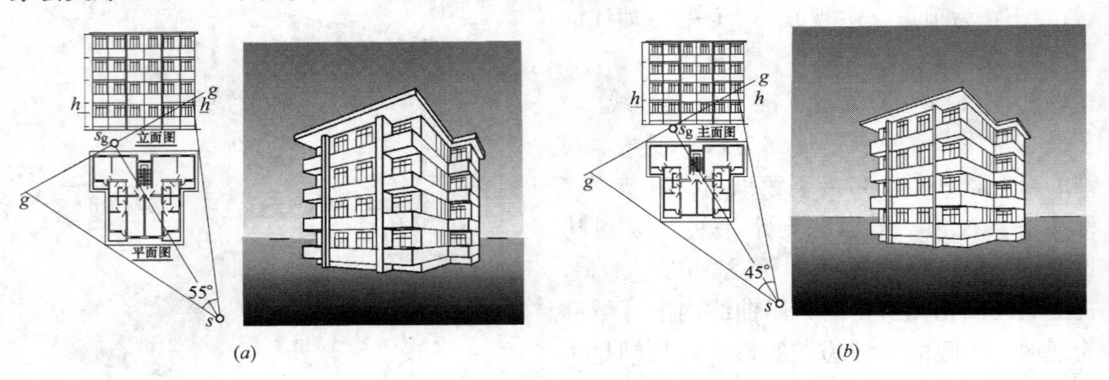

图 5-47 视角大小对房屋透视图的影响

（*a*）视角较大；（*b*）视角稍小

当建筑物的高度大于长、宽尺寸时，视距要由垂直视角来确定，也就是要满足垂直视角的正常值范围。

2）站点的选择

（1）选择站点位置时，应使画出的透视图能充分反映建筑物的形体特征。站点 s 位于主视线的水平投影 ss_g 上，该线应在画宽中部三分之一范围内摆动，使绘成的透视图充分体现建筑物的体形特征。图 5-48 中的建筑物由三部分组成，（*a*）图中的站点 s_2 所形成的透视图能够反映出该建筑物三部分的透视，效果较好；而在（*b*）图中的站点 s_1，由于主视线的水平投影不在画宽中部三分之一范围内，故通过建筑物中间部分的右前角点和右边部分的右前角点的视线在平面图中重合，透视图中只能反映出该建筑物左、中两部分的透视，右边部分完全被遮，容易给人造成该建筑物是由两部分组成的错觉。

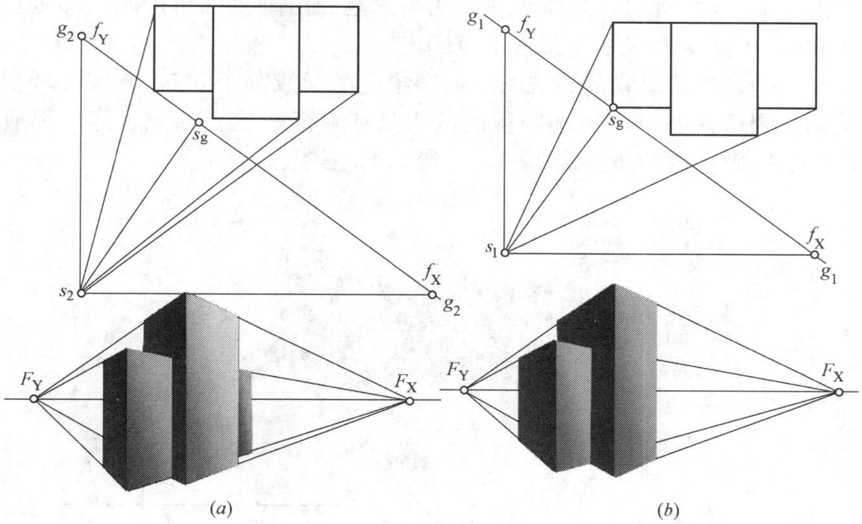

(*a*)　　　　(*b*)

图 5-48　站点位置对透视图形象的影响

(*a*) 好；(*b*) 不好

(2) 站点应尽可能确定在人流量较多的部位，并应尽可能确定在实际环境所许可的位置上，以便给人真实的感觉。图 5-49 是一新建筑的简要总平面图，建筑物的左前方有一湖泊，站点应避免选在水面上。而建筑物右前方有一小山，若所选视点位于山上，则视点的高度就不能是人眼的高度了。

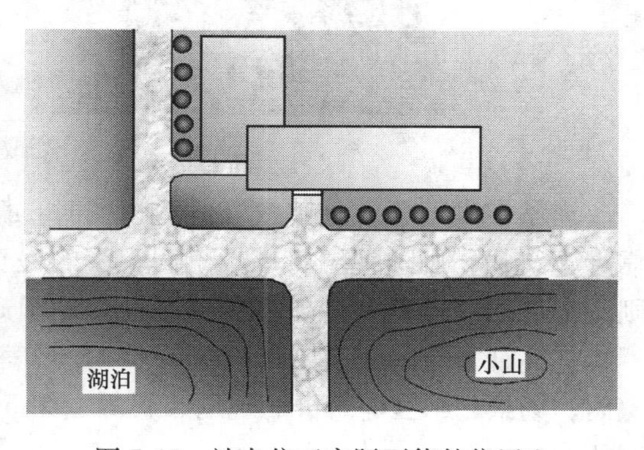

图 5-49　站点位于实际可能的位置上

3) 视高的选择

在画面上，视高就是视平线与基线间的距离，一般取人眼睛的高度，约 1.5～1.8m。这时获得平透视图，如图 5-50 (*a*) 所示。但有时为使透视图取得特殊效果，而将视高适当升高或降低，不同的视高有不同的透视效果。升高视高可以获得鸟瞰透视图，如图 5-50 (*b*) 所示；降低视高可以获得蛙

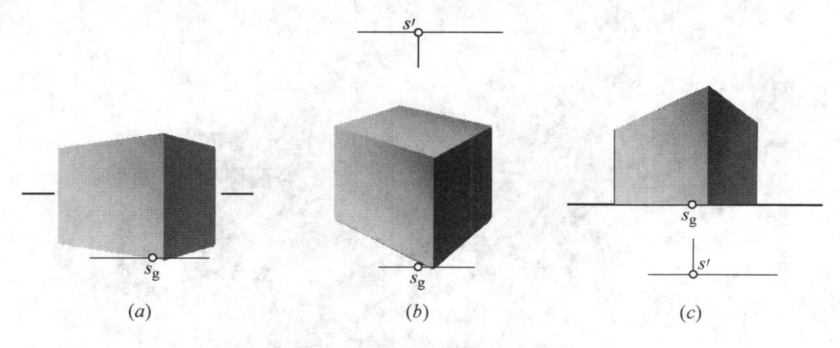

图 5-50　视高对透视图形象的影响

(*a*) 平透视图；(*b*) 鸟瞰透视图；(*c*) 蛙透视图

透视图，如图 5-50（*c*）所示。升高或降低视高的范围由垂直视角控制，即垂直视角必须小于或等于 60°，即建筑物应在正常视锥范围内。

当站在低处画高处建筑物的透视图时，仰角应小于或等于 30°。若实际环境必须使视点靠近建筑物，则透视图将产生不同程度的失真或畸形。尽管如此，仰角都应小于 45°，否则画面应向前倾斜，画仰望斜透视图，见图 5-51 上图。

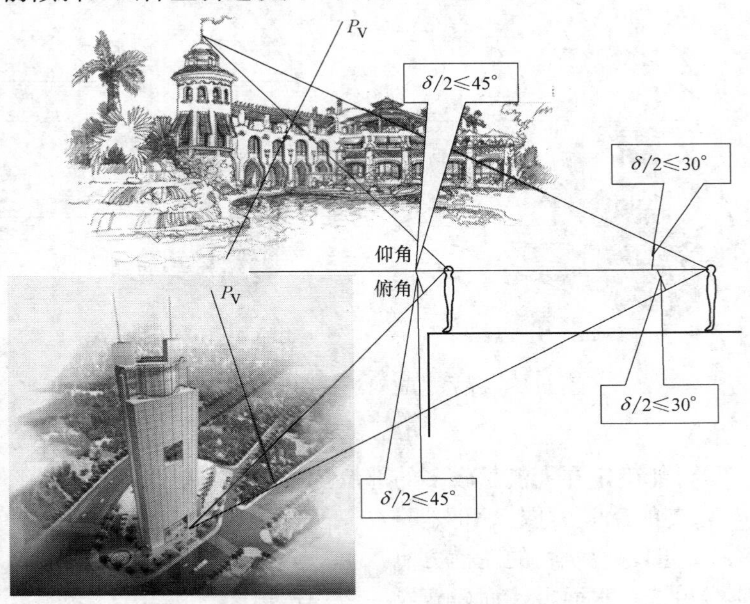

图 5-51 升高或降低视高的范围

当站在高处画低处建筑物的透视图时，俯角应小于等于 30°。若实际环境必须使视点靠近建筑物，则透视图将产生不同程度的失真或畸形，尽管如此，俯角都应小于 45°，否则画面应向后倾斜，画俯视斜透视图，见图 5-51 下图。

提高视平线的效果如同俯视，可以使被表现的地面显得比较开阔。高视平线可用来表现室内、场景、小区建筑群的规划布置等。图 5-52 是某建筑群的鸟瞰图。它是用高视平线绘制的图样。

图 5-52 某建筑群高视平线的效果图

降低视平线可使透视图产生仰视效果，使透视图中的建筑物形象显得高耸、雄伟。图 5-53 是位于高坡上的某别墅透视图。采用了降低视平线的方法绘制，故透视图中的别墅给人一种高高在上的感觉。

通常情况下，绘制建筑物的外观平透视，视高可取 1.5～1.8m；绘制室内透视图，为了表现室内家具的布置情况，视高可取房间高度的三分之二以上。使室内布置一览无余，见图 5-54。绘制某地区建筑物的布局，可以把视高提高到高于任意建筑物的高度，犹如在山上或空中俯视这一建筑群，见图 5-52。

图 5-53　某别墅低视平线的效果图

图 5-54　高视平线画室内透视

5.7.3　画面与建筑物相对位置的选择

画面与建筑物的相对位置：包括画面与建筑物主立面的偏角大小和画面与建筑物的前后位置两方面。

1）画面与建筑物主立面的偏角大小的选择

画面与建筑物主立面偏角 θ 的大小选择主要取决于表现意图。如图 5-55（a）所示，主立面与画面偏角太小，则次立面与画面偏角就大，透视后，主立面太宽，次立面太窄，与实际不符。如图 5-55（b）所示，主立面与画面偏角适当，透视后，主次两立面宽度比符合真实宽度比。如图 5-55（c）所示，主立面与画面偏角过大，次立面与画面偏角相应就小，透视后，主次两立面宽度比不符合实际，次立面的宽度显得较宽。由此可见，主立面与画面偏角 θ 应定得恰当。若设计人员有意要表现侧立面的特点，图 5-55（c）亦可采用。为了使所画透视图的两立面宽度比大致符合真实宽度比，应恰当地选定画面与建筑物立面的偏角。但当建筑物的两立面宽度相等或几乎相等时，而选定的偏角又接近 45°，则求得的透视图为两立面宽度相等或大致相等，而透视轮廓线几乎左右对称，这样的画面显得特别呆板，又没有主次之分，作图时应尽量避免这样的缺点，见图 5-55（d）。

2）画面与建筑物前后位置的选择

在视点与建筑物的相对位置确定之后，画面可以安放在建筑物之前，也可以安放在建筑物之后，还可以使画面穿过建筑物，只要这些画面是相互平行的，建筑物在这些画面上的透视形象就是相似图形。如图 5-56（a）所示，画面通过建筑物的 a 棱，其透视为缩小透视。如图 5-56（b）所示，画面安放在建筑物之后，其透视为放大透视。利用画面前后平行移动，可得到相似的任意大小透视图的这一特性。在绘制透视图时，可根据图幅大小的需要来选择画面的安放位置。需要绘制放大的透视图，可将画面位于建筑物后方；需要绘制缩小的透视图，可将画面位于建筑物前方。为了绘图方便，常使画面通过建筑物的一条或者两条棱线，该棱线在画面上反映真高。

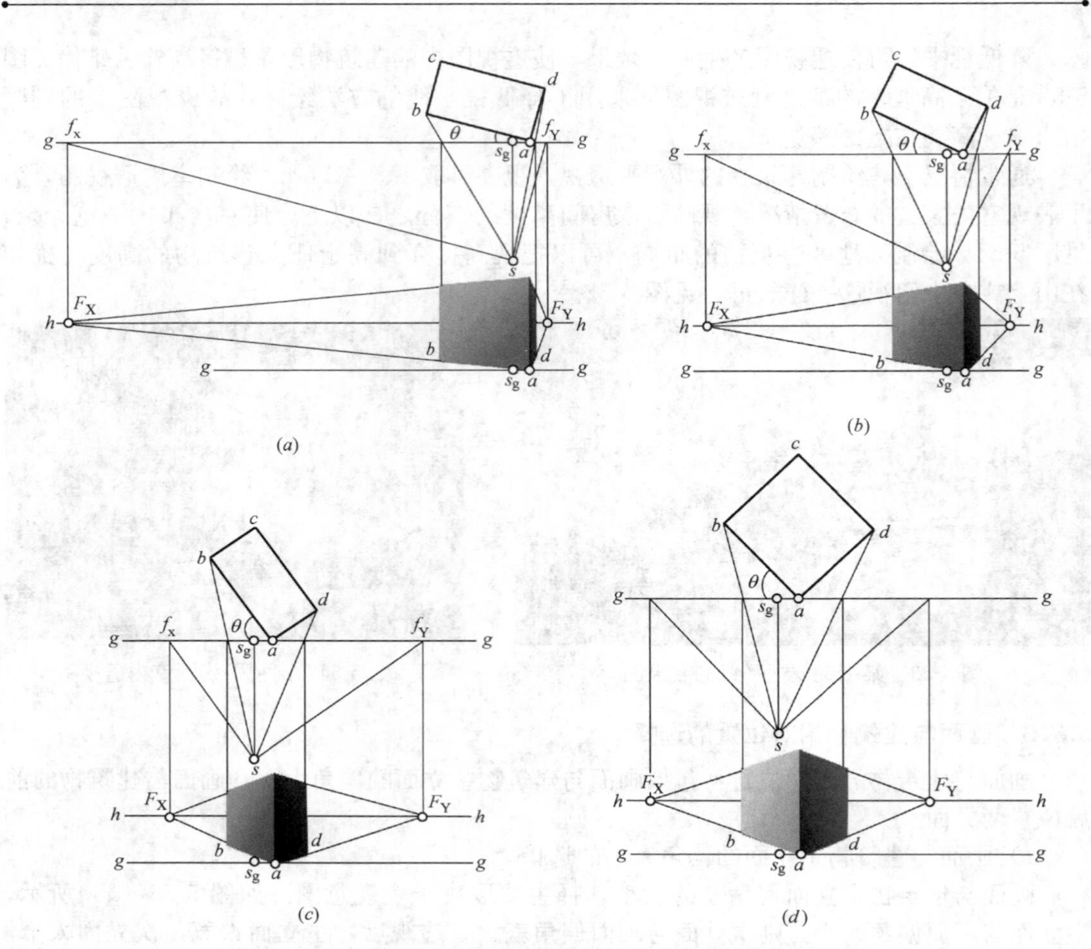

图 5-55 建筑物主立面与画面偏角大小对透视图形象的影响

（*a*）建筑物主立面与画面偏角过小；（*b*）建筑物主立面与画面偏角适当；（*c*）建筑物主立面与画面偏角过大；（*d*）建筑物主立面与画面偏角接近 45°

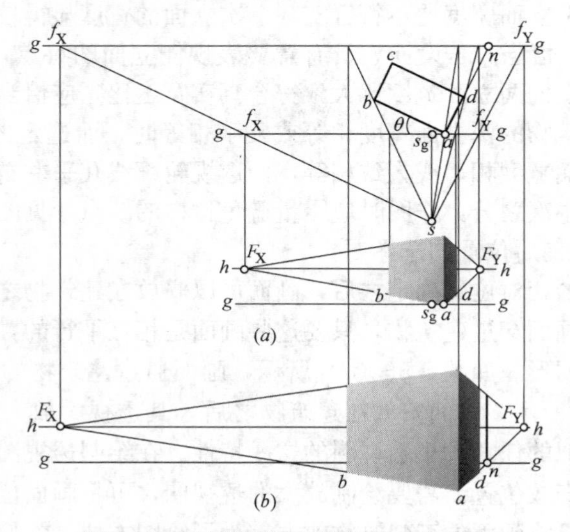

图 5-56 画面位置对透视图大小的影响

（*a*）画面在建筑物之前；（*b*）画面在建筑物之后

5.7.4　建筑平面图上如何确定站点、画面的位置

1）先确定站点，然后确定画面（图 5-57）

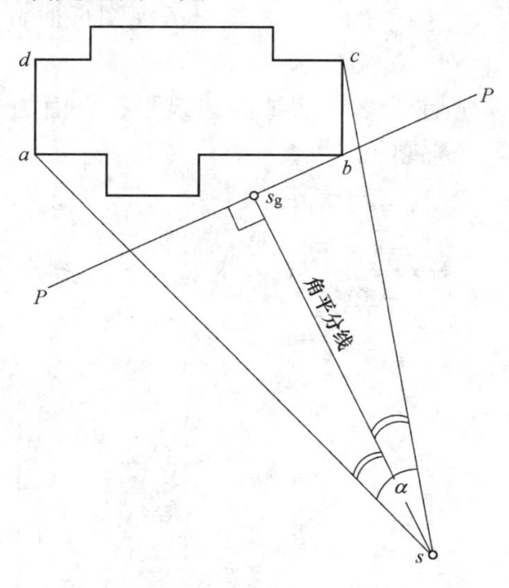

图 5-57　在建筑平面图中确定站点和画面位置

（1）先确定站点 s，由站点 s 向建筑平面图作两边缘视线的水平投影 sa 和 sc，使其间的夹角 α 约为 30°～40°；

（2）作$\angle asc$ 的角平分线，引出中心视线的水平投影 ss_g；

（3）作画面迹线 $P—P$ 垂直于 ss_g。画面迹线 $P—P$ 最好通过建筑平面图的一个或两个点，然后再根据表现要求调整中心视线的水平正投影。

2）先确定画面，然后确定站点

（1）如图 5-58 所示，过建筑平面图的一个或两个点，如 b 点作画面迹线 $P—P$，使与 ab 成 θ 角（θ 角根据需要来定）；

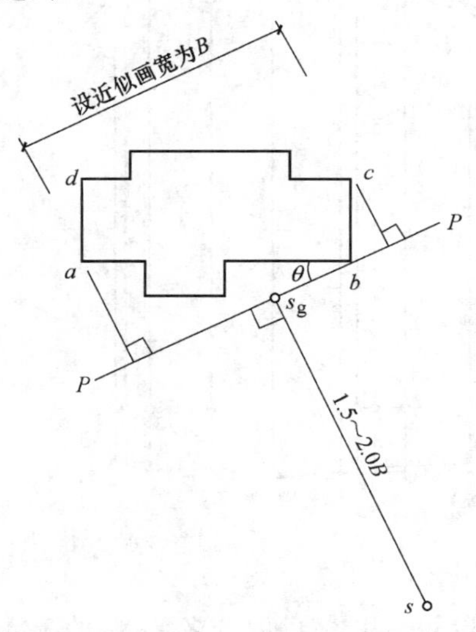

图 5-58　在建筑平面图中确定站点和画面位置

(2) 过转角 a 点和 c 点向画面迹线 $P—P$ 作垂线，得透视图的近似宽度 B；

(3) 在透视图近似宽度中部 1/3 范围内，选定心点的投影 s_g，由 s_g 作 $P—P$ 的垂线 ss_g，即中心视线的水平投影，使 ss_g 的长度约等于透视图近似宽度 B 的 1.5～2.0 倍（建筑物高度尺寸大于长宽尺寸除外）。

【例 5-37】 图 5-59（a）所示为多层房屋的建筑平、立面图，画面迹线、视高、视距等自定。试用建筑师法完成其透视图。

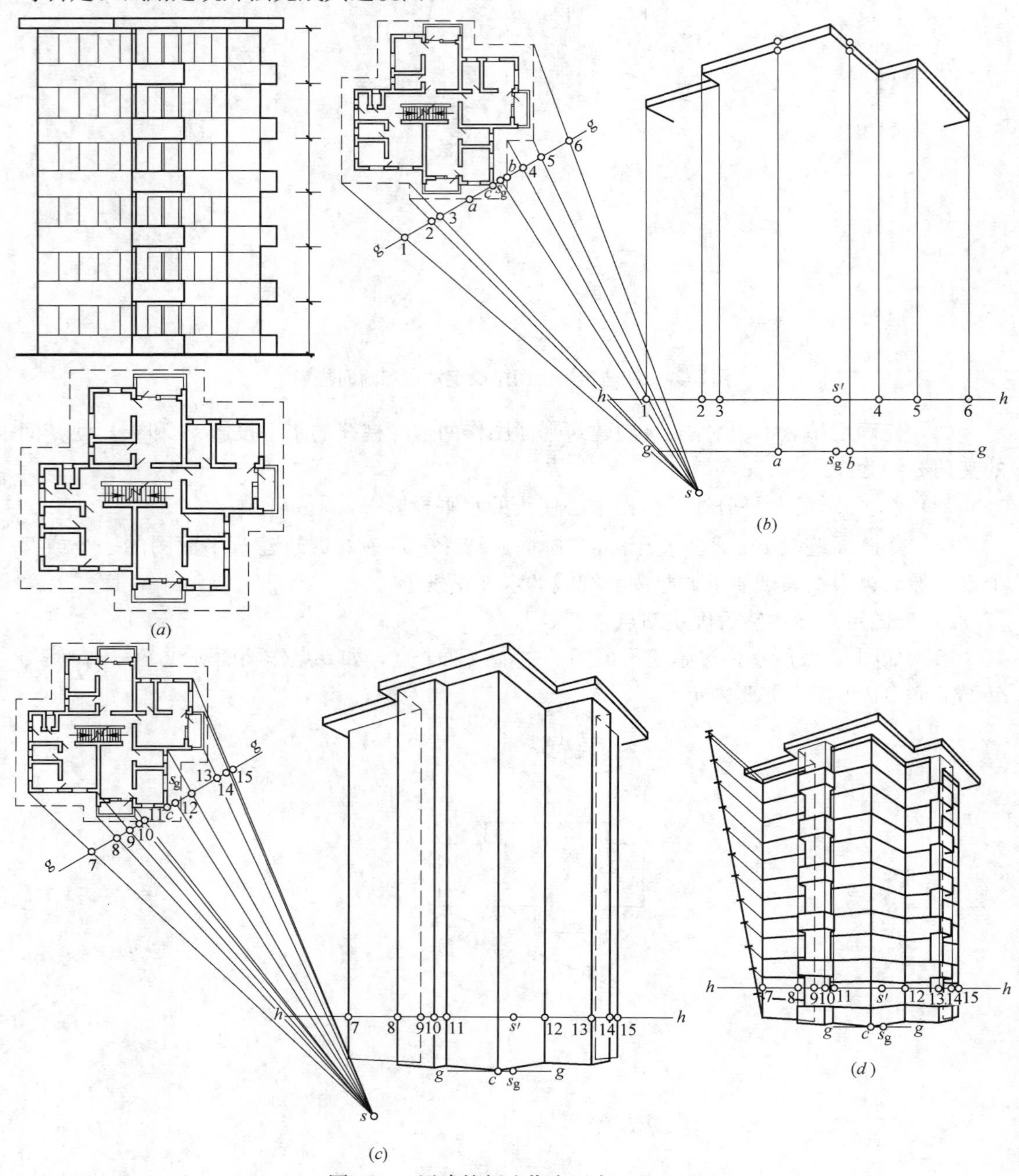

图 5-59 用建筑师法作多层房屋的透视

(a) 多层房屋的建筑平、立面图；(b) 作平屋顶的透视；(c) 作简化墙体的透视；(d) 作层高和横向分格

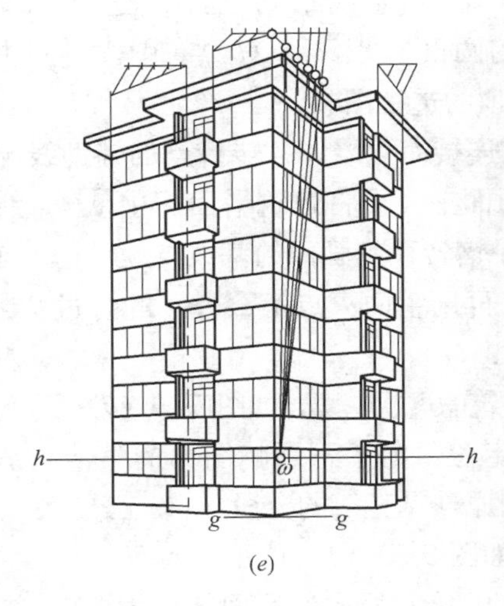

(e)

(f)

图 5-59　用建筑师法作多层房屋的透视（续）
(e) 作门窗的透视；(f) 多层房屋的透视及配景效果图

作图步骤：

（1）熟读建筑平、立面图，分析该建筑各组成部分的形状特征、大小及其相对位置，研究立面凹凸处理情况，尽量简化建筑形体。

（2）选择透视图的类型，本例为单体点式建筑的外形透视，故采用成角透视，也叫两点透视。

（3）在建筑平面图上确定站点和画面的基线 g—g：为了画图方便，通常过建筑平面图上的一个点 c（即墙体的棱线）作画面基线 g—g，使它与正墙面的夹角为 30°，与侧墙面的夹角为 60°。然后确定透视图的近似宽度，在透视图近似宽度中部 1/3 范围内由绘图者的表现意图选定心点的投影 s_g，由 s_g 作基线 g—g 的铅垂线 ss_g，使 ss_g 的长度约等于建筑物高度尺寸的 1.5～2.0 倍，本例采用的是建筑物高度尺寸的 1.7 倍，见 5-59 (b) 左图。

（4）在建筑立面图上确定视平线 h—h：画平透视图一般取人眼的高度 1.5～1.8m。为了便于量度，本例的视高为 2m。

（5）在图纸的适当位置画出基线 g—g、视平线 h—h，因画面安放在建筑物的右前方，作出的透视图较小，为了在节省版面的情况下画较大的透视图，故将视高、视距等各放大一倍，即本例的基线 g—g 与视平线 h—h 间的距离为 4m。再根据图纸的左右位置确定 s_g、s'，自主点 s' 向上作铅垂线并在其上量取 $s'S$ 等于视距 ss_g 长度的两倍，得重合在画面上的视点 S，由视点 S 向左作 30°线交视平线 h—h 于灭点 F_X；又自视点 S 向右引 60°线交视平线 h—h 于灭点 F_Y；由于本例的视点 S，灭点 F_X、F_Y 都较远，图中未标出。

（6）作平屋顶的透视：在建筑平面图上由站点 s 连接平屋顶各转折点的辅助线与基线 g—g 交于 1、2、3、4、5、6 点，屋顶平面图与基线 g—g 的交点为 a、b，见图 5-59 (b) 左图。然后将建筑平面图中 g—g 线上的 1、2、3、4、5、6 及 a、b 点，按与 s_g 的相对位置放大一倍转移到画面的基线 g—g 或视平线 h—h 上。本例为了图面表达清晰，故将 1～

6 点转移到画面的视平线 h—h 上，而迹点 a、b 转移到画面的基线 g—g 上。自迹点 a、b 作真高线并在其上量取房屋的总高度及平屋顶板厚度的两倍，见 5-59（b）右图。再用主向灭点 F_X、F_Y 配合过 1～6 点的铅垂线便可完成平屋顶的透视图。

（7）作简化墙体的透视：在建筑平面图上由站点 s 连接简化墙体各转折点的辅助线与基线 g—g 相交于 7、8、9……15 点，墙的棱线 C 在画面上。再将建筑平面图中 g—g 线上的 7、8、9……15 点及点 c 按与 s_g 的相对位置放大一倍转移到画面的基线 g—g 上。自迹点 c 作真高线并在其上量取房屋墙体总高度的两倍，再用主向灭点 F_X、F_Y 配合过 7～15 点的铅垂线画出简化后的墙体透视轮廓线，见图 5-59（c）。

（8）用几何定比画层高及横向分格线等，完成点式建筑的透视轮廓，如图 5-59（d）所示。

（9）画门窗的透视：用透视定比完成门窗的左右定位。为了不影响图面的整洁、清晰，该步骤放在透视图外进行，见图 5-59（e）。其作图原理见直线的分段。

（10）先整理图线、画配景，再渲染，完成全图，如图 5-59（f）所示。

【例 5-38】已知同坡屋顶房屋的平、立面图如图 5-60（a）所示，屋面坡度为 30°，视距、画面迹线、视高等自定。试用量点法画其透视图。

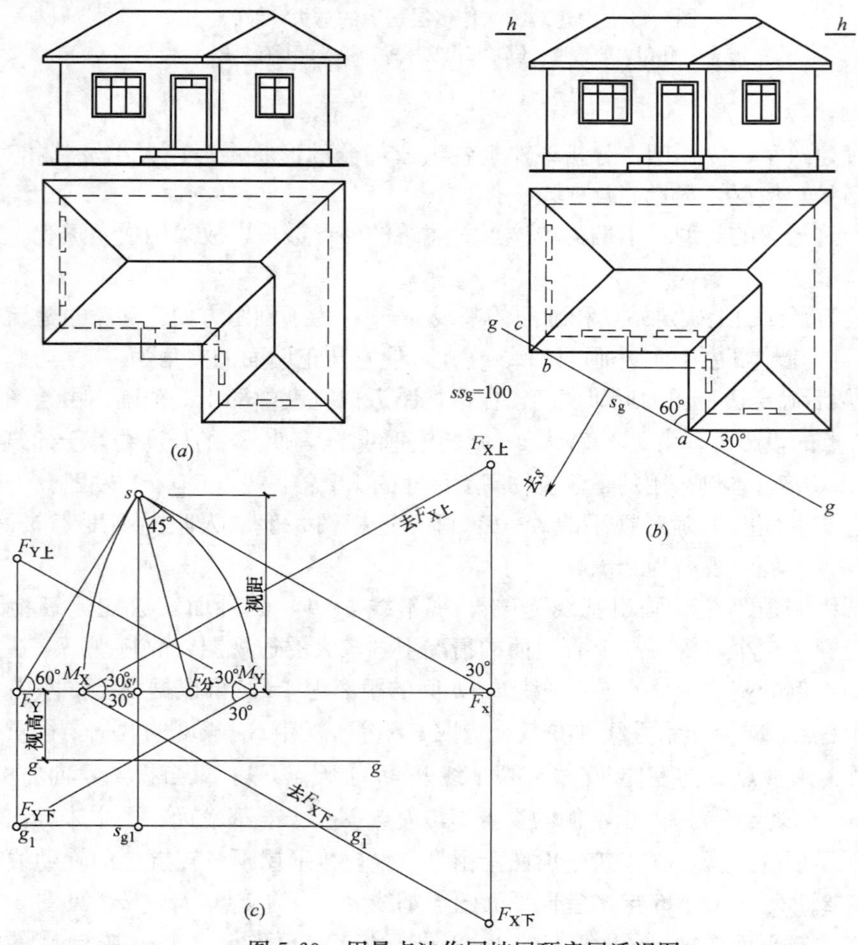

图 5-60 用量点法作同坡屋顶房屋透视图

（a）同坡顶房屋的平、立面图；（b）确定画面、站点及视平线；（c）画基线、视平线及确定各向直线的灭点和量点

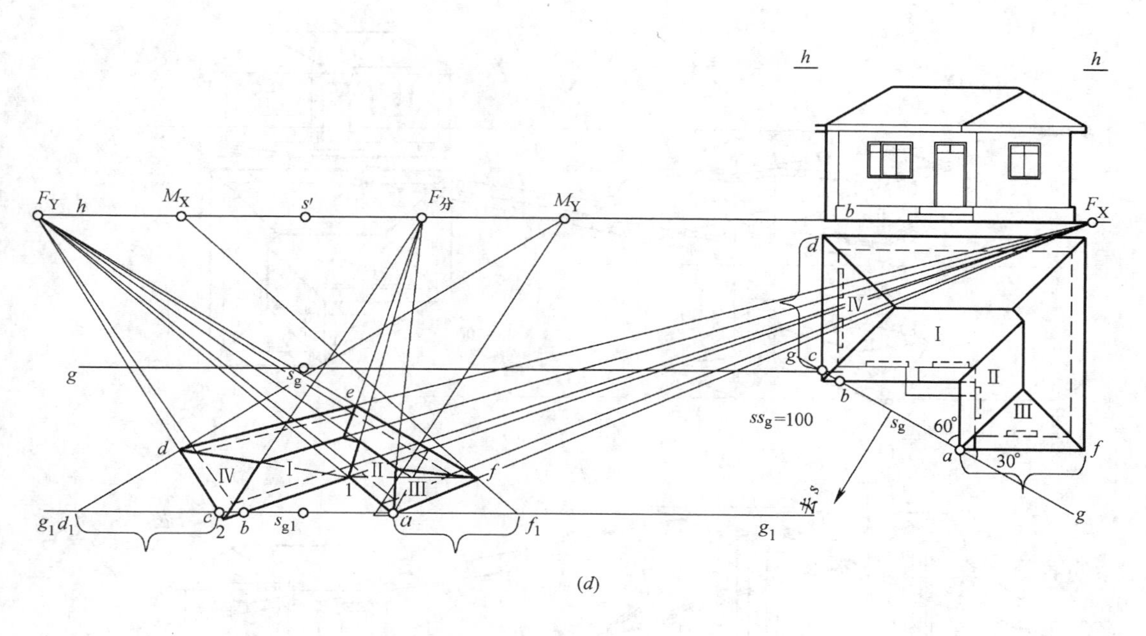

(d)

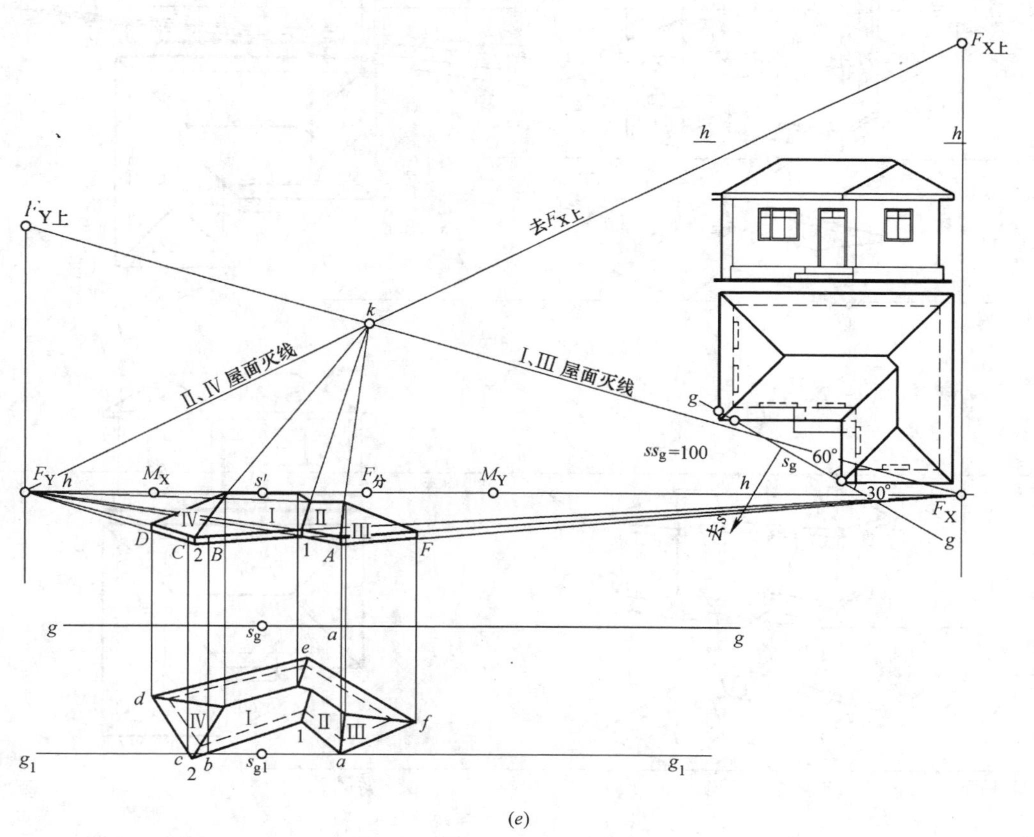

(e)

图 5-60　用量点法作同坡屋顶房屋透视图（续）

（d）画平面图的透视；（e）画斜屋顶的透视图

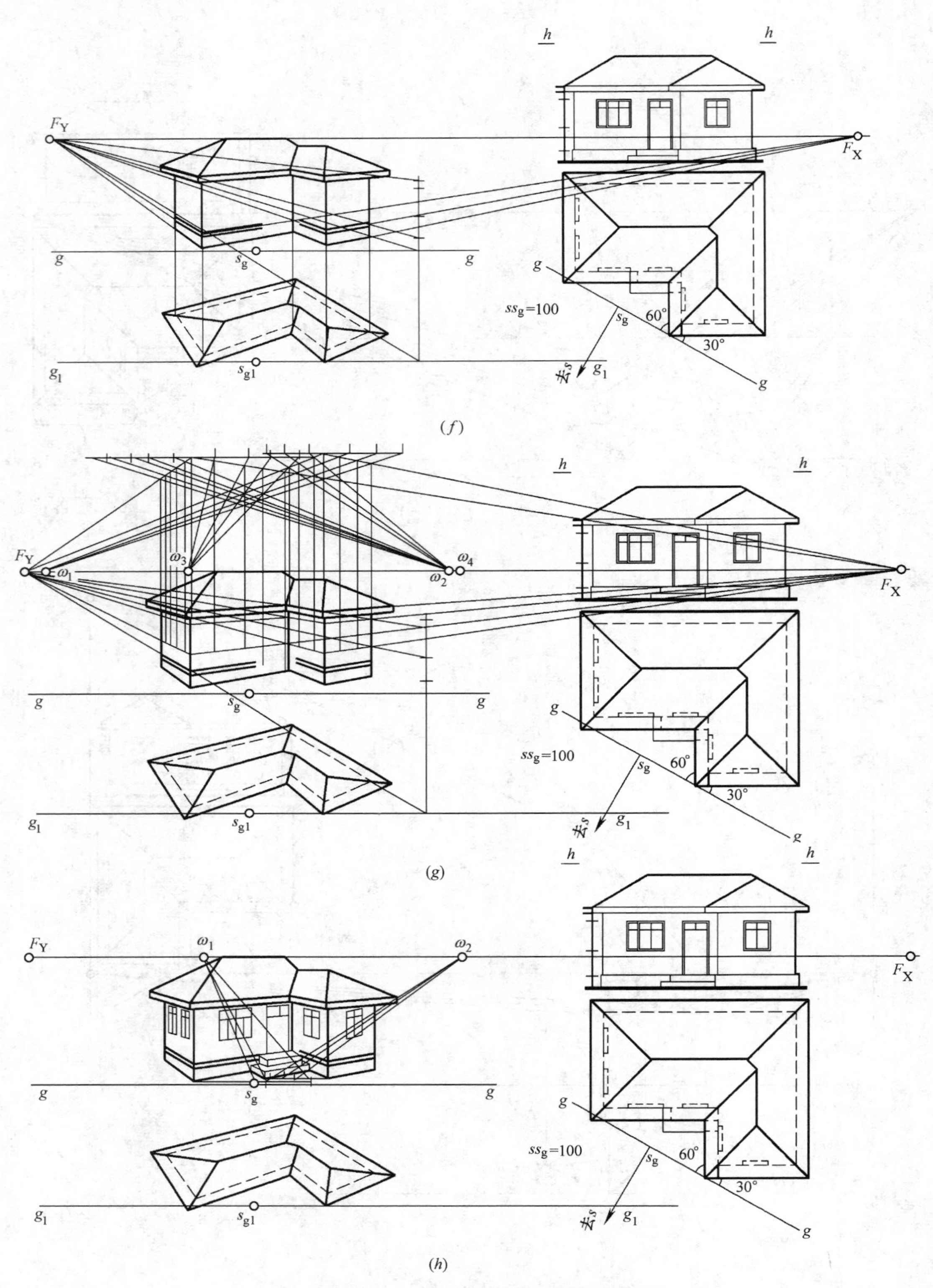

图 5-60 用量点法作同坡屋顶房屋透视图（续）

（f）画墙体的透视；（g）画门窗的透视；（h）画台阶的透视

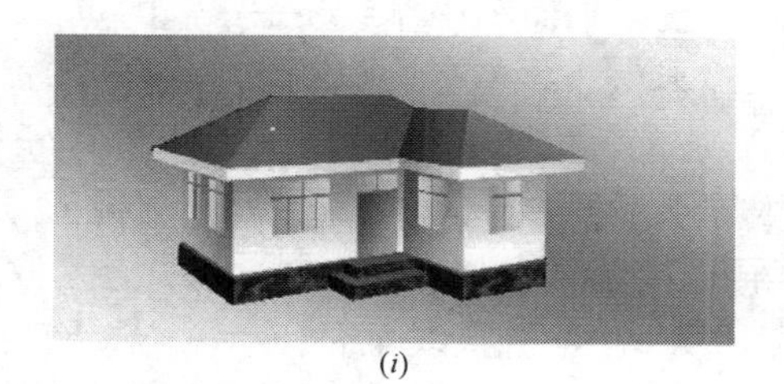

(*i*)

(*j*)

图 5-60　用量点法作同坡屋顶房屋透视图（续）
(*i*) 同坡屋面房屋渲染图；(*j*) 同坡屋面房屋配景渲染图

作同坡屋顶房屋透视图的步骤：

(1) 选择透视图的类型，本例为单体建筑的外形透视，故采用成角透视，也叫两点透视。

(2) 在建筑平面图上确定画面基线 g—g 和站点 s：为了画图方便，通常过建筑平面图上的一个角点 a 作画面基线 g—g，使它与正墙面的夹角为 30°，与侧墙面的夹角为 60°，该基线 g—g 与檐口线的投影相交于点 b、c。然后确定透视图的近似宽度，在透视图近似宽度中部三分之一范围内由绘图者的表现意图，选定心点的投影 s_g，由 s_g 作基线 g—g 的垂线 ss_g，在其上取视距 ss_g 等于 100，见图 5-60 (*b*)。

(3) 在建筑立面图上确定视平线 h—h：画同坡屋顶房屋透视图的表现重点是房顶的透视形状，故视平线 h—h 应高于屋顶，采用高视平线作图，如图 5-60 (*b*) 所示。

(4) 在图纸的适当位置画出基线 g—g、视平线 h—h，再根据图纸的左右位置确定 s_g、s'，自主点 s' 向上作铅垂线并在其上量取 $s'S$ 等于视距 ss_g 等于 100，得重合在画面上的视点 S，由视点 S 向右作 30°线交视平线 h—h 于灭点 F_X；又自视点 S 向左引 60°线交视平线 h—h 于灭点 F_Y；再自视点 S 向右作与视线 SF_X 成 45°的线交视平线 h—h 于 $F_{分}$，得分角线的灭点。然后分别以灭点 F_X、F_Y 为圆心，F_XS、F_YS 为半径画圆弧交视平线 h—h 于量点 M_X、M_Y。自量点 M_X 分别向右上、向右下作与视平线 h—h 成 30°角的斜线，与过灭点 F_X 的铅垂线相交于斜线灭点 $F_{X上}$、$F_{X下}$。又自量点 M_Y 分别向左上、向左下作与视平线 h—h 成 30°角的斜线，与过灭点 F_Y 的铅垂线相交于斜线灭点 $F_{Y上}$、$F_{Y下}$，见图 5-60 (*c*)。

(5) 作透视平面图：为了图面整洁、清晰，用降下基面作透视平面图，即将基线 g—

g 下降至 g_1—g_1 处，再将正投影平面图中基线 g—g 上的点 a、b、c 按照与 s_g 的相对位置等量转移到画面的 g_1—g_1 基线上。然后在画面上分别自点 a、b、c 画直线至相应灭点 F_X、F_Y，直线 F_Xb 与 F_Yc 延长后相交于角点 2，直线 F_Ya 与 F_Xb 相交于角点 1。在 g_1—g_1 基线上量取 af_1 的长度等于正投影平面图中 af 的长度得 f_1 点，由 f_1 点引直线至量点 M_X 与 aF_X 相交于点 f，再连接 fF_Y。又在 g_1—g_1 基线上量取 cd_1 的长度等于正投影平面图中 cd 的长度得 d_1 点，从 d_1 点引直线至量点 M_Y 与 cF_Y 相交于点 d，连接 dF_X 与 fF_Y 相交于点 e，多边形 $a12def$ 为檐口平面图的透视。因同坡屋面相邻两斜面交线的水平投影是它们的等高檐线水平投影的角平分线，相对两斜面交线的水平投影是它们的等高檐线水平投影的中线，故从角点 a、1、2、e 分别引直线到分角线灭点 $F_{分}$ 与对应的中线相交于各自的对应点，便可完成各斜面交线的透视平面图。房屋的出檐通常是相等的，利用各个角平分线的透视，墙体轮廓线的透视平面图很容易作出，如图 5-60（d）所示。

（6）画坡屋顶的透视：首先回升基面，即将 g_1—g_1 基线上的点 a 沿铅垂线向上移动到基线 g—g 上，自 g—g 基线上的点 a 作真高线并在其上量取 aA 等于房屋墙体的高度尺寸和封檐板的高度尺寸，由透视平面图的点 1、2、d、e、f 向上作铅垂线定出封檐板转角棱线的透视位置，再与真高线 aA 和灭点 F_X、F_Y 配合，就能作出该房屋出檐的透视。

至于斜屋面的透视作图，利用两斜面交线的灭点是该两斜面灭线的交点作图比较方便。连接 $F_XF_{Y上}$ 的直线是Ⅰ、Ⅲ斜屋面的灭线；连接 $F_YF_{X上}$ 的直线是Ⅱ、Ⅳ斜屋面的灭线；两灭线的交点 K 是它们相应斜屋面交线的灭点。故自出檐透视棱线 A、1、2 的上端引直线至灭点 K 与过透视平面图相应点的铅垂线相交，再配合灭点 F_X、F_Y 和过透视平面图其他相关点的铅垂线就能作出该房屋坡屋顶的透视，如图 5-60（e）所示。

（7）画墙体的透视：图 5-60（f）已示明，不再详述。

（8）用透视定比画门窗的透视：为了不影响图面的整洁、清晰，该步骤放在透视图外进行，如图 5-60（g）所示。其作图原理见直线的分段。

（9）画台阶的透视：台阶的透视也是用透视定比画出的。

10）画配景、着色等便可完成透视作图，如图 5-60（i）、（j）所示。

复习思考题

1. 什么叫距点？怎样求得距点？在什么情况下用到距点？

2. 什么叫量点？量点的作用是什么？如何求得量点？

3. 如何对画面平行线和画面相交线的透视进行定比分割？

4. 在什么情况下采用降低（或升高）基面的方法作建筑物的透视平面图？试叙述降低（或升高）基面的作图方法。

5. 如何求一般位置斜线的灭点？斜线的灭点与其基灭点的位置关系如何？

6. 什么叫建筑师法？如何利用建筑师法作建筑物的透视平面图？怎样确定建筑物各部分的透视高度？

7. 试叙述网格法作透视图的步骤。

8. 如何选择站点、画面与建筑物的相对位置？应注意哪些问题？

9. 试述在建筑平面图上确定站点和画面迹线的步骤。

10. 已知房屋的平、立面图及墙体和封檐板的透视图，同坡屋面的坡度为 30°，其余条件如图 5-61 所示，完成坡屋顶的透视作图。

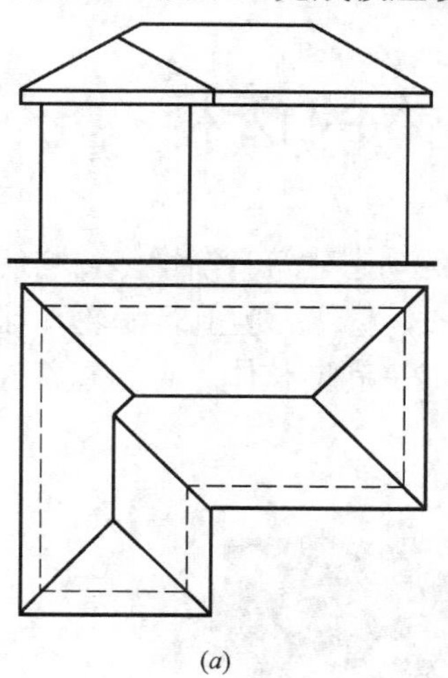

(a)

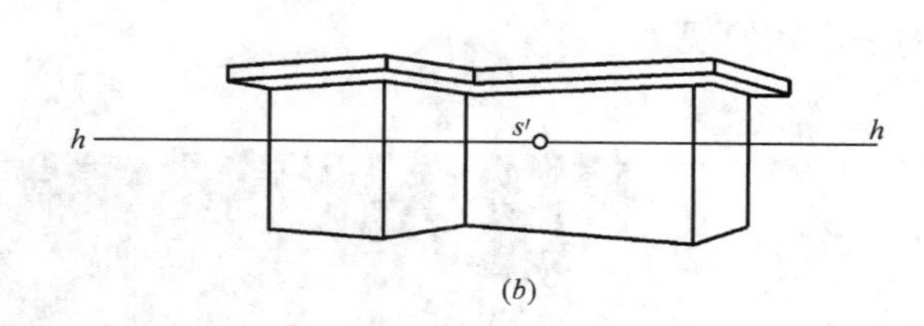

(b)

图 5-61　补画坡屋顶的透视

(a) 房屋的平、立面图；(b) 房屋的透视图

第 6 章　曲线及曲面立体的透视

随着建筑业的科技发展，带有曲线、曲面及曲面立体的动态建筑日渐增多，它们的透视图画法是本章研究的对象。图 6-1 所示为某建筑的外景图，它像一艘航行海轮，球壳屋面和环形外围结构与圆柱形墙面和圆形遮阳及海船外形构成一和谐整体。它标志着人类科技的进步和发展。

图 6-1　曲线及曲面立体在建筑造型中的应用

6.1　平面曲线和圆周的透视

6.1.1　平面曲线的透视

平面曲线的透视通常是平面曲线，其透视形状和透视作图如下：

1）透视形状

平面曲线的透视一般仍为平面曲线。如图 6-2 所示，当平面曲线所在平面平行于画面时，其透视与平面曲线相似；平面曲线位于画面上时，其透视是该曲线自身；平面曲线所在平面通过视点时，其透视为直线。

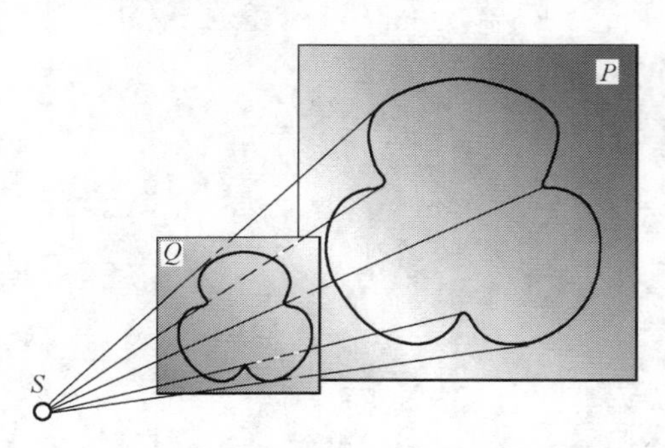

图 6-2　平面曲线所在平面 Q 平行于画面 P

2）透视作图

当平面曲线不平行于画面时，其透视形状发生变化，为了求其透视，通常将它纳入正方形或矩形网格内，由网格透视定出该曲线的透视。

【例 6-1】　已知位于基面上一平面曲线，

视距为 100，其他条件如图 6-3（a）所示，求该曲线的透视。

作图思路：

首先将曲线的平面图纳入一个由正方形组成的网格内，利用正方形网格的透视，按曲线与网格格线交点的位置，目测定出各交点在透视网格格线的相应位置，再用光滑曲线连接这些交点便得到所求曲线的透视，见图 6-3（b）。

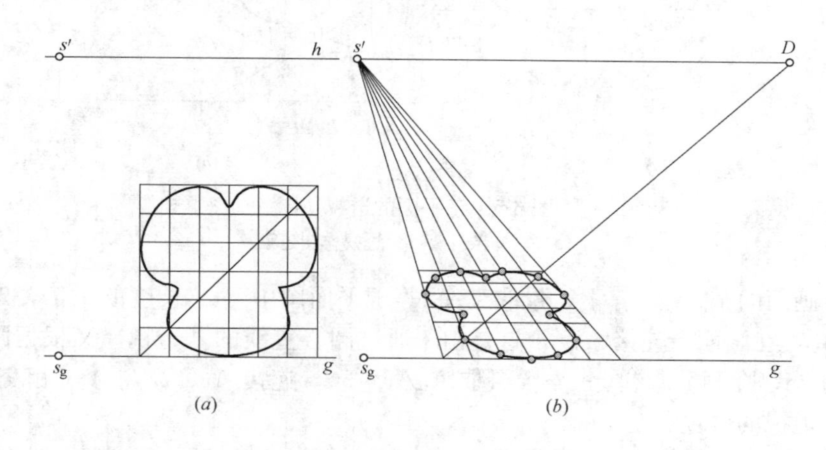

图 6-3　平面曲线的透视作图

（a）已知条件；（b）透视作图

6.1.2　圆周的透视

圆周的透视形状是圆锥曲线之一。因圆周的透视是以视点为顶点，已知圆为底的圆锥与画面相交的截交线，圆的位置不同，视点和圆构成的圆锥与画面的相对位置也不同，故圆周的透视形状有如下五种：

1）圆周所在平面平行于画面

当圆周位于画面上时，其透视是圆周自身。若圆周所在的平面平行于画面，该圆周的透视也是一个正圆，如图 6-4 所示。只是圆的大小及圆心位置发生变化。其透视作图通常是先用距点法求出透视圆心基透视所在的位置，再用真高线法求得透视圆心的位置，然后再求出透视圆半径便可完成圆周的透视作图。

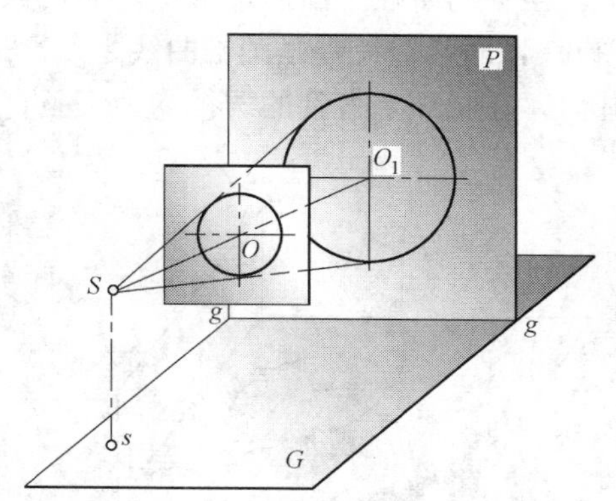

图 6-4　圆周所在平面与画面平行

【例 6-2】 已知正平圆 O 的平、立面图，视高 $s'sg=25$，视距 $s_gs=60$，圆的半径 $R=15$，圆心到基面的高度为 20，其余条件如图 6-5（a）所示。试放大一倍画出正平圆的透视图。

作图步骤，见图 6-5（b）：

（1）在图纸的适当位置画一水平直线作为视平线 $h—h$，再画一铅垂线与 $h—h$ 垂直相交于 s'，在铅垂线上由 s' 向下量取 2 倍视高画出平行于 $h—h$ 的基线 $g—g$，铅垂线与基线 $g—g$ 交于 s_g。又在 $h—h$ 上量取 $s'D$ 等于视距 s_gs 长度的 2 倍定出距离点 D。

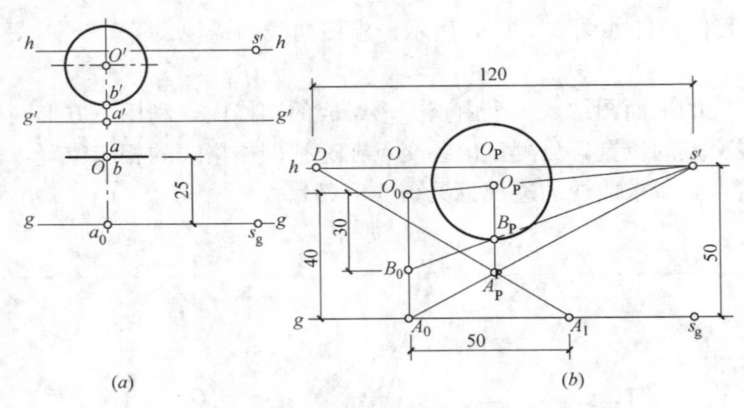

图 6-5　正平圆的透视作图

(a) 已知条件；(b) 透视作图过程

(2) 在画面的基线 g—g 上，量取 s_gA_0 等于平面图中 s_ga_0 长度的 2 倍，定出画面基线上的点 A_0，在画面上连接 A_0s'，这是由 s'通过圆心直线的基透视。又根据圆平面到画面的距离为 25，在画面基线 g—g 上量取 $A_0A_1=50$，连接 A_1、D 与 A_0s'相交于 A_P，即透视圆心基透视的位置。

(3) 过点 A_0 作真高线，并量取 $A_0O_0=40$，连接 O_0s'与过 A_P 的铅垂线交于 O_P，得透视圆心。

(4) 由 O_0 点向下量取 $O_0B_0=30$，连接 B_0s'与过 A_P 的铅垂线交于 B_P，O_PB_P 为透视圆半径。

(5) 以 O_P 为圆心、O_PB_P 为半径画圆，即得所求圆的透视图。

2) 圆周所在平面通过视点

当圆周所在平面通过视点，即视点属于圆周所在平面，这时圆的透视为一直线段，见图 6-6，而基透视仍是圆锥曲线之一。过视点的圆周所在平面可垂直于画面，也可倾斜于画面，在画面上得到的透视均为一条直线段，只是直线段的长短和位置不一样。

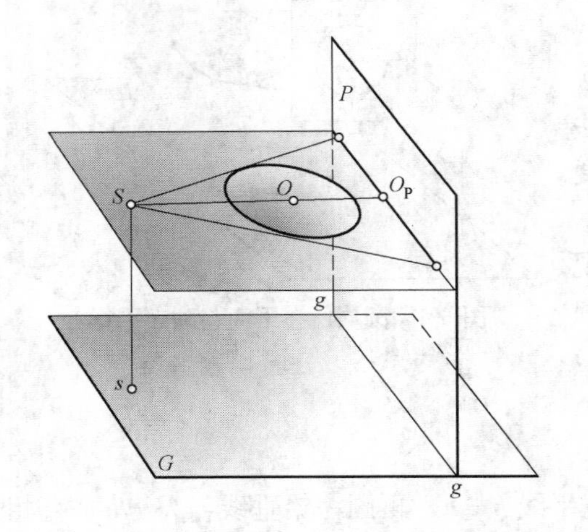

图 6-6　圆周所在平面通过视点

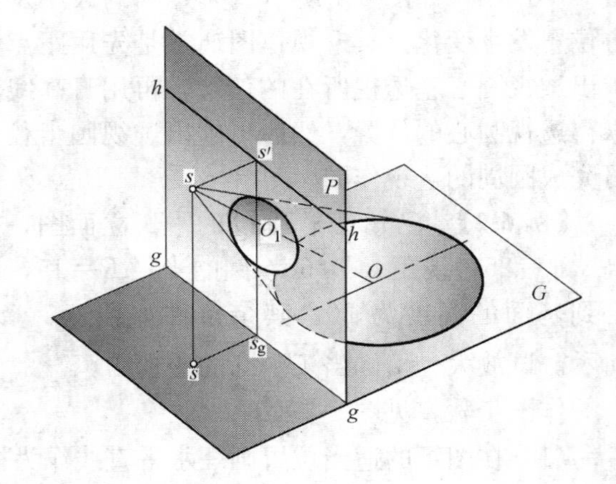

图 6-7　圆周所在平面不平行于画面，且位于视点之前

3）圆周所在平面不平行于画面，且位于视点之前

当圆周所在平面不平行于画面，且位于视点之前时，其透视一般为椭圆，见图 6-7。透视椭圆的作图，常常是利用圆周的外切正方形四条边的中点和正方形对角线与圆周的四个交点，求出这八个点的透视，光滑地连接成椭圆，这就是圆周的透视椭圆。

【例 6-3】 已知圆的半径为 50，视高 $s's_g=80$，视距 $s_g s=120$，其余条件如图 6-8（a）所示，试将圆放在地面和垂直于地面的平面上，分别画出该圆的透视图。

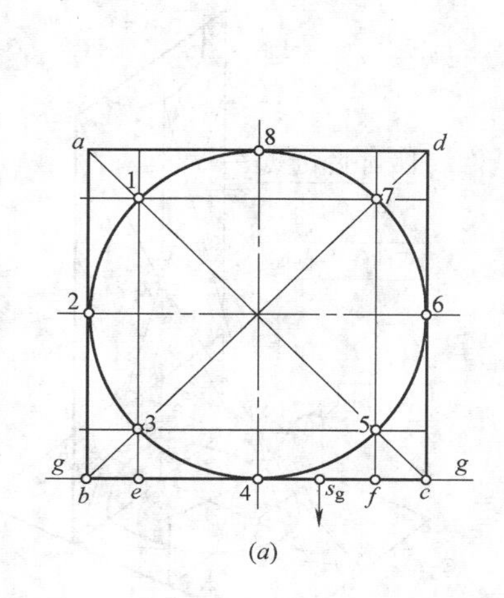

（a）

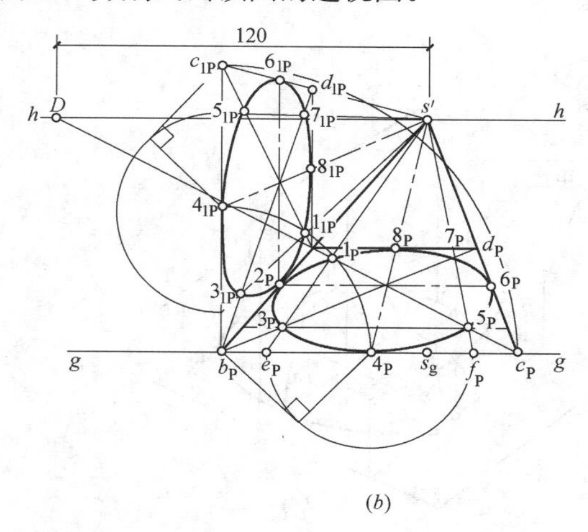

（b）

图 6-8　水平圆和铅垂圆的透视

（a）已知条件；（b）透视作图过程

作图步骤，见图 6-8：

（1）在已知图上画出圆的外切正方形 $abcd$ 及对角线，得到圆周上的 1、2、3、4、5、6、7、8 点，用直线连接 1—3、7—5、1—7、3—5，构成一特殊网格，见图 6-8（a）。

（2）根据视高、视距画出 h—h、g—g 并定出 s'、s_g 和距离点 D。

（3）画特殊网格的透视：将 b、e、4、f、c 等点按与 s_g 的相对位置等量转移到画面基线 g—g 上，其标注为 b_P、e_P、4_P、f_P、c_P，这些点也可由圆周半径及 $4-e/4-b=1/\sqrt{2}$ 的关系定出，见图 6-8（b）。由 s' 分别引直线至点 b_P、e_P、4_P、f_P、c_P，再由距离点 D 连接 c_P，即可画出特殊网格的透视。

（4）在网格的透视图中定出圆周上的 1、2、3、4、5、6、7、8 点的透视，标注为 1_P、2_P、3_P、4_P、5_P、6_P、7_P、8_P，用光滑的曲线连接这八个点成椭圆，得水平圆周的透视图。利用圆周的外切正方形四边的中点和正方形对角线与圆周的四个交点作透视椭圆的方法叫八点法。

（5）圆周垂直于地面时的透视作图过程，图 6-8（b）已表明，不再赘述。

4）圆周与中立面相切，其透视为抛物线

过视点与画面平行的平面叫中立面。如图 6-9 所示，圆周与中立面 R 相切，切点的透视是一个无限远点，也是一个非固有点。此时画面 P 平行于由视点 S 和圆周构成的斜圆锥面的一条素线，画面截斜圆锥面于抛物线。故圆周的透视为抛物线。

5）圆周与中立面相交，其透视为双曲线

如图 6-10 所示，圆周与中立面 R 交相于 B、C 两点，该两点的透视均为非固有点。

这时画面 P 平行于中立面与斜圆锥面相交的两根素线 SB、SC，画面 P 截斜圆锥面于双曲线。故圆周的透视为双曲线。在画面 P 后面的那段圆弧透视成为基线与视平线之间的一段双曲线；画面 P 与中立面之间的两段圆弧透视成为基线之下的两段双曲线（图 6-10 中未画出）；视点背后（中立面左侧）的那段圆弧，透视成为画面 P 上部的那一条双曲线。在基面上过 B、C 两点作圆周的切线相交于点 K，K 点的透视 K_P 为双曲线的中心，切线 KB、KC 的透视为该双曲线的渐近线。

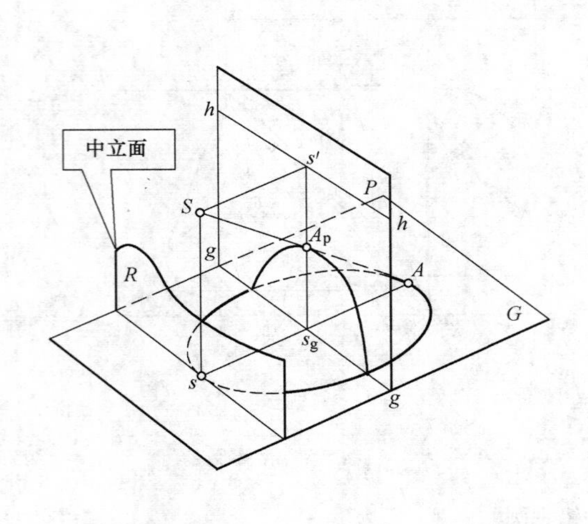

图 6-9 圆周与中立面相切

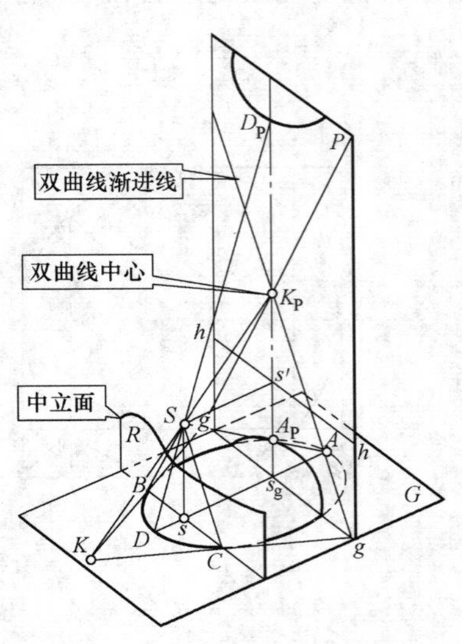

图 6-10 圆周与中立面相交

6.2 空间曲线的透视

在建筑设计实践中，会用到各种各样的空间曲线，也需要画出它们的透视图。为了画空间曲线的透视，首先应画出已知曲线上一系列点的透视，然后光滑连接而成。现以螺旋线的透视作图为例进行介绍，螺旋线的透视作图通常采用网格法。即将螺旋线的平面图放在一个特殊网格中，又把螺旋线的侧立面图置于另一个特殊网格中，分别作出网格平面图和网格侧立面图的透视，再由网格格线与曲线的相对位置分别作出螺旋线的透视平面图和透视侧立面图，然后从螺旋线透视平面图中的各点作直立线，与过该曲线的透视侧立面图中的对应点的水平线相交，这些交点的连线便是螺旋线的透视。

【例 6-4】 已知螺旋线的平、立面图，其他条件如图 6-11（*a*）所示，试完成螺旋线的透视作图。

作图步骤：

（1）在螺旋线上取若干个点（图中为 12 个点），并将这些点置于网格格线交点处制作平面图网格和立面图网格，见图 6-11（*b*）。因螺旋线的正立面图和侧立面图完全相同，为节约图纸幅面，故把侧面图网格作在正立面图上。

（2）构图：在图纸适当位置，根据已知条件作出 h—h、g—g、s'、s_g 及距离点 D。

（3）用降下基面和网格法作出螺旋线的透视平面图和透视侧立面图。

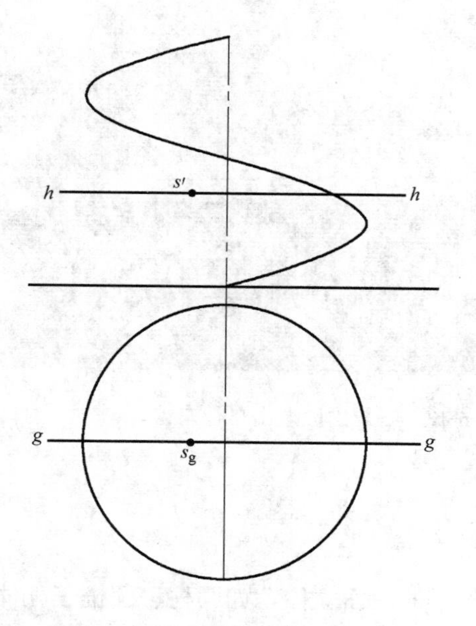

(a)

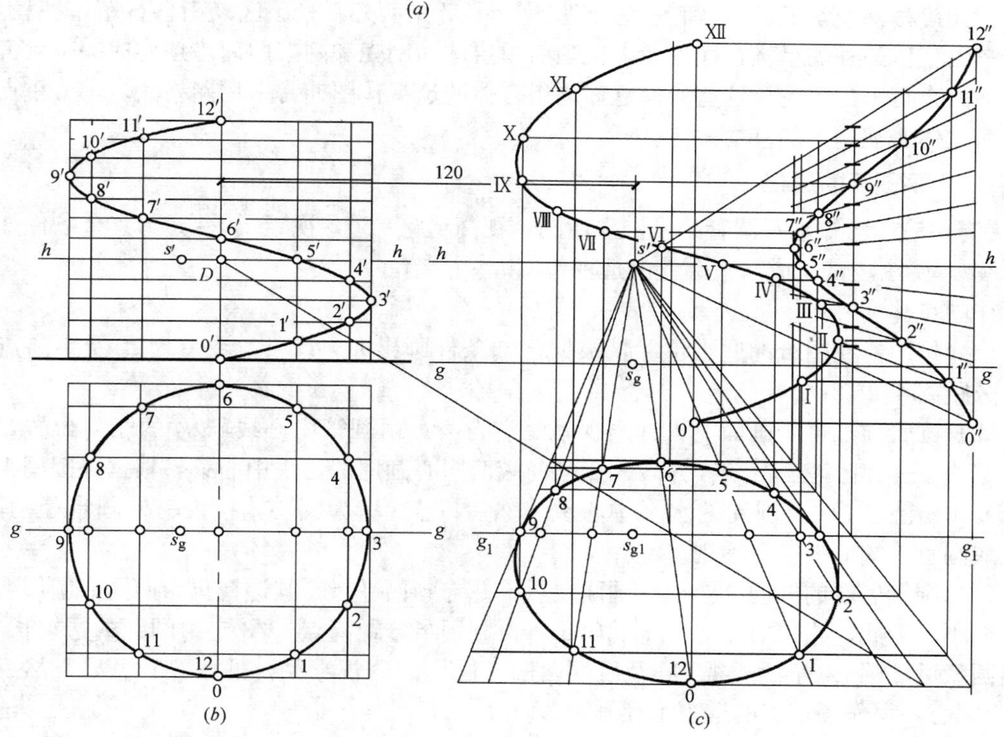

(b)　　(c)

图 6-11　螺旋线的透视

(a) 螺旋线的平、立面图；(b) 螺旋线平、立面图中的网格；(c) 螺旋线的透视作图过程

(4) 由透视平面图中的 1、2、3……各点作铅垂线，再由透视侧立面图中的 1″、2″、3″……各点作水平线，各相应直线的交点就是螺旋线上各点的透视Ⅰ、Ⅱ、Ⅲ……

(5) 用光滑曲线依次连接这些点，便可得到螺旋线的透视，见图 6-11 (c)。

图 6-12 石景山区老山自行车馆

6.3 曲面立体的透视

在建筑实践中，会遇到各种各样的曲面立体，如圆柱、圆锥、壳体屋盖、桥梁、隧道拱顶、螺旋楼梯及常见的设备管道等。图 6-12 是北京西郊石景山区老山自行车馆外景图。自行车馆主体的外墙呈圆柱面形状，屋顶由单层球面网壳和网架曲面吊顶构成一个巨大飞速运转的自行车封闭轮。这些曲面立体之组合体的透视作图通常采用网格法。本节重点介绍曲面立体透视作图的基本方法。

6.3.1 水平圆管的透视

【例 6-5】 已知水平圆管的平、立面图，视高 $s's_g=50$，视距 $s_gs=66$，其余条件如图 6-13（*a*）所示。试完成水平圆管的透视作图。

作图步骤：

（1）构图：在图纸的适当位置，根据已知条件画出 h—h、g—g、s'、s_g 及距离点 D 或半分距离点 $D/2$。

（2）圆管前端位于画面上，其透视就是它自身。由圆管中心线与 s_g 的相对位置，在画面基线 g—g 上定出 A_0 点，自 A_0 点画前端两同心圆周的铅垂中心线，根据外圆周半径 $R=16$ 作出圆心 O_P 及圆周的水平中心线，然后以点 O_P 为圆心，按内、外圆半径画圆，便完成圆管前端面的实形透视。

（3）圆管后端的两同心圆周在画面之后，并与画面平行，其透视仍为两同心圆周，但半径缩小。为此，连接 A_0s'、A_Ps'、O_Ps'，再利用半分距离点 $D/2$ 定出圆管的透视长度，求出圆管后端圆心 O_1 的透视 O_{1P} 及后端两同心圆周的透视半径，见图 6-13（*b*）。然后以 O_{1P} 为圆心，用作图求出的透视半径画圆。

（4）画前后两外圆周的公切轮廓素线，完成圆管透视。再渲染圆管透视图，见图6-13（*c*）。

6.3.2 直立圆柱的透视

作直立圆柱透视的顺序，是先画出上下底圆的透视，再作出两透视圆的公切轮廓素线，便完成圆柱的透视。

【例 6-6】 已知直立圆柱的平、立面图，视高 $s_gs'=60$，视距 $s_gs=80$，其余条件如图

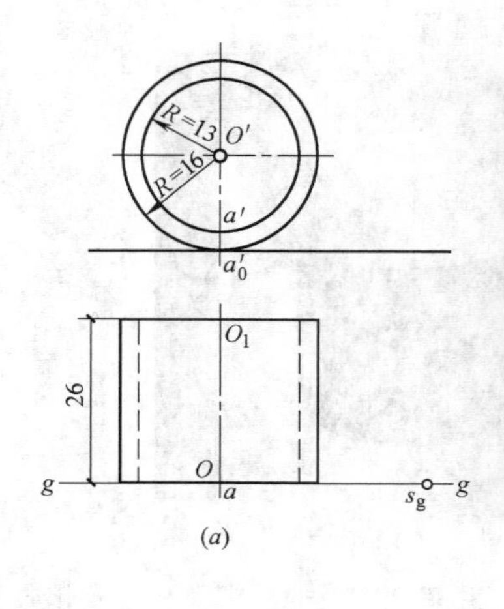

(a)

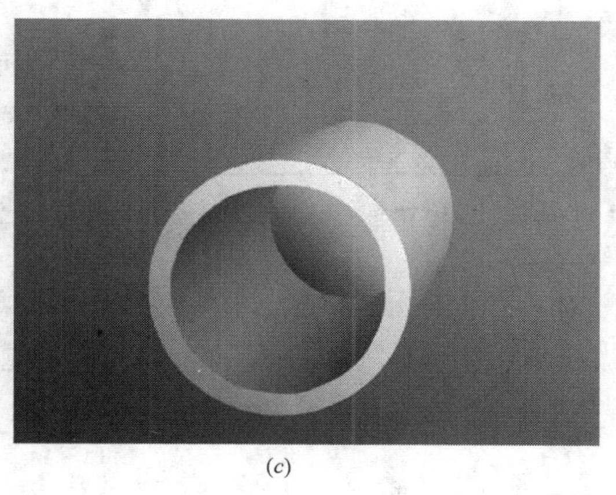
(c)

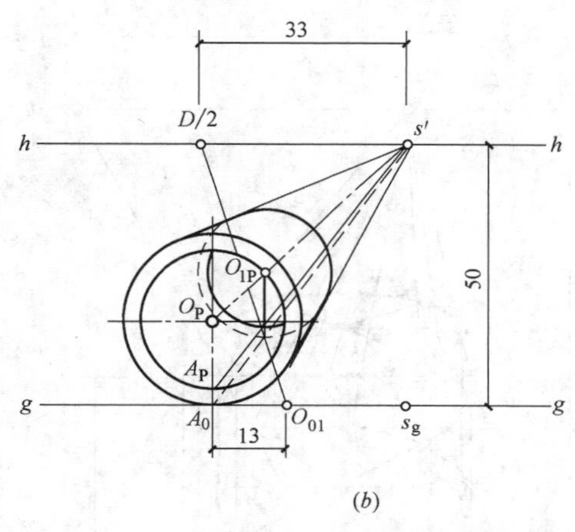

(b)

图 6-13　水平圆管的透视

(a) 已知条件；(b) 透视作图；(c) 渲染效果图

6-14 (a) 所示。试完成直立圆柱的透视图。

作图步骤，见图 6-14 (b)：

(1) 构图：在图纸的适当位置，根据已知条件画出 h—h、g—g、s'、s_g 及距离点 D 或半分距离点 $D/2$。

(2) 由平面图中的 s_g 与下底圆铅垂中心线的相对位置，在画面上作出该中心线的透视，见图 6-14 (b)。根据圆柱半径作出下底圆外切正方形的透视，画出对角线并确定透视正方形四条边的中点和对角线上的点，再用光滑曲线连接这八个点成透视椭圆。

(3) 在画面上，将所画的外切正方形透视上升 25，得圆柱顶圆外切正方形透视，画其对角线，把底圆的八个点升到顶圆外切正方形的透视图中，再用光滑曲线连接这八个点成透视椭圆。

(4) 作出两透视椭圆的公切轮廓素线，完成透视作图。再渲染圆柱透视图，见图6-14 (c)。

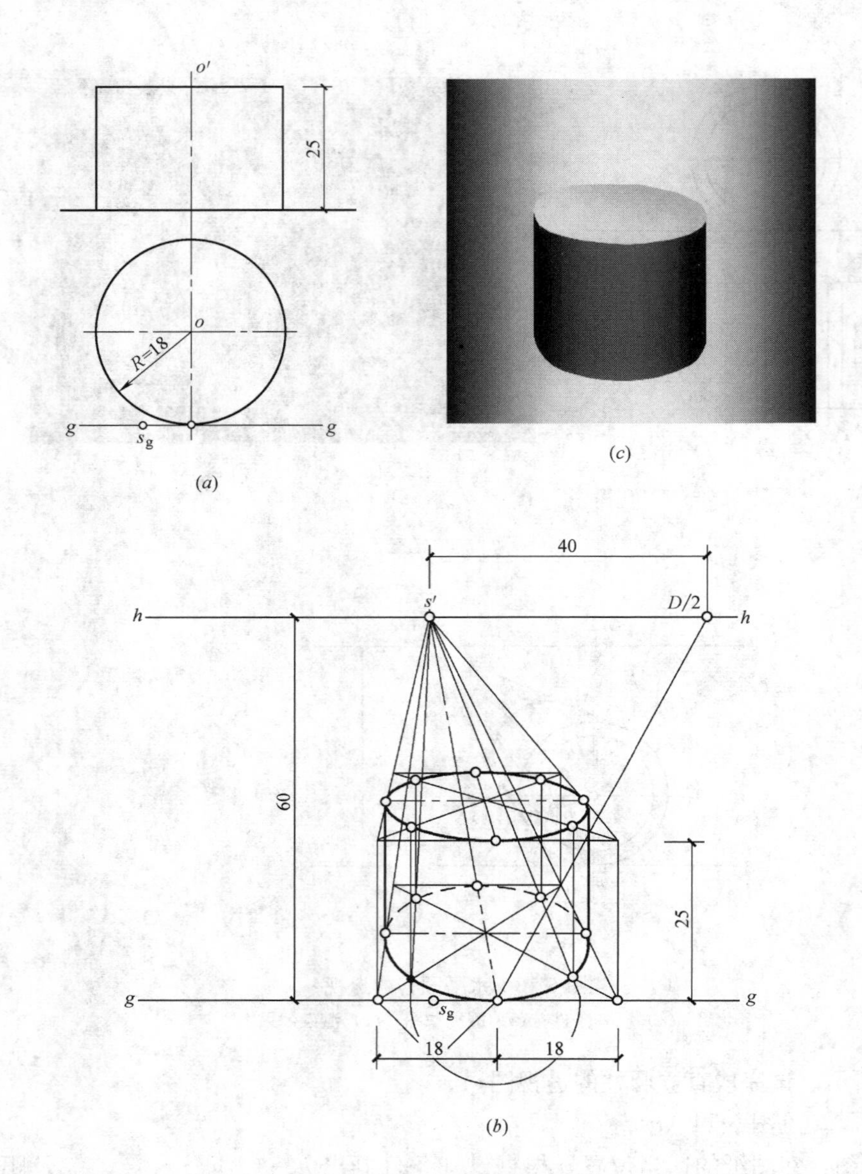

图 6-14 直立圆柱的透视

(*a*) 已知条件；(*b*) 透视作图；(*c*) 圆柱透视的渲染效果图

6.3.3 直立圆锥的透视

圆锥的透视是先作出圆锥底圆和顶点的透视，再由透视顶点向透视底圆作切线便可得到圆锥的透视。

【例 6-7】 已知直立圆锥的平、立面图，视高 $s_g s'=60$，视距 $s_g s=100$，其余条件如图 6-15（*a*）所示，试完成直立圆锥的透视图。

作图步骤，见图 6-15（*b*）：

（1）构图：在图纸的适当位置，根据已知条件作出 h-h、g-g、s'、s_g 及距离点 D 或半分距离点 $D/2$。

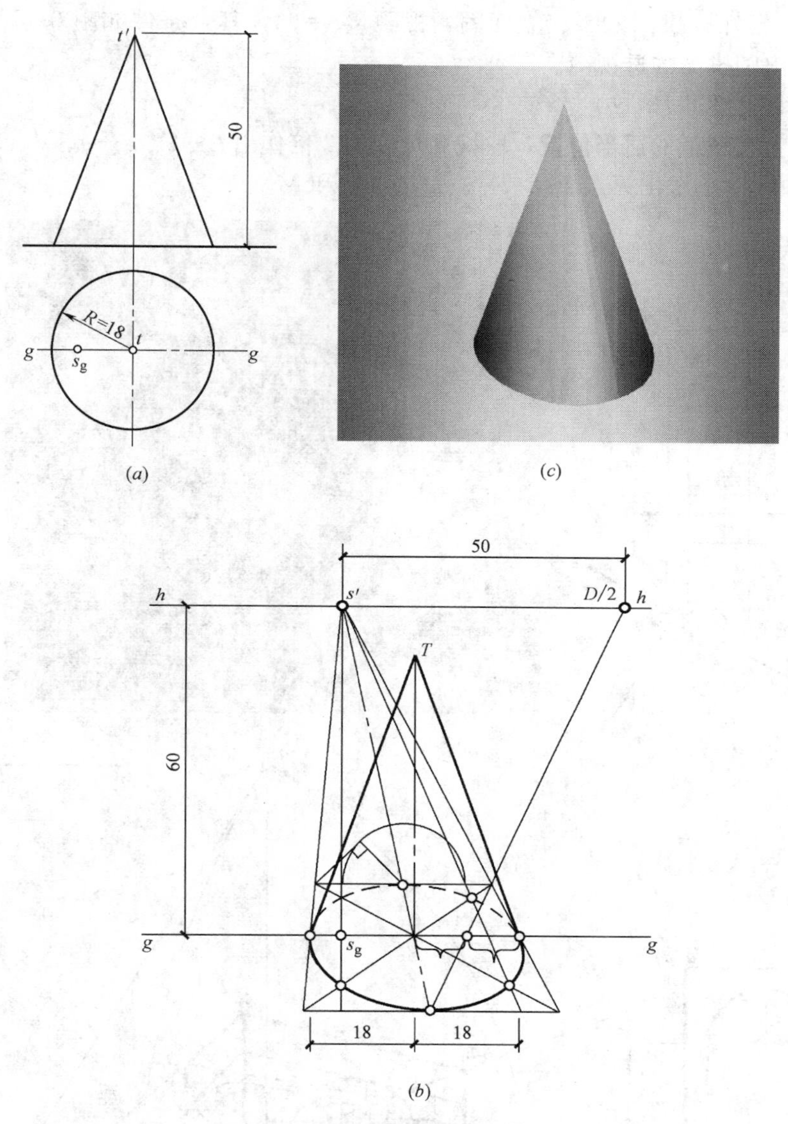

图 6-15　圆锥的透视图
(a) 已知条件；(b) 透视作图；(c) 圆锥透视的渲染效果图

(2) 由 s_g 与锥底圆铅垂中心线的相对位置画出该中心线的透视，见图 6-15 (b)。根据底圆半径作出底圆外切正方形的透视，画出对角线并确定透视正方形四边的中点和对角线上的点，再用光滑曲线连接这八个点成透视椭圆，即圆锥底圆的透视。

(3) 圆锥的顶点在画面上，从透视圆心向上画铅垂线并在其上量取 50，得锥顶 T 的透视。

(4) 由透视锥顶 T 向锥底圆透视作切线，完成圆锥的透视作图。图 6-15 (c) 为效果图。

6.3.4　圆拱门的透视

圆拱门透视作图的关键在于求作前、后半圆弧的透视，其作图方法与圆柱相似，不同的是两个透视半圆弧间不作公切轮廓素线。

【例 6-8】 已知圆拱门的平、立面图，视距 $s_g s=60$，其余条件如图 6-16（*a*）所示，试放大一倍画出圆拱门的透视图。

作图步骤，见图 6-16（*b*）：

（1）构图：在图纸的适当位置，取视高尺度的 2 倍作出 h—h、g—g、s'、s_g，根据视距 $s_g s=60$，放大一倍求出灭点 F_X、F_Y、量点 M_X 和 M_Y。

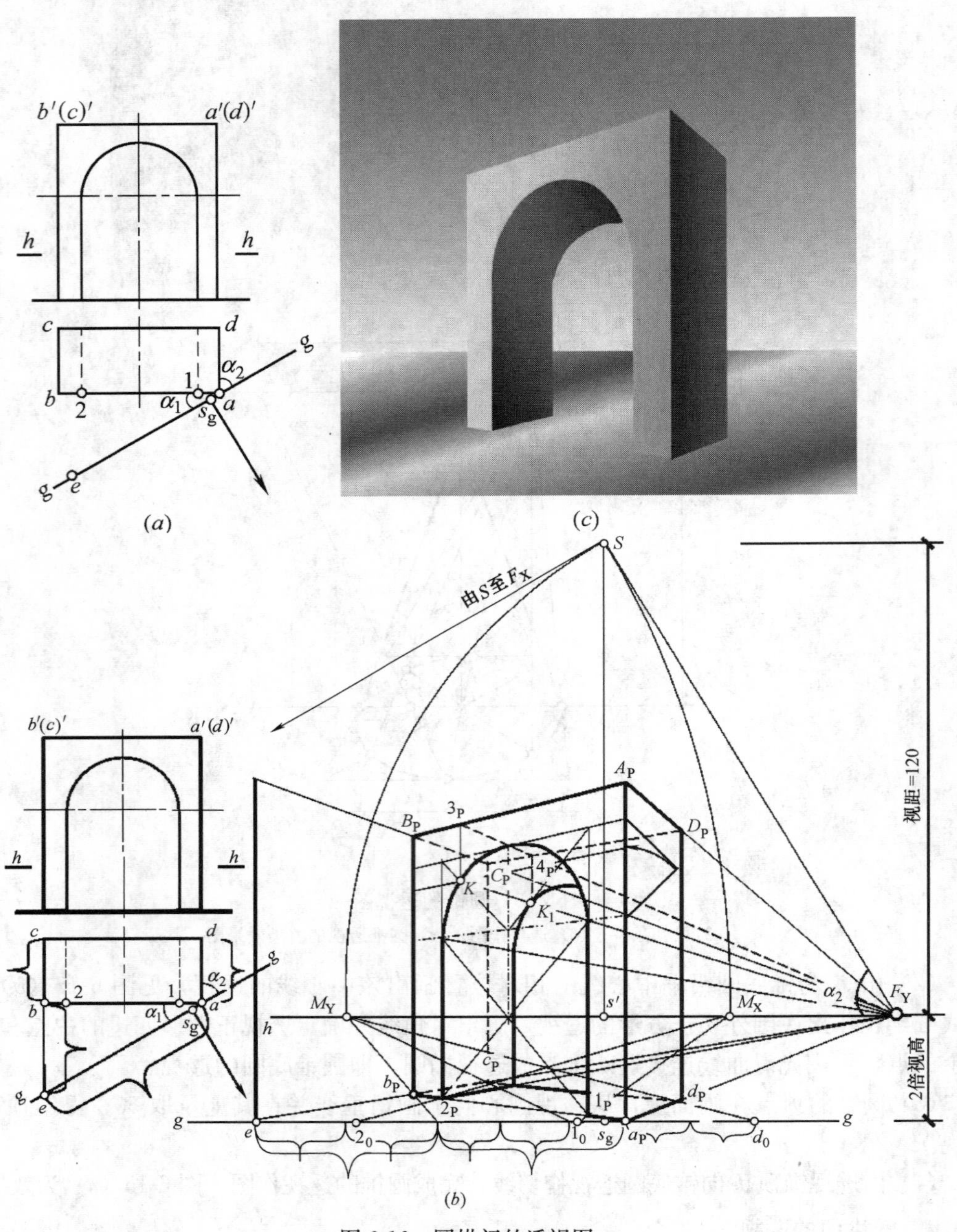

图 6-16　圆拱门的透视图

（*a*）已知条件；（*b*）透视作图；（*c*）圆拱门透视的渲染效果图

（2）取平面图中的 s_g 与点 a 距离的 2 倍定出画面基线上的点 a_P，再用量点法画出圆拱门的透视平面图。注意：各部尺度均应放大一倍。值得一提的是灭点 F_x 较远，不在图板上，平面图中的各点只能利用灭点 F_y、量点 M_x 和 M_y 求出，见图 6-16（*b*）。

（3）取各部高度的 2 倍画出圆拱门的平面立体部分的透视图。

（4）参照图 6-8（*b*）所示的方法作圆拱门前口半圆弧的透视。即将半圆弧纳入半个正方形中，作出半个正方形的透视，得到透视正方形三条边的中点，再画出透视正方形的对角线，用 $1/\sqrt{2}$的关系便可作出正方形对角线与半圆弧交点的透视，光滑连接这五个点，就是半圆弧的透视，见图 6-16（*b*）。

（5）圆拱门后口半圆弧的透视，可通过前口半圆弧透视的五个点引拱柱面的素线，如图 6-16（*b*）中的素线 KK_1，利用素线在拱门顶面上的基透视确定其长度，求得相应的五个点，再光滑连接便可完成。图 6-16（*c*）为圆拱门的透视渲染图。

6.3.5　正交高低拱的透视

【例 6-9】　已知正交高低拱的平、立面图，视距 $ss_g=200$，其余条件如图 6-17（*a*）所示。试放大三倍完成其透视图。

读图分析：正向拱柱面半径比侧向拱柱面半径大，但两者的轴线在同一高度上。正向拱面垂直于画面，其素线和轴线的透视消失于视心 s'；侧向拱的素线和轴线平行于画面，其透视平行于 h—h。

作图步骤，见图 6-17（*b*）：

（1）把视高、视距放大三倍，在图纸的适当位置作出 h—h、g—g、s'、s_g 及距离点 D 或三分距离点。

（2）根据 s_g 与正向拱中心轴线的相对位置，画出正交高低拱的透视平面图。注意：各部尺度均应放大三倍。

（3）画平面立体的透视：因两拱的轴线在同一高度上，拱脚的平面立体部分等高，故在真高线上定平面立体高度，画出平面立体的透视。

（4）画前、后正向拱圈透视：由于前、后正向拱圈平行于画面，所以透视仍呈半圆形。

（5）画侧墙面上侧向拱圈的透视：由于侧向拱圈垂直于画面，而透视是半个椭圆，用八点法画出透视椭圆。

（6）作高低拱相贯线的透视：用水平辅助面法求出属于两拱相贯线上的点。例如，水平辅助面 Q_2 与正向拱交于 4、5 素线，它们的灭点为 s'，同一 Q_2 水平辅助面与侧向拱交于素线 6 和 7，该二素线的透视平行于 h—h。两拱相应素线的交点 B、B_1 和 C、C_1 就是所求相贯线上的点。同法，可求出若干这样的点。此外，还应求出相贯线上的最高点和直线与曲线的切点等。将这些点依次圆滑地连接起来，即得正交高低拱的透视，如图 6-17（*b*）所示。图 6-17（*c*）为正交高低拱的透视渲染效果图。

6.3.6　正交等高十字拱的透视

【例 6-10】　已知正交等高十字拱的平、立面图，视距 $ss_g=200$，其余条件如图 6-18（*a*）所示。试放大三倍作其透视图。

读图分析：正交等高十字拱的透视作图与前一例完全相同，为了作出两拱面交线的透视，可用上一例的水平辅助面法求出属于两拱面交线上的点，然后连点得交线的透视。因

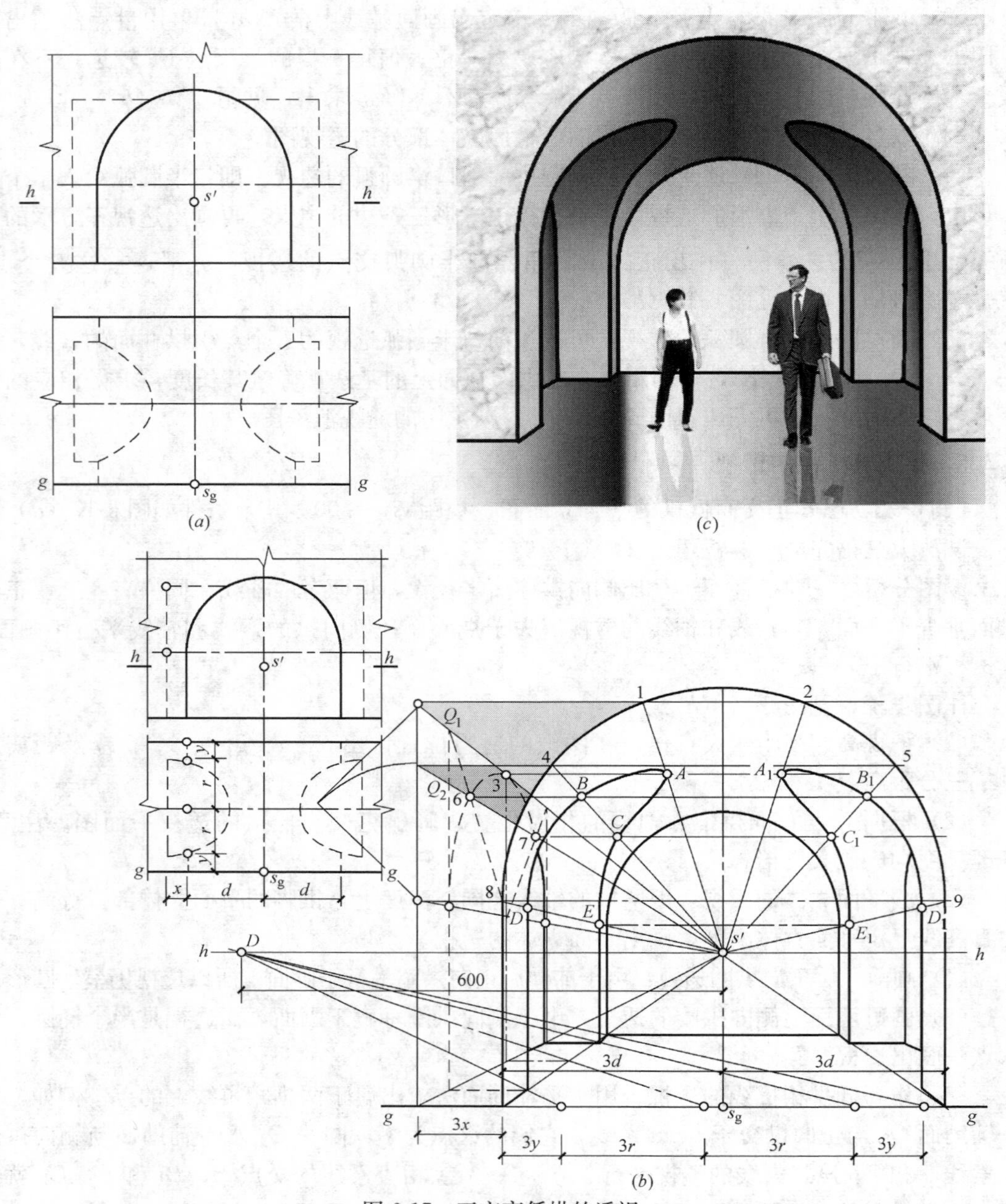

图 6-17 正交高低拱的透视

(*a*) 正交高低拱的平、立面图；(*b*) 正交高低拱的透视作图；(*c*) 正交高低拱的透视渲染效果图

两等径圆柱拱面的交线为两段椭圆弧线，椭圆弧线的透视一般仍为椭圆弧线，故可用八点法画其透视椭圆得到两拱面交线的透视，如图 6-18（*b*）所示。

两拱面交线透视的作图步骤：

（1）作椭圆外切矩形的透视：见图 6-18（*b*）右图，两半圆柱拱面相交，其交线为两段半椭圆弧线。故作半个外切矩形的透视为 1234。

（2）求出透视椭圆心 *O*，便可得到半个外切矩形三边的中点，连接 *O*、2，*O*、3 得外

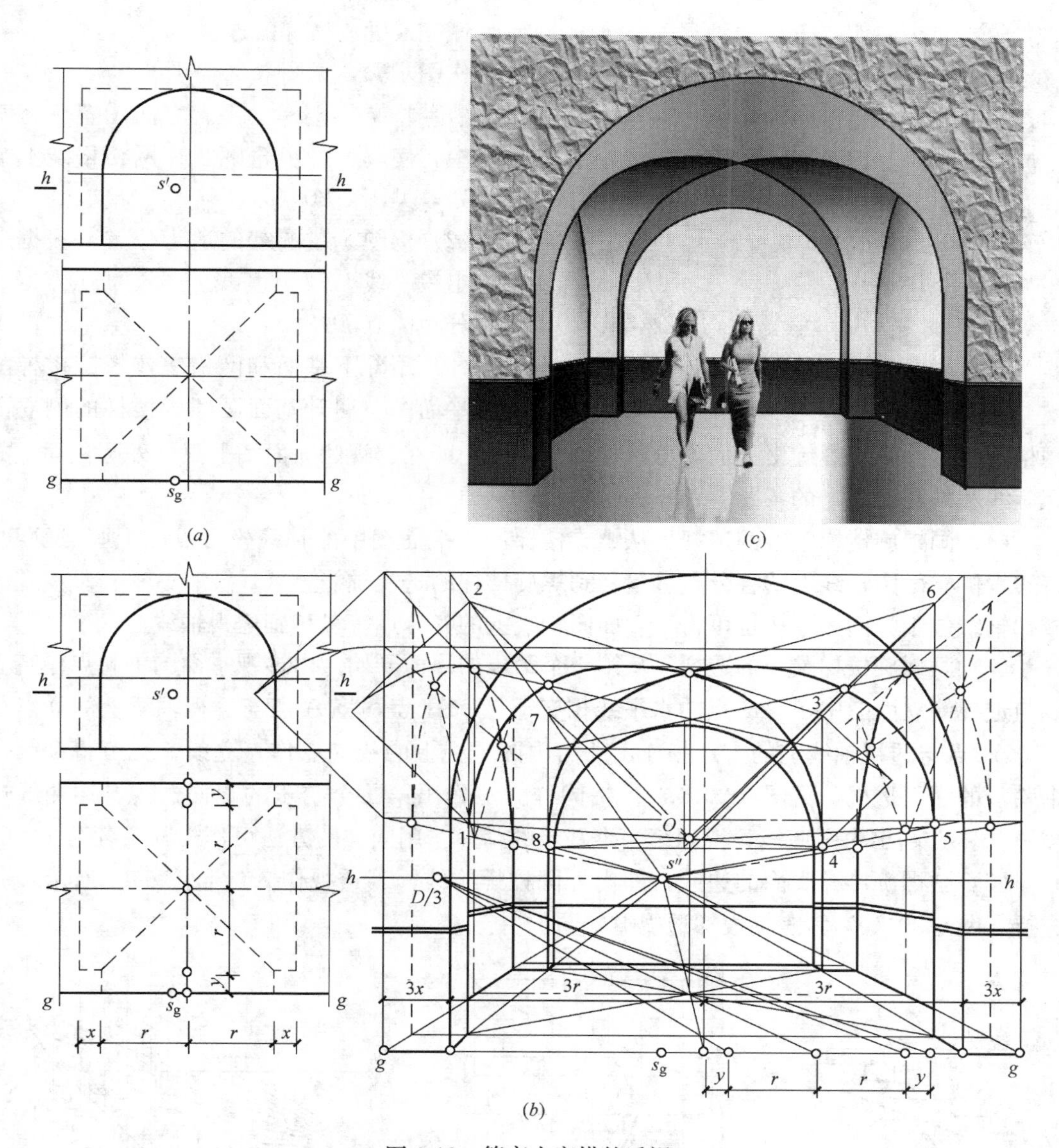

图 6-18　等高十字拱的透视

(a) 等高十字拱的平、立面图；(b) 正交等高十字拱的透视作图；(c) 等高十字拱的透视渲染效果图

切矩形对角线的透视，再用 $1/\sqrt{2}$ 的关系便可作出矩形对角线与椭圆交点的透视，光滑连接这五个点，就是半椭圆弧的透视。

(3) 重复前面两个步骤作出另半个外切矩形的透视为 5678 及另一半椭圆弧的透视。图 6-18 (c) 为效果图。

6.3.7　螺旋楼梯的透视

为了丰富建筑室内的艺术效果，或为了节省室内空间的特殊需要，常常将上下楼层的通道作成螺旋形或曲线形楼梯。这种楼梯形体飘逸，给人以美的享受，见图 6-19。

【例 6-11】 已知螺旋楼梯的平、立面图，视距 $ss_g=200$，其余条件如图 6-20 (a) 所

图 6-19 室内螺旋楼梯

示。试完成螺旋楼梯的透视图。

作图步骤，见图 6-20：

（1）将螺旋楼梯的平、立面图置于特殊网格中，使踢、踏步轮廓线在网格格线上或交点处，见图 6-20（*b*）。

（2）构图：在图纸的适当位置，根据题意作出视平线 h—h、基线 g—g、心点 s'、s_g 及半分距离点 $D/2$。

（3）用降下基面和网格法作螺旋楼梯的透视平面图。回升基面画螺旋楼梯的侧立面网格透视，并作出螺旋楼梯的部分透视侧立面图，即在透视侧立面图上只画外圆柱面上的螺旋线和外圆柱面上的各踢、踏步的轮廓线，见图 6-20（*c*）。

（4）画螺旋楼梯轴线的透视：从螺旋楼梯透视平面图中的轴线投影点向上画点画线，将透视侧立面图轴线上的各分点等量移到螺旋楼梯的透视轴线上（1、2、3……）。本题的楼梯轴线位于画面上，故也可将正立面图轴线上的各分点等量移到透视轴线上。

（5）画螺旋楼梯踏步的透视：从第一个踏步的踢面开始，由透视平面图中 a 点作直立线与透视侧立面图中 a''、a_1'' 点的水平线相交于 A、A_1 点，将 A 点与透视轴线上的 0 点相连，A_1 点与透视轴线上的 1 点相连，并由内圆透视上的相应点作直立线，就可得到第一个踏步的踢面透视，见图 6-20（*d*）。按同样方法作出第二个踏步的踢面透视，用曲线连接 A_1B，并画出内圆曲线，得到第一个踏步的踏面。用同样的方法可作出其余各踏步。

（6）画螺旋楼梯底面的边线，即内外圆柱螺旋线，其透视作图参照图 6-11 所示步骤进行。图 6-20（*e*）为螺旋楼梯透视渲染图。

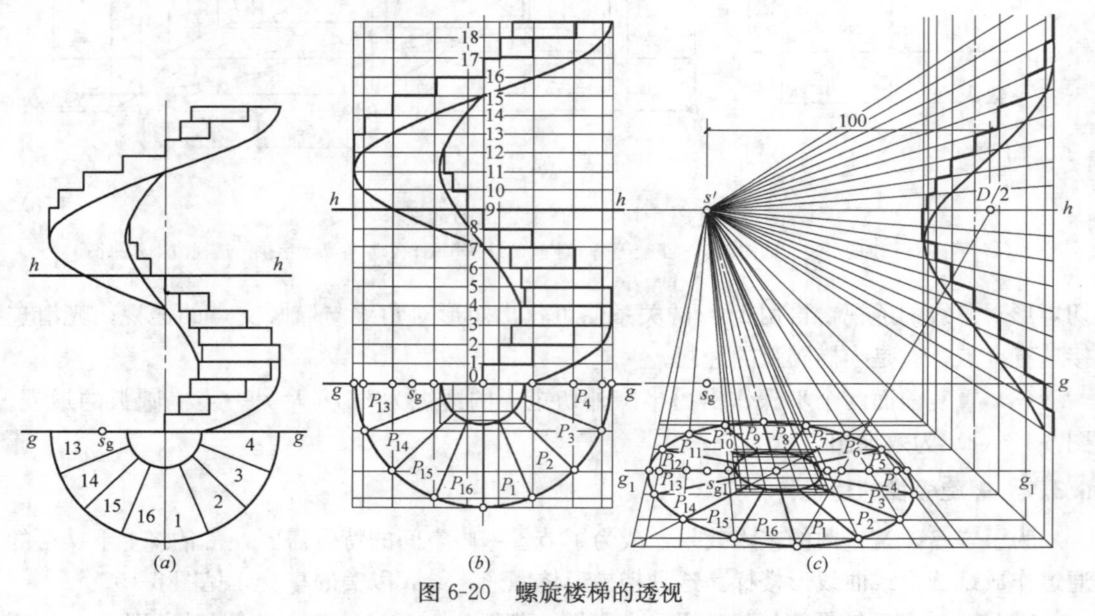

图 6-20 螺旋楼梯的透视

（*a*）螺旋楼梯平、立面图；（*b*）在平、立面图上画网格；（*c*）画螺旋楼梯的透视平、立面图

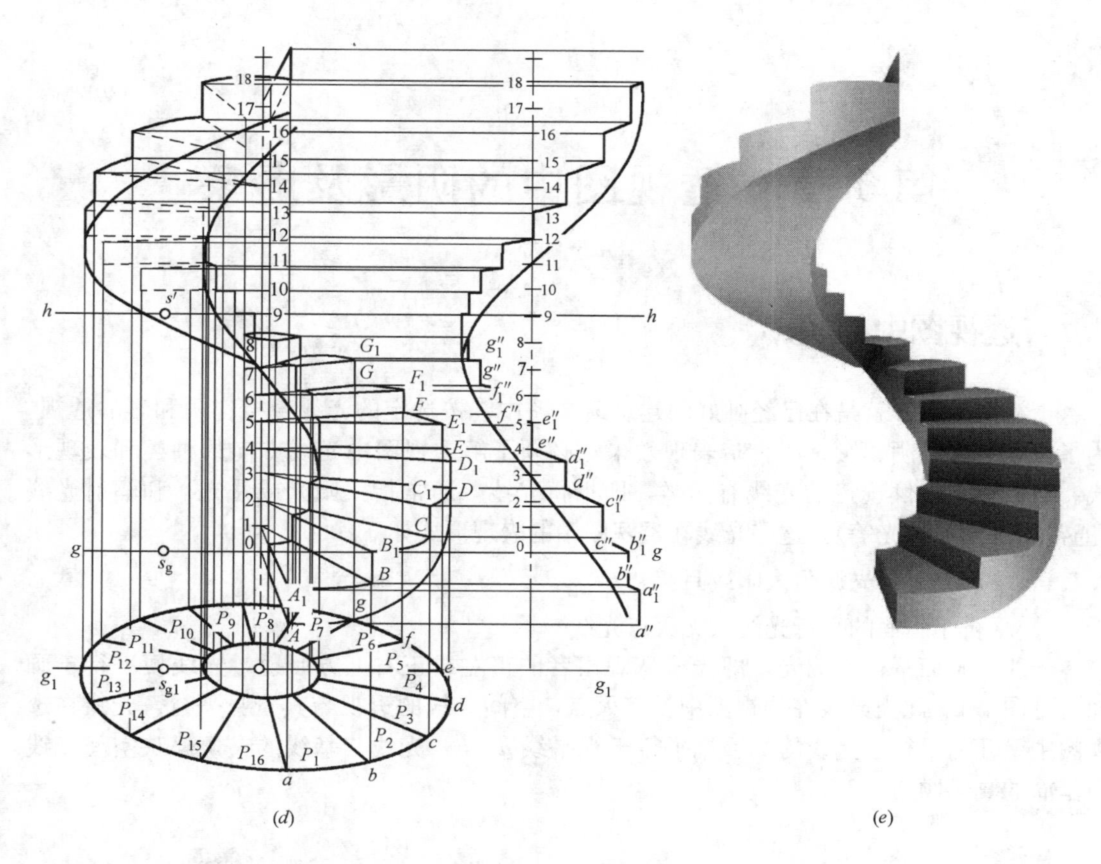

(*d*)　　　　　　(*e*)

图 6-20　螺旋楼梯的透视（续）

（*d*）螺旋楼梯透视作图；（*e*）螺旋楼梯透视渲染图

复习思考题

1. 平面曲线的透视形状通常分为哪几种情况？通常采用什么方法作平面曲线的透视？试举例作图说明。

2. 空间曲线透视作图的基本思路是什么？以螺旋线的透视作图为例简单叙述其透视作图步骤。

3. 曲面立体的透视主要采用了哪些方法作图？以直立圆柱为例简单叙述基本回转体的透视作图步骤。

4. 在正交高低拱的透视作图中，采用了水平辅助面法求相贯线，请说明其基本思路和作图步骤。

5. 试作左旋楼梯的透视图。

第 7 章　透视图中的阴影及虚象

7.1　透视图中的阴影

透视图的阴影就是在已经画好的建筑透视图中，按选定的光线直接作阴和影的透视。为了获取良好的阴、影、明、暗表现效果，必须了解透视图中光线方向的种类和表现形式。在透视图中供选择的光线有两类，即平行光线（通常指太阳光或月光）和辐射光线（通常指灯光、烛光等）。这些光线在透视图中的表现形式如下：

7.1.1　平行光线（光源为太阳或月亮）

1）平行于画面的平行光线（无灭点光线）

光线与画面平行为侧光，即光线从观察者的正左或正右上方照射，光线便平行于画面，见图 7-1。此类光线在透视图中没有灭点，空间光线的透视与其自身平行，光线在透视图中呈几何平行，光线的基透视平行于视平线 $h—h$，光线与基线的夹角反映空间光线与基面的真实倾角。

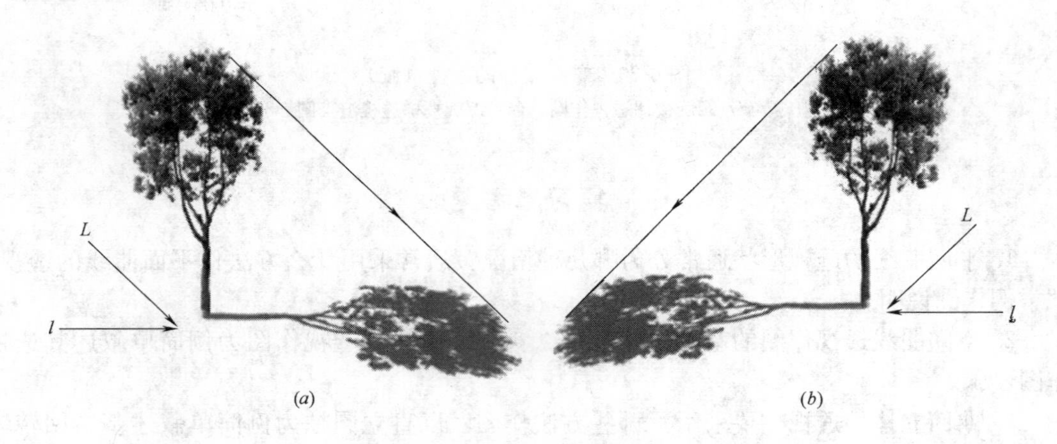

图 7-1　绿树在平行于画面的平行光线照射下的阴影
（a）光线从观察者的正左上方照射；（b）光线从观察者的正右上方照射

用这种光线在透视图中作阴影较简捷，其作图步骤与轴测图阴影相似。两点透视图中常用这种光线作阴影。但该类光线在一点透视图中不宜采用，因为在一点透视图中，有两组主向轮廓线平行于画面，其中一组主向轮廓线的透视平行于视平线 $h—h$，与铅垂线的影重叠，作影后的直观效果和美感欠佳。

2）与画面相交的平行光线（有灭点的光线）

设太阳或月亮的透视为 R，基透视为 r。因太阳或月亮距地球无限远，所以它们的基

透视 r 总是在视平线 $h—h$ 上。在透视图中为了获得较好的明暗效果，光源的透视 R 及基透视 r 在透视图中的位置确定是比较重要的。

（1）光线射向画面前表面为正光。如图 7-2 所示，光源的透视 R 在视平线 $h—h$ 的下方，图 7-2（a）为光源的基透视 r 在 F_X 和 F_{45}之间，这表示光源在观察者的右后上方，此时透视图上建筑物的两个可见立面均为阳面，右立面是最亮面，左立面是次亮面，建筑物在地面上的落影位于其左后方。这种光线在建筑表现图中常用。

光源的基透视 r 在 F_X 和 F_Y 之外，透视图上建筑物的两个可见立面一面迎光，一面背光，此时为正侧光。在图 7-2（b）中，光源的基透视 r 在 F_Y 之右，光源在观察者的左后上方，建筑物的可见左立面迎光，可见右立面背光，建筑物在地面上的落影位于其右后方，这种光线在建筑表现图中常用。

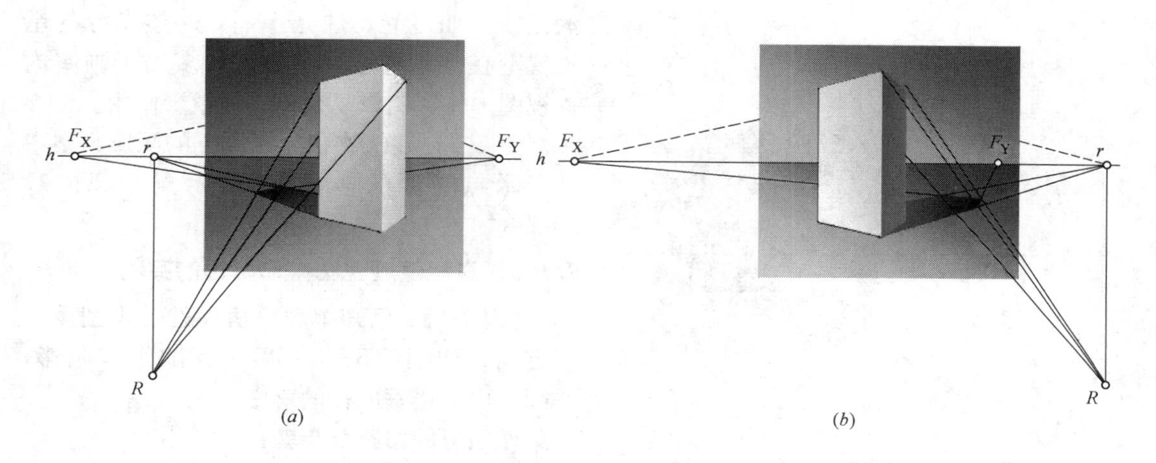

图 7-2　光线射向画面前表面

（a）光源在观察者的右后上方；（b）光源在观察者的左后上方

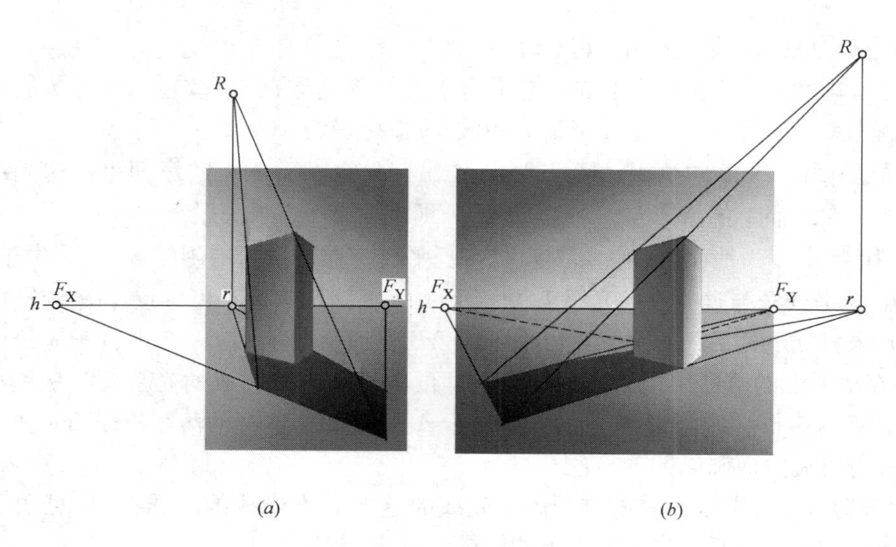

图 7-3　光线射向画面后表面

（a）光源在观察者的左前上方；（b）光源在观察者的右前上方

（2）光线射向画面后表面为逆光。如图 7-3 所示，光源的透视 R 在视平线 h—h 的上方，图 7-3（a）为光源的基透视 r 在 F_X 和 F_Y 之间，即光源在观察者的左前上方，透视图上建筑物的两个可见立面均为阴面，称之为正逆光。建筑物在地面上的落影位于其右前方，用这种光线作影，透视图上的建筑物光影效果差，在建筑表现图中不常用。

光源的基透视 r 在 F_X 和 F_Y 之外，透视图上建筑物的两个可见立面一面迎光，一面背光，此时为侧逆光。在图 7-3（b）中，光源的基透视 r 在 F_Y 之右，光源在观察者的右前上方，建筑物右立面迎光，左立面背光，建筑物在地面上的落影位于其左前方，在建筑表现图中不常用。

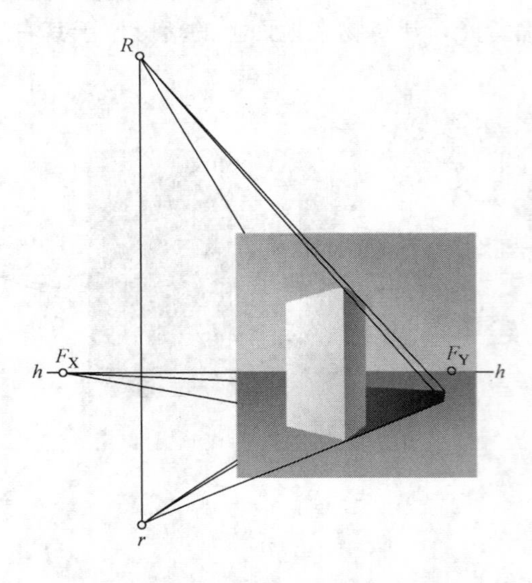

图 7-4　建筑物在点光源下的阴影

7.1.2　辐射光线（光源为灯、烛等）

光源距观察者为有限距离时产生辐射状的光线，如灯光、烛光……；这类光源的基透视不在视平线上，此类光线多用于画室内透视图。作影比较复杂，一般很少使用。

图 7-4 是建筑物在点光源下的阴影，图中 R 表示点光源的透视，r 表示点光源的基透视。

7.1.3　在建筑透视图中作阴影的实例

【例 7-1】 已知单坡顶房屋的透视图及光线方向，如图 7-5（a）所示。试作其阴影，并画出房前铅垂电杆的落影。

作阴影的思路及步骤：

（1）阴线分析：由图 7-5（a）得知光线从观察者的正左上方射向房屋，房屋右侧墙、背面墙为阴面，其余为阳面，故阴线为 12—23—34—45。

（2）求房屋的影线：见图 7-5（b）

① 铅垂棱线 1—2 在地面上的落影平行于光线的基透视 l，故过点 1 作 l 的平行线与过 2 点的光线 L 交于影点 2_0，1—2_0 为阴线 1—2 之影线。

② 倾斜阴线 2—3 的落影：影点 2_0 已作出，只需求出 3 点的影即可，用光线三角形法作出 3 点在地面上的落影 3_0，连接 2_0、3_0 即求出 2—3 的影线。

③ 阴线 3—4 为地面平行线，其影与自身平行。在透视图中阴线 3—4 消失于 F_X，所以由影点 3_0 连 F_X 与过 4 点的光线 L 交于点 4_0，因该影点为不可见点，图中未作出。

（3）求直立电杆 AB 的落影：铅垂电杆 AB 在地上的落影 B—6 平行于光线的基透视 l，电杆在房屋上的落影用光截面法作出。即由电杆和光线构成的光平面与房屋相交，得四边形截交线 6789，它与过 A 点的光线交于 A_0，便获得电杆的落影折线 B6—69—9A_0。

（4）将可见阴面和影区着暗色。

【例 7-2】 已知某建筑物的透视图、光线的透视 L 及光线的基透视 l，见图 7-6（a）。绘出该建筑物在画面平行光线照射下的阴影。

作阴影的步骤，见图 7-6（b）：

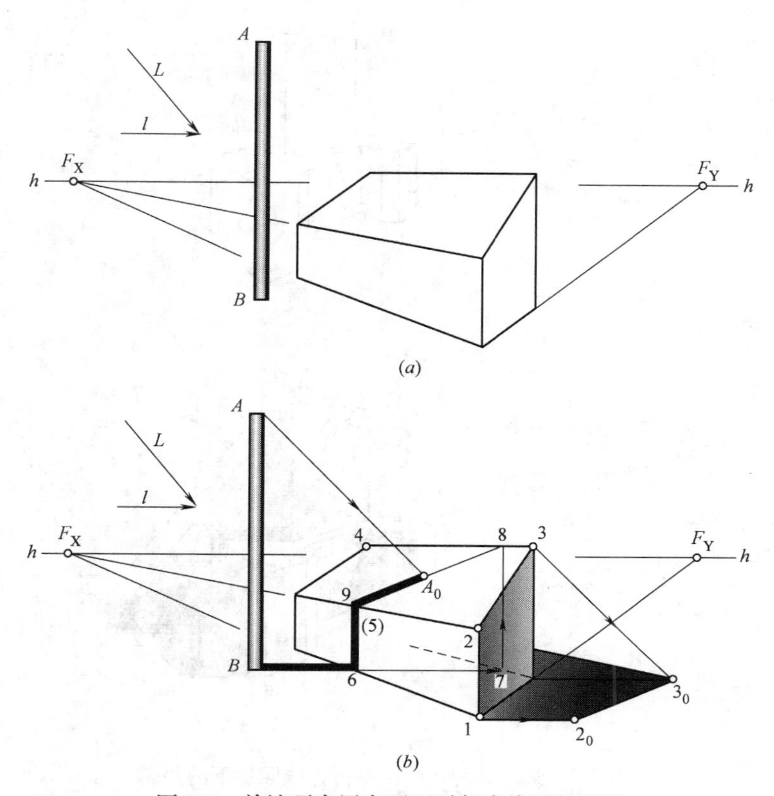

图 7-5　单坡顶房屋在画面平行光线下的阴影
（*a*）单坡顶房屋的透视图；（*b*）单坡顶房屋在画面平行光线下的阴影作图

（1）阴线分析：光线从观察者的正左上方射向建筑物，故建筑物的左、前、上表面为阳面，其余为阴面，阴阳面的分界线便是阴线。值得注意的是该建筑物的左下有一斜墙面 $ABba$ 平行于光线，应为阴面。求影的阴线为 aA—AB—BC、dD—DE……、NF—FG—GK……。

（2）逐段求出各阴线的落影：通常先求自落影，如阴线 aA 在地面上的影 aA_0 平行于光线的基透视 l，A 点的影 A_0 落在凹入的正墙面与地面的交线上。阴线 AB 在建筑物下部凹入的正墙面上的落影 A_0B_0 的作图是延长 AB 与该正墙面相交于点 1，连接 A_01 与过 B 点的光线 L 相交于 B_0。阴线 BC 之影线是连接 B_0、C 之线。建筑物上部主体的铅垂阴线 NF 在下部群房顶面上的落影平行于光线的基透视 l，它与群房顶面上的阴线 DE 相交于 2_0 点，由 2_0 点作返回光线交阴线 NF 于 2 点，这说明阴线 $2F$ 的影落在地面上了。然后再作该建筑物在地面上的影，阴线 dD 在地面上的影是由点 d 作光线基透视 l 的平行线与过 D 的光线 L 相交于 D_0，阴线 $D2_0$ 平行于地面，其影与自身平行，在透视图中平行线共灭点，故连接 D_0、F_Y 并与过 2_0 点的光线 L 相交于地面上的 2_0 点（2_0 为滑影点对），又由地面上的 2_0 点作光线基透视 l 的平行线与过 F 的光线 L 相交于 F_0，阴线 FG 平行于地面，其影与自身平行，故连接 F_0、F_Y 并与过 G 点的光线 L 相交于 G_0 点，阴线 GK 平行于地面，其影与自身平行，在透视图中平行线共灭点，故连接 G_0、F_X 与过 K 点的光线 L 相交于 K_0，再过 K_0 作光线基透视 l 的平行线，便完成建筑物阴影作图。

（3）将可见阴面和影区着暗色，见图 7-6（*b*）。

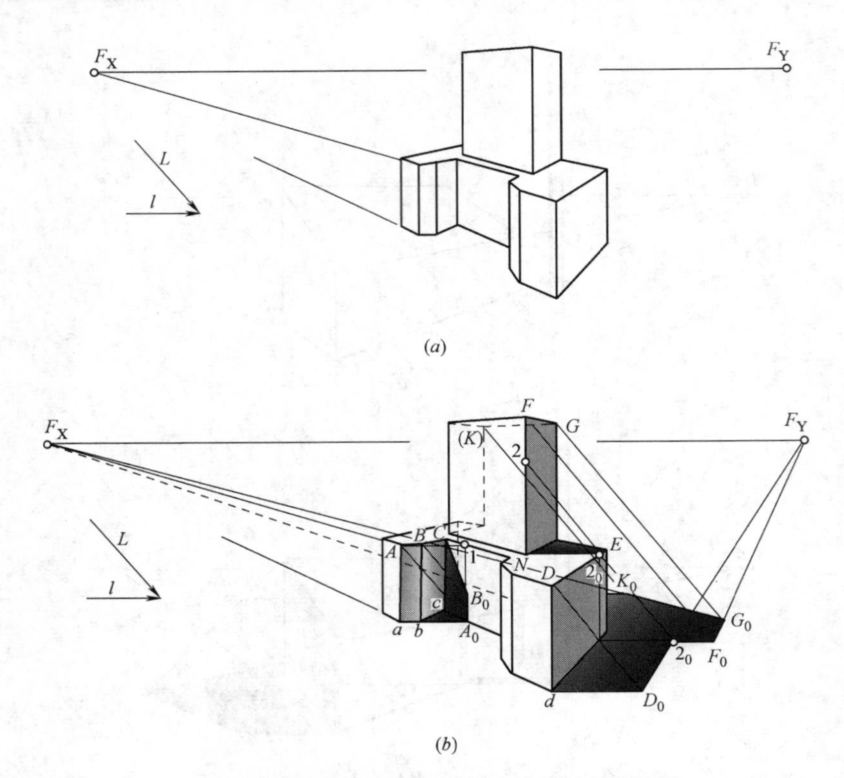

图 7-6 某建筑物在画面平行光线照射下的阴影

(*a*) 某建筑物的透视图；(*b*) 某建筑物在画面平行光线下的阴影作图

【例 7-3】 已知台阶的透视图及画面平行光线的透视 L 和基透视 l 的方向，如图 7-7（*a*）所示，试绘出台阶的阴影。

作阴影的步骤，见图 7-7（*b*）：

(1) 阴线分析：光线从观察者的正左上方射向台阶，故台阶的左、前、上表面为阳面，其余为阴面，阴阳面的分界线便是阴线。求影阴线为挡墙的 AB—BC—CD、EF—FG—GH。

(2) 依次求出各段阴线的落影：台阶左挡墙阴线 AB—BC—CD 的影线用延棱扩面法求出。台阶右挡墙阴线 EF—FG—GH 的影线图中已清晰画出。值得注意的是，当阴线是画面相交线，而该阴线又与承影面平行，其影线应与阴线自身平行，这时的平行线要共灭点。如阴线 CD 在踏面 H_2 和 H_3 上的落影及阴线 GH 在地面上的落影都与其阴线自身平行，它们都消失于阴线 CD 和阴线 GH 的灭点 F_Y。

(3) 将可见阴面和影区着暗色，图 7-7（*c*）为台阶阴影渲染效果图。

【例 7-4】 已知平顶房屋的透视图、光线的灭点 R 和基灭点 r，见图 7-8（*a*），试完成其阴影作图。

作阴影的步骤，见图 7-8（*b*）：

(1) 阴线分析：从图中得知光源的透视 R 在视平线 h—h 的下方，光线射向画面前表面，光源的基透视 r 在 F_X 和 F_{45} 之间，这表示光源在观察者的左后上方，此时为正光，透视图上建筑物的两个可见立面均为阳面，主立面是最亮面，左立面是次亮面，建筑物在

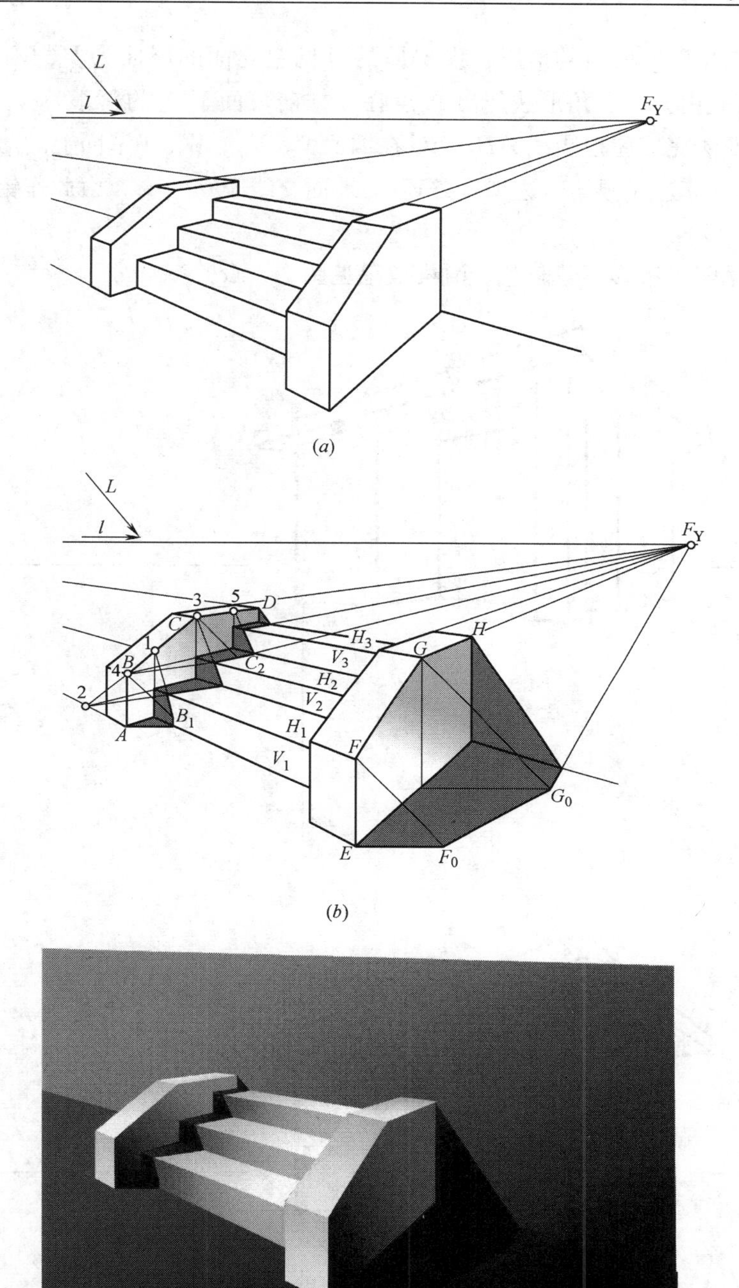

图 7-7　台阶的阴影

（a）台阶的透视图；（b）台阶阴影的作图；（c）台阶阴影的渲染效果图

地面上的落影位于其右后方，被建筑透视图遮住了，故该题只绘其房屋的自落影，即平屋顶阴线 AB、AC 在墙面上的落影和立柱阴线 dD、eE 在地面、墙面上的落影（以观察者的方位命名其左右）。

(2) 依次求出各段阴线的落影：设房屋的可见主立面的墙面为 V、V_1，可见左墙面为 W、W_1。首先由光线三角形法作出 A 点在立柱前表面 V 上的落影 A_0。再用平行线共灭点及延棱扩面法完成屋顶阴线 AB、AC 在墙面 V、V_1、W、W_1 面上的落影。然后由立柱柱脚的阴点 d、e 连光源的基透视 r 交 V_1 与地面交线于 d_0、e_0，由此作铅垂线，即立柱在 V_1 面上的落影。

(3) 将可见阴面和影区着暗色。渲染效果见图 7-8 (*c*)。

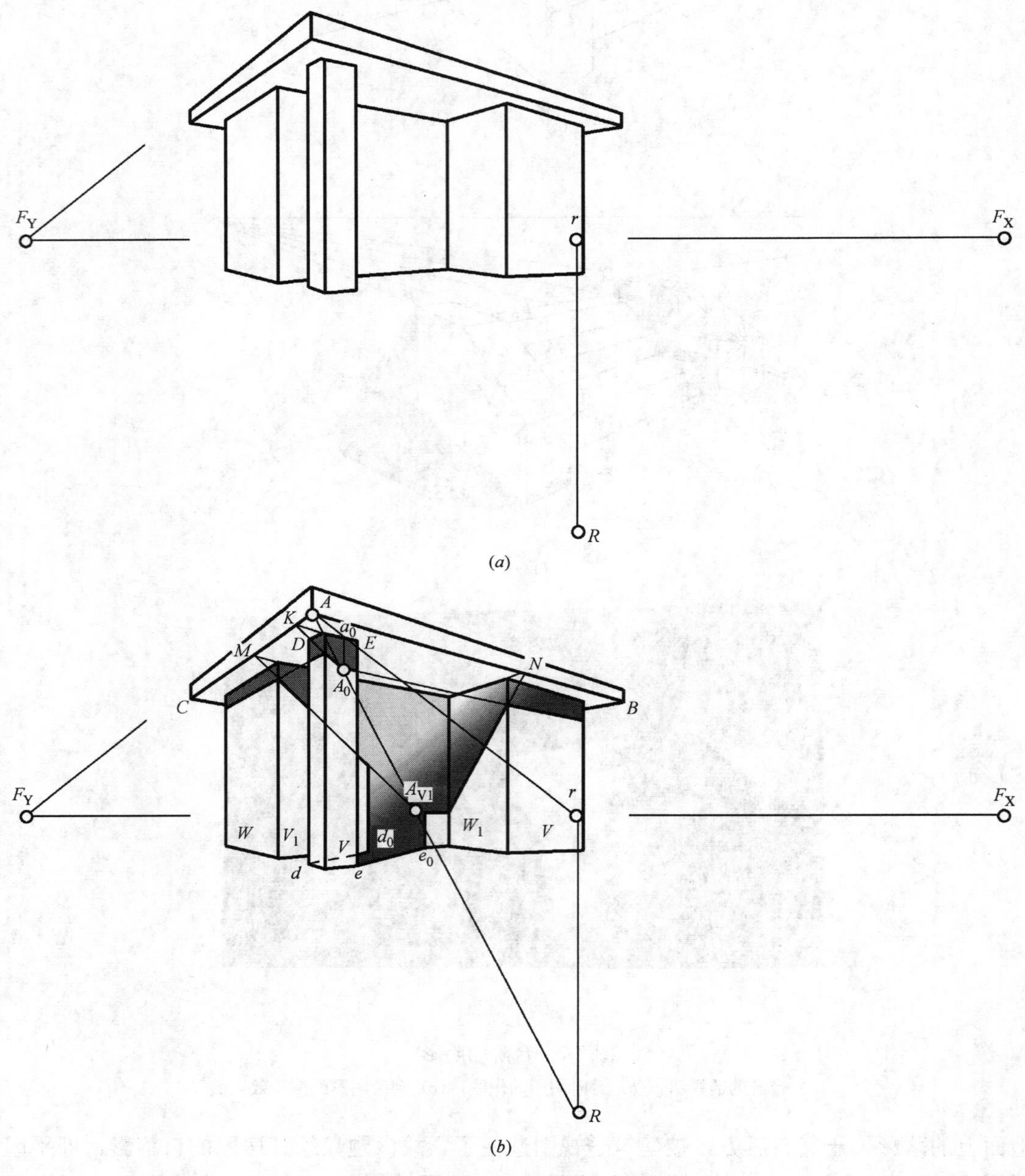

图 7-8 平顶房屋透视的阴影

(*a*) 平顶房屋的透视图；(*b*) 平顶房屋透视图阴影的作图

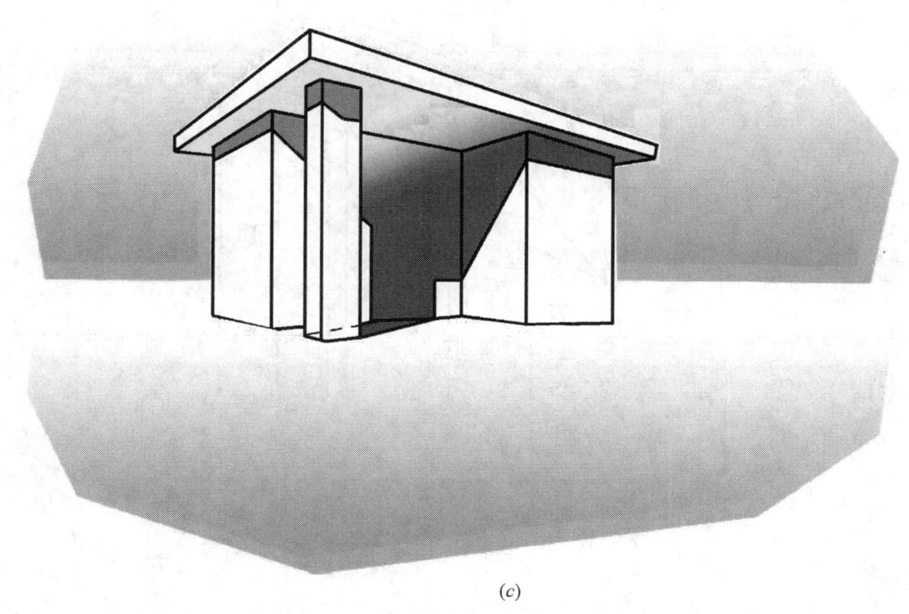

(c)

图 7-8　平顶房屋透视的阴影（续）

（c）平顶房屋透视图阴影的效果图

【例 7-5】 已知遮阳、隔板和门的透视图及 A 点的落影 A_0，见图 7-9（a）。求其阴影。

作阴影的步骤，见图 7-9（b）：

（1）确定光源的透视和基透视：根据 A 点的落影 A_0 定出光线的透视方向为 AA_0 和光线在遮阳板底面上的基透视方向为 Aa_0，延长 Aa_0 与视平线 h—h 的交点 r 为光源的基透视，延长 AA_0 与过光源基透视 r 作的铅垂线相交得到光源的透视 R。

（2）阴线分析：光源的透视 R 在 h—h 的下方，光线射向画面前表面，光源的基透视 r 在 F_X 和 F_{45}之间，这表示光源在观察者的右后上方，此时为正光，透视图上的遮阳板、

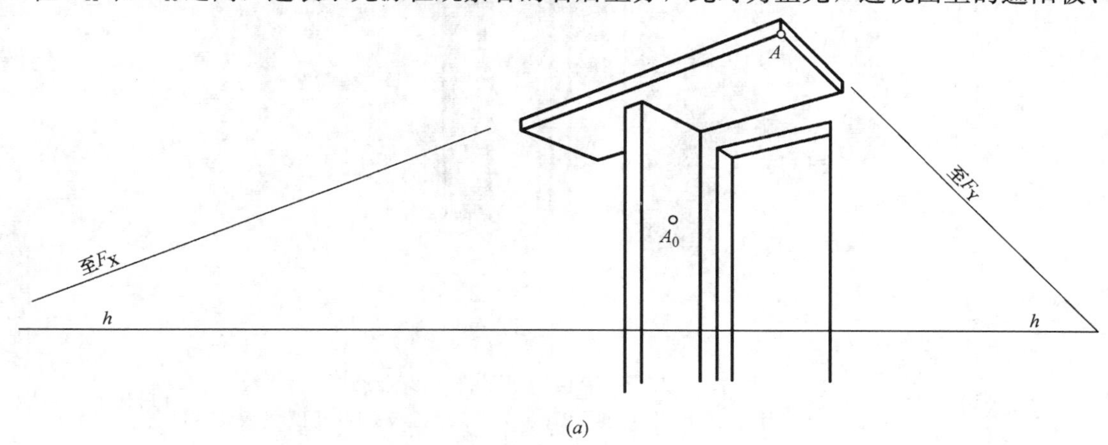

(a)

图 7-9　遮阳、隔板透视图的阴影

（a）遮阳、隔板和门的透视图

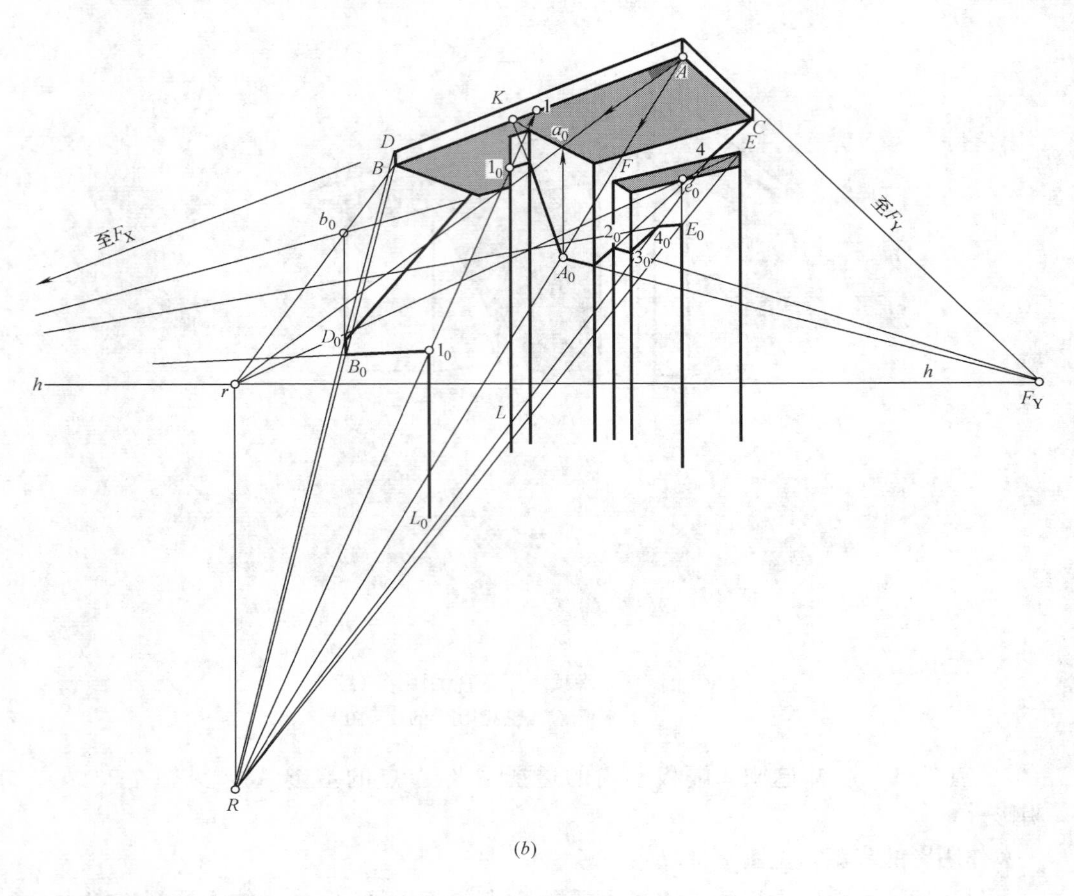

(b)

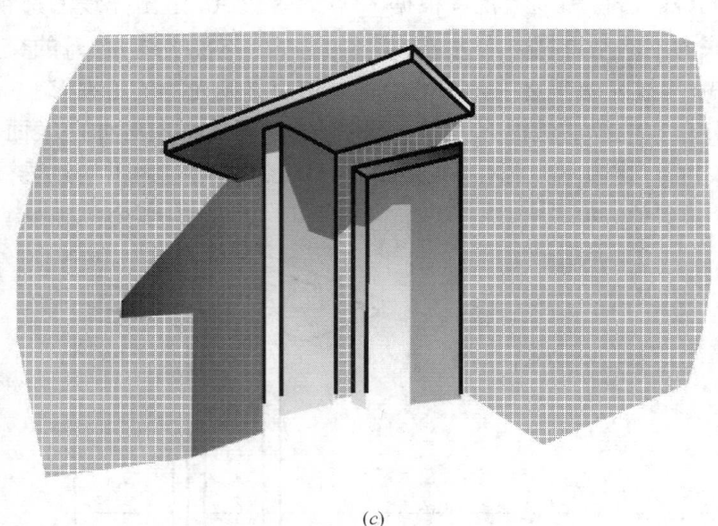

(c)

图 7-9 遮阳、隔板透视图的阴影（续）

(b) 遮阳、隔板和门透视图阴影的作图；(c) 遮阳、隔板透视图阴影的效果图

隔板等的两个可见立面均为阳面，其中左立面是最亮面，右立面是次亮面，它们在墙面上的落影位于遮阳、隔板的左下方。遮阳的阴线为 CA—AB—BD—过 D 点的遮阳左侧面的

上棱线；隔板的阴线为左前棱线 L；门洞的阴线是 FE 及带 E 的右前棱线。

（3）依次求出各段阴线的落影：用延棱扩面和光线三角形等方法作出各段阴线的影线。如 B 点在墙面上的落影 B_0 就是用光线三角形法作出的，即连接 B、r 与 CF_X 相交于点 b_0，自 b_0 点作铅垂线与空间光线 BR 相交于影点 B_0。其余作图如图所示。

（4）将可见阴面和影区着暗色。渲染效果见图 7-9（c）。

【例 7-6】 如图 7-10（a）所示，已知某建筑物的透视图及选定光线的灭点 R 和基灭点 r，求其阴影。

作阴影的步骤，见图 7-10（b）：

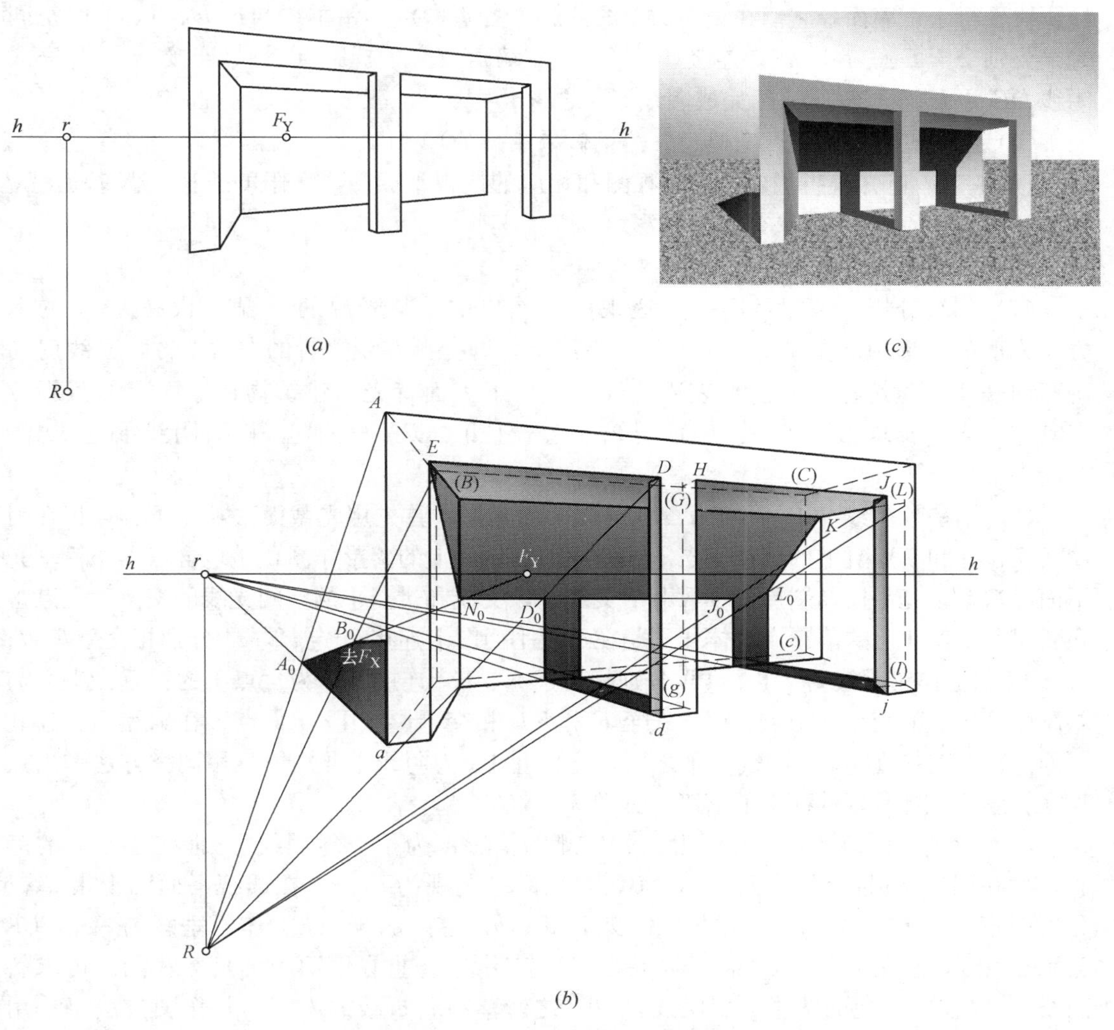

图 7-10　某建筑透视图的阴影

（a）某建筑物的透视图；（b）某建筑透视图阴影的作图；（c）某建筑透视图阴影的效果图

（1）阴线分析：光源的透视 R 在视平线 h—h 的下方，光线射向画面前表面，光源的基透视 r 在 F_X 和 F_Y 之外，此时为正侧光，光源的基透视 r 在 F_Y 之左，光源在观察者的右后上方，建筑物的右、前、上表面迎光，左、后、下表面背光，建筑物在地面上的落影位于其左后方。其求影的阴线为 aA—AB—BC—Cc、dD—DE、gG—GH—HJ—Jj、KL—Ll。

(2) 依次求出各段阴线的落影：铅垂阴线 aA 在地面上之影，是由 a 引直线至 r 与过 A 点的空间光线交于 A_0。aA_0 为铅垂阴线 aA 在地面上的落影。水平阴线 AB 平行于地面，其影与自身平行，在透视图中平行线共灭点。故由 A_0 引直线至灭点 F_Y 与过 B 点的空间光线交于影点 B_0。A_0B_0 为水平阴线 AB 在地面上的落影。水平阴线 BC 也平行于地面，其影也应由 B_0 引直线至灭点 F_X。立柱阴线 dD、gG、jJ、lL 在地面上的落影，分别由点 d、g、j、l 引直线至 r 与正墙面地基线相交得四个折影点，见图 7-10 (b)。因立柱阴线平行于正墙面，它们在正墙面上的落影由各折影点作铅垂线与过 D、J、L 的空间光线分别交于 D_0、J_0、L_0，连接 J_0、D_0 与左墙角线交于折影点 N_0，连接 N_0、E 完成阴线 DE 之影。再连接 L_0K 完成阴线 KL 之影。

(3) 将可见阴面和影区着暗色。渲染效果见图 7-10 (c)。

【例 7-7】 已知某折板建筑的透视图和相应的透视平面图，太阳的透视 R 及基透视 r 如图 7-11 (a) 所示，求该建筑的阴影。

作阴影的步骤，见图 7-11 (b)：

(1) 阴线分析：该图是用一点透视网格作出的，其光源的透视 R 设在 h—h 的下方，光源的基透视 r 在建筑物左方的视平线上，即光源在观察者的右后上方，光线射向画面前表面，建筑物的右前上表面迎光，左后下表面背光，建筑物在地面上的落影位于其左后方。其求影阴线为：房顶阴线 TⅠ—ⅠⅡ、TⅣ—ⅣⅥ；檐口阴线 Ⅰ_1Ⅲ、$\text{Ⅳ}_1\text{Ⅱ}_1$、Ⅴ_1Ⅶ。

(2) 求房顶阴线 TⅠ—ⅠⅡ、TⅣ—ⅣⅥ的落影：首先用光截面法求点Ⅰ、点Ⅳ在斜屋面 TⅣⅡ和 TⅧⅥ上的落影。点Ⅰ在斜屋面 TⅣⅡ上的落影作图，是包含点Ⅰ作铅垂光平面，求铅垂光平面与斜屋面 TⅣⅡ的交线，该交线和过点Ⅰ的空间光线的交点就是点Ⅰ在斜屋面 TⅣⅡ上的落影。具体作图是在透视平面图上连接 $1r$ 与 $t2$、$t4$ 分别相交于 k、l；自 k、l 向上作铅垂线与 TⅡ、TⅣ分别相交于 K、L，连接 KL 为含点Ⅰ的铅垂光平面与斜屋面 TⅣⅡ的交线，由点Ⅰ引直线至 R 和 KL 相交于影点 Ⅰ_0，得点Ⅰ在斜屋面 TⅣⅡ上的落影。连接 $T\text{Ⅰ}_0$ 为阴线 TⅠ之影，连接 $\text{Ⅱ}\text{Ⅰ}_0$ 为阴线ⅠⅡ之影。用同样方法作出点Ⅳ在斜屋面 TⅧⅥ延伸面上的落影，见图 7-11 (b)。

(3) 求檐口阴线 Ⅰ_1Ⅲ、$\text{Ⅳ}_1\text{Ⅱ}_1$、Ⅴ_1Ⅶ的落影：为了作斜阴线 Ⅰ_1Ⅲ在墙面上的落影，故在阴线 Ⅰ_1Ⅲ上任取两点 A、B，它们的基透视为 a、b。在透视平面图上由 a、b 分别引直线至 r 和墙面的积聚投影相交于 a_0、b_0，自 a_0、b_0 向上作铅垂线与 AR、BR 分别相交于 A_0、B_0，连接 A_0、B_0 并延长得斜阴线 Ⅰ_1Ⅲ在墙面上的落影。同法可求斜阴线 Ⅴ_1Ⅶ在墙面上的落影。斜阴线 $\text{Ⅳ}_1\text{Ⅱ}_1$ 之影落在斜折板的内壁，其作图方法仍采用光截面法求阴线 $\text{Ⅳ}_1\text{Ⅱ}_1$ 上任一点 E 的落影而作出，见图 7-11 (b)。更详细的作图请见光盘动画。

(4) 将可见阴面和影区着暗色。配景渲染效果见图 7-11 (c)。

【例 7-8】 已知附有烟囱的两坡顶房屋的透视图，及选定光线的灭点 (R，r)，见图 7-12 (a)，试完成其阴影作图。

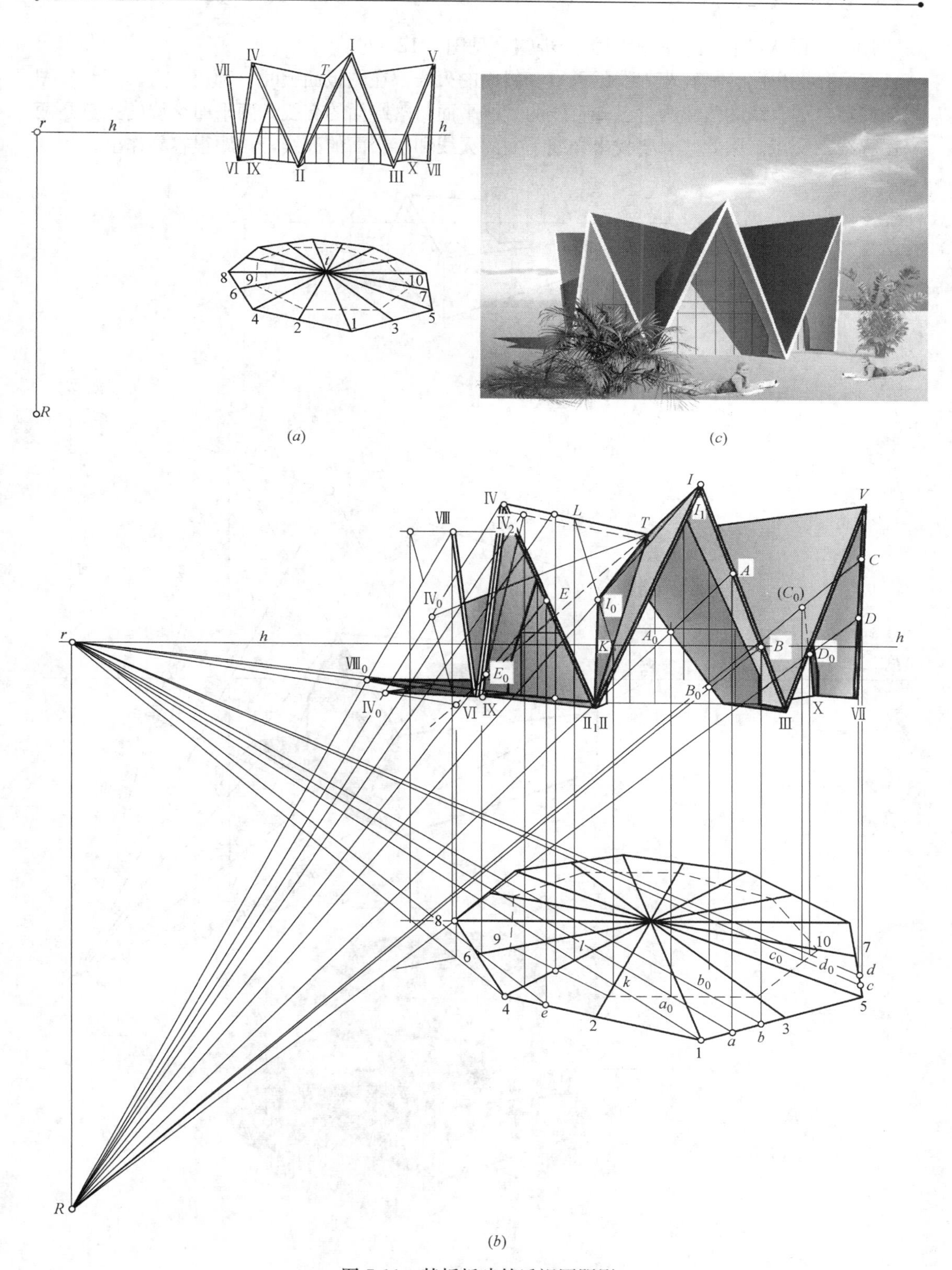

图 7-11　某折板建筑透视图阴影

(*a*) 某折板建筑的透视图；(*b*) 某折板建筑透视图阴影的作图；(*c*) 某折板建筑透视图阴影及配景效果图

用平面的灭线作坡顶房屋阴影的步骤，见图 7-12（*b*）：

（1）作图思路分析：当斜线的灭点、斜面的灭线都在图板面上时，利用灭点、灭线作图较为简捷。因直线的落影为含已知直线的光线平面与落影面的交线，两平面交线的灭点是两平面灭线的交点。因此，只要找出光线平面的灭线和落影面的灭线，该题很容易作出。

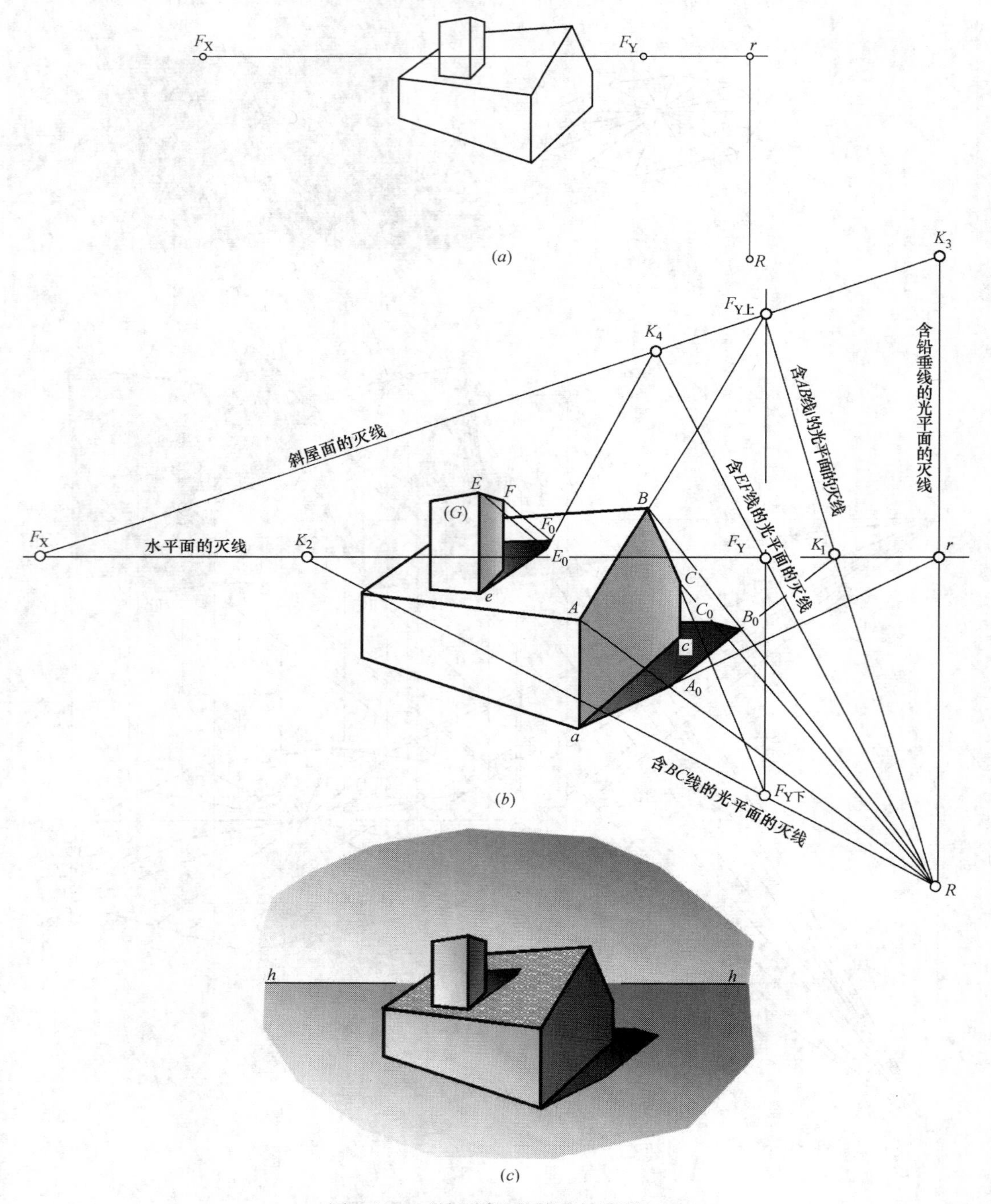

图 7-12　两坡顶房屋透视图的阴影

（*a*）两坡顶房屋的透视图；（*b*）两坡顶房屋透视图阴影的作图；（*c*）两坡顶房屋透视图阴影的效果图

（2）阴线分析：光源的透视 R 在视平线 $h—h$ 的下方，光线射向画面前表面，光源的基透视 r 在 F_X 和 F_Y 之外，透视图上房屋及烟囱的两个可见立面一面迎光，一面背光，此时为正侧光。房屋的可见左墙面和烟囱的可见左表面为迎光面，房屋的可见右墙面和烟囱的可见右表面为背光面，房屋的阴线为 $aA—AB—BC$—含 C 的檐口线，烟囱的阴线是 $eE—EF—FG$—含 G 的铅垂线。

（3）依次求出各段阴线的落影，见图 7-12（b）：

① 铅垂阴线 aA 在地面上的落影，是含铅垂阴线 aA 的光平面与地面的交线，该交线的灭点是两平面灭线的交点。含铅垂线的光平面灭线为过光源透视 R 的铅垂线，地面的灭线是视平线 $h—h$，它们的交点为 r，也是光源的基透视。故连接 a、r 与过 A 点的空间光线交于 A_0，$a A_0$ 是铅垂阴线 aA 在地面上的落影。

② 斜阴线 AB 在地面上的落影：含 AB 线的光平面灭线是由 AB 线的灭点 $F_{Y上}$ 引直线至光源的透视 R，该线与视平线 $h—h$ 的交点 K_1 是 AB 在地面上落影的灭点，故连接 A_0、K_1 与过 B 点的空间光线交于 B_0，影线 A_0B_0 为斜阴线 AB 在地面上的落影。

③ 斜阴线 BC 在地面上的落影：含 BC 线的光平面灭线是由 BC 线的灭点 $F_{Y下}$ 引直线至光源的透视 R，并延长 $RF_{Y下}$ 与视平线 $h—h$ 相交于点 K_2，它是 BC 在地面上落影的灭点，故连接 B_0、K_2 与过 C 点的空间光线交于 C_0，影线 B_0C_0 为斜阴线 BC 在地面上的落影。

④ 含 C 的檐口线平行于地面，其影由 C_0 引线至 F_X。

⑤ 烟囱的铅垂阴线 eE 在斜屋面上的落影：含铅垂线的光平面灭线为过光源透视 R 的铅垂线，斜屋面的灭线是 $F_XF_{Y上}$，两灭线的交点 K_3 是 eE 在斜屋面上落影的灭点。故连接 e、K_3 与过 E 点的空间光线交于 E_0，影线 eE_0 为阴线 eE 在斜屋面上的落影。

⑥ 烟囱阴线 EF 在斜屋面上的落影：含水平阴线 EF 的光平面灭线是该线的灭点 F_Y 与光线灭点 R 的连线，它与斜屋面灭线 $F_XF_{Y上}$ 的交点 K_4 就是水平阴线 EF 在斜屋面上落影的灭点。故连接 E_0、K_4 与过 F 点的空间光线交于 F_0，影线 E_0F_0 就是水平阴线 EF 的影线。

⑦ 烟囱阴线 FG 在斜屋面上的落影：阴线 FG 平行于斜屋面，其影与自身平行，故由 F_0 引直线至 F_X 与过 G 点的空间光线交于 G_0。影线 F_0G_0 就是水平阴线 FG 的影线。含 G 的铅垂阴线在斜屋面上的落影，由 G_0 连 K_3，完成阴影作图。

（4）将可见阴面和影区着暗色。渲染效果见图 7-12（c）。

由以上例题可以总结出一些作透视图阴影的规律：

（1）画面平行线，无论是在水平面、铅垂面还是在斜面上的落影，总是一条画面平行线。

（2）画面相交线，无论是在水平面、铅垂面还是在斜面上的落影，总是一条画面相交线，因此落影的透视必有灭点。

① 由于直线的落影是含直线的光平面与承影面的交线，因此光平面的灭线和承影平面的灭线的交点就是两平面交线（即影线）的灭点。

② 在平行光线下，含画面相交线的光平面的灭线是通过该直线的灭点引出的光线平行线。

③ 平面的灭线是平面上相交两直线灭点的连线。

【例 7-9】 已知由圆柱面构成的建筑物的透视图，以及光线的灭点 R 和基灭点 r，见图 7-13（a）。试求阴影。

作阴影的绘图步骤：

（1）建筑主体阴线分析：设光源的透视 R 在视平线 $h—h$ 的下方，光源的基透视 r 在

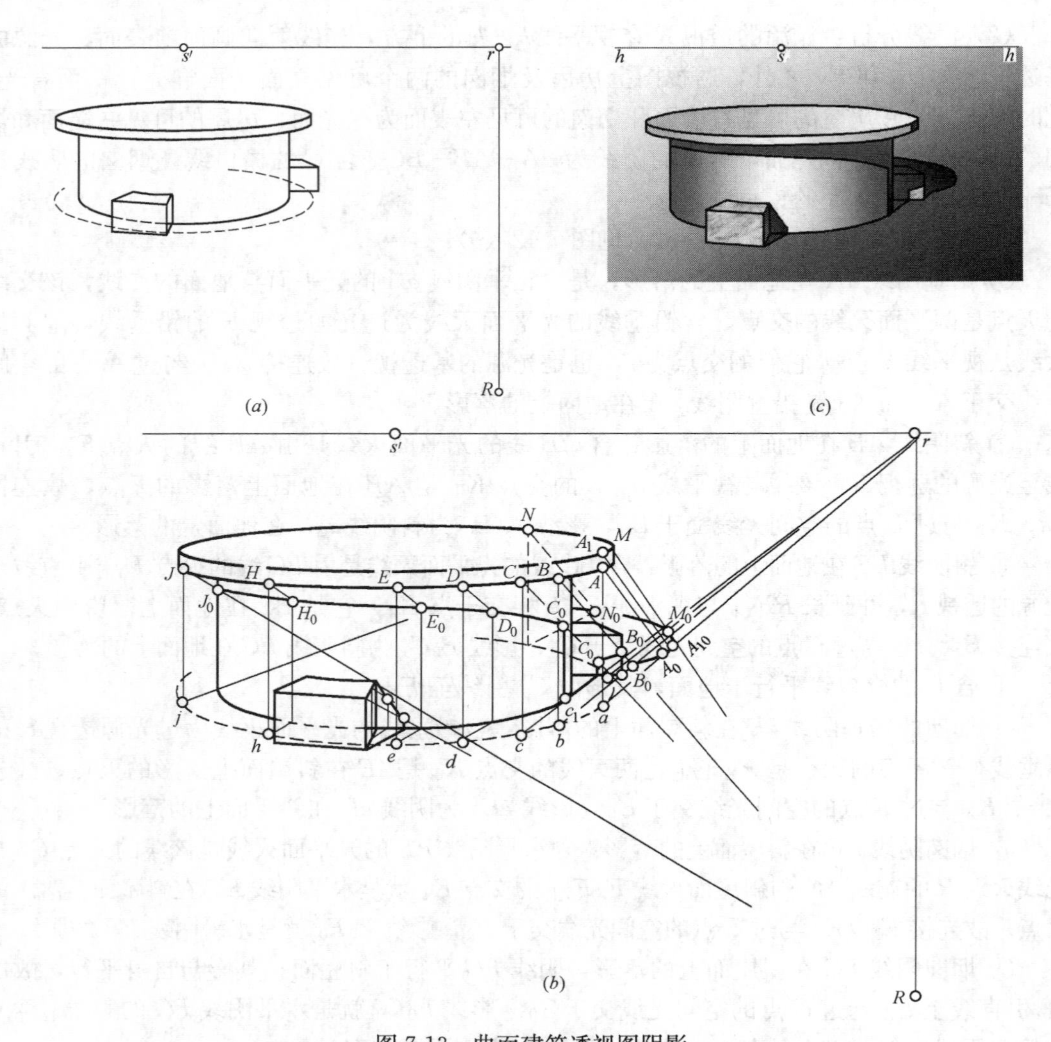

图 7-13 曲面建筑透视图阴影

(*a*) 曲面建筑的透视图；(*b*) 曲面建筑透视图阴影的作图；(*c*) 曲面建筑透视图阴影的效果图

建筑物右方的视平线上，即光源在观察者的左、后、上方，光线射向画面前表面，建筑物的左、前、上表面迎光，右、后、下表面背光，建筑物在地面上的落影位于其右后方。该建筑的墙面、屋檐面都是由铅垂直母线形成的曲面，这些曲面的阴线确定是自光线的基灭点 r 引屋檐基透视椭圆的切线及墙面和地面交线椭圆的切线，其切点为 a、c_1，自切点 a、c_1 分别向上作铅垂线得屋檐面阴线 A_1A 和墙面的阴线 c_1C_0，屋檐面上的素线 A_1A 之左的檐口下缘曲线和 A_1A 之右的檐口上缘曲线是阴线。

（2）阴线 AA_1 之左的檐口下缘曲阴线在墙面上的落影：延长 rc_1 交屋檐基透视椭圆于 c，由 c 向上作铅垂线定出檐口下缘曲阴线上的点 C，连接 R、C 交墙面阴线于 C_0，即 C 点在墙面阴线上的落影，也是滑影点对。檐口下缘曲阴线 CA 段的影不在墙面上。墙面左轮廓线上的影点 J_0，是由 r 连左轮廓线与地面的交点延长后交檐口基透视椭圆于 j，自 j 向上作铅垂线交檐口下缘阴线于 J，由 J 引直线至 R 交左轮廓线于影点 J_0。曲阴线 JC 在墙面上的落影作图，可在曲阴线上取若干点（如 D、E、H 等点），用光三角形法求出各点在墙面上的落影，再用光滑曲线连接各影点，便是檐口下缘阴线在墙面上的影线。

（3）檐口下缘曲阴线 CA 和檐口上缘曲阴线 A_1N 段在垂直面、地面上的落影；建筑物的其他曲线在墙面和地面上的落影，都要在线段上取若干点用直线落影规律及光线三角形法作出他们的影点，然后用曲线或直线连接各点。

（4）将可见阴面和影区着暗色。渲染效果见图 7-13（*c*）。

【例 7-10】 已知圆拱门的一点透视图及太阳的透视 R 和基透视 r，其余条件见图 7-14（*a*），求圆拱门的阴影。

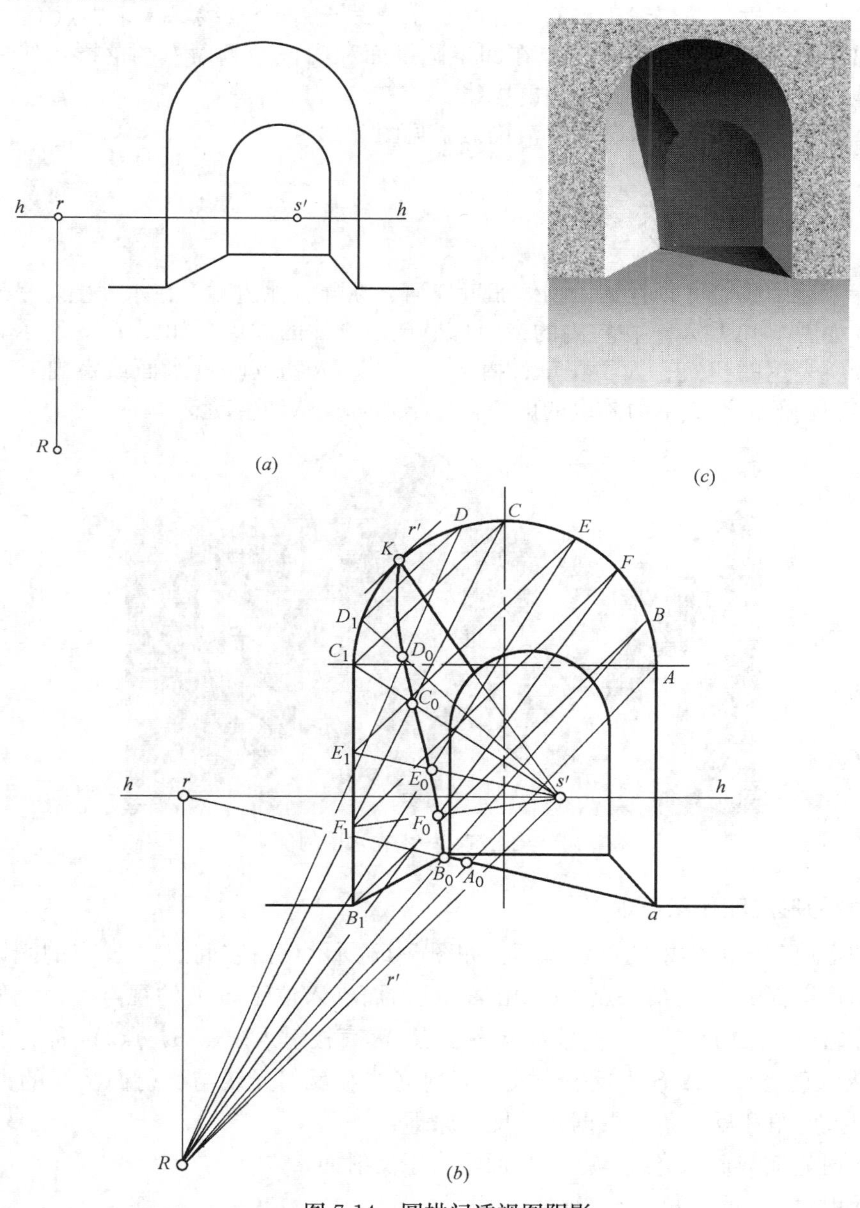

图 7-14　圆拱门透视图阴影

（*a*）圆拱门的透视图；（*b*）圆拱门透视图阴影的作图；（*c*）圆拱门透视图阴影的效果图

作阴影的绘图步骤：

(1) 阴线分析：包含圆拱面的任何素线都能作一个光平面，则连接 R 和 s' 的直线是含画面垂直线的光平面灭线。某一画面垂直线在画面平行面上的落影是含该线的光平面与承影的交线（迹线），同方向平行面的灭线与迹线平行，故 R 和 s' 的连线就是空间光线在正墙面 V 上的投影 r' 的方向。用 r' 作圆弧的切线，过切点的素线是凹半圆拱面的阴线，直线段 aA 和圆弧线 AK 为门框阴线。

(2) 图 7-14 (b) 所示为用光线三角形法作上述阴线之影。

如门框左侧面与圆柱面相切的素线 C_1s' 上的影点 C_0 是从点 C_1 作光线在正墙面上的投影 r' 的平行线交拱门前口线于点 C，由点 C 引直线至 R 交素线 C_1s' 于影点 C_0。用同样方法可求出圆弧阴线 AK 上的若干点在凹半圆拱面和门框左侧面上的落影，然后将这些影点光滑地连成曲线便可完成圆拱门的影线。

(3) 将可见阴面和影区着暗色。渲染效果见图 7-14 (c)。

7.2 透视图中的虚象

在实际生活中我们可以看到：物体靠近江河、湖畔、池边时，在水面上总呈现出该物体的倒影，如图 7-15 所示。在室内的镜中总呈现出物体的虚象，如图 7-16 所示。如果建筑透视图上所表达的建筑、人、花草、树木、家具、人物等临近水面或室内有较大的镜子，应画出它们的倒影或室内陈设的虚象，以增强真实感和生动感。

图 7-15 某建筑、树木在水中的倒影

7.2.1 虚象的形成和作图原理

虚象的形成基于光学中的反射原理。如图 7-17 所示，由空间点 A 发出的光线中有一条光线射向反射面 P 上的某一点 A_1，由 A_1 反射而进入位于 S 处的视点，使我们看到的是 A 点对称于反射面的点 A_0，光线如同发自点 A_0 直接射入视点 S，点 A_0 称为点 A 的虚象。AA_1 为入射光线，A_1S 为反射光线，入射光线和反射光线与反射面法线的夹角为 α、α_1，分别叫入射角和反射角。根据光学反射原理：

(1) 入射光线与反射光线构成的平面垂直于反射面；

(2) 入射角 α=反射角 α_1。

由此可得出：

图 7-16 室内房间及家具在镜中的虚象

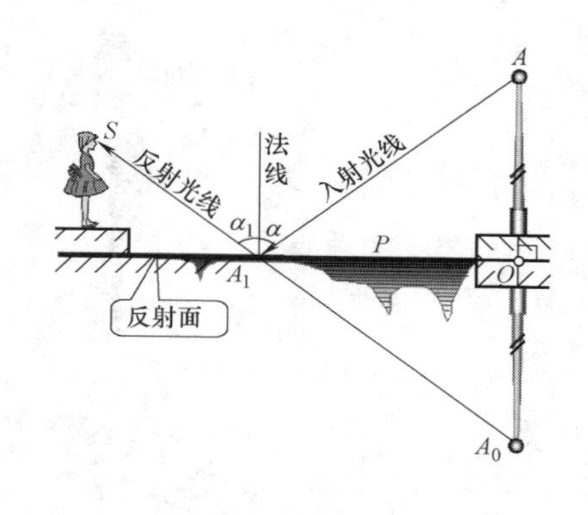

图 7-17 虚象的形成及作图原理

（1）空间点与其虚象的连线垂直于反射面（$AA_0 \perp P$ 面）；

（2）空间点到反射面的距离 AO 等于该空间点的虚象到反射面的距离 A_0O，如图 7-17 所示，即空间点与其虚象对称于反射面。

据此便可获得求点的虚象之作图步骤：

（1）过已知点向反射面作垂线，求出垂足；

（2）量度空间点到垂足的距离等于该点的虚象到垂足的距离。

物体由若干的点和线构成，只要求出物体上各点的虚象，即可得出该物体的虚象。

7.2.2 水中的倒影

反射面为水面时，其虚象叫倒影。

（1）点的倒影及其作图：当画面为铅垂面时，由于水面是水平的，对于一个点来说，该点与其水中倒影连线是一条铅垂线，点与它的倒影到水面的距离在透视图中仍保持相等。因此，在透视图中作一个点的倒影，可先经已知点引一直立线（垂直于 h—h 的直线），求出该线与水面的交点（垂足），再由交点向下量一线段长度等于已知点到垂足的距离，即得已知点的倒影。

（2）直线的倒影及其性质：直线的倒影是直线两端点倒影的连线。水平线的倒影也是水平线，它们在空间彼此平行，在透视图中具有相同的灭点，利用这个关系可以简化作图。上升线的倒影为下降线，下降线的倒影为上升线。

【例 7-11】 已知双坡顶房屋、房前水池、人及树木的透视，如图 7-18（a）所示，求其倒影。

倒影作图步骤，见图 7-18（b）：

（1）水池岸边的倒影：水池岸边转角棱线 Aa 垂直于水面，垂足为 a。在 Aa 的延长线上截取 aA_0 等于 Aa，aA_0 为 Aa 在水中的倒影。岸边的水平棱线平行于水面，其倒影与自身平行，在透视图中消失于同一灭点，利用这一特性，可以完成所有岸边在水中的倒影。值得注意的是，凹进的岸边中有一斜岸面，该斜岸面在水中的倒影应由岸边凹进的点作垂直于 h—h 的线与 A_0F_Y 交于一点，从此点连接斜边线与水面的交点便可完成。

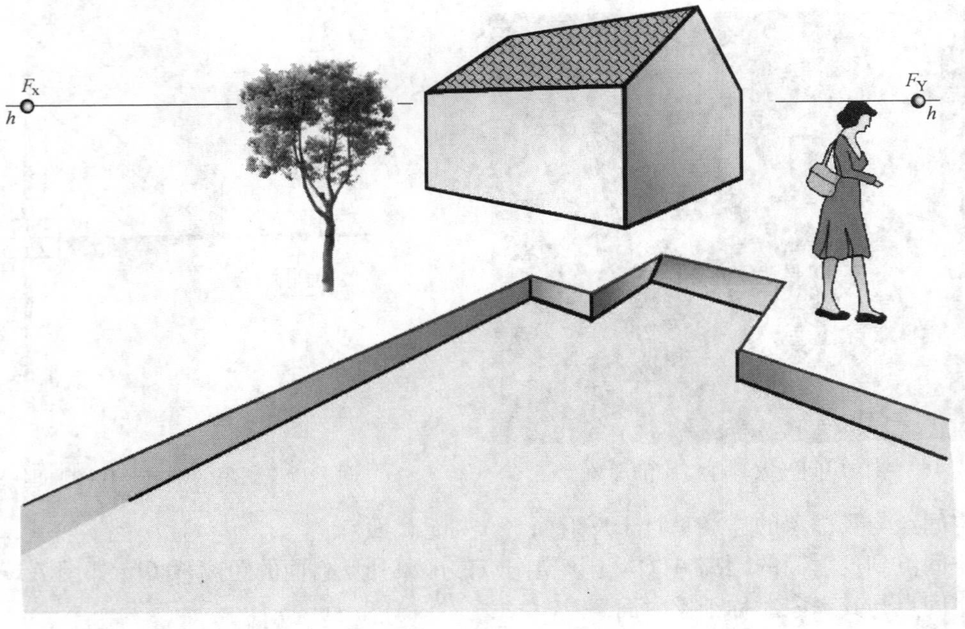

(a)

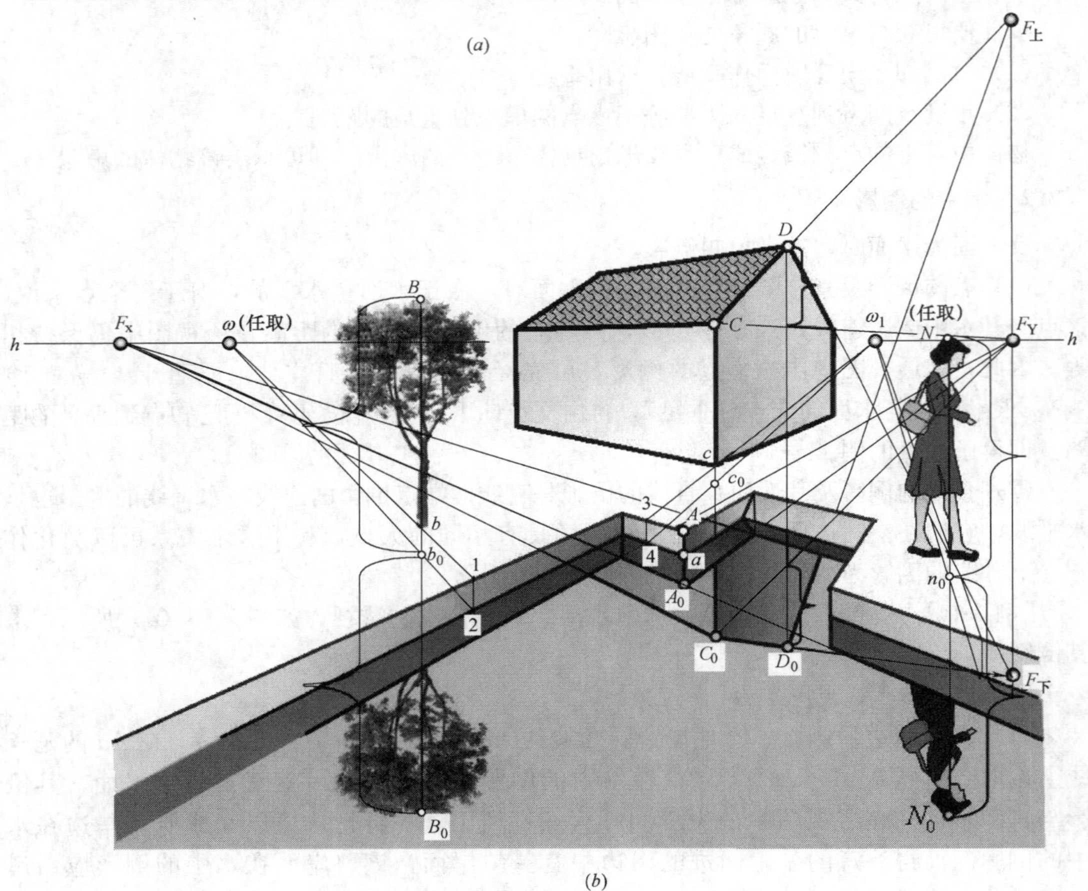

(b)

图 7-18 坡顶房屋、树及岸边水中的倒影

(a) 坡顶房屋、树及水池的透视图；(b) 坡顶房屋、树及岸边在水中的倒影作图

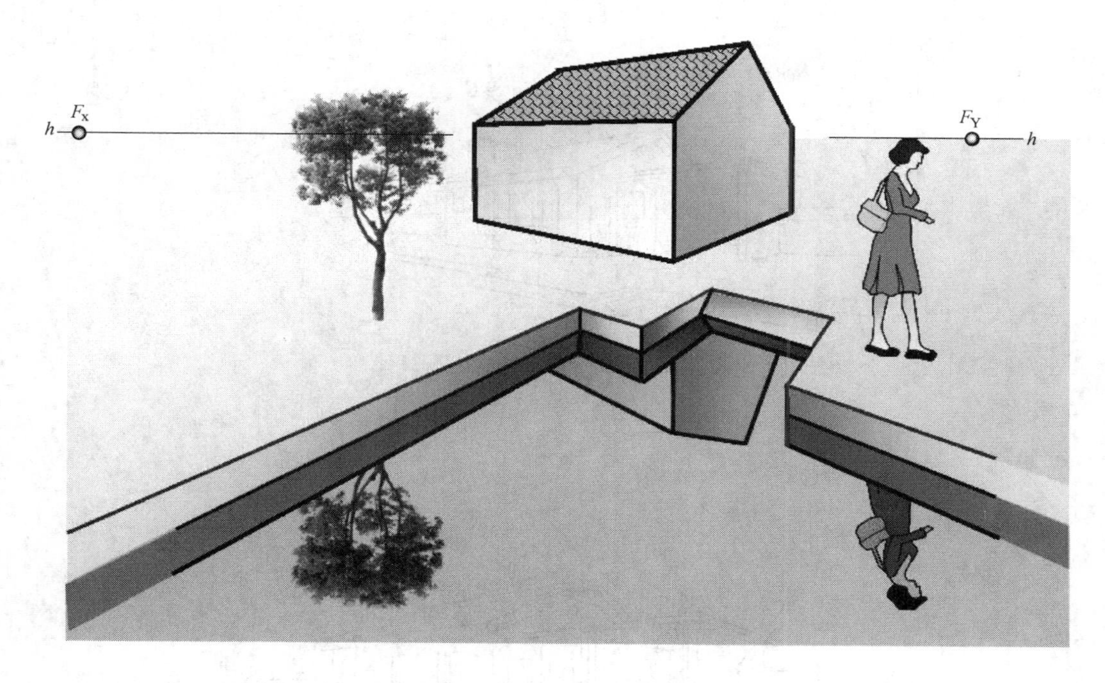

(c)

图 7-18　坡顶房屋、树及岸边水中的倒影（续）
(c) 倒影效果图

(2) 树木及人的倒影：从树的顶点 B 向水面作垂直于 $h—h$ 的线，为求其该线与水面的交点（垂足），在 $h—h$ 上任取一辅助灭点 ω，连接 ω、b 并延长交岸边上缘于 1 点，由 1 点作垂直于 $h—h$ 的线交岸边与水面的交线于 2 点，再连接 ω、2 与过 B 点的铅垂直线交于 b_0，b_0 为垂足。取 b_0B_0 等于 Bb_0，B_0 为 B 点的倒影。然后画出树木在水中倒影的可见部分。人物的倒影作图与树木相同。

(3) 双坡顶房屋在水中的倒影：只要求出房屋上任意点在水中的倒影，如图中 C 点的倒影 C_0，再利用直线的倒影及其性质就可以完成双坡顶房屋在水中的倒影作图。由平行线共灭点作出房屋檐口线以下部分墙体的倒影，若坡顶斜线的灭点在图板上时，可直接用斜线灭点作出斜屋面的倒影。需要注意的是，房屋上的上行斜线灭点 $F_{Y上}$，其倒影为下行斜线，灭点应为 $F_{Y下}$，房屋上的下行斜线灭点 $F_{Y下}$，其倒影为上行斜线，灭点应为 $F_{Y上}$。若坡顶斜线的灭点不在图板上时，可直接用屋脊线 D 与檐口线 C 之高差作图，如图 7-18（b）所示。图 7-18（c）为倒影效果图。

【例 7-12】 已知某别墅房屋及水池的透视，如图 7-19（a）所示，完成其倒影作图。

水中倒影作图步骤，见图 7-19（b）：

(1) 岸边及台阶的倒影：岸边转角棱线 Aa 垂直于水面，垂足为 a，在 Aa 的延长线上取 $a\,A_0$ 等于 Aa，线段 $a\,A_0$ 为转角棱线 Aa 的倒影。岸边的水平棱线平行于水面，其倒影与自身平行，在透视图中消失于同一灭点。利用平行线共灭点这特性即可作出所有岸边及台阶的倒影。

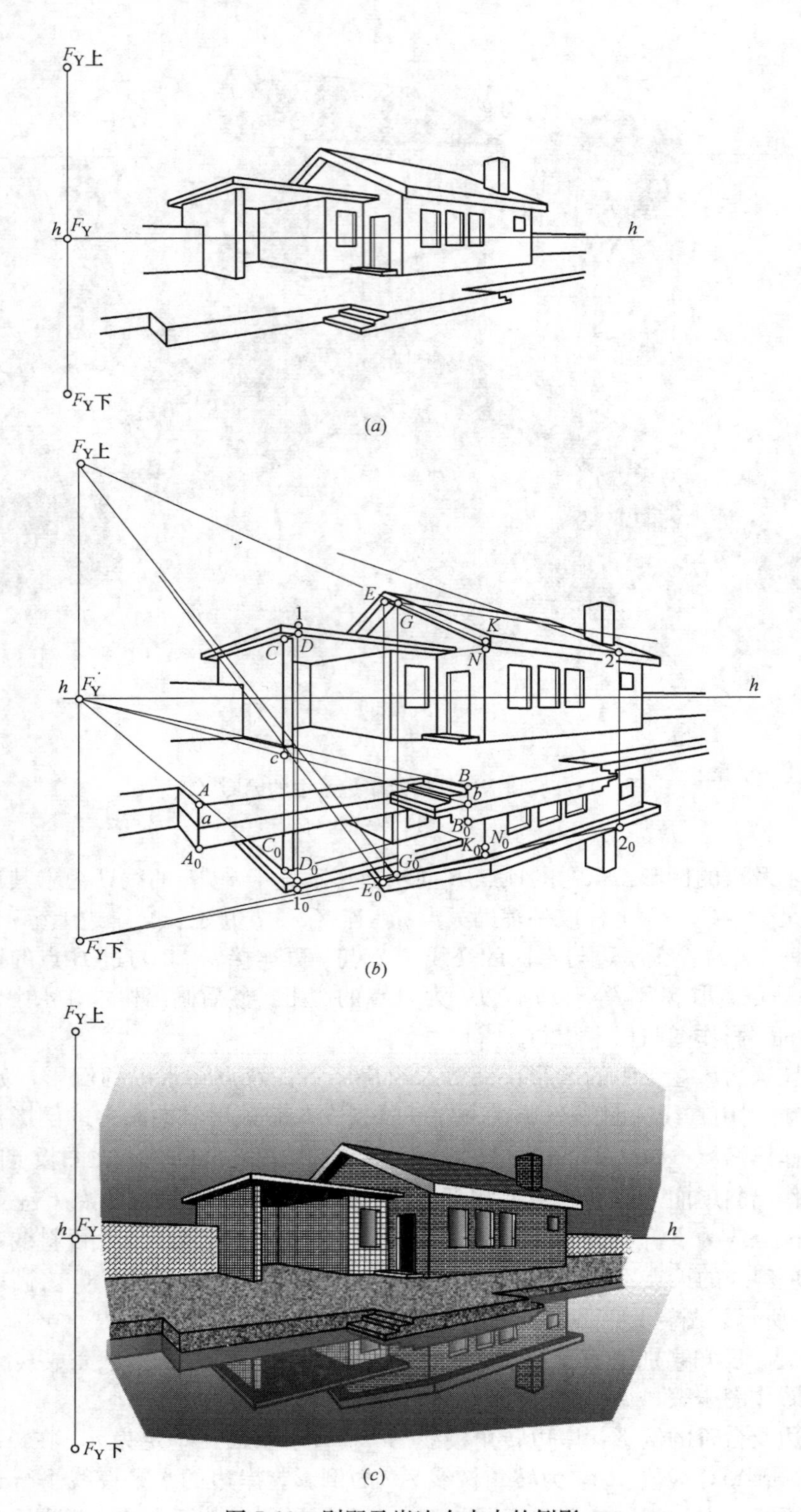

图 7-19　别墅及岸边在水中的倒影

(a) 别墅及水池的透视图；(b) 别墅及岸边在水中的倒影作图；(c) 别墅及岸边在水中倒影的效果图

(2) 平顶房屋的倒影：平顶房屋左侧墙的棱线 C 垂直于水面，为了作出 C 棱的延长线与水面的交点 c，可通过 F_Y 延长平顶房屋左侧墙与地面的交线到岸边上缘一点 B，由点 B 作垂直 $h—h$ 的线交水面于点 b，连接 b、F_Y 交 C 棱的延长线于 c（垂足）。在 C 棱的延长线上截取 cC_0 等于 Cc，线段 cC_0 为 Cc 的倒影。再用平行线共灭点的性质，完成平顶房屋所有墙体及房间的倒影。平顶屋面倒影作图是连接 F_Y、C 并延长交檐口下缘一点 D，过 D 作铅垂线交 F_YC_0 的延长线于 D_0，由 D_0 点出发便可完成平顶屋面的倒影。

(3) 双坡顶房屋的倒影：延长平顶房屋的平板屋面与双坡顶房屋左侧山墙的交线 F_YN，使它交双坡顶房屋左侧山墙棱线于点 N，同时也延长平板屋顶倒影的相应直线 F_YN_0，见图 7-19 (b)，再向下延长左侧山墙棱线与 F_YN_0 相交于 N_0，N_0 为点 N 的倒影。由 N_0 点开始作出双坡顶房屋的倒影。需要注意的是双坡屋面斜线的灭点分别为 $F_{Y上}$ 和 $F_{Y下}$，这些斜线倒影的灭点仍为 $F_{Y上}$ 和 $F_{Y下}$，但是相互调换了。原来消失于灭点 $F_{Y上}$ 的斜线 KG，其倒影 K_0G_0 却消失于灭点 $F_{Y下}$，而原来消失于灭点 $F_{Y下}$ 的斜线，其倒影却消失于灭点 $F_{Y上}$。其他部分的倒影请读者自行分析完成。

(4) 烟囱的倒影：

延长烟囱与屋面的交线 $F_{Y上}2$ 与檐口上缘相交于 2 点，由 2 点作铅垂线交檐口上缘线的倒影于 2_0 点，由 2_0 点引直线至灭点 $F_{Y下}$，在这一直线上定出烟囱左侧面与屋面交线的倒影，从而作出烟囱的倒影。别墅及岸边在水中倒影的渲染效果见图 7-19 (c)。

总而言之，建筑物及其他物体的倒影作图是在每一个相对独立的建筑或物体上求得一个点的倒影，再根据透视规律和各部分的相对位置关系作出所有建筑或物体的倒影。

7.2.3 镜中的虚象

在室内，人们为了增大视觉空间或改善室内采光等常在墙上悬挂镜面，如图 7-20 所示。在商场，商家为了展示琳琅满目的商品，也常在墙、柱及货架壁上贴满镜片，故此，透视图中应该画出物体在镜中的虚象。

图 7-20　室内镜中虚象

在透视图中求作物体在镜中的虚象，实际上就是画出该物体对称于反射面（镜面）的对称形象。镜中虚象的作图，要根据镜面与画面和地面的各种相对位置而采用不同的作图方法。

1) 镜面垂直于画面，又垂直于地面

当镜面垂直于画面，又垂直于地面时，点与其虚象的连线必平行于画面，也平行于视平线 $h—h$。连线上相等的线段，在透视图中仍相等。即点到镜面的距离等于该点的虚象到镜面的距离。因此求虚象的作图较简单。

如图 7-21 所示，镜面贴在左侧墙上，求房间中 A 点在镜中的虚象。首先过点 A 和 a 分别向镜面作垂线，该垂线的具体作图步骤是：包含 Aa 作镜面的垂直面（该面平行于画

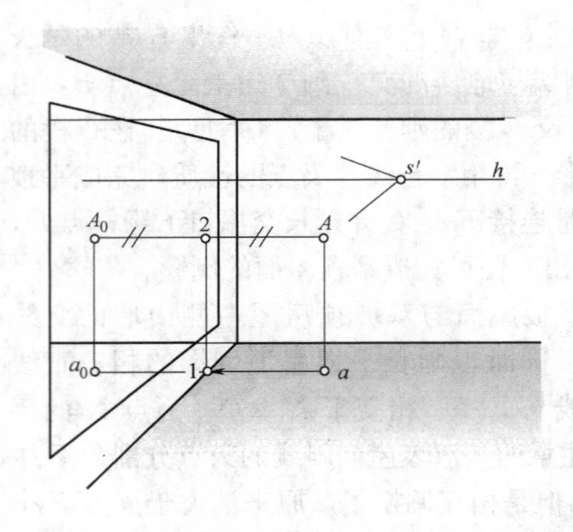

图 7-21　镜面垂直于画面和地面

面），交镜面为铅垂线 12，再由点 A 和 a 分别向铅垂线 12 作垂线（这些线必平行于 $h—h$），垂足为点 1、点 2，再量取 $A_0 2=A2$、$a_0 1=a1$。A_0、a_0 分别为点 A、a 在镜中的虚象，显然 $A_0 a_0 // 12 // Aa$。

【例 7-13】 已知某房间的室内一点透视，如图 7-22（a）所示，求房间内左侧墙上 P 镜中的虚象。

镜中虚象作图步骤，见图 7-22（b）：

正面墙上的门和窗与它在镜中的虚象成镜面反射对称，对称轴就是正面墙与侧面墙的交线 12，因此，由窗框上的 A、B 两点作侧墙镜面的垂线与墙角线交于点 1、2，直接量取正面墙的左窗框到墙角线的距离等于镜中的右窗框到墙角线的距离，即 $A1=A_1 1$、$B2=B_1 2$，然后根据窗户和门的相应尺寸画出即可。透视图中看不见书桌的虚象。

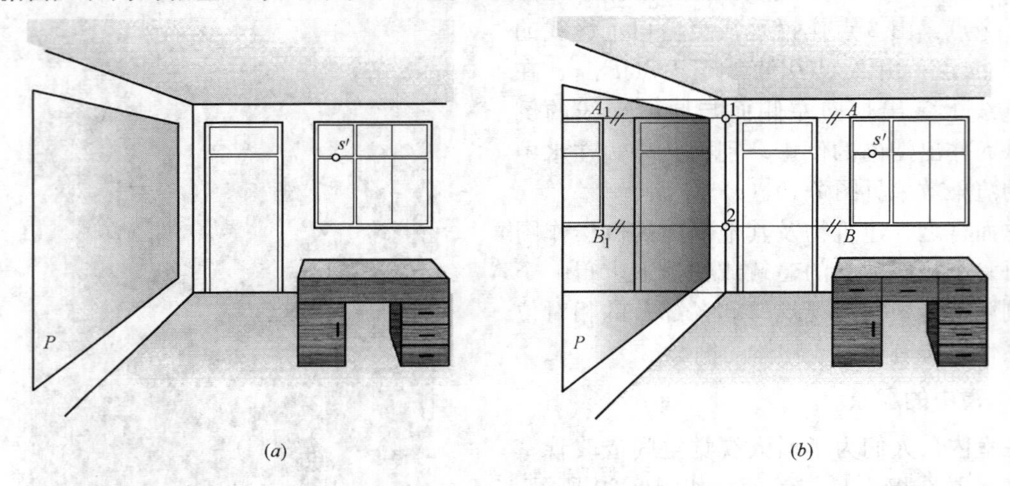

图 7-22　镜面垂直于画面，又垂直于地面的虚象

（a）某房间的室内一点透视图；（b）左侧墙上镜中虚象作图

2）镜面垂直于画面，倾斜于地面

由于镜面垂直于画面，所以垂直于镜面的直线平行于画面。点与其虚象的连线垂直于镜面而平行于画面。空间等长的线段，在透视图中仍相等。

如图 7-23 所示，悬挂在左侧墙上的镜面 P 与地面的倾角为 α，求房间中 A 点在 P 镜中的虚象。作该虚象的步骤是包含直线 Aa 作平面平行于画面，与地面的交线为直线 $a1$，则$a1 // h—h$，该平面与镜面的交线为直线 12，$\angle a12$ 等于镜面与地面的倾角 α。因此，求 A 点在镜中虚象的具体画图过程是：经点 A 的基透视 a 引平行于视平线 $h—h$ 的直线与镜面和地面的交线相交于 1 点，由 1 点作直线 12，使$\angle a12$ 等于镜面与地面的倾角 α，然后由点 A 作直线 AA_0 垂直于直线 12，并得垂足 3，再量取 $A3$ 等于 $A_0 3$，即得到 A 点在镜中的虚象 A_0。同样方法也可以作出 a 点的虚象 a_0。由图中可以看出，直线 aA 与直线 12

的夹角等于直线 12 与直线 a_0A_0 的夹角等于 $90°-\alpha$，直线 aA 与直线 a_0A_0 对称于直线 12。

【例 7-14】 已知某房间的一点透视，如图 7-24（a）所示，求房间内左侧墙上倾斜镜面 P 中的虚象。

镜中虚象的作图步骤，见图 7-24（b）：

（1）求镜面与正墙面的交线：

延长镜面的下底边交正墙面与侧墙面的交线于点 1，过点 1 作直线 12 平行于镜面的倾斜边，得到扩展后的镜面与正墙面的交线 12。直线 12 为带门、窗的正墙面与其镜中虚象的对称轴。

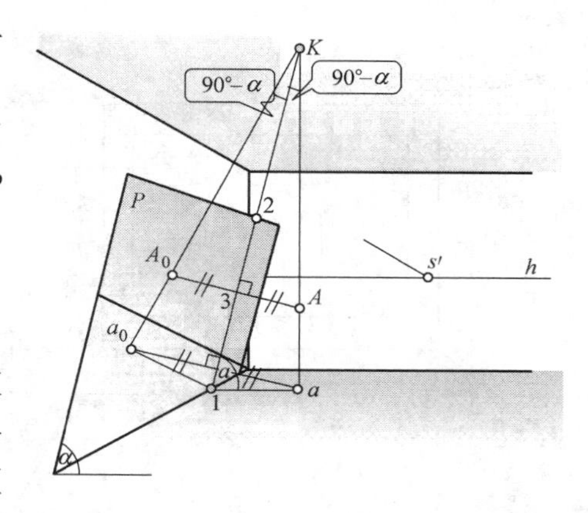

图 7-23　镜面垂直于画面，倾斜于地面

（2）求窗框上 A 点的虚象 A_0：

过窗框上的点 A，作直线 12 的垂线 AA_0 与直线 12 交于点 2，点 2 为垂足。再量取 $A2$ 等于 $2A_0$，得 A 点的虚象 A_0。

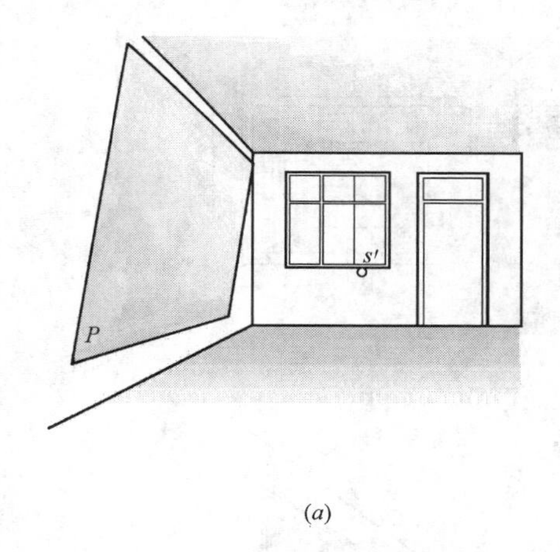

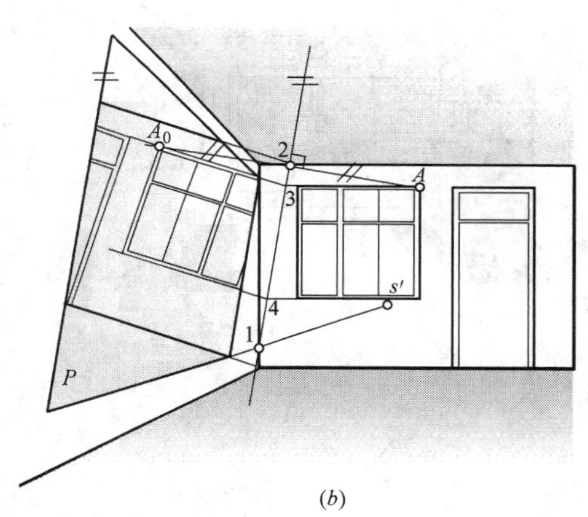

(a)　　　　(b)

图 7-24　镜面垂直于画面，倾斜于地面的虚象

（a）某房间的室内一点透视图；（b）左侧墙上斜镜中虚象作图

（3）求门和窗的虚象：

延长正墙面上的门框和窗框的上口线与直线 12 交于点 3，用直线连接 3、A_0 并延长，然后在该线上自点 A_0 开始量取门、窗的宽度尺寸以及窗与门的相对位置尺寸等。从各量取点作直线 $3A_0$ 的垂线，在垂线上量取门、窗的各部高度尺寸，再作直线 $3A_0$ 的平行线，即可完成所求虚象。也可延长门、窗的下边线与直线 12 得交点，如点 4 等，再自各交点作 $3A_0$ 的平行线来完成作图，见图 7-24（b）。

由以上作图可以看出，对于这类镜面，在透视图中，平行于画面的平面图形与其虚象形成镜面反射对称，对称轴为该平面图形所在平面与镜面的交线。

3）镜面平行于画面，而垂直于地面

当镜面平行于画面时，由空间点向镜面作垂线，该垂线消失于视心 s'，即空间点与其

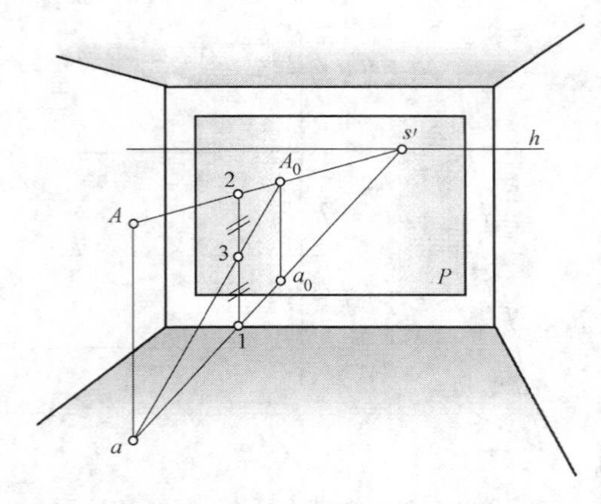

图 7-25 镜面平行于画面，又垂直于地面

虚象连线的灭点是视心 s'，连线上相等的线段在透视图中不相等，其虚象的透视位置可用透视定比原理作出。

如图 7-25 所示，过 A 点作镜面的垂线，其灭点为 s'，所以直接连接 As'、as'，Aas'所确定的平面垂直于镜面，该平面与镜面所在的正墙面交于直线 12，然后在直线 As'上确定一点 A_0，使 A_0 点到 2 点的空间距离等于 A 点到 2 点的空间距离，为此，取直线段 12 的中点为 3 点，用直线连接 a、3 并延长与 As'相交于 A_0 点，点 A_0 为 A 点的虚象。由 A_0 点作铅垂线便可以完成 a 点的虚象 a_0 的作图。

【例 7-15】 已知某一室内透视，如图 7-26（a）所示，正墙面上贴一大镜面 P，与镜面相对的墙面上贴有一幅画，右侧墙的端部有一扇平开门。试完成 P 镜中的虚象。

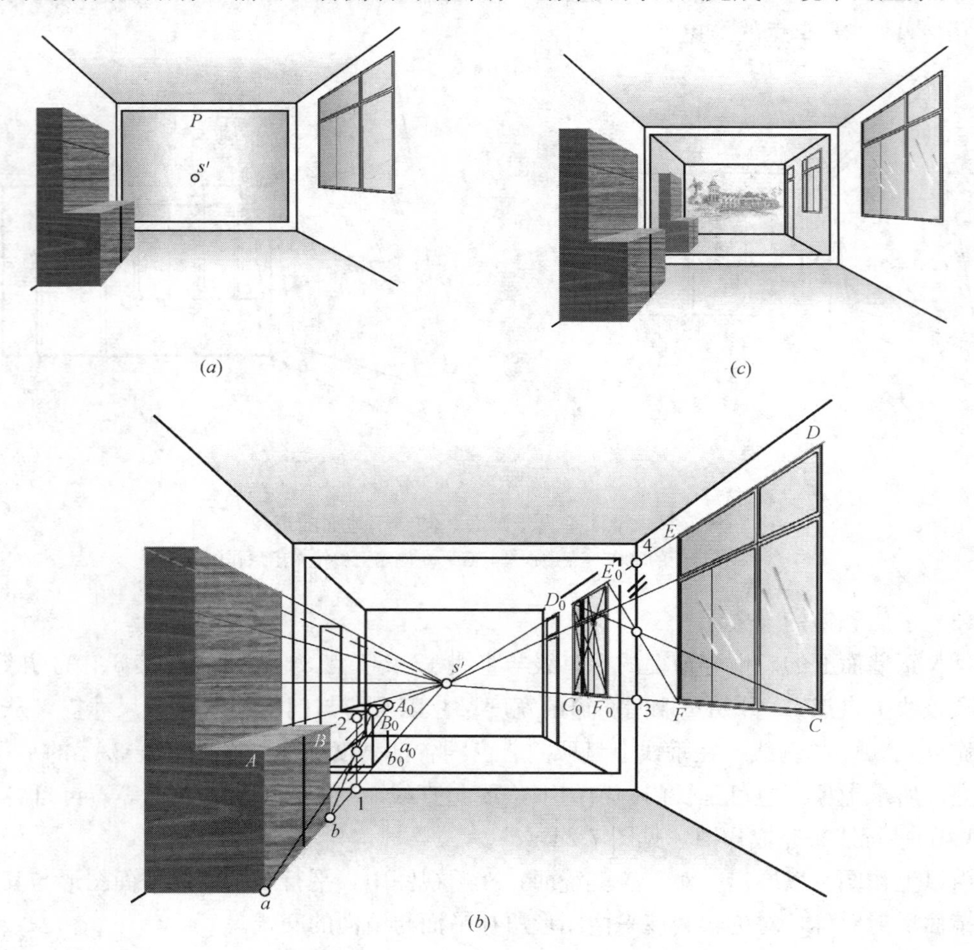

图 7-26 镜面平行于画面，而垂直于地面的虚象

（a）室内一点透视图；（b）房间内的虚象作图；（c）房间内虚象的效果图

镜中虚象的作图步骤，见 7-26（b）：

（1）书柜的虚象：由书柜的角点 A、a 分别引直线至 s' 与镜面交于点 1、2，线段 12 为书柜前表面延伸后与镜面的交线。又自 a、b 分别引直线至线段 12 之中点并延长交 As' 于点 A_0、B_0。线段 A_0B_0 为书柜棱线 AB 的虚象。从 A_0B_0 出发，即可完成书柜在 P 镜中的虚象，如图 7-26（b）所示。

（2）右侧窗的虚象：自窗框的 C、D 点分别引直线至 s' 与镜面所在的正墙面和右墙面的交线相交于点 3、4，再由窗框的 C、F 点分别引直线至线段 34 之中点并延长交 Ds' 于 D_0、E_0。线段 D_0E_0 为窗框上口 DE 的虚象。从 D_0E_0 开始便可完成右侧窗的虚象。图 7-26（c）为室内一点透视虚象效果图。

4）镜面垂直于地面，倾斜于画面

图 7-27 所示为某一室内两点透视图中点的虚象作图，设铅垂镜面上水平线的灭点为 F_X，垂直于镜面的水平线灭点为 F_Y。为了作出 A 点的虚象 A_0，需过 Aa 作垂直于镜面所在的平面，即连接 A、F_Y 和 a、F_Y，便得到镜面垂直面 AaF_Y。该平面与镜面所在墙面的交线为 12，由点 A 引直线至 12 的中点 3 并延长交 aF_Y 于 a_0。自 a_0 作铅垂线交 AF_Y 于 A_0。当然也可以自 a 引直线至 12 的中点 3 并延长交 AF_Y 于 A_0 而求得 A 点的虚象。

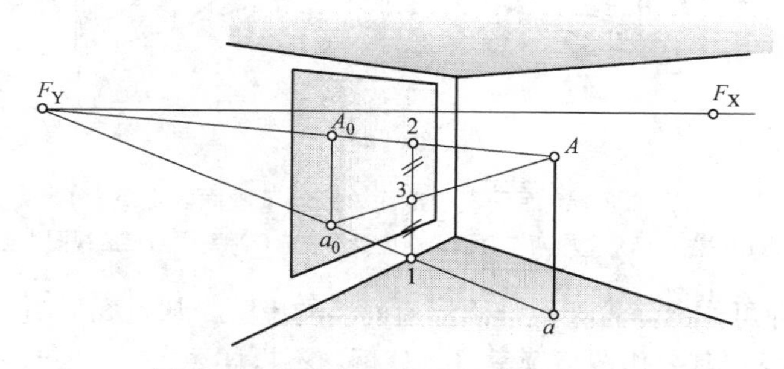

图 7-27　镜面垂直于地面，倾斜于画面

【例 7-16】 已知室内两点透视，如图 7-28（a）所示，图中点 a 到镜面 P 的距离为房间长度，求左侧墙上 P 镜中的虚象。

镜中虚象的作图步骤：

图 7-28（b）中作出了门窗及房间在 P 镜中的虚象，其步骤是按图 7-27 所示的方法进行的，不再详述。图 7-28（c）是效果图。

【例 7-17】 已知室内的两点透视，如图 7-29（a）所示，求 P 镜中的虚像。

镜中虚象的作图步骤：

在图 7-29（b）中，自左侧墙棱线上的点Ⅰ、1 分别向镜面 P 作垂线，即连接Ⅰ、F_X 交右侧墙与顶棚的交线于点 A，连接 1、F_X 交右侧墙的地基线于点 B，线段 AB 为左侧墙面延伸后与镜面所在右侧墙面的交线，也是左侧墙及其在上的平面六边形等与其虚象的透射对应轴，透射中心为 F_X。取线段 AB 的中点 C，由六边形各顶点向下作铅垂线交左侧墙地基线于点 2、3、4、5，博古架与左侧墙地基线交于点 6、7，自点 1、2、3、4、5、6、7 引直线至中点 C 并延长交ⅠF_X 于点 1_1、2_1、3_1、4_1、5_1、6_1、7_1，由点 1_1、6_1、7_1

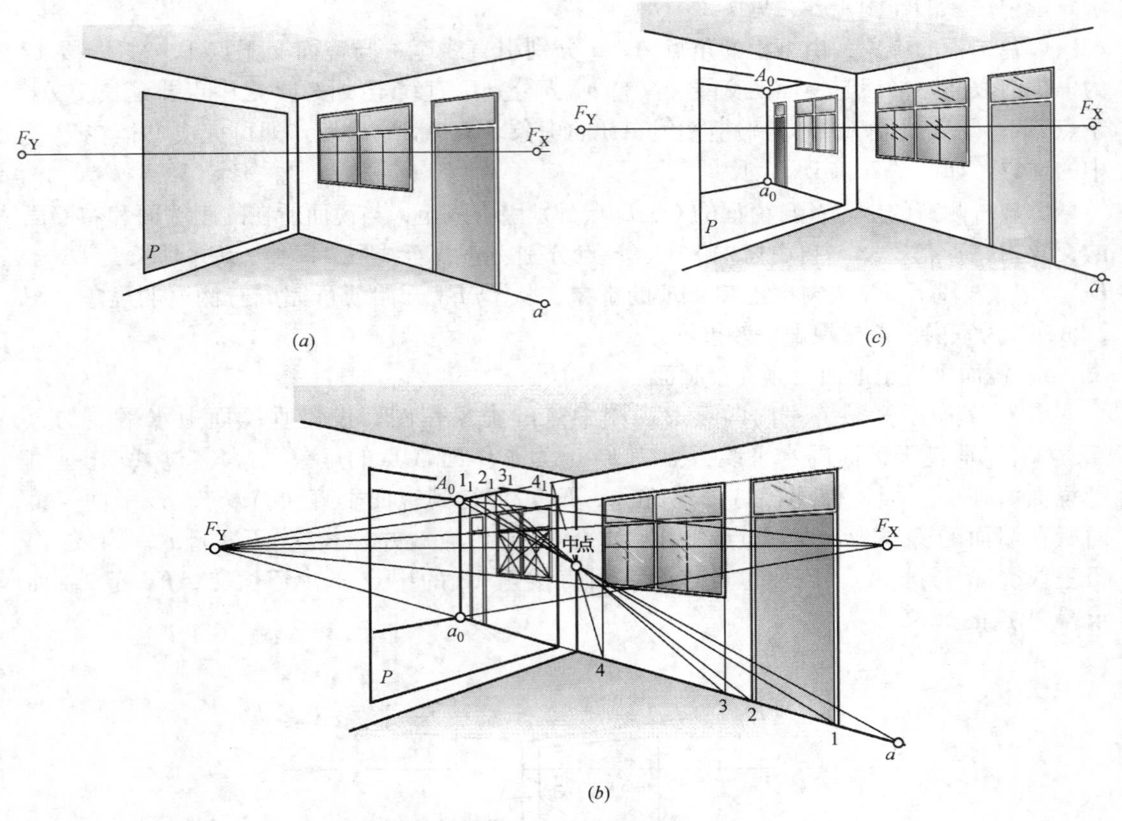

图 7-28 镜面垂直于地面，倾斜于画面的虚象

（*a*）室内两点透视图；（*b*）室内两点透视图中虚象作图；（*c*）室内两点透视图中虚象效果图

分别引直线至 F_Y 即可作出博古架及带圆形窗的墙的虚象。从点 2_1、3_1、4_1、5_1 出发即可完成六边形窗的虚象。其余作图请读者自行分析，不再详述。

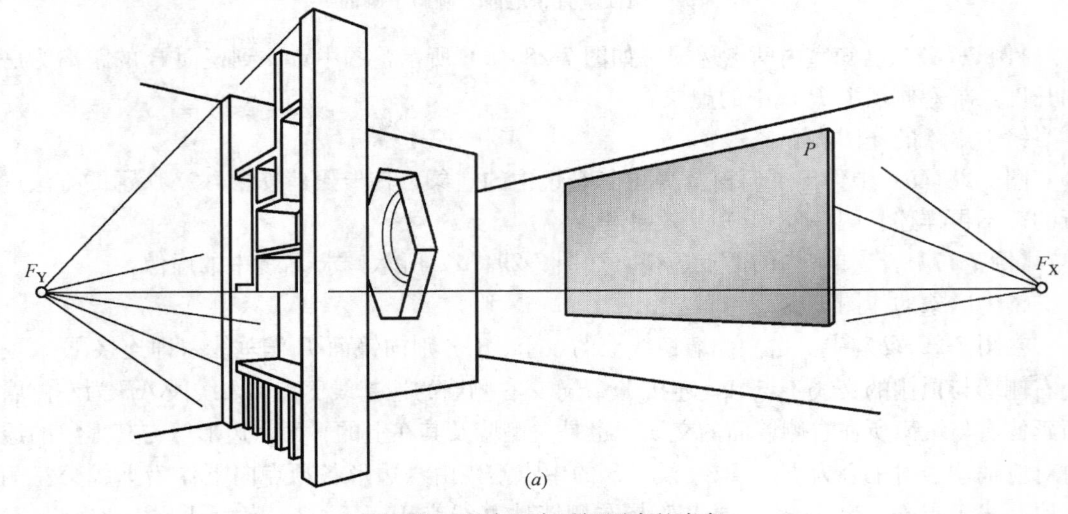

图 7-29 室内两点透视图中的虚象

（*a*）室内两点透视图；

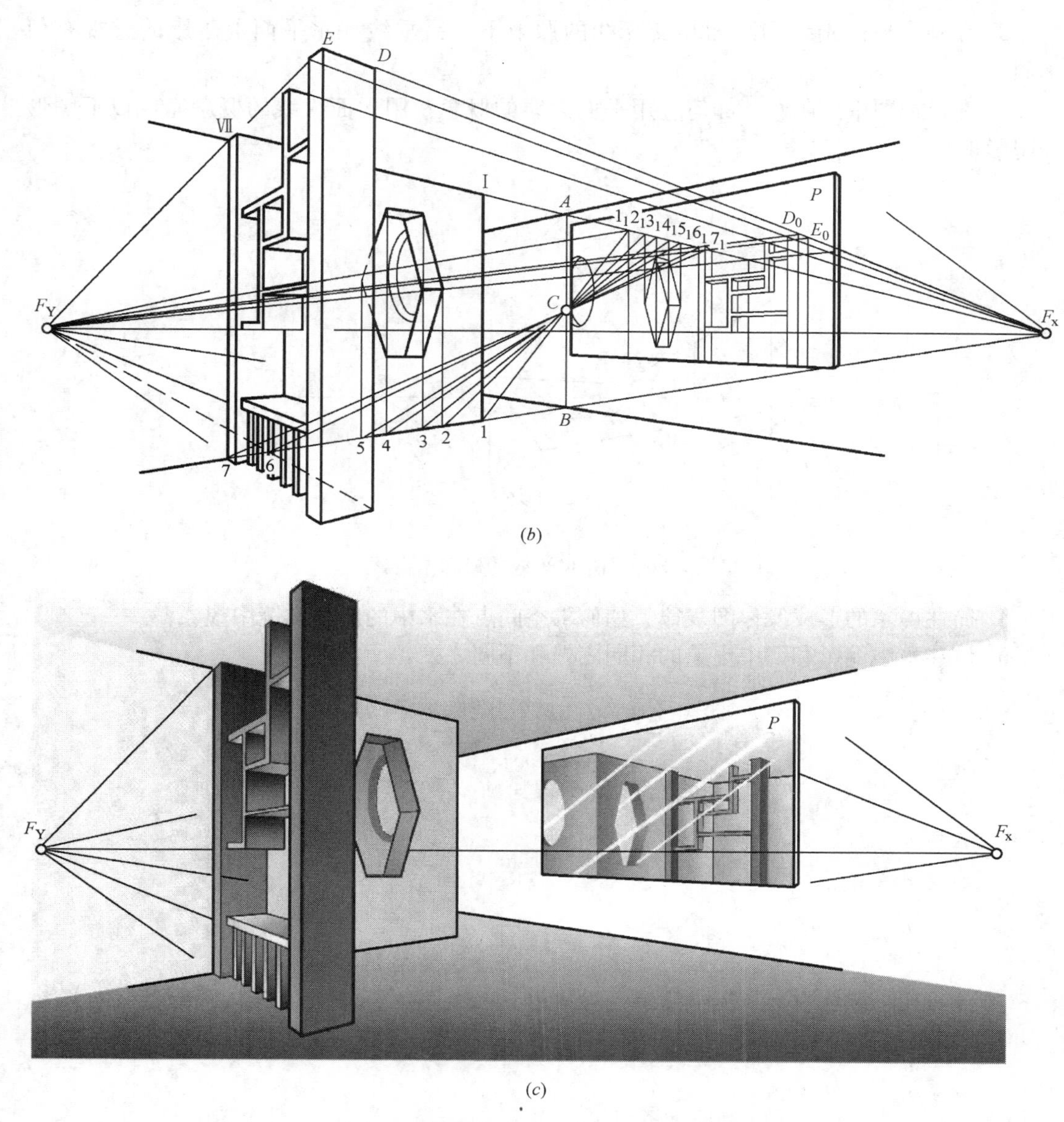

图 7-29　室内两点透视图中的虚象（续）

(b) 室内两点透视图中虚象的作图；(c) 室内两点透视图中虚象的效果图

综上所述，无论是作水中倒影还是作镜中虚象，不需要按点的虚象原理逐点求其虚象，而是可以利用已作出的虚象点和辅助线进行作图。总之，在掌握虚象的基本性质和遵循透视的基本规律的情况下，作图方法是灵活多样的。但要注意作图精度，以免产生较大的累积误差，而使图形失真。

复习思考题

1. 在透视图中可供选择的光线方向分几类？平行光线又分哪几种？这些光线的透视和基透视各有何特点？

2. 在画面平行光线和画面相交光线的照射下，铅垂线在水平面上落影的透视有何不同？

3. 在透视图中作阴影，如何应用平面灭线的概念？用平面灭线的概念完成以下图形的阴影。

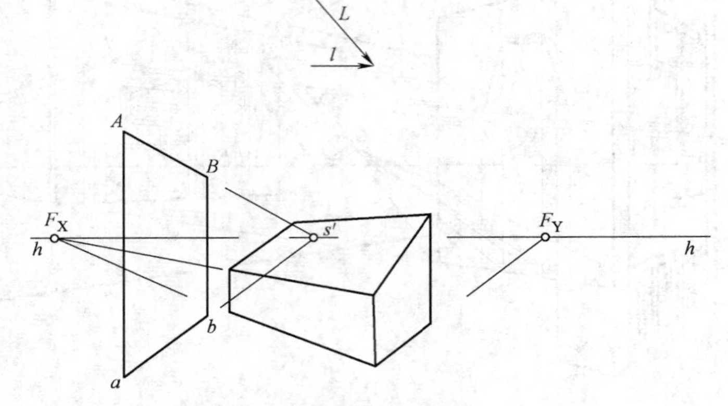

图 7-30 用平面灭线的概念作阴影

4. 简述虚象的形成及作图规律。如何求空间点在水中的倒影和镜中虚象？

5. 试述水中倒影和镜中虚象的相同之处和不同之处。

第 8 章　斜透视图及其阴影、倒影的画法

8.1　斜透视投影的基本知识

当我们从低处仰望高物或从高处俯视低处的建筑物或景物时，主视线（由视点向画面所作的垂线叫主视线，即视锥的轴线）就不再平行于基面，而垂直主视线的画面自然就倾斜于基面，在倾斜画面上作出的透视图叫斜透视图，简称斜透视。图 8-1（*a*）是仰望高层建筑的斜透视图，图 8-1（*b*）是站在高处俯视低处建筑物及其周围环境的斜透视图。

(*a*)

(*b*)

图 8-1　高层建筑的斜透视图

（*a*）仰望斜透视图；（*b*）俯视斜透视图

在画面倾斜于基面的时候，图 8-2（*a*）所示为画面向前倾斜，图 8-2（*b*）为画面向后倾斜。物体上的三主向轮廓线与画面 P 均处于斜交的位置，而使高度保持铅垂位置。经视点 S 引物体三主向轮廓线的平行线，分别交画面 P 于 F_X、F_Y、F_Z，即该物体的三主向线的灭点，所以这种透视又叫三点透视。三角形 $F_XF_YF_Z$ 的各边是长方体相应棱面的灭线，故称灭线三角形。通过视点 S 作出的平行于各个主向的三条视线，两两相互垂直，形成一个以视点 S 为顶点、主视线 Ss' 为高、$\Delta F_XF_YF_Z$ 为底的三棱锥。又因三条互为垂直的直线与平面 P 相交，三交点是一锐角三角形的顶点，所以灭线三角形总是锐角三角形。

从图 8-3 中可看出，当视点位置一定时，用斜画面作透视比用直立画面作透视的视角

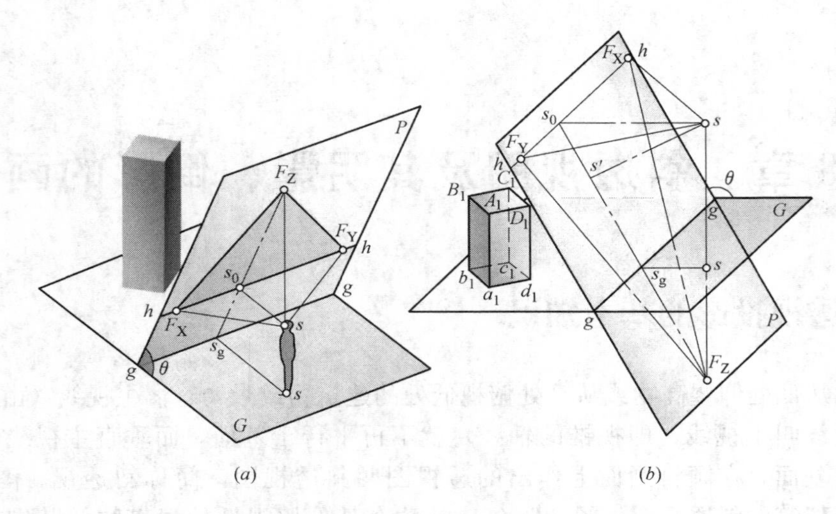

(*a*) (*b*)

图 8-2 视点、画面、建筑物间的位置关系

(*a*) 画面前倾；(*b*) 画面后仰

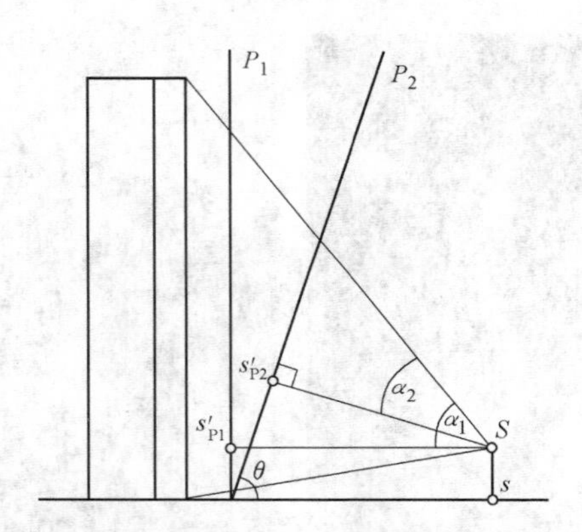

图 8-3 斜画面与直立画面的视角比较

要小一些，在直立画面上由于视角较大，位于建筑物上端的细部，因超出正常视锥范围，其透视要变形，在倾斜画面上因视角较小，该部分的透视不会变形。所以在绘高层建筑的透视图时，或画位置很高的建筑物的细部以及作位于高处建筑物的透视时，宜采用仰望斜透视，这时画面向前倾斜（$\theta<90°$），如图 8-2（*a*）所示；反之则用俯视斜透视，其画面向后倾斜（$\theta>90°$），如图 8-2（*b*）所示。用斜画面来绘制建筑物或建筑群的鸟瞰图效果比两点透视所绘制的鸟瞰图好。

8.2 在倾斜画面上作透视图的原理

8.2.1 斜透视图中的符号

如图 8-4 所示，设画面 P 与基面成 θ 角，其交线为基线，用 $g—g$ 表示。视点 S 在基面上的正投影 s 为停点（站点），过视点 S 作平行于基面的水平面交画面 P 于 $h—h$，我们仍叫视平线；过视点 S 作同时垂直于基面和画面的平面交画面 P 于 s_gF_Z（$s_gF_Z\perp g—g$），

我们称 s_gF_Z 为画面中心线，视平线 $h—h$ 与画面中心线 s_gF_Z 的交点为画面中心点，用 s_0 表示。由视点向画面作垂线交画面中心线 s_gF_Z 上一点 s' 叫视心，视心 s' 不在视平线 $h—h$ 上。

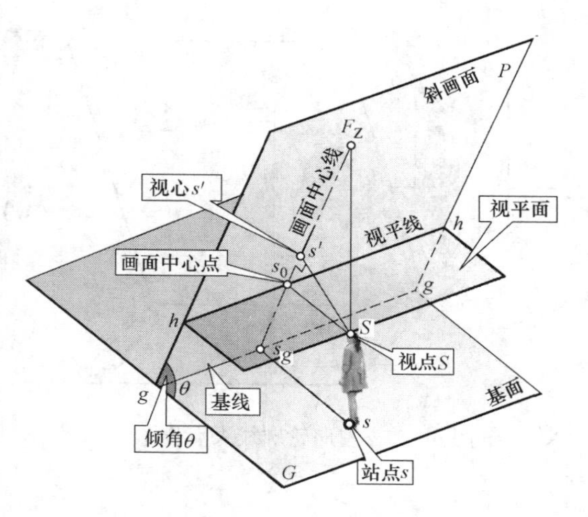

图 8-4 斜透视图中的符号

8.2.2 在倾斜画面上常用的几种直线的灭点及其透视方向

倾斜画面上直线的灭点作图与直立画面上直线的灭点作图相同，即过视点 S 作直线平行于已知直线，该直线与画面的交点为已知直线的灭点。

1）正垂线的灭点为 s_0，即画面中心点

正投影图中的正垂线对倾斜画面来说是平行于基面而垂直于基线 $g—g$ 的直线。又因 Ss_0 是平行于基面且垂直于 $g—g$ 的（相叉垂直），因而 s_0 是所有正垂线的灭点。如图 8-5 中，直线 ab_∞ 的全长透视为 as_0。

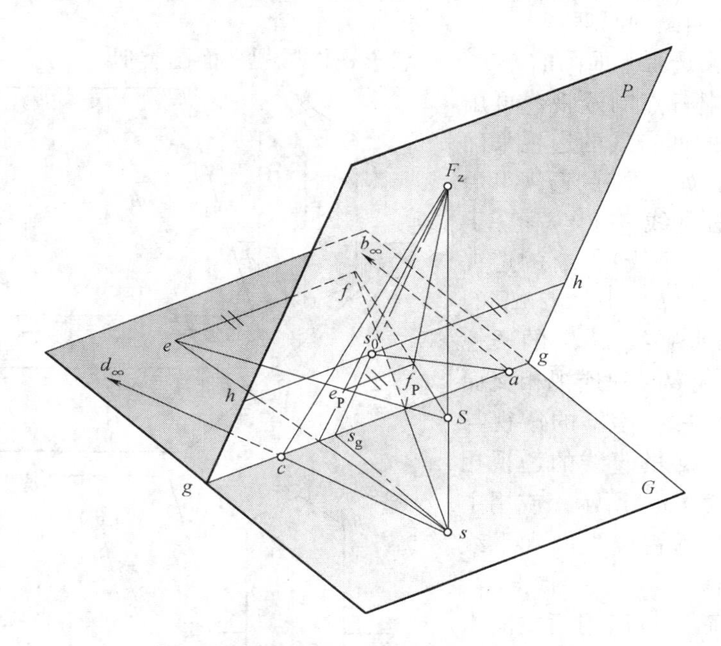

图 8-5 斜透视图中常用直线的透视方向

2）过停点的水平线的全长透视为迹点连 F_Z

在图 8-5 中，直线 sd_∞ 交基线 $g—g$ 于点 c，它是通过停点的直线，而停点 s 的透视是 F_Z。所以直线 sd_∞ 的全长透视是 cF_Z，即过停点的水平线的全长透视是 F_Z 与相应迹点的连线。

3）平行于基面的画面平行线的透视仍平行于基线 $g—g$

如图 8-5 所示，直线 ef 的透视 e_Pf_P 平行于基线 $g—g$。

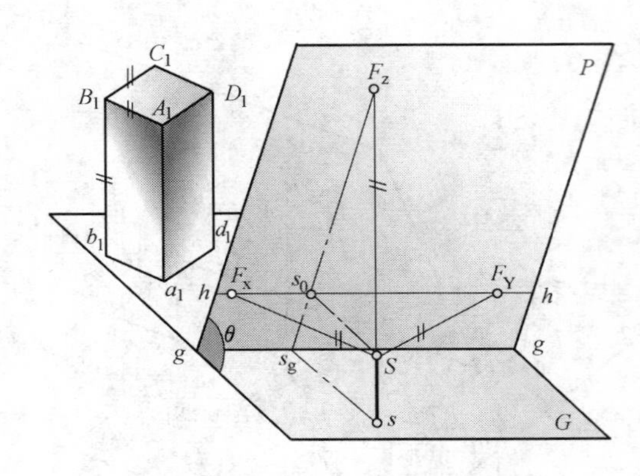

图 8-6 三主向轮廓线灭点作图

8.2.3 绘立体斜透视图的原理

1）首先讨论三主向轮廓线的灭点作图原理

如图 8-6 所示，在基面上有一长方体 $A_1B_1C_1D_1a_1b_1c_1d_1$，首先研究互为垂直的三条棱线的灭点。

从图中可以看出，凡是水平线的灭点都在视平线 $h—h$ 上，过视点 S 作直线 SF_X 平行于 A_1B_1 交视平线 $h—h$ 于 F_X，过视点 S 作直线 SF_Y 平行 A_1D_1 交视平线 $h—h$ 于 F_Y，F_X、F_Y 分别为长方体两水平方向线的灭点。

在直立画面中，长方体的高度（垂直基面的直线）与画面平行，无迹点、无灭点，如画面倾斜于基面，则直立的高度线倾斜于画面，将 sS 延长交画面中心线于 F_Z，于是 F_Z 为所有直立线的灭点。

2）作透视平面图的原理

在斜透视中作透视平面图的方法与两点透视作透视平面图类似。

（1）平面图中各点的透视，可用基面上过已知点的两直线的透视来确定。在图 8-7 中，如点 a_1 的透视可用基面上过停点的直线 a_1s 与垂直于 $g—g$ 的水平线（正垂线）$1a_1$ 的透视来确定；在图 8-7（b）中，点 d_1 的透视用的是主向水平线 a_1d_1 的透视与过停点的水平线 d_1s 的透视相交而得；或用主向水平线 a_1d_1 的透视与基面上垂直于 $g—g$ 的直线的透视相交而得，如图 8-7（a）所示；或用主向水平线 a_1d_1 的透视及主向水平线 a_1d_1 的量点求出等。

（2）透视平面还可以用两主向水平方向直线的迹点、灭点求出，即用 a_1d_1、b_1c_1 的迹点与灭点求其透视，再用 b_1a_1、c_1d_1 的迹点、灭点求其透视。四直线的透视围成 $a_1b_1c_1d_1$ 的透视 $abcd$，如图 8-10 所示。总之，在斜画面上作平面的透视与在直立画面上作平面的透视，其方法完全相同。

3）确定透视高度的原理

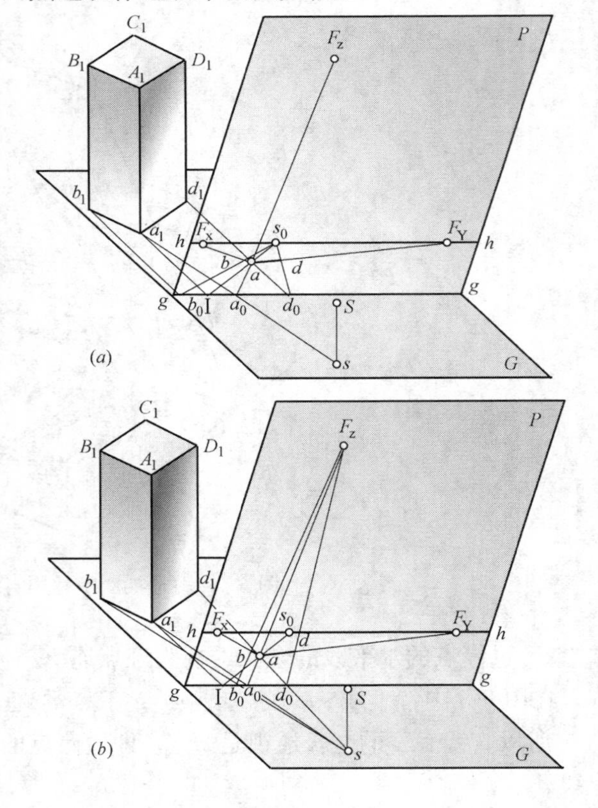

图 8-7 透视平面图的绘图原理
（a）画透视平面；（b）画透视高度

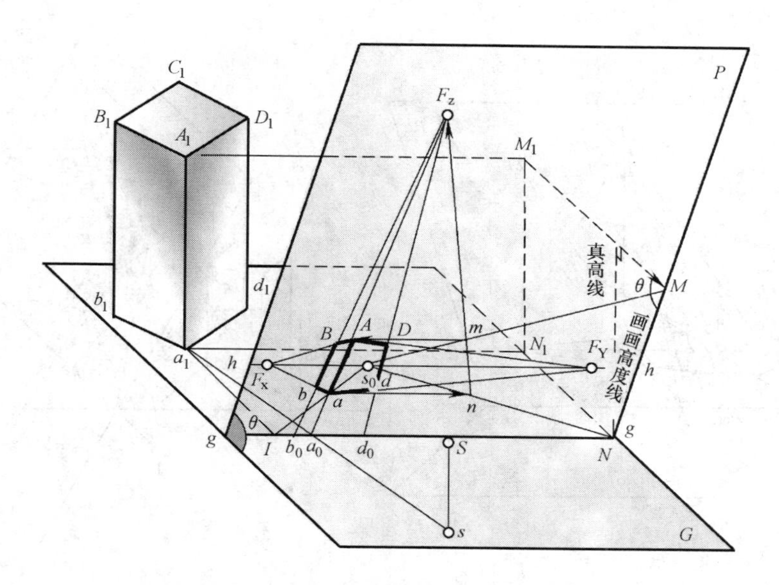

图 8-8　高度比例尺确定透视高度的绘图原理

(1) 高度比例尺确定透视高度的原理

在图 8-8 中，过 A_1、a_1 分别作平行于 $g—g$ 的直线 A_1M_1、a_1N_1；直线 M_1N_1 与 A_1a_1 平行相等，将 M_1、N_1 依平行基面而垂直于 $g—g$ 的方向投射到画面 P 上为 M、N，可知 $MN=\dfrac{M_1N_1}{\sin\theta}=\dfrac{A_1a_1}{\sin\theta}$，连接 M、s_0，N、s_0 分别为 MM_1 与 NN_1 的透视，ΔMs_0N 为高度比例尺，任何通至 F_Z 的直线在 Ms_0、Ns_0 间所截的线段，其实长均等于 A_1a_1。

现在画面上过 a 点作 $g—g$ 的平行线交 Ns_0 于点 n（an 即为 a_1N_1 的透视），从 F_Z 引直线至点 n（或延长）交 Ms_0 于点 m（nm 为 N_1M_1 的透视），于是过点 m 作 $g—g$ 的平行线交 aF_Z（或延长线）于点 A。连接 A、F_X，A、F_Y 分别与 d_0F_Z、b_0F_Z 交出点 D、B……，完成长方体的透视。

(2) 高度量点确定透视高度的原理

在图 8-9 中，连接 F_X、F_Z 的直线为平面 $A_1B_1b_1a_1$ 的灭线，延长 b_1a_1 交基线 $g—g$ 于迹点 N，过迹点 N 在画面上作直线 $NM /\!/ F_XF_Z$，NM 直线为平面 $A_1B_1b_1a_1$ 扩展后与画面 P 的交线，即迹线，也是量高线。连线 N、F_Z 为过迹点 N 且垂直于基面之直线的透视。

在灭线 F_XF_Z 上取 F_ZM_Z 等于 F_ZS（量点到灭点之距离等于灭点到视点的距离），M_Z 为过迹点 N 且垂直于基面的直线透视 NF_Z 之量点。

在量高线 NM 上取 NA_0 等于 a_1A_1，连线 A_0M_Z 交 NF_Z 于 A_2 点，于是自 A_2 点引直线至 F_X 亦可交出 AB 线。

这个道理是很容易理解的，如果将 $A_1B_1b_1a_1$ 视为基面，则 NM 为画面基线，而 F_XF_Z 为视平线，M_Z 为 NF_Z 之量点。图 8-10 所示的是俯视斜透视的绘图原理。其作图方法和步骤与前述相同，见图自明，不再赘述。

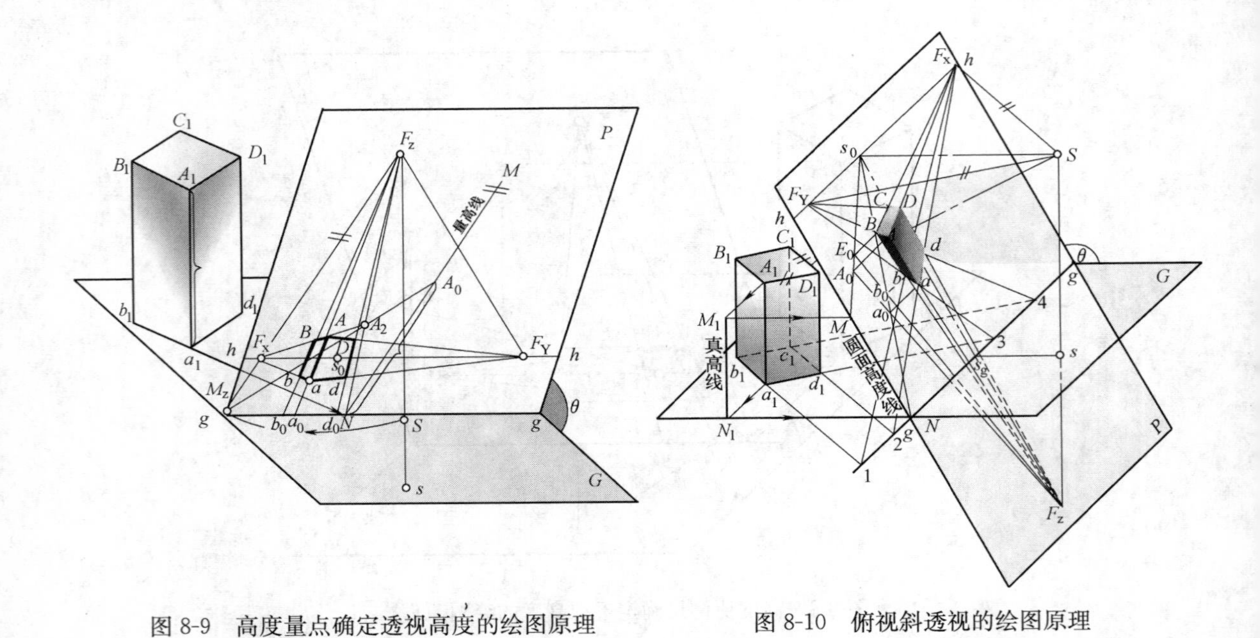

图 8-9　高度量点确定透视高度的绘图原理　　　　图 8-10　俯视斜透视的绘图原理

8.3　在倾斜画面上作透视图实例

理解了上述绘图原理之后，在倾斜画面上作透视图也就不会很困难了，虽然如此，这里仍以一些例题说明其作图方法及步骤。

8.3.1　绘斜透视图实例

【例 8-1】 某高层建筑（外形为长方体）的平、立面图及视点、画面、基线的投影，如图 8-11（*a*）所示，画面与基面的倾角 θ 等于 75°。试放大一倍画出高层建筑的斜透视图。

作图步骤：

分析：在已知图中因画面为正垂面，基线 g—g 与视平线 h—h 间的距离可在立面图中获取，视点到画面的水平距离也可以在已知图中找到。故作图顺序如下：

（1）在平、立面图上定出灭点：如 8-11（*b*）右图所示，即在平面图上过停点 s 引 ab 及 ad 的平行线，与视平线的水平投影 h—h 交于 f_X、f_Y；在立面图上过视点的 V 投影 s' 引直立线交画面的积聚投影于 f'_Z。

（2）在图纸的适当位置画一水平线作为 h—h，再画一条垂直于 h—h 的直线作为画面中心线，画面中心线与 h—h 的交点为 s_0，即画面中心点。

（3）在画面中心线上由 s_0 向下截取 s_0s_g 等于立面图中画面迹线 P_V 上的 h' 至基线 g' 距离的两倍，再过 s_g 画一平行于 h—h 的直线作为基线 g—g。

（4）将平、立面图上的灭点转移到画面上，即在画面中心线上由 s_0 向上量取 s_0F_Z 等于立面图上的 2 倍 $s'_0f'_Z$，F_Z 为高层建筑高度方向的灭点；再由 s_0 沿 h—h 线上量取 s_0F_X 等于平面图上的 2 倍 s_0f_X，s_0F_Y 等于平面图上的 2 倍 s_0f_Y，便得 ab 和 ad 及其平行线的灭点 F_X、F_Y。

（5）作透视平面图：

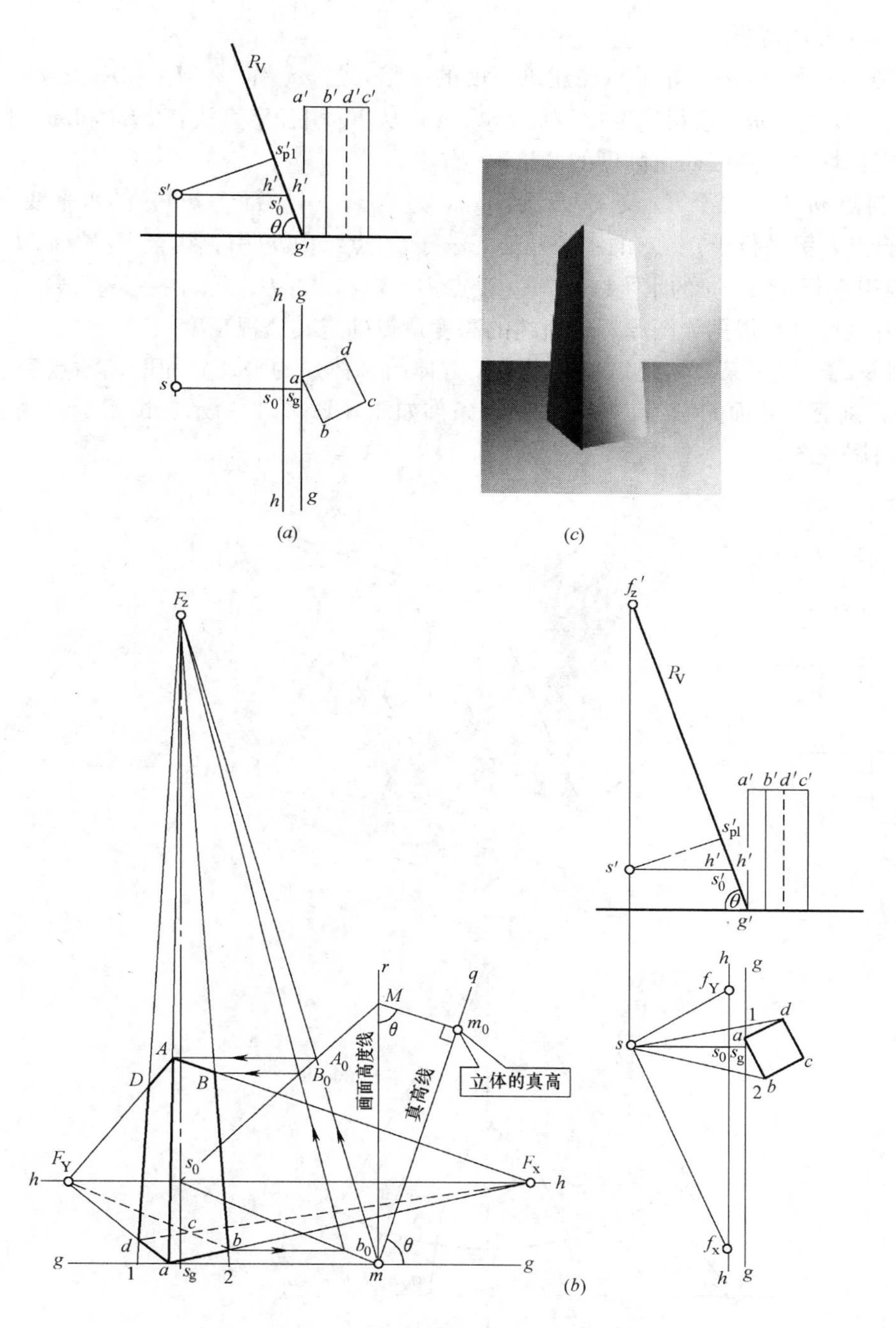

图 8-11　作高层建筑的仰望斜透视图

(*a*) 已知条件；(*b*) 透视作图；(*c*) 渲染图

用绘透视平面图原理之一，便可作出高层建筑平面图的透视，图 8-11（*b*）中已表明，不再赘述（其原理是两直线交点的透视是该两直线透视的交点）。

(6) 用高度比例尺确定高层建筑的透视高度：

① 在基线 g—g 上任取一点 m 引画面高度直线 $mr \perp g$—g，再过 m 引直线 mq 与 g—g

成 75°，mq 为真高线。

② 在 mq 上量 mm_0 等于高层建筑高度的 2 倍，过 m_0 作 $m_0M \perp mm_0$ 交 mr 于点 M，连接 s_0、M，s_0、m，便得高度比例尺 ΔMs_0m，从 F_Z 引任意直线在 Ms_0 和 ms_0 间所截直线段的实长均等于高层建筑高度的 2 倍。

③ 自点 m 引直线至 F_Z 交 s_0M 于点 A_0，过点 A_0 引平行于 $g—g$ 的水平线交 aF_Z 于点 A，自点 b 引平行于 $g—g$ 的水平线交 s_0m 于 b_0 点，由 b_0 引直线至 F_Z 交 s_0M 于点 B_0，过 B_0 点引平行于 $g—g$ 的水平线交 bF_Z 于点 B，当然 A、B、F_X 在一条直线上。

读者也可自行根据绘图原理中所述的高度量点确定其透视高度。

【例 8-2】 已知某高层建筑（外形为长方体组合体）的平、立面图，站点到基线的距离为 95，画面与基面的倾角 $\theta=60°$，其余条件如图 8-12（a）所示。试用量点法画出高层建筑的斜透视图。

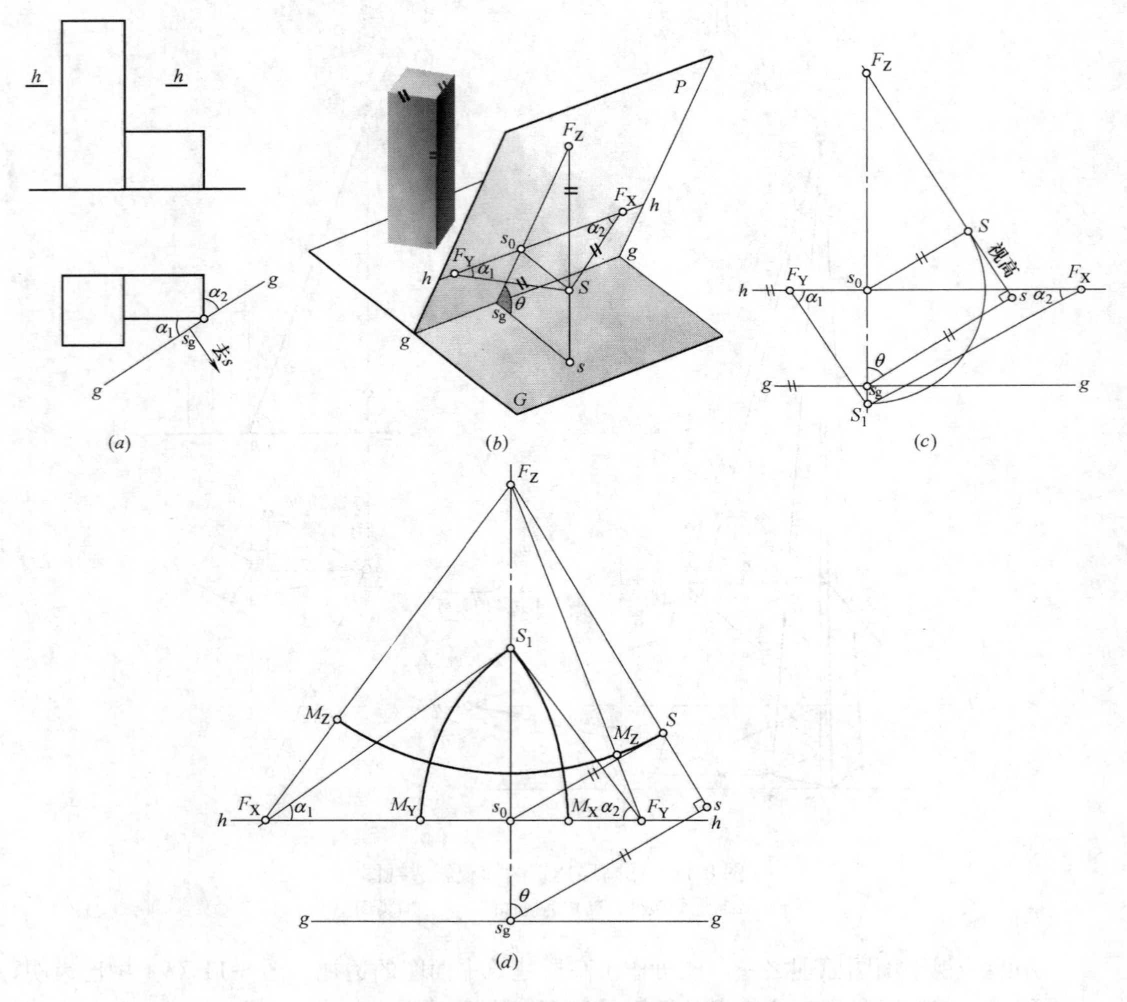

图 8-12 量点法画高层建筑的斜透视图

（a）高层建筑的平、立面图；（b）空间情况；（c）视平线、基线及灭点的透视作图

（d）斜透视图中的灭点、量点作图；

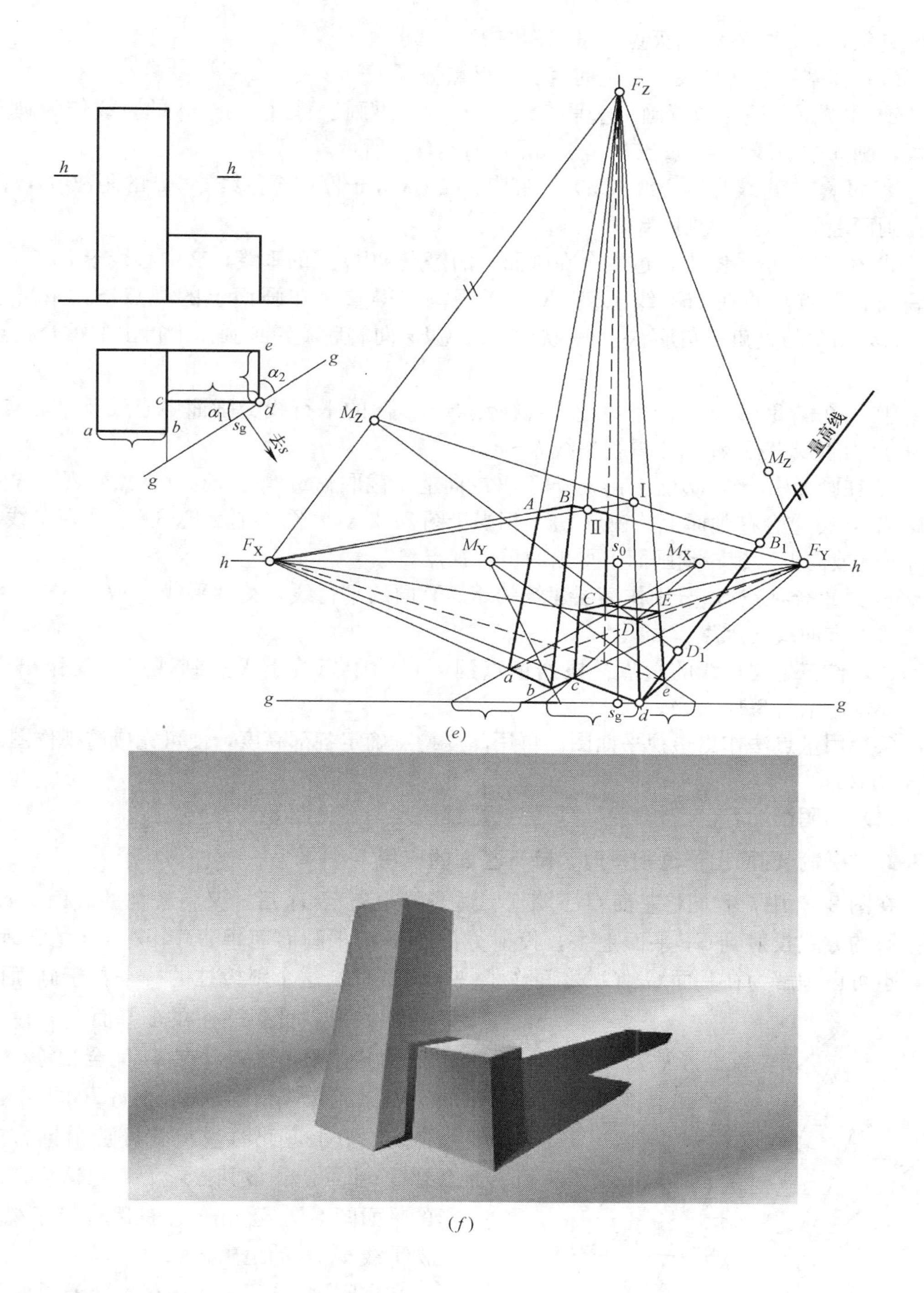

图 8-12　量点法画高层建筑的斜透视图（续）

（e）高层建筑的透视作图；（f）高层建筑斜透视效果图

作图步骤：

分析：因画面在正投影图中为一般位置平面，首先要解决的作图问题是：基线、视平线的定位，三主向直线的灭点、量点作图等。

(1) 作基线、视平线、三主向直线的灭点等：

① 在图纸的适当位置画一水平直线为 g—g，再画一垂直于 g—g 的直线作为画面中心线，画面中心线与 g—g 交于 s_g，如图 8-12 (c) 所示。

② 过 s_g 作直线与中心线成 60°，在其上取 s_gs 等于停点至基线 g—g 的距离 95，得重合在画面上的停点 s，见图 8-12 (c)。

③ 在 8-12 (c) 图中，过重合在画面上的停点 s 引 s_gs 的垂线，交中心线于 F_Z，F_Z 为铅垂线的灭点，并在 sF_Z 线上量 Ss 等于视高，得重合在画面上的视点 S。相当于图 8-12 (b)图中的直角三角形 Δs_gsF_Z 绕中心线 s_gF_Z 向右后旋转到画面上得出的重合视点和站点。

④ 又在图 8-12 (c) 图中，过重合视点 S 作 s_gs 的平行线交画面中心线于中心点 s_0，过 s_0 点引直线平行 g—g，得视平线 h—h。

⑤ 在画面中心线 s_gF_Z 上由 s_0 向下（或向上）截取 s_0S_1 等于 Ss_0（视点到视平线的水平距离），得重合在画面上的视点 S_1。相当于图 8-12 (b) 图中的 $\Delta F_XS\,F_Y$ 绕视平线 h—h 向下（或向上）旋转到画面上得出的重合视点 S_1。

⑥ 过重合视点 S_1 分别作高层建筑的 X、Y 向的平行线，交视平线 h—h 于 F_X、F_Y，得两水平方向线的灭点。

(2) 作三主向直线的量点：根据量点到灭点的距离等于灭点到视点距离作出 M_X、M_Y、M_Z，见图 8-12 (d)。

(3) 用量点法作出透视平面图。再用高度量点确定各部高度，便可完成透视作图，见图 8-12 (e)。

(4) 画阴影、着色、作配景等，完成透视表现图，见图 8-12 (f)。

8.3.2 在倾斜画面上作透视图时，降下基面的应用

在图 8-13 中，我们将基面 G 下降任一适当的距离至 G_1 后，又将棱柱的底面 $abcd$ 用斜投影的方式投射到 G_1 平面上去，投射方向是平行于画面而垂直于 g—g（相叉垂直）的；也可以理解为在基面 G、G_1 之间作了一个斜棱柱，这个斜棱柱的棱平行于画面而且垂直于 g—g，此斜棱柱在 G 基面上的底 $abcd$ 和在 G_1 基面上的底 $a_1b_1c_1d_1$ 完全相等，$abcd$ 的 a 点靠在 g—g 上，而 $a_1b_1c_1d_1$ 的 a_1 点亦靠在 g_1—g_1 上，此时视点 S 亦应沿同方向投射到 G_1 平面上，设其投影为 s_1，这样在正投影的平面图上 s_1 至 g_1—g_1 的距离等于视点 S 至视平线 h—h 的距离。

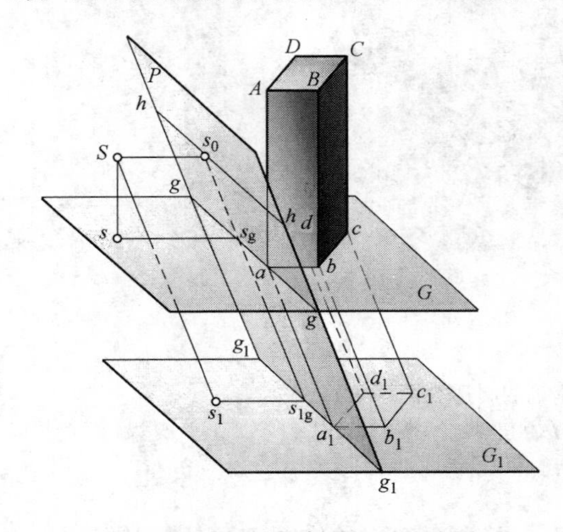

图 8-13 斜透视图中降下基面的绘图原理

在空间因 aa_1、bb_1……平行于画面而且垂直于基线 g—g，所以它们的透视仍垂直于基线 g—g。因此在图 8-14 中我们所得的透视平面 $a_1b_1c_1d_1$ 是斜棱柱的下底面，要求直立棱柱的下底面亦即斜棱柱的上底 $abcd$，需将

$a_1b_1c_1d_1$ 沿原方向反投射至 G 基面上，在透视图中，此方向的透视既垂直于视平线 $h—h$ 又相互平行。因此在透视图中 a_1a、b_1b、c_1c、d_1d 是垂直于基线 $g—g$ 的。此时要确定直立棱柱的顶点 A、B、C、D 很显然就不能利用降下的透视平面 $a_1b_1c_1d_1$ 了，需要回到原基面 G 上去画，读者见图自明，不再赘述。

【例 8-3】 已知某高层建筑（外形为长方体）的平、立面图，视点、画面、基线的投影如图 8-14（a）所示，画面与基面的倾角为 75°。试用降下基面的方法，放大一倍画出高层建筑的斜透视图。

作图步骤：

作图的方法和步骤与图 8-11 相似，不同之处已在图 8-14（b）中表明，现重述如下：

（1）将基线 $g—g$ 下降至 $g_1—g_1$，其距离任取。

（2）在高层建筑的平、立面图中，将视点 S 平行于画面投射到地面上为 S_1，再用平面图中的 s_1 作辅助线，如图 8-14（b）左图所示。

（3）透视平面图是作在降下的基面 G_1 上，确定高度时，必须回到原基面 G 上去量度。值得注意的是，透视平面图中的各点必须沿垂直于 $h—h$ 的直线返回到原基面，见图 8-14（b）的右图。

（4）特别值得指出的是，用建筑师法作降下基面的透视平面图 $a_1b_1c_1d_1$ 时，要研究一下 s_1b_1、s_1d_1 这些通过 s_1 的水平线的透视如何作图，设 s_1b_1 交 $g—g$ 于点 2，s_1d_1 交 $g—g$ 于点 1，它们的透视显然会分别通过点 2 和点 1，我们来看 s_1 的透视，在空间 SS_1 垂直于 $g—g$ 而平行画面 P，亦即 SS_1 沿垂直 $g—g$ 的方向交画面 P 于无穷远，这说明 S_1 的透视位于垂直于 $g—g$ 方向的无穷远处，因此 s_1b_1、s_1d_1 的透视分别通过点 2、1，且垂直于 $g—g$。这就说明凡是在 G_1 面上通过 s_1 的直线它们的透视都是垂直于 $g—g$ 的，因此，如果用建筑师法画平面 $a_1b_1c_1d_1$ 的透视图就和垂直画面的画法相同，图中附有 s_1b_1、s_1d_1 的透视 $2b_1$、$1d_1$，它们都垂直于 $g—g$，如图 8-14（b）右图所示。

8.3.3　灭线三角形法画斜透视图实例

1）灭线三角形法画斜透视图的步骤

（1）首先确定视点、画面及建筑物的相对位置，即根据第五章所述的规则来选定视点、画面及建筑物的相对位置，其图示形式有两种：

① 在平、立面图上拟定视点、画面、基线的位置，以及画面与基面的倾角，见前面已叙述过的例题。

② 任意拟定一个灭线三角形，但此时应注意，灭线三角形应当是锐角三角形，而且当画较高的建筑物时，灭点 F_Z 较 F_X、F_Y 要远得多。这是因为画面对直立面的倾角是不大的。然后再将所画物体的一个顶点安放在画面上，过该顶点画一条水平量线和高度量线，便可进行透视作图了，用这样的方法可以不在建筑物的平、立面图上进行任何作图，只需要建筑物的尺寸及形状。

（2）由灭线三角形确定视心、视点、视距及量点

① 在画面上确定视心 s'

由于灭线三角形的三个顶点是由视点 S 出发的三条相互垂直的直线与斜画面 P 的交点（图 8-15），所以由视点 S 点向斜画面 P 引垂线，交斜画面于灭线三角形的三高线的交

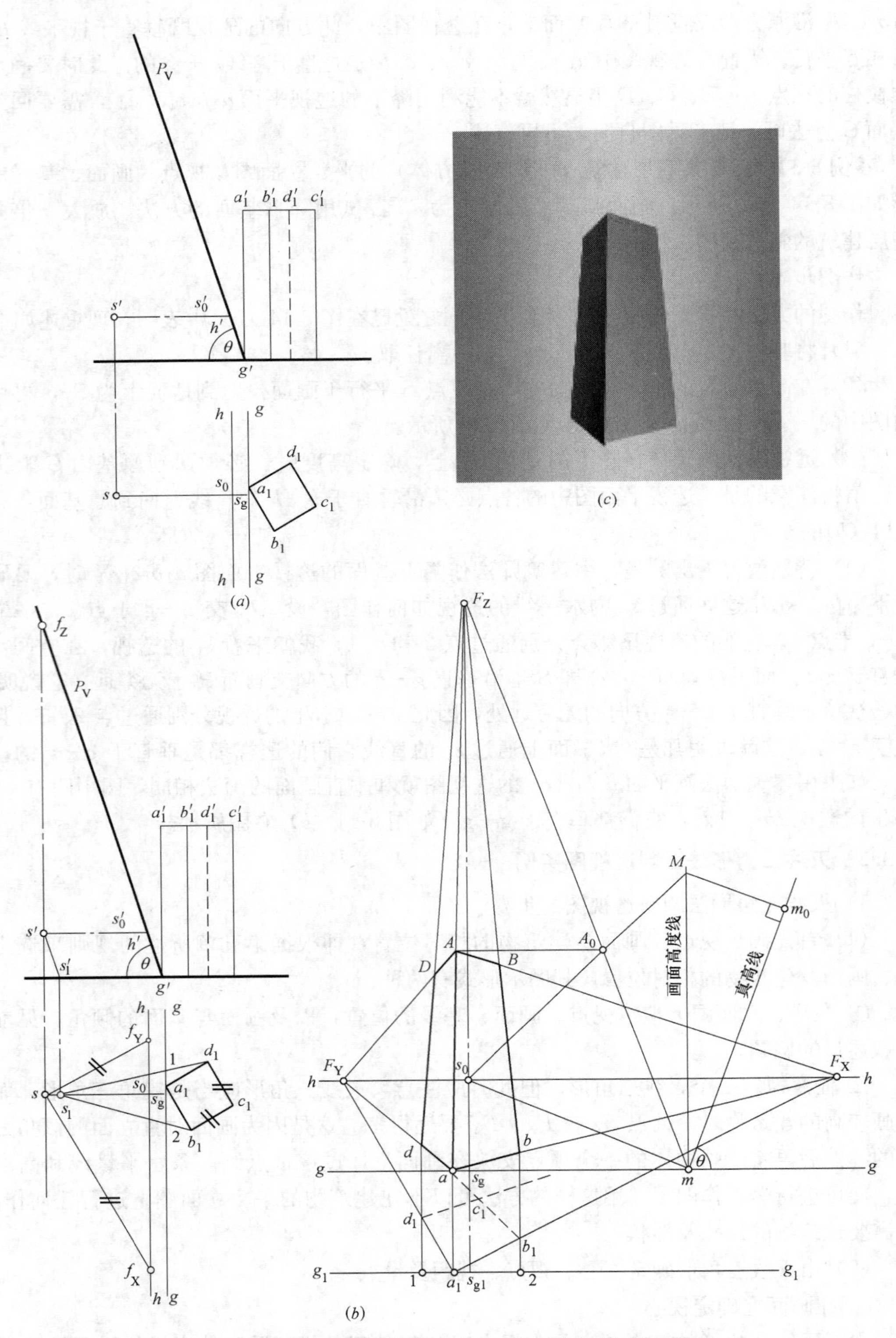

图 8-14　用降下基面的方法放大一倍画高层建筑斜透视

(a) 某高层建筑的平、立面图；(b) 降下基面作高层建筑的斜透视图的作图示意；(c) 渲染效果图

点，即垂心。因此，对倾斜画面来说，只要作出灭线三角形 $\Delta F_X F_Y F_Z$ 的垂心就可以得到视心 s'（主点）。

② 求重合在画面上的视点、视距

在图 8-15 中，将棱锥 $S-F_X F_Y F_Z$ 的直角棱面绕相应的灭线旋转与底面重合，此时得到三个与画面重合的视点——S_1、S_2、S_3，如图 8-16（*a*）所示。由于视点均在垂直于旋转轴的平面内转动，故当与画面重合时，视点位于灭线三角形相应的高线（或其延长线）上。此外，又由于视点是直角的顶点，故它应在以相应两灭点之距离为直径所作的圆周上。因此，欲求视点在画面上的一个重合位置，应以两灭点的线段作为直径画半圆，与灭线三角形上过另一灭点的高线相交，交点便是所求视点的重合位置。也可以以一条高线（如 $s_0 F_Z$）为直径作半圆，再由视心 s' 作该高线的垂线，交半圆于 S_2，点 S_2 也是重合到画面 P 上的视点之一，$s'S_2$ 为视距，如图 8-16（*b*）所示。$S_2 F_Z$ 则是视点 S 到灭点 F_Z 的距离。

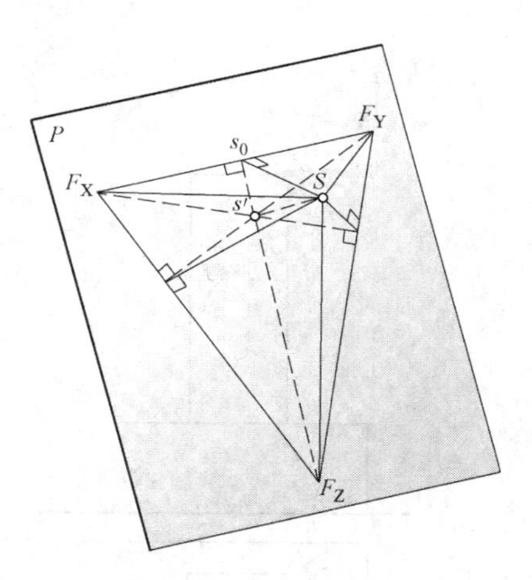

图 8-15　由灭线三角形求视心、视点、视距的原理

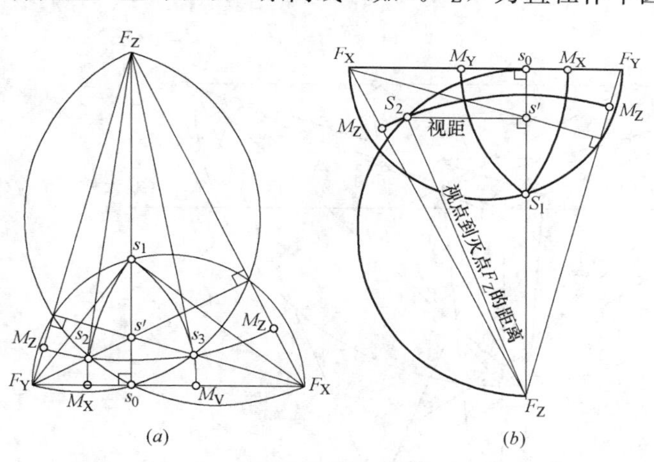

图 8-16　视心、视距及重合在画面上的视点作图

（*a*）用灭线三角的三边作图；（*b*）用灭线三角的高及一条边作图

③ 求量点

由于直线的量点到相应灭点的距离等于该灭点到视点的距离，所以图 8-16 还表明了利用重合到画面 P 上的视点 S_1、S_2 来确定视点 S 到各灭点的距离，从而作出各灭线上相对于各灭点的量点。

（3）安排透视图的位置：

通常将该建筑物的一个角点（如 A 点）靠在画面的视心 s' 处或其附近，用 A 代替 s'，以便使透视图作好后，看起来视心大致在图画的中间，此时图画的位置在较好的视角内。然后过点 A 作水平直线平行于 $F_X F_Y$，得水平量线；再过 A 作直线平行于 $F_Y F_Z$（或 $F_X F_Z$），得量高线，在量高线上从 A 点开始量度物体的高。

（4）量点法作透视平面（图 8-17*b*）

其作图步骤与两点透视的量点法相同。

（5）作透视高度（图 8-17*b*）

过透视平面的每个角点引直线至 F_Z，便是建筑物高线的透视方向。在量高线上取 Aa_0 等于高层建筑上部主体的高，$a_0 n_0$ 等于下部群房的高，连接 a_0、M_Z 交 AF_Z 于点 a，于是自点 a 引直线至灭点 F_X、F_Y，便完成主体的透视。群房的透视作法在图中已示明，不再赘述。

2）灭线三角形法画斜透视图实例

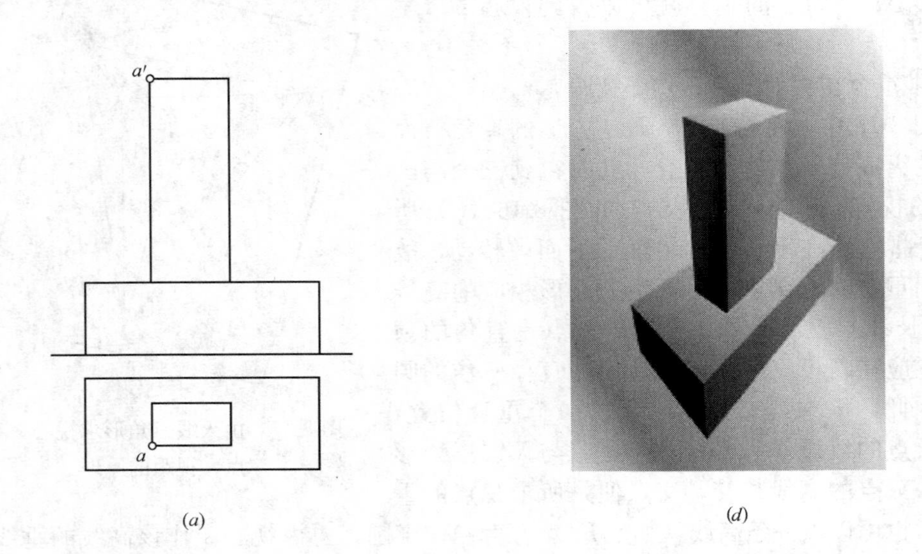

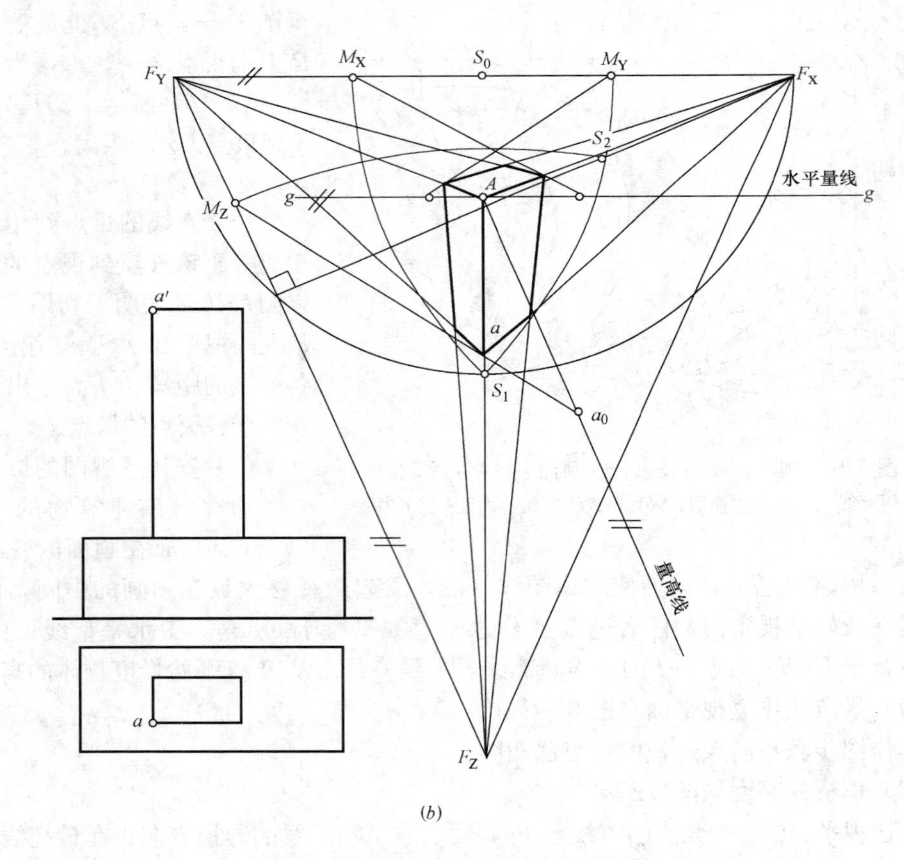

图 8-17 灭线三角形法画鸟瞰斜透视图

(a) 某高层建筑的平、立面图；(b) 灭线三角形法画高层建筑上部主体鸟瞰斜透视图的作图过程

(d) 某建筑的鸟瞰斜透视渲染图

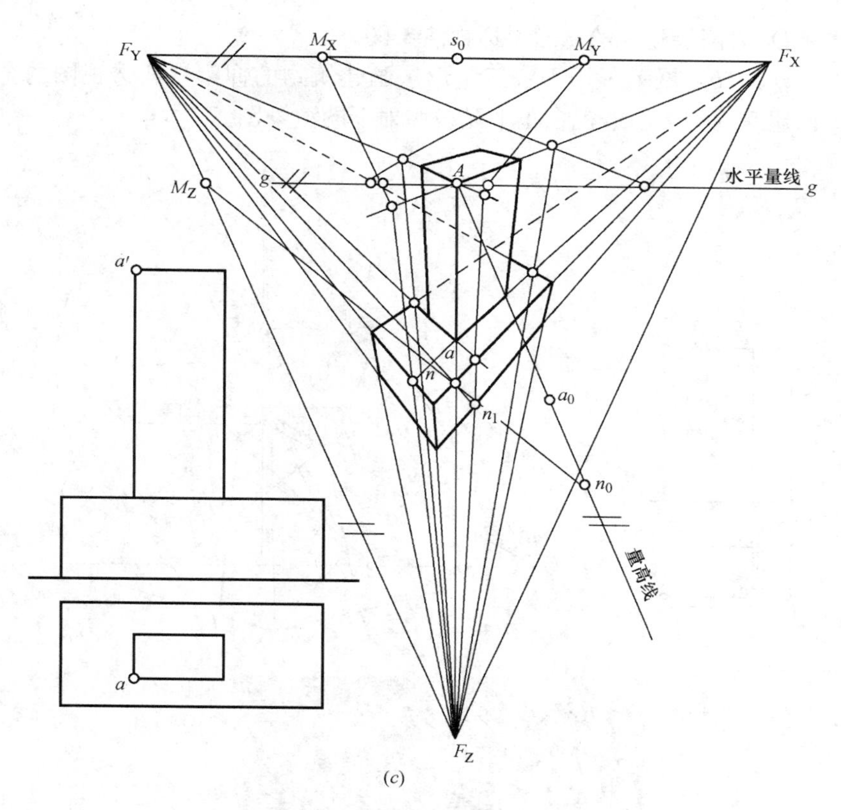

图 8-17　灭线三角形法画鸟瞰斜透视图（续）

（c）灭线三角形法画高层建筑下部群房透视的作图过程；

【例 8-4】 图 8-17（a）所示为某一高层建筑的平、立面图，用灭线三角形法作其鸟瞰斜透视图。

作图步骤：

根据前述灭线三角形法画斜透视图的步骤便可完成该高层建筑的鸟瞰斜透视图，如图 8-17（b）所示。

（1）任意拟定一个灭线三角形 $\Delta F_X F_Y F_Z$。

（2）由灭线三角形确定视心 s'，重合视点 S_1、S_2，视距及量点 M_X、M_Y、M_Z。

（3）将高层建筑的角点 A 放在画面的视心 s' 处或其附近，过点 A 画水平直线平行于 $F_X F_Y$，作为水平量线 g—g；再过点 A 作直线平行于 $F_Y F_Z$（或 $F_X F_Z$），作为量高线，在量高线上从 A 点开始量度物体的高。

（4）用量点法画高层建筑的透视平面图，其作图步骤与两点透视的量点法相同。

（5）作透视高度：过透视平面的每个角点引直线至 F_Z，便是建筑物高线的透视方向。在量高线上量取 Aa_0 等于高层建筑上部主体的高，$a_0 n_0$ 等于下部群房的高，连接 a_0、M_Z 交 AF_Z 于点 a，于是自点 a 引直线至灭点 F_X、F_Y，便完成主体的透视。群房顶面的透视作法在图中 8-17（c）已示明，请读者自行分析，不再赘述。而群房的高度是自 n_0 点画直线至高度量点 M_Z，交 Aa 的延长线于点 n，再由灭点 F_y 连接点 n 并延长与群房前表面相交于点 n_1，又由灭点 F_x 画直线至 n_1 并延长与铅垂棱线相交，再借助灭点 F_y 完成全图。

图 8-17（d）为高层建筑的鸟瞰斜透视渲染图。

图 8-18（a）、（b）展示了用灭线三角形法画建筑物的仰望视斜透视图的全过程。图 8-18（c）为该建筑的仰望斜透视在正平光线照射下的渲染图。

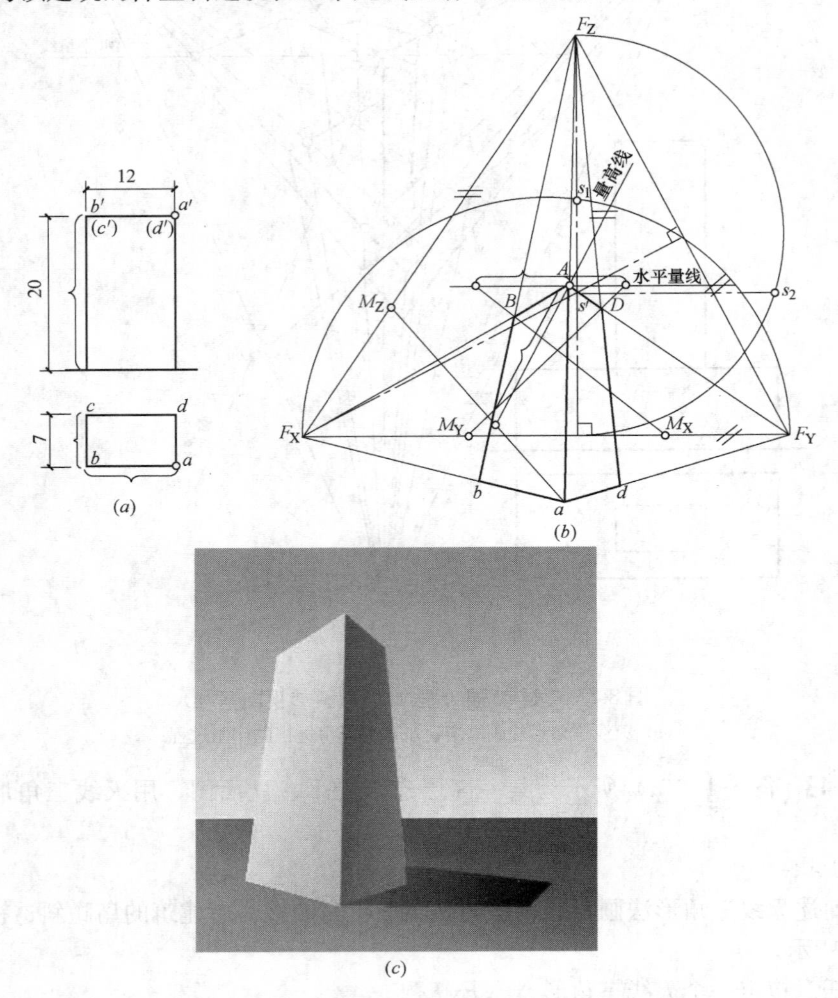

图 8-18　用灭线三角形法画建筑物的仰望斜透视

（a）已知条件；（b）透视作图；（c）某建筑物的仰望斜透视渲染图

8.3.4　斜透视中直线段的分割

建筑物的透视轮廓画好后，还需加画其细部，如墙面上的横向分格（层高、门、窗、阳台等高度的确定）、竖向分格（墙面的竖向划格线、竖向构筑物、门、窗等的左右定位）等，竖向分格是分透视图中的水平线，其方法与直立画面完全相同，不再详述，仅介绍斜透视图中的高度方向直线段的分割。

1）灭线三角形中直线段的分割

【例 8-5】　已知灭线三角形 $F_XF_YF_Z$ 及消失于 F_Z的直线段 AB，试将直线段 AB 分成 AC ∶ CD ∶ DB＝2 ∶ 1 ∶ 3，完成 C、D 的透视。

作图步骤，见图 8-19（a）：

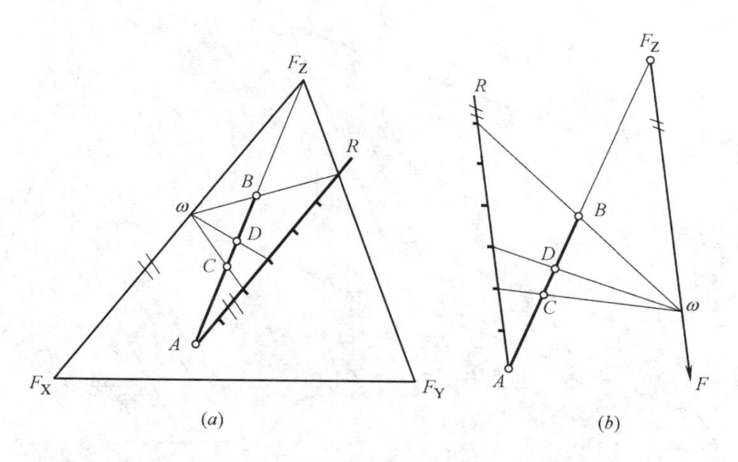

图 8-19　斜透视图中直线的分段

(a) 有灭线三角形的作图；(b) 无灭线三角形的作图

(1) 过端点 A 作直线 $AR // F_ZF_X$（或$// F_ZF_Y$），在直线 AR 上任取六等份。

(2) 将直线 AR 上的第六等分点与端点 B 相连并延长交 F_XF_Z 于辅助灭点 ω，由 ω 连 AR 上的第二、第三等分点分别交直线 AB 于 C、D，完成作图。

2) 若灭线不在图板内的直线段的分割

【例 8-6】 已知消失于灭点 F_Z 的直线段 AB，试将直线段 AB 分成 $AC:CD:DB=2:1:3$，完成 C、D 点的透视。

作图步骤，见图 8-19 (b)：

(1) 过灭点 F_Z 任作一直线 F_ZF 为任意平面的灭线，其理由是包含一直线作平面可以作无限多个，其对应的灭线也是无限多条，故任作一条均合要求。

(2) 再过端点 A 作直线 $AR // F_ZF$，在直线 AR 上任取六等份。

(3) 将直线 AR 上的第六等分点与端点 B 相连并延长交 F_ZF 于辅助灭点 ω，自 ω 连直线 AR 上的第二、第三等分点分别交 AB 于点 C、D，完成作图。

8.4　斜透视图中的阴影和倒影

8.4.1　在倾斜画面的透视图上作阴影

在斜画面上作透视阴影的方法与在直立画面上作透视阴影的方法基本相同。绘斜透视图的阴影利用太阳的透视和它在互为垂直的三平面上的投影的透视是很方便的。因为垂直于任一平面的直线在该平面上的落影是光线在它上面的投影。

1) 已知灭线三角形和任意选定的太阳的透视，试讨论太阳投影的透视作图

实际上太阳距所照射的物体为无穷远，故光线可视为相互平行，此时太阳的透视 R 就是空间光线透视的灭点，如图 8-20 (a) 所示。

灭点 F_X、F_Y、F_Z 和 R 在无穷远平面内。要作太阳的水平投影，亦即投射太阳 R 到某一水平面上，应当过太阳引该平面的垂线，即引直立线与该平面相交。直立线的透视汇交于 F_Z。因此，要投影太阳到任一水平面上，应过太阳的透视 R 引直线到 F_Z，与水平面

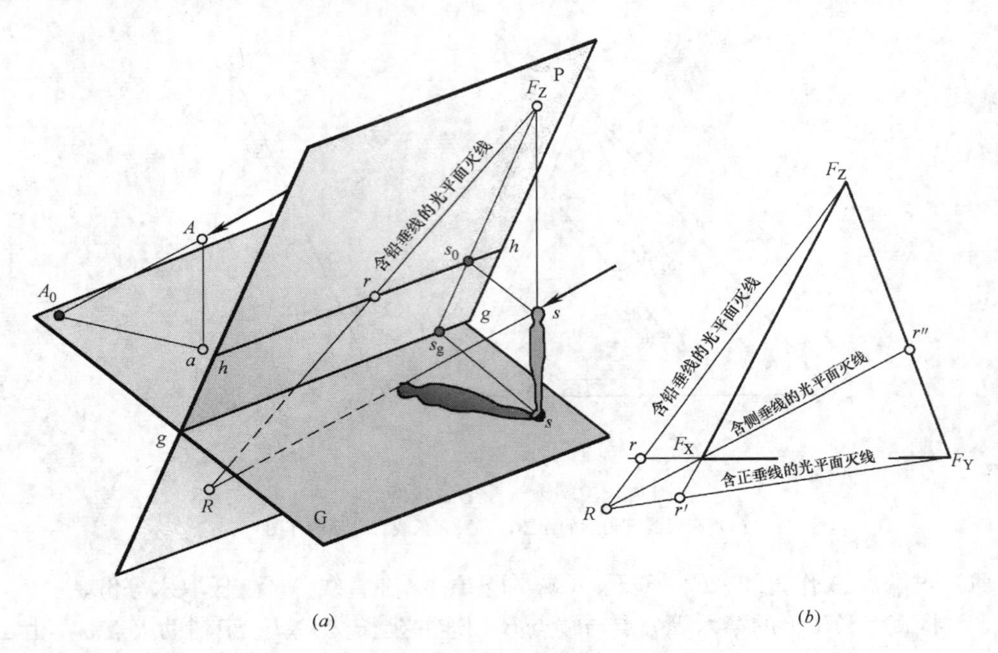

图 8-20 斜透视图中太阳投影的作图

(*a*) 空间光线及其投影均有灭点；(*b*) 在画面上作太阳的投影

的灭线 F_XF_Y 相交于 r。这样，光线的水平投影正如相互平行的水平线一样，汇交于视平线上的点 r。

要投射太阳 R 到灭线为 F_XF_Z 的平行直立平面上，应过太阳的透视 R 引直线到 F_Y，与灭线 F_XF_Z 相交于所求之点 r'。这样，光线在以灭线为 F_XF_Z 的任一直立平面上的投影汇交于 r'，见图 8-20（b）。

同样可以把太阳投射到灭线为 F_YF_Z 的平行直立平面上，只需过太阳的透视 R 引这些平面的垂线的透视（即自 R 到 F_X 的直线）与灭线 F_YF_Z 相交于所求之点 r''。光线在以灭线为 F_YF_Z 的任一直立平面上的投影汇交于点 r''。

【例 8-7】 已知某高层建筑的斜透视，如图 8-21（a）所示。试完成其阴影作图。

斜透视图中阴影的作图步骤，见图 8-21（b）：

（1）首先由已知的透视图画出灭线三角形$\triangle F_XF_YF_Z$，即延长高层建筑的高向直线相交于灭点 F_Z。再延长高层建筑的水平线与视平线 h—h 相交得出灭点 F_X、F_Y。

（2）根据高层建筑的表现要求选定太阳的透视 R，然后由太阳的透视 R 连接 F_Z 与视平线 h—h 交于 r，这就是太阳的水平投影，即光线水平投影的灭点。

（3）由太阳的透视判明高层建筑的阴阳面，从而定出阴线 aA、AB、BC、dD、DE、EF、Ff。

（4）求各段阴线之影：按照直立阴线在地面上的影与光线的水平投影重合，水平线在地面上的影与自身平行的规律便可完成阴影的作图，如图 8-21（b）所示。

（5）将高层建筑的可见阴面和影区着暗色，见图 8-21（b）、（c）。

【例 8-8】 已知某建筑的斜透视图及太阳的透视 R，如图 8-22（a）所示。试完成其阴影作图。

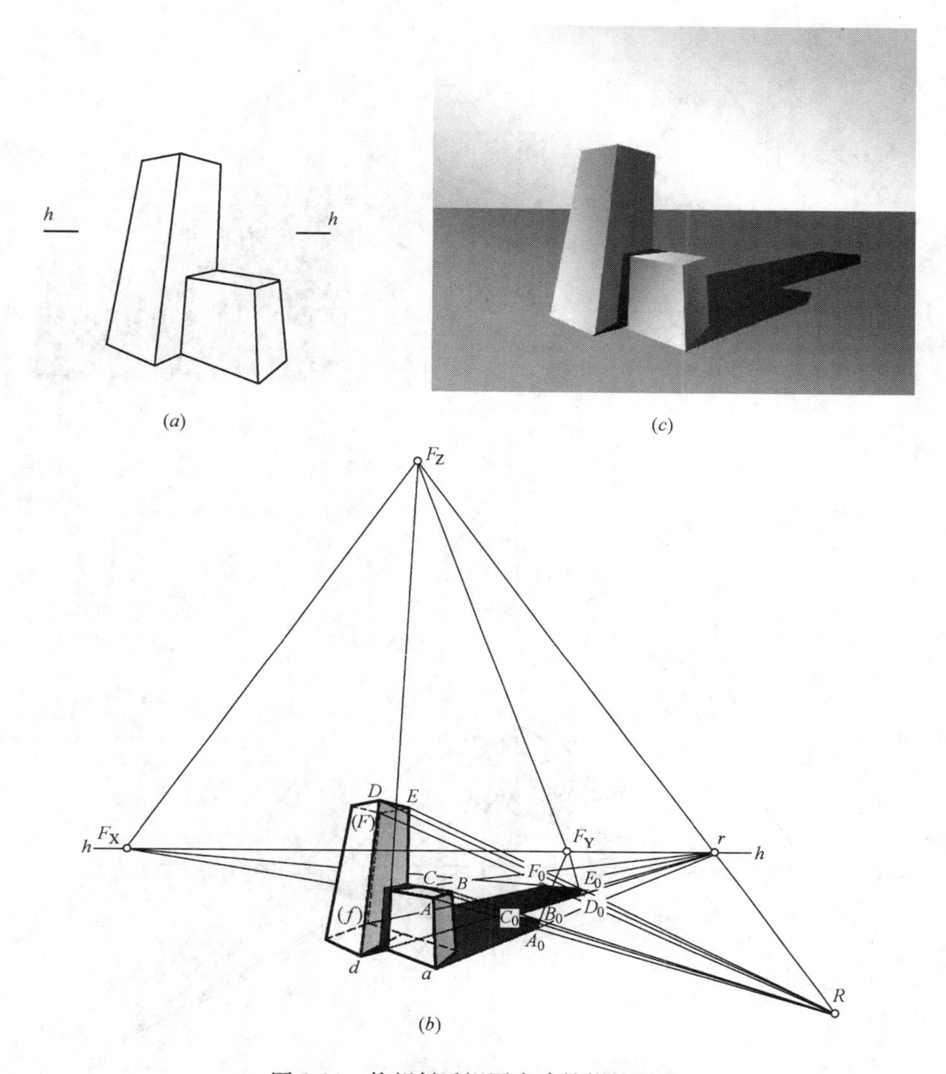

图 8-21　仰望斜透视图中建筑物的阴影

（a）某建筑斜透视图；（b）仰望斜透视图中建筑物的阴影作图；（c）仰望斜透视图阴影渲染效果图

斜透视图中阴影的作图步骤：

（1）首先由太阳的透视 R 作出太阳投影的透视 r、r'，见图 8-22（b）。

（2）根据太阳的透视确定建筑物的阴、阳面，从而定出阴线 aA、AB、BC、Cc 及 12、23、34、45。

（3）求各段阴线的影线：直立阴线 Aa 在地面上的落影与光线的水平投影重合，即连 ar 与过点 A 的空间光线 AR 交于影点 A_0。aA_0 为直立阴线 Aa 的影线。水平阴线 AB 在地面上的落影与它自身平行，故连 A_0、F_Y 与过 B 点的空间光线 BR 交于影点 B_0，A_0B_0 为水平阴线 AB 的影线。其余作图见图自明，不再详述。

（4）将可见阴面和影区着暗色，见图 8-22（d）。

2）如果我们将太阳的透视 R 选在过 F_Z 且平行于 F_XF_Y 的直线（它是正平面的灭线）上，则太阳的水平投影的透视是 F_XF_Y 上的无穷远点 r_∞

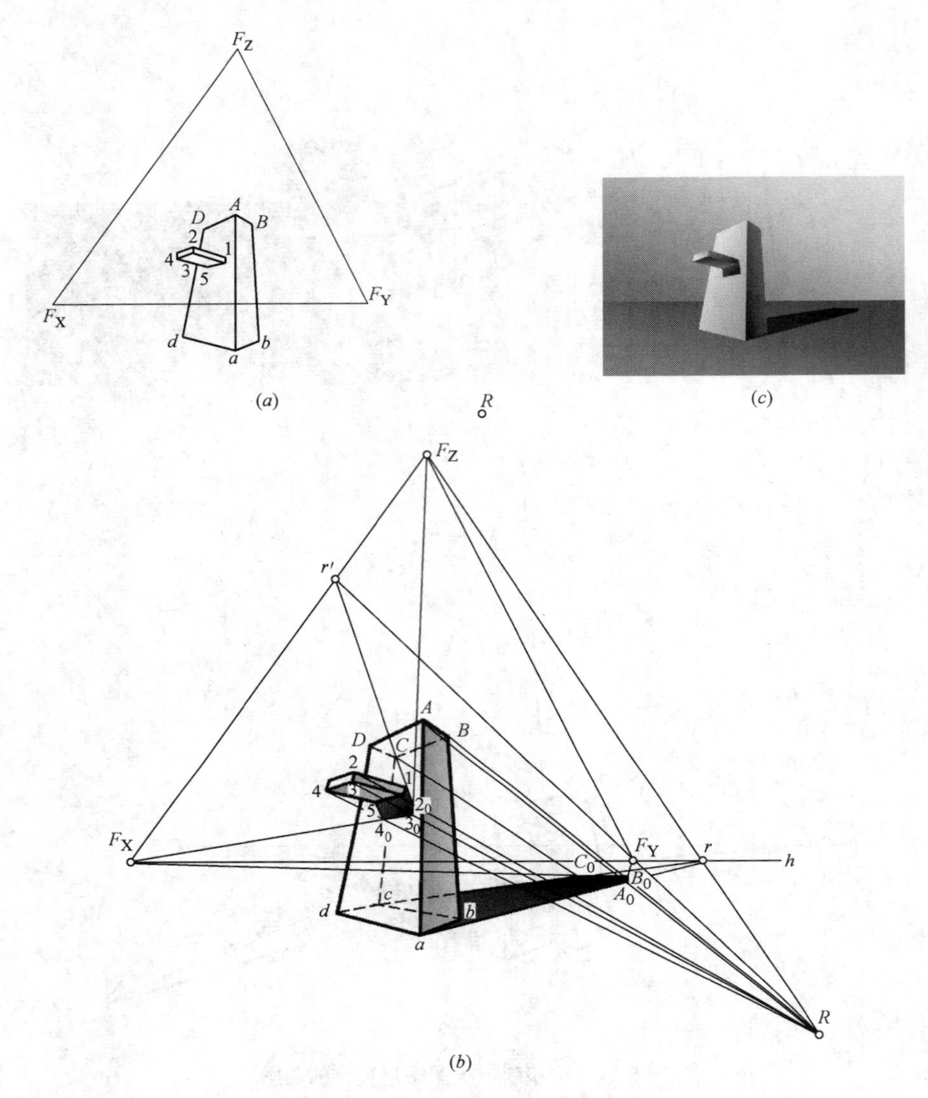

图 8-22 某建筑的仰望斜透视阴影作图

(a) 已知条件；(b) 斜透视阴影作图；(c) 渲染效果图

空间光线的水平投影的透视平行于视平线，亦即直立线在水平面上的落影平行于视平线。此时空间光线是正平线，空间光线的灭点为 R。图 8-23 (a) 为表示该光线与画面相对位置关系的空间图。其阴影的作法同前，如图 8-23 (b) 所示足球门架的落影作图。

【例 8-9】 某高层建筑的鸟瞰斜透视图和太阳的透视 R，如图 8-24 (a) 所示，试完成其阴影作图。

作阴影的步骤，见图 8-24 (b)：

(1) 根据太阳的透视确定高层建筑物的阴线为 aA、AB、BC、Cc 及 dD、DE、EK。

(2) 求各段阴线的影线：直立阴线 Aa 在地面上的落影与光线的水平投影平行，即过 a 作影线平行于 F_XF_Y 与右侧矮建筑前立面的地基线交于一折影点，由该点连 F_Z 与

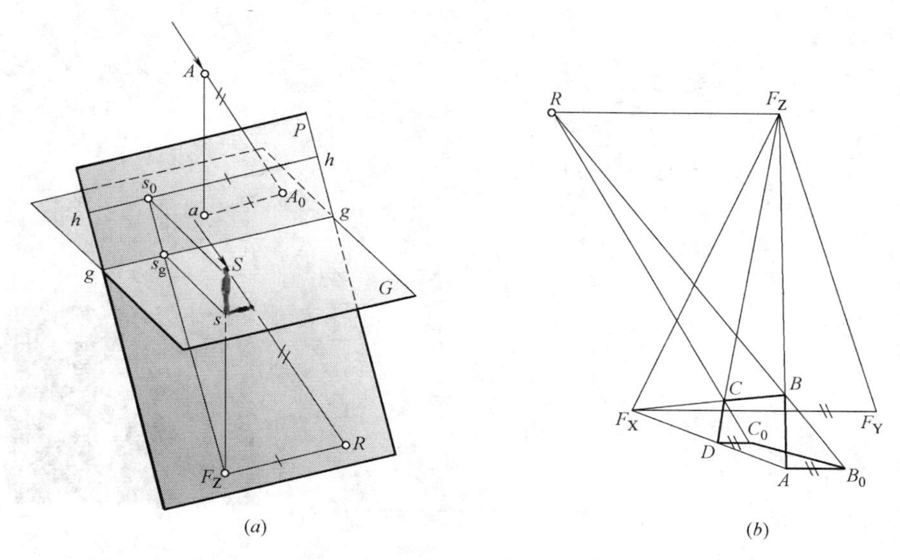

图 8-23　太阳的透视在过 F_Z 且平行于 h—h 的直线上

（a）空间光线有灭点，其投影无灭点；（b）足球架落影作图

过点 A 的空间光线 AR 交于影点 A_0；再用延棱扩面法作出阴线 AB 在右侧矮建筑前立面上的影线，AB 的影线还落在右侧矮建筑的顶面上，AB 平行于右侧矮建筑的顶面，其落影与它自身平行，故连 F_Y 完成左侧建筑在右侧矮建筑上的落影。其余作图见图自明，不再详述。

（3）将可见阴面和影区着暗色，如图 8-24（c）所示。

3）如果将太阳的透视取在某一方向线上的无穷远点，则空间光线的透视彼此平行，此时空间光线平行于所取的倾斜画面

如图 8-25（a）所示，空间光线无灭点，而光线的投影有灭点。作图时，先过 F_Z 引适当的方向线，图 8-25（b）所示的方向与 F_XF_Y 成 60°，它就是空间光线透视的方向，它与 F_XF_Y 的交点 r 就是太阳水平投影的透视，即光线水平投影的灭点，再过 F_Y 作该空间光线透视的平行线交 F_ZF_X 于 r'，即光线在以灭线为 F_ZF_X 的任一直立平面上的投影的灭点，如图 8-25（b）所示。用这种光线作阴影的实例见图 8-26。

【例 8-10】 图 8-26（a）所示为某高层建筑的仰望斜透视图，求该高层建筑在平行于斜画面的平行光线照射下的阴影。

作阴影的步骤，见图 8-26（b）：

（1）由已知的某高层建筑的仰望斜透视图画出灭线三角形 $\Delta F_XF_YF_Z$，即延长高层建筑的高向直线相交于灭点 F_Z。再延长高层建筑的水平线与视平线 h—h 相交得出灭点 F_X、F_Y。

（2）选定空间光线的透视方向：自灭点 F_Z 引与 F_XF_Y 成 60°的直线作为空间光线的透视方向。该线与视平线 h—h 相交得出空间光线水平投影的灭点 r，r 为太阳水平投影的透视。再由灭点 F_Y 引空间光线透视方向的平行线与灭线 F_ZF_X 相交于 r'，得出投射太阳 R 到灭线为 F_XF_Z 的平行直立平面上，空间光线在以灭线为 F_XF_Z 的任一直立平面上的投影汇交于 r'。

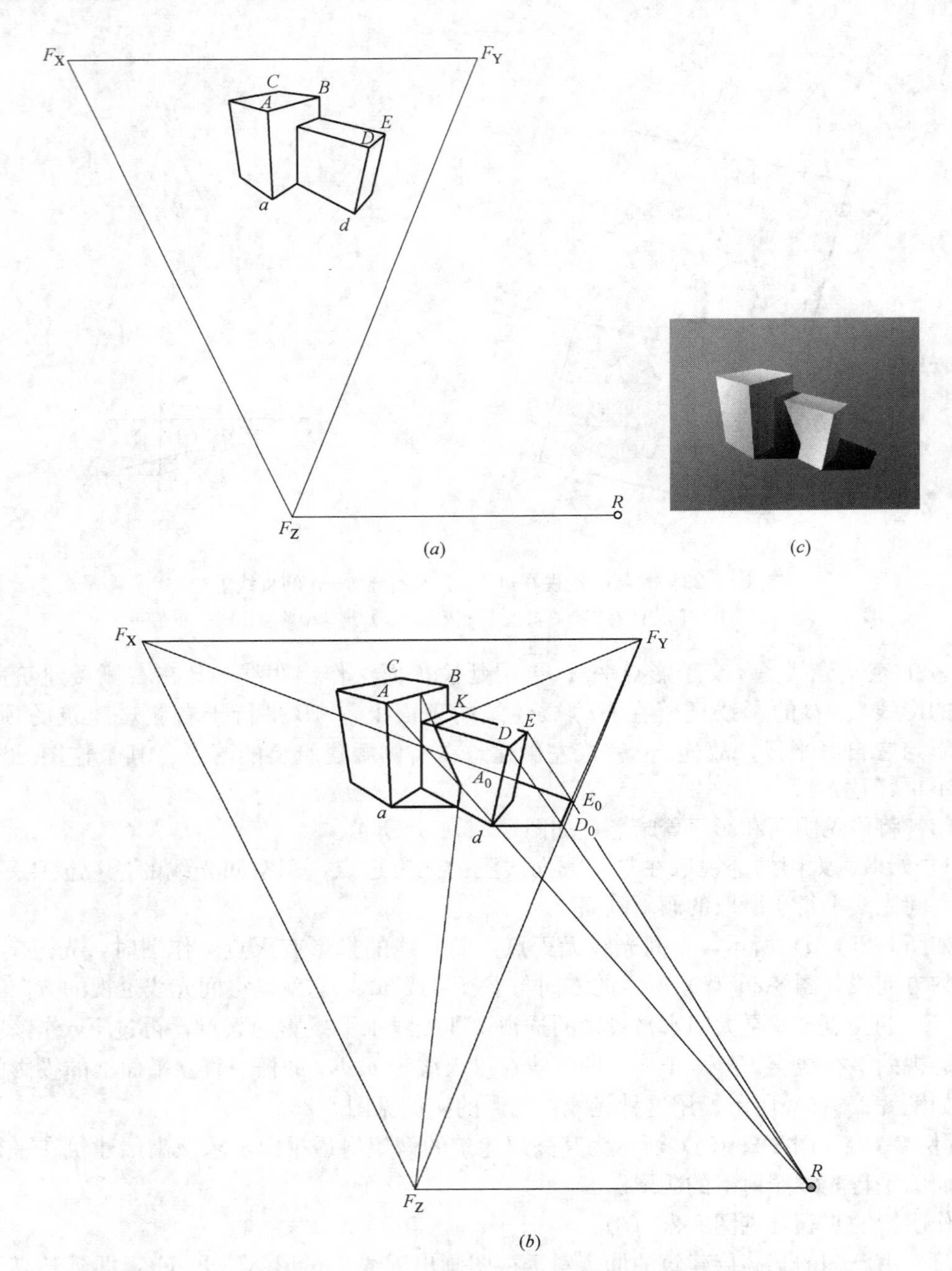

图 8-24 太阳的透视在过 F_Z 且平行于 $h—h$ 的直线上时建筑物阴影的作图

(*a*) 某建筑的鸟瞰斜透视图；(*b*) 俯视斜透视阴影作图；(*c*) 渲染效果图

(3) 由选定的光线方向确定建筑物的阴、阳面及阴线：光线从建筑物的左前上射向画面，建筑物各部的左、前、上表面自然迎光，其余表面背光。阴线是迎光面与背光面的分界线，该建筑物的阴线不用详述，读者也够清楚了。

(4) 求各段阴线之影线：作图方法及绘图顺序读者见图自明，不再赘述。

(5) 将可见阴面和影区着暗色，如图 8-26 (*c*) 所示。

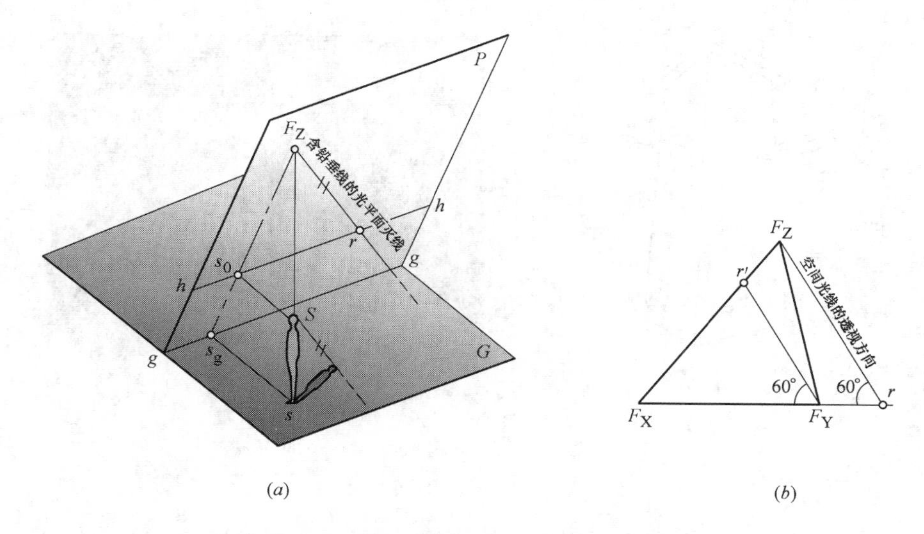

图 8-25　空间光线平行于斜画面时，太阳投影的作图
(*a*) 空间光线无灭点，其投影有灭点；(*b*) 太阳在画面上的投影作图

从以上作图可以看出，用平行于斜画面的平行光线作阴影，因光线的透视具有平行性，对于画高层建筑的透视阴影有其优越之处。假定 F_Z 不在图板范围内，建筑物的透视无论是用工具或是用其他方法作出，采用这样的光线作阴影比较方便。

【例 8-11】 已知某高层建筑的透视，如图 8-27 (*a*) 所示，其余条件见图中所示。求该高层建筑在平行于斜画面的平行光线照射下的阴影。

作阴影的步骤，见图 8-27 (*b*)：

(1) 在透视图中首先作太阳的水平投影 r：太阳水平投的透视 r 可用缩小比例在 F_XF_Y 上定出。图中 s_0 为正垂线的灭点。取 s_0M 等于$\frac{1}{2}s_0F_Z$（M 在 s_0F_Z 上），过点 M 引空间光线的透视方向线（图中为 60°线）与 F_XF_Y 交于点$\frac{r}{2}$，在 F_XF_Y 线上取 s_0r 等于两倍的 $s_0\frac{r}{2}$，得光线水平投影的灭点 r。

(2) 由选定的光线方向确定阴、阳面及阴线：光线从建筑物的左前上射向画面，建筑物各部的左、前、上表面自然迎光，其余表面背光。阴线是 aA、AB、dD、DE 等。

(3) 求各段阴线之影：从图中可知直立阴线 Aa 有影落在 dDC 墙面上，由于不能利用 F_Z，故将 Aa 的影落在地面上，并作出 DC 线在地面上的影，将它们的交点 N_0 用空间光线反向投射到 DC 线上得点 N，即可画出影线 I_0N。再过 A 点引空间光线与影线 I_0N 交于影点 A_0，即 A 点的影，连 B、A_0 得 AB 的影，其余影线作图见图 8-27 (*b*)，不再赘述。图 8-27 (*c*) 为阴影渲染效果图。

8.4.2 斜透视图中的倒影

在斜透视图中作倒影的方法与直立画面透视图中求倒影的方法基本相同。由于水面是水平的，对一个点来说，空间点与其水中倒影的连线是一条铅垂线，该线的灭点为 F_Z，空间点与其倒影对水面呈对称、等距关系，在斜透视图中将产生变形而不相等，这就需要采用适当的作图方法加以解决，下面以实例说明。

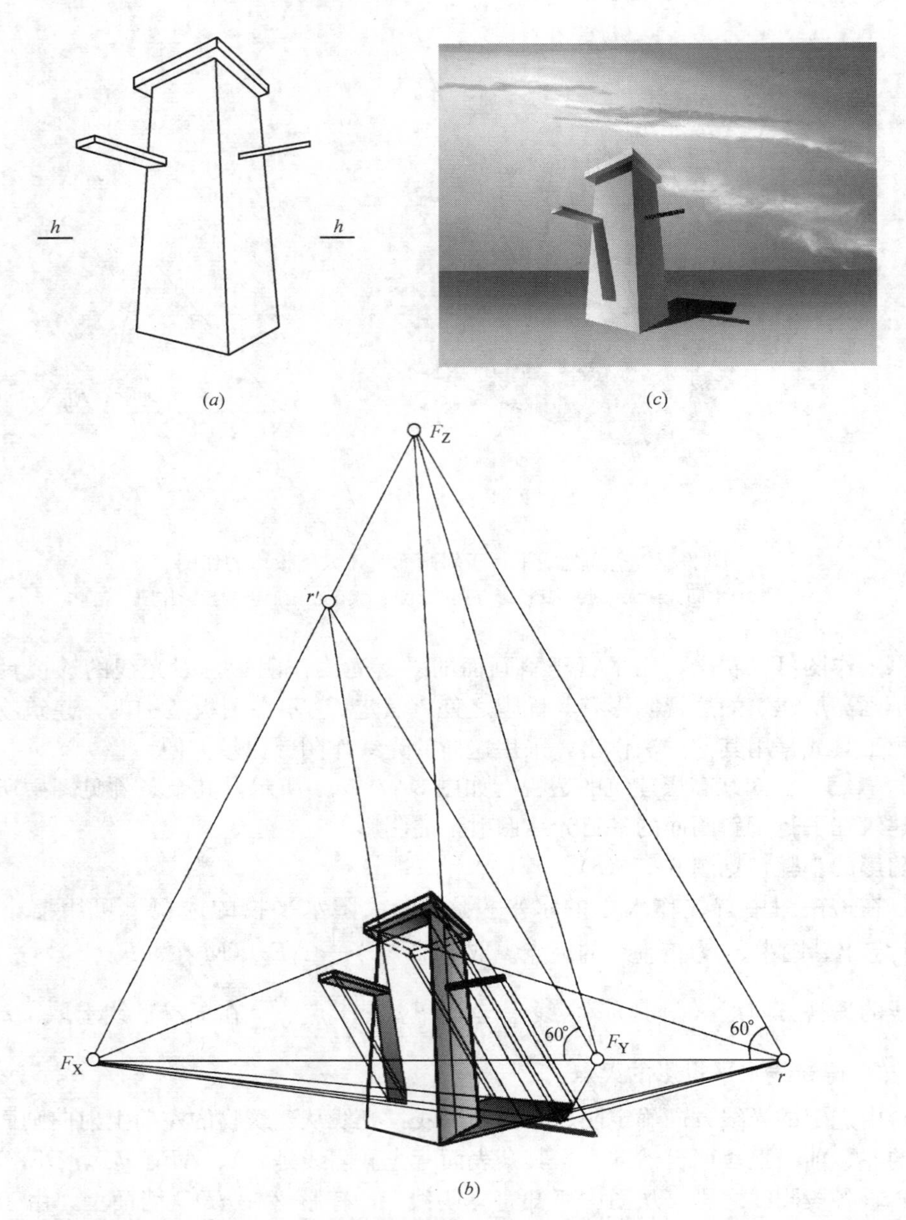

图 8-26　高层建筑在平行于斜画面的平面光线照射下的阴影

(a) 某高层建筑斜透视图；(b) 用平行于斜画面的空间光线作高层建筑的阴影；

(c) 高层建筑的阴影效果图

【例 8-12】 已知图 8-28（a）所示水池、岸边和直立杆 AB 的斜透视图，求水中的倒影。

作水中倒影的步骤，见图 8-28（b）：

（1）岸壁转角棱线 Cc 垂直于水面，c 为垂足，其倒影在 Cc 的延长线上。为求 C 点的对称点 C_0，可自点 C 作直线平行于 F_XF_Y，在该线上截取 $C1$ 等于 12（长度任取），连 1、c 并延长与过 F_Z 引 F_XF_Y 的平行线相交于 ω_1，连 ω_1、2 交 Cc 的延长线于 C_0，得 C 点的

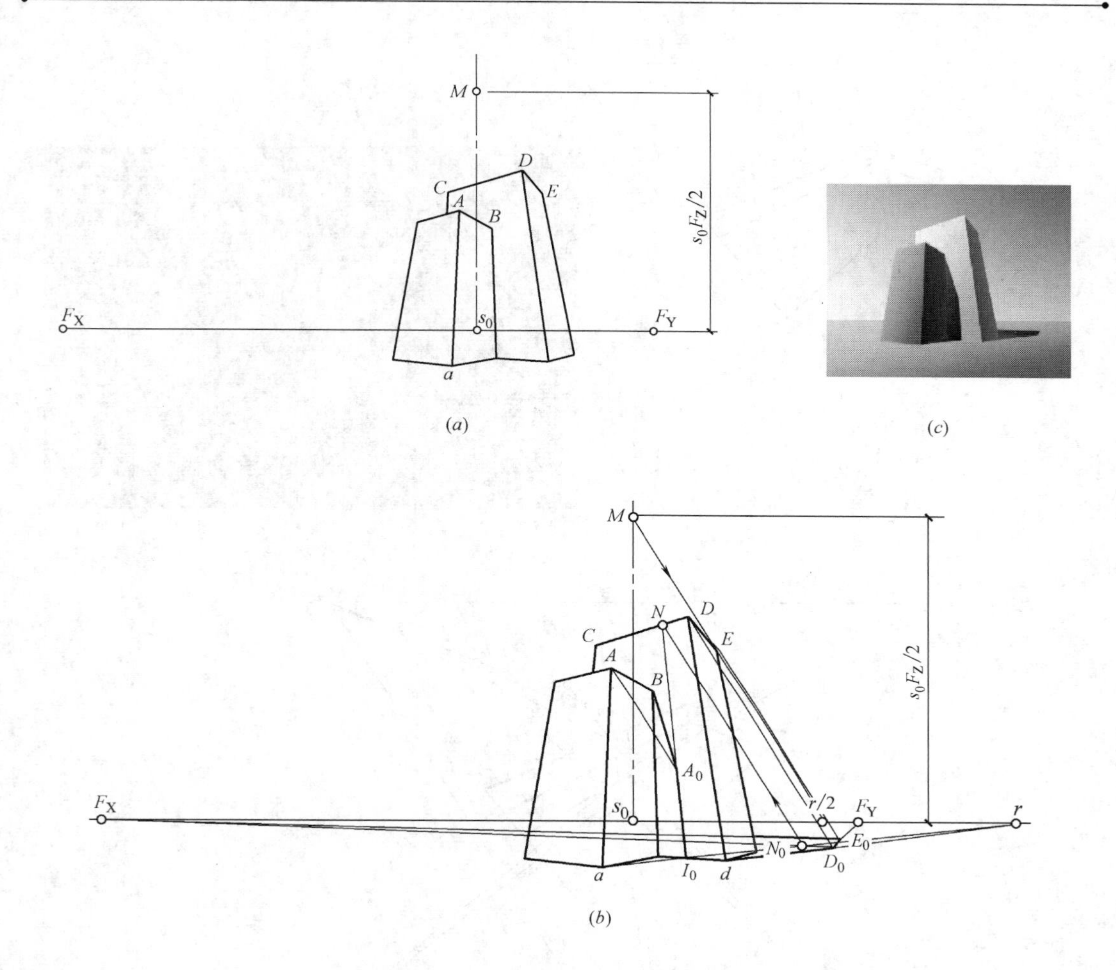

图 8-27　空间光线平行于斜画面的阴影作图

（a）高层建筑的斜透视图及其已知条件；（b）影线的作图过程；（c）渲染效果图

倒影 C_0。

（2）岸壁上缘的水平棱线与水面平行，其倒影与水平棱线自身平行，在斜透视中消失于同一灭点 F_X 或 F_Y。

（3）求直立杆 AB 的倒影，首先要求出它对水面的垂足，为此，自灭点 F_Y 向点 B 引直线与岸壁上缘棱线交于点 3，由点 3 连 F_Z 交岸壁与水面的交线于点 4，再连 $4F_Y$ 与 AB 的延长线交于点 b，点 b 为垂足。为求点 A 的对称点 A_0，可自点 A 引直线 $A6 \parallel F_XF_Z$，在 $A6$ 线上截取 $A5$ 等于 56（长度任取），连 5、b 并延长交 F_XF_Z 于 ω，连 ω、6 交 Ab 的延长线于 A_0，得点 A 的对称点 A_0，线段 bA_0 在岸壁倒影以下的一段是可见的。图 8-28（c）为效果图。

【例 8-13】　已知图 8-29（a）所示一单体建筑和水池的斜透视图，求水中的倒影。

作水中倒影的步骤：该题的倒影作图与前一例相似，图 8-29（b）已示明，不再赘述。

【例 8-14】　已知房屋和水池的斜透视图，以及太阳的透视 R，如图 8-30（a）所示。试求图中的阴影和水中倒影。

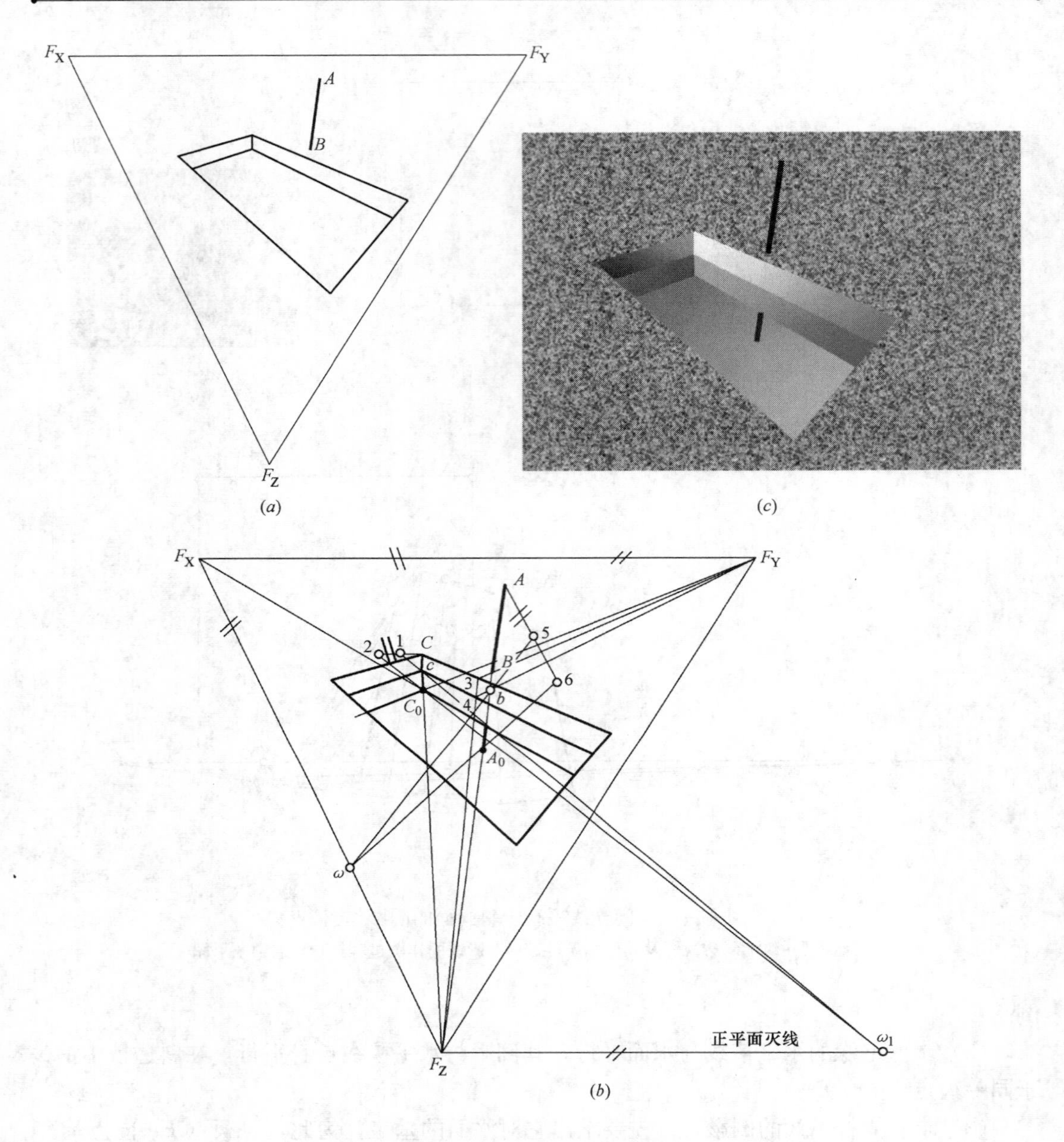

图 8-28 直立杆、岸边的倒影

(*a*) 直立杆、岸边及水池的斜透视图；(*b*) 直立杆、岸边的倒影作图；(*c*) 直立杆、岸边倒影的效果图

作图步骤：首先作坡顶房屋的阴影，再绘水中的倒影。

(1) 作阴影，见图 8-30 (*b*)：

① 连 F_Z、R 交水平面的灭线 F_XF_Y 于 r，得太阳在水平面上的透视，即空间光线在水平面上的投影的灭点，也是空间光线水平投影的消失点。

② 根据太阳的透视判明房屋的阴线为 aA、AB、BC、CD、DN，烟囱的阴线为 12、23、34、45。

③ 利用灭点、灭线作各段阴线之影线。

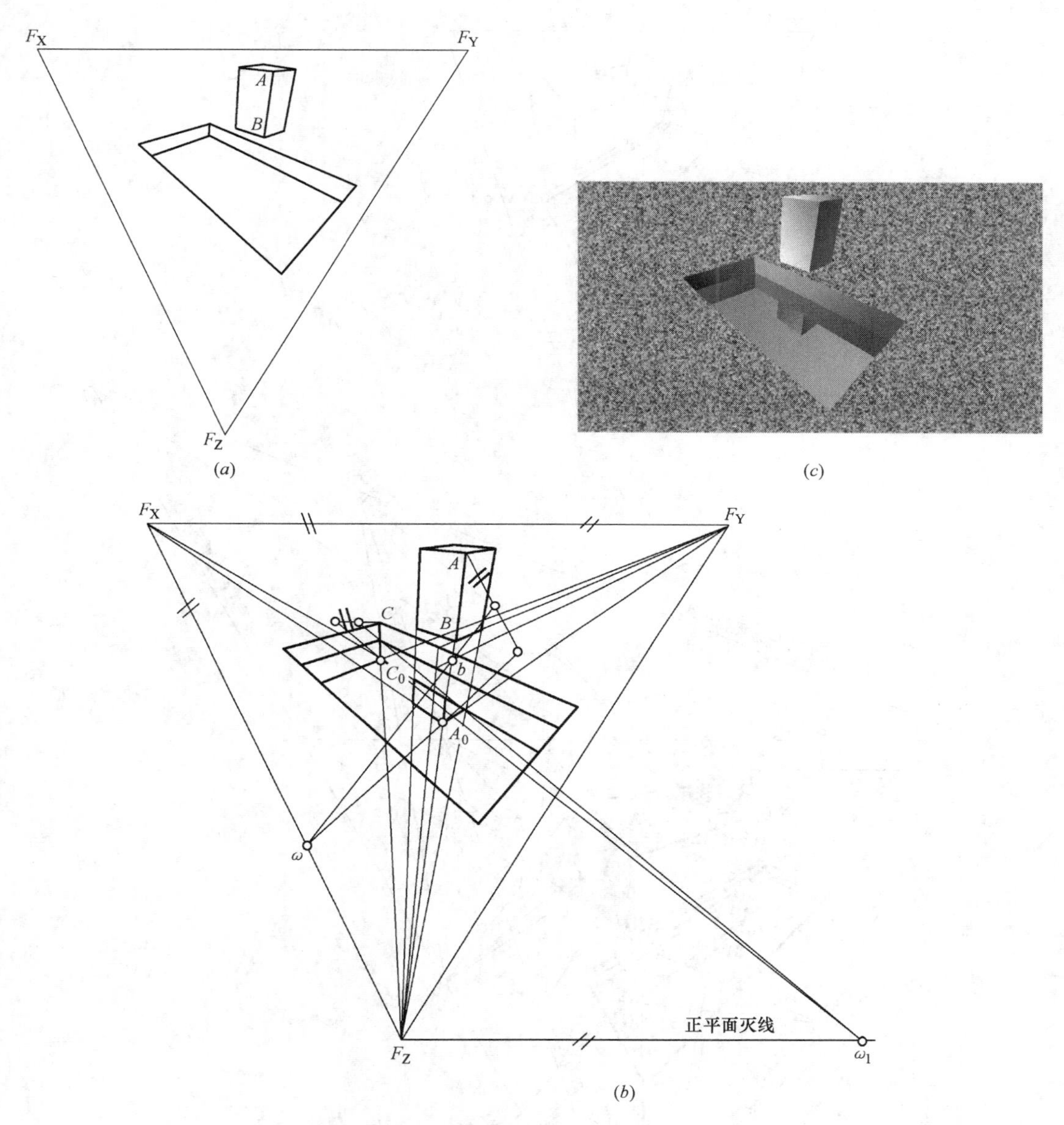

图 8-29　斜透视图中单体建筑及岸边的倒影

（a）单体建筑和水池的斜透视图；（b）斜透视图中单体建筑及岸边倒影的作图过程；
（c）单体建筑及岸边倒影的效果图

① 双坡顶房屋的墙角棱线 aA 是铅垂线，它在地面上的落影是连 a、r 与过 A 点的空间光线 AR 交于 A_0，aA_0 为 aA 之影线。

② 屋顶斜线 AB 在地面上的落影为含 AB 的光平面与承影面（地面）之交线，该交线的灭点是该两平面灭线的交点。于是连 R、$F_{Y上}$ 交 F_XF_Y 于点 K_1，即 AB 直线在地面上的落影线之灭点。再连 A_0、K_1 与过 B 点的空间光线 BR 交于 B_0，A_0B_0 为 AB 之影线。

③ 同法求斜线 BC 之影，即连 R、$F_{Y下}$ 与 F_XF_Y 交于 K_2 点，连 B_0、K_2 与过 C 点的空间光线 CR 交于 C_0，B_0C_0 为 BC 在地面上之影线。

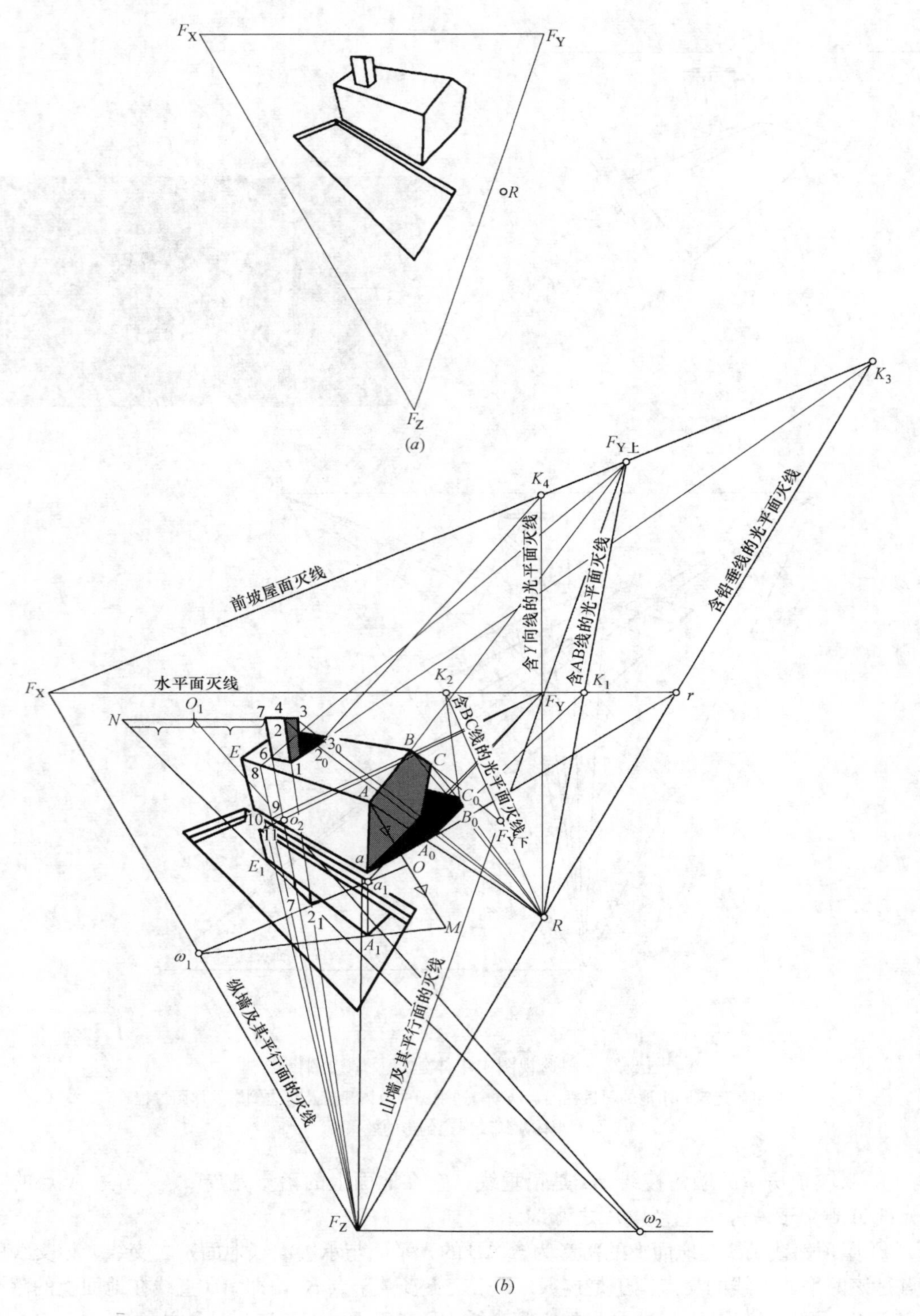

图 8-30 房屋的阴影和倒影

(*a*) 房屋和水池的斜透视图；(*b*) 房屋的阴影和倒影的作图过程

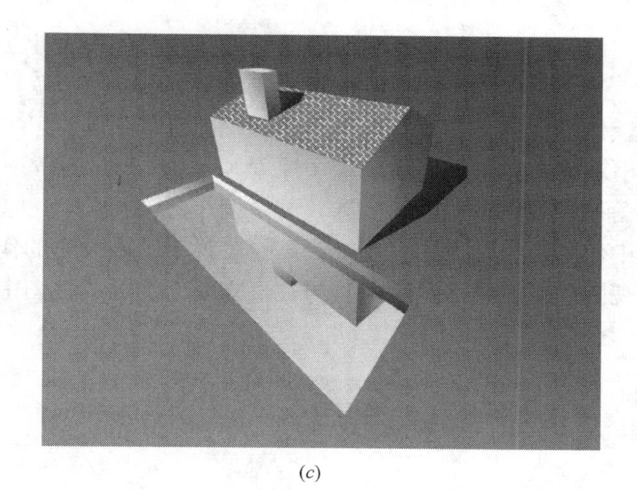

(*c*)

图 8-30　房屋的阴影和倒影（续）

（*c*）房屋的阴影和倒影的效果图

④ 阴线 CD 平行于地面，其影与自身平行，故由 C_0 连 F_X，完成房屋在地面上的落影。

⑤ 烟囱在斜屋面上的落影：首先是铅垂阴线 12 在斜屋面上的落影，为含 12 的光平面与承影面 EAB 之交线，为此，连 F_Z、R 并延长与 $F_XF_{Y上}$ 的连线交于点 K_3，再连 1、K_3 与过 2 点的空间光线 $2R$ 交于影点 2_0，12_0 为铅垂阴线 12 在斜屋面上的落影。阴线 23 之影是连 R、F_Y 交 $F_XF_{Y上}$ 于 K_4，由 K_4 连 2_0 与过 3 点的空间光线 $3R$ 交于 3_0，2_03_0 为阴线 23 之影线。阴线 34 与斜面 EAB 平行，故由 3_0 点连 F_X，便可完成烟囱在斜屋面上的落影作图。

（2）求倒影，见图 8-30（*b*）：

① 岸壁的倒影、房屋墙角棱线 aA 的倒影作图，与图 8-28（*b*）所示的步骤相同。

② 双坡屋面的斜线 AB、BC 与水平面的倾角是相等的，灭点分别为 $F_{Y上}$ 和 $F_{Y下}$。这些斜线的倒影，其灭点仍为 $F_{Y下}$ 和 $F_{Y上}$，但是相互调换了。原来消失于 $F_{Y上}$ 的斜线 AB，其倒影 A_0B_0 却与斜线 BC 平行，消失于 $F_{Y下}$；而原来消失于 $F_{Y下}$ 的斜线 BC，其倒影 B_0C_0 与斜线 AB 平行，消失于 $F_{Y上}$。

③ 求烟囱的倒影，首先要求出烟囱的任意一条铅垂棱线与水面的交点，如直立线 76 与水面的交点，是由点 6 引直线至 $F_{Y上}$ 并延长交檐口线 AE 于点 8，连接 8、F_Z 交正墙面与地面的交线于点 9，从点 9 引直线至 F_Y 交岸壁上缘棱线于点 10，又从点 10 画直线至 F_Z 交岸壁与水面的交线于点 11，再自点 11 引直线至 F_Y 交棱线 76 的延长线于点 O_2，得棱线 76 对水面的垂足 O_2。为求点 7 的对称点 7_1，可自点 7 作辅助直线 $7N$ 平行于 F_XF_Y，在该线上截取两段等长线（$7O_1=NO_1$），其中点为 O_1，连 O_1、O_2 并延长交正平面的灭线于 ω_2，辅助线的端点 N 与 ω_2 相连交 $7O_2$ 的延长线于点 7_1，得点 7 的倒影 7_0，再根据平行线共灭点，便可完成烟囱的倒影作图。图 8-30（*c*）为坡顶房屋的阴影和倒影的效果图。

复习思考题

1. 什么是斜透视图？为什么要在倾斜画面上作透视图？

2. 试作图说明在倾斜画面上作透视平面图的原理。在倾斜画面上如何确定透视高度?举例说明。

3. 在倾斜画面上作透视图与在直立画面上作透视图有何不同?

4. 作图说明降下基面在斜透视图中的应用原理。

5. 简述灭线三角形法画斜透视图的步骤，试举例作图说明。

6. 在斜透视图中作阴影通常用哪些光线?试作图说明太阳投影的作图步骤。

7. 简述在斜透视图中作倒影的步骤。其与在直立画面上的透视图中作倒影有何不同?

参考文献

[1] 吴书霞，黄文华. 建筑阴影与透视. 北京：机械工业出版社，2006.

[2] 吴书霞，黄文华. 建筑阴影与透视电子教程. 北京：中国建筑工业出版社，2007.

[3] 许松照. 画法几何与阴影透视.（第三版下册）. 北京：中国建筑工业出版社，2006.

[4] 朱育万，钱承鉴. 阴影与透视. 北京：高等教育出版社，1993.

[5] 蒋宾前，钱承鉴. 建筑阴影与透视. 重庆：重庆大学出版社，1996.

[6] 南京工学院建筑系. 建筑制图. 1978.

[7] （俄）Н. С. КузНецОВ. 画法几何学. 杜少岚译. 成都：四川教育出版社，2000.

[8] （俄）Е. С. ТИМРОТ. ПОСТРОЕНИЕ. АРХИТЕКТУРНЫХ. ПЕРСПЕКТИВ. НА. ПЛОСКОСТИ. МОСКВА.，1957.

尊敬的读者：

感谢您选购我社图书！建工版图书按图书销售分类在卖场上架，共设22个一级分类及43个二级分类，根据图书销售分类选购建筑类图书会节省您的大量时间。现将建工版图书销售分类及与我社联系方式介绍给您，欢迎随时与我们联系。

★建工版图书销售分类表（见下表）。

★欢迎登陆中国建筑工业出版社网站www.cabp.com.cn，本网站为您提供建工版图书信息查询，网上留言、购书服务，并邀请您加入网上读者俱乐部。

★中国建筑工业出版社总编室　电　话：010—58934845　传　真：010—68321361

★中国建筑工业出版社发行部　电　话：010—58933865　传　真：010—68325420
E-mail：hbw@cabp.com.cn

建工版图书销售分类表

一级分类名称（代码）	二级分类名称（代码）	一级分类名称（代码）	二级分类名称（代码）
建筑学（A）	建筑历史与理论（A10）	园林景观（G）	园林史与园林景观理论（G10）
	建筑设计（A20）		园林景观规划与设计（G20）
	建筑技术（A30）		环境艺术设计（G30）
	建筑表现·建筑制图（A40）		园林景观施工（G40）
	建筑艺术（A50）		园林植物与应用（G50）
建筑设备·建筑材料（F）	暖通空调（F10）	城乡建设·市政工程·环境工程（B）	城镇与乡（村）建设（B10）
	建筑给水排水（F20）		道路桥梁工程（B20）
	建筑电气与建筑智能化技术（F30）		市政给水排水工程（B30）
	建筑节能·建筑防火（F40）		市政供热、供燃气工程（B40）
	建筑材料（F50）		环境工程（B50）
城市规划·城市设计（P）	城市史与城市规划理论（P10）	建筑结构与岩土工程（S）	建筑结构（S10）
	城市规划与城市设计（P20）		岩土工程（S20）
室内设计·装饰装修（D）	室内设计与表现（D10）	建筑施工·设备安装技术（C）	施工技术（C10）
	家具与装饰（D20）		设备安装技术（C20）
	装修材料与施工（D30）		工程质量与安全（C30）
建筑工程经济与管理（M）	施工管理（M10）	房地产开发管理（E）	房地产开发与经营（E10）
	工程管理（M20）		物业管理（E20）
	工程监理（M30）	辞典·连续出版物（Z）	辞典（Z10）
	工程经济与造价（M40）		连续出版物（Z20）
艺术·设计（K）	艺术（K10）	旅游·其他（Q）	旅游（Q10）
	工业设计（K20）		其他（Q20）
	平面设计（K30）	土木建筑计算机应用系列（J）	
执业资格考试用书（R）		法律法规与标准规范单行本（T）	
高校教材（V）		法律法规与标准规范汇编/大全（U）	
高职高专教材（X）		培训教材（Y）	
中职中专教材（W）		电子出版物（H）	

注：建工版图书销售分类已标注于图书封底。